"十三五"国家重点出版物出版规划项目
现代机械工程系列精品教材

现代设计方法

第2版

主　编　赵松年　王生泽　汪飞雪
参　编　刘　磊　陈振中　陈慧敏
杨崇倡　王永兴　张永斗
杨　晔　刘　赛　廖　壑

机械工业出版社

本书为“十三五”国家重点出版物出版规划项目——现代机械工程系列精品教材。

本书在保持原来的体系结构不变的基础上，根据当今科技的发展和教学改革的需要做了调整。修订时兼顾了现代与传统、实践与理论、设计与开发、需求与创新等方面，对各章都重新进行了编写，并更新了相应的软件。

本书重点介绍了优化设计、可靠性设计、有限元法、机械动态设计、机械创新设计、人工神经网络、工程遗传算法、人工智能的深度学习方法、相似理论及相似设计法，简单介绍了价值工程、优势设计等22种现代设计方法。在第2章单独增加了“知识拓展”的内容，着重简介了两本很有特点的教材，以利读者学习。

本书可作为高等工科院校机电工程类专业学生的教材，也可供各行业的工程技术人员参考。

图书在版编目（CIP）数据

现代设计方法/赵松年，王生泽，汪飞雪主编. —2版. —北京：机械工业出版社，2020.8（2024.8重印）

“十三五”国家重点出版物出版规划项目　现代机械工程系列精品教材

ISBN 978-7-111-66122-1

Ⅰ.①现…　Ⅱ.①赵…②王…③汪…　Ⅲ.①设计学-高等学校-教材

Ⅳ.①TB21

中国版本图书馆CIP数据核字（2020）第127589号

机械工业出版社（北京市百万庄大街22号　邮政编码100037）

策划编辑：刘小慧　责任编辑：刘小慧　王勇哲　李　乐

责任校对：王　欣　封面设计：张　静

责任印制：单爱军

北京虎彩文化传播有限公司印刷

2024年8月第2版第6次印刷

184mm×260mm · 16印张 · 393千字

标准书号：ISBN 978-7-111-66122-1

定价：45.00元

电话服务　　网络服务

客服电话：010-88361066　机　工　官　网：www.cmpbook.com

010-88379833　机　工　官　博：weibo.com/cmp1952

010-68326294　金　书　网：www.golden-book.com

封底无防伪标均为盗版　机工教育服务网：www.cmpedu.com

前言

本书在讨论现代设计和现代机械产品的基础上，重点介绍了优化设计、可靠性设计、有限元法、机械动态设计、机械创新设计、人工神经网络、工程遗传算法、人工智能的深度学习方法、相似理论及相似设计法，简单介绍了价值工程、优势设计等22种现代设计方法。

在当前改革不断深入的形势下，市场经济要求创新的现代产品不断涌现。设计师不但要具有强烈的创新意识和巧妙的创新构思，而且要能够熟练地应用现代设计方法，才能更好更快地设计出具有市场竞争力的商品，满足市场需求。

自从计算机问世以来，在传统设计的基础上，各种现代设计方法不断涌现和发展，在不同的领域内解决了大量科研和生产问题，强有力地推动了社会生产力的发展，使产品的设计工作朝着更新的境界、更独创的构思、更高的效率和更完美地满足社会需求阔步前进。

我国的产品设计工作自改革开放以来有了很大的进步和发展，出现了许多深受用户欢迎的产品。但与国际设计水平相比，仍存在一定的差距。以机电行业为例，机电产品的大量进口，已成为我国最大的外贸逆差来源。为更快地改变目前这种状况，提高产品档次，在设计工作方面，必须不断更新设计观念，学习并逐步采用先进的设计方法，不断设计制造出为市场所欢迎的产品，推动改革形势的深入发展。

在当前形势下，要求科技人员的后备军——大学生的知识面要广、专业面要宽，在全面发展的前提下，动手能力要强，而在校时间又是有限的。为解决这个矛盾，本书尝试建立这样的教学体系：通过本书的学习，学生可以了解现代设计和传统设计的联系和区别，各种常用的现代设计方法能够解决哪些生产实际问题及解决问题的思路，并初步掌握某些方法在机电工程中的应用。为此我们在现有的几十种现代设计方法中，选择了22种设计方法，并对其中有些方法进行了具体的阐述，对有些方法仅做简单的介绍。在第2章单独增加了“知识拓展”的内容，着重简介了两本很有特点的教材。希望学生学习之后，能对现代设计和生产实际的关系有较具体的认识，对这些现代设计方法有基本的了解，并在此基础上，能初步进行产品功能原理方案和可靠性等的设计计算，能初步应用优化程序库和有限元分析等软件。各校可根据自己的条件，安排加强某些章节特点或应用软件的学习。

本书由赵松年、王生泽、汪飞雪任主编。参加本书编写的有：赵松年、张永斗（第1、2章），刘磊、杨晔、刘赛（第3、8、9、10章），陈振中（第4章），陈慧敏（第5章），汪飞雪（第6章），杨崇倡、廖錾（第7章），王永兴（第11章）。王生泽对第4、5、7、11章进行了定稿。

由于本书体系是新一轮的实践尝试，限于编者水平，疏漏和失误在所难免，恳请广大读者批评指正，并向本书引用文献资料的国内外作者致意。

编　者

目录

第1章
绪论

1.1 现代设计

1.1.1 设计的概念

设计这个词有不同的概念和表达，简化为两种概念。广义的概念指的是发展过程的安排，包括发展的方向、程序、细节及达到的目标。狭义的概念指的是将客观需求转化为满足该需求的技术系统的活动，各种产品包括机械产品的设计即属此种。

人类要改造自然，就要进行设计。把预定的目标经过一系列规划、分析和决策，产生相应的文字、数据、软件、图形等信息，这就是设计。然后通过实践转化为某项工程，或通过制造成为产品。产品设计过程本质上应是一个创新过程，是将创新构思转化为有竞争优势的产品的过程。本教材限于机械工程的设计问题。

1.1.2 现代设计的概念

现代设计是过去长期的传统设计活动的延伸和发展，是随着设计实践经验的积累，由个别到一般，具体到抽象，感性到理性，逐步归纳、演绎、综合而发展起来的。由于科技进步的速度日益增快，特别是计算机等微电子和光的产品的高速发展，人们在掌握事物的客观规律和人的思维规律的同时，运用相关的科学技术原理，进行过去长期以来难以想象的综合集成设计计算，使设计工作包括机械产品的设计工作产生了质的飞跃。

19 世纪 60 年代以来，设计领域中相继出现一系列新兴理论与方法。解决科技进步的传统设计理论不能或较难解决的新问题。为区别于过去常用的传统设计理论与方法，把这些新兴理论与方法统称为现代设计。目前现代设计所指的新兴理论与方法如表 1-1 所示。

1.1.3 现代设计的特点

现代设计主要有下列特点：

表 1-1 现代设计所指的部分新兴理论与方法

产品设计学	优化设计	可靠性设计	有限元法	动态设计	机械创新设计	人工神经网络	工程遗传算法	人工智能深度学习方法	相似理论及相似设计	价值工程	工业产品艺术造型设计	人机工程	并行工程	模块化设计	摩擦学设计	三次设计	反求工程设计	优势设计	产品生命周期设计	稳健性设计	公理设计	概念设计	质量功能配置设计	模糊设计	机械疲劳设计	蚁群算法	模拟退火算法	机械热效应设计	维修性设计	粒子群优化算法	虚拟设计技术

（1）系统性　现代设计方法是逻辑的系统的设计方法，目前有多种体系。下面举两个典型例子，一是20世纪中期德国倡导的设计方法学，用从抽象到具体的发散的思维方法，以“功能—原理—结构”框架为模型的横向变异和纵向综合，用计算机构造多种方案，评价选出最优方案。二是美国倡导的创造性设计学，在知识、手段和方法不充分的条件下，运用创造技法，充分发挥想象，进行辩证思维，形成新的构思和设计。例如，20世纪以来美国出现的产品设计学、产品设计与开发等，把大部分要进入市场的设计对象应考虑注意的问题全面深入地分析，把设计工作不断向前推进。

传统设计方法是经验、类比的设计方法。用收敛性的思维方法，过早地进入具体方案，功能原理分析既不充分又不系统，不强调创新，也很难得到最优方案。

（2）社会性　现代设计开发新产品的整个过程，从产品的概念形成到报废处理的全生命周期中的所有问题，都要以面向社会、面向市场为指导思想全面考虑解决。设计过程中的功能分析、原理方案确定、结构方案确定、造型方案确定，都要随时按市场经济规律进行尽可能定量的市场分析、经济分析、价值分析，以并行工程方法指导企业生产管理体制的改革和新产品设计工作。

传统设计是由专业技术主管指导设计，设计过程中注意技术性，设计试制后才进行经济分析、成本核算，很少考虑社会性问题。

（3）创造性　现代设计强调激励创造冲动，突出创新意识，力主抽象的设计构思、扩展发散的设计思维、多种可行的创新方案、广泛深入的评价决策，集体运用创造技法，探索创新工艺试验，不断寻求最优方案。

传统设计一般是封闭收敛的设计思维，过早进入定型实体结构，强调经验类比、直接主观的决策。

（4）最优化　现代设计重视综合集成，在性能、技术、经济、制造工艺、使用、环境等各种约束条件下和广泛的学科领域之间，通过计算机以高效率综合集成最新科技成果，寻求最优方案和参数。

传统设计属于自然优化。在设计—评定—再设计的循环中，凭借有限设计人员的知识、经验和判断力选取较好方案。受人和效率的限制，难以对多变量系统在广泛的影响因素下进行定量优化。

（5）动态化　现代设计在静态分析的基础上，考虑载荷谱、负载率等随机变量，进行动态多变量最优化。根据概率论和统计学方法，针对载荷、应力等因素的离散性，用各种设计方法进行可靠性设计。

传统设计以静态分析和少变量为主，将载荷、应力等因素做集中处理，由此考虑安全系数，与实际工况相差较远。

（6）宜人性 现代设计强调产品内在质量的实用性、外观质量的美观性、艺术性、时代性。在保证产品物质功能的前提下，要求对用户产生新颖舒畅等精神功能。从人的生理和心理特征出发，通过功能分析、界面安排和系统综合，考虑满足人—机—环境等之间的协调关系，发挥系统潜力，提高效率。设计产品要考虑产品的整个生命过程，包括设计、制造、使用、报废对环境的影响。

传统设计往往强调产品的物质功能，忽视或不能全面考虑精神功能。凭经验或自发地考虑人—机—环境等之间的关系，强调训练用户来适应机器的要求。

（7）智能化 现代设计认为，各种生物在自己的某些领域里具有极高的水平，其中人的智能最高，通过知识和信息的获取、推理和运用，能解决极复杂的问题。在已认识的人的思维规律基础上，以计算机为主模仿人的智能活动，能够设计出高度智能化的产品。

传统设计在局部上自发地运用了某些仿生规律，但这很难达到高度智能化的要求。

（8）CA化 现代设计广泛使用计算机使设计、计算、绘图、制造、改进一体化，日新月异、功能强大的软件使设计工作面貌不断更新，能够包容的影响设计的因素日益增多，大大提高了设计的精度、稳定性和效率。修改设计极为方便。

传统设计是人工计算、绘图，使用简单的工具，设计的精度、稳定性和效率都受限制。修改设计也不方便。

1.2 机械产品设计

1.2.1 现代机械

现代机械是在传统机械的基础上吸收了各种新出现并发展起来的先进技术，在机械发展史上形成了新的发展阶段的新型机械。表1-2列出了各个发展阶段的机械产品的典型组成部分。

表1-2 各个发展阶段的机械产品的典型组成部分

机械发展阶段		典型组成部分				
		能源、动力	作业、执行	结构、机体	传感、检测	控制、运算
传统	简单工具	人力、畜力	简单工具	自然材料	（人类五官、四肢）	（人脑）
	蒸汽机械	蒸汽	机械构件	钢铁	（人类五官、四肢）	（人脑）
	电气机械	普通电机	机械构件	钢铁	（人类五官、四肢）	逻辑电器
现代	人工智能	控制电机	机械构件	钢铁、塑料、纤维等	光、电子器件	计算机算法

目前对现代机械的看法是：由计算机信息网络协调与控制的，用于完成包括机械力、运动、物质流和能量流在内的动力学任务的，机械和光、声、热等广义电子器件相互联系的不断发展的伺服系统。

1.2.2 创新产品开发

随着科学技术的发展，产品更新换代加快，市场寿命缩短。例如，计算机目前市场寿命是1~1.5年，汽车是1.5~2年。新产品开发周期超过市场寿命导致亏损的例子比比皆是，改进产品的开发过程比改进生产过程效益更显著。组织并行设计组，采用并行工程的工作方法，能够缩短生产周期，建立全方位的质量体系，降低成本，增强市场竞争能力。

从历史发展来看，新产品开发经历了传统的发展阶段，现在已进入现代阶段，如表1-3所示。

表1-3 新产品开发的五个阶段

发展阶段		特点	负责单位	工程方法
传统	技术推动	某种新技术的应用，推动新功能产品的形成	设计部门	串行工程方法（信息处理间断，数据生成重复）
	需求拉动	市场的某种需求，促进新功能产品的出现	设计部门	
	推拉结合	技术推动与需求拉动相结合	设计部门	
现代	功能和过程集成	开发新产品同时考虑功能、制造、成本、周期等。由计算机网络下的包括设计、工艺、计划、制造和装配部门的生产系统共同开发	并行设计组	并行工程方法（信息处理集成化，数据集中一次生成）
	系统集成和网络	开发新产品由生产系统和社会系统共同完成。生产系统包括情报研究、设计、工艺、计划、制造、装配等部门。社会系统包括经营、销售、供应、维修、用户服务、改进和升级换代、报废回收、同行的竞争与联合、公关等部门	并行设计组（扩大）	并行工程方法、精简机构、模糊分工、各部门并行工作

1.2.3 机械产品设计的三个阶段

机械产品设计任务各有不同，一般可分为以下三种类型：

（1）开发性设计　应用可行的新技术、创新构思、设计工作原理和功能结构创新的产品；或赶超先进水平，或适应政策要求，或避开市场热点开发有特色的冷门产品；效益高，风险大。

（2）适应性设计　工作原理方案保持不变，变更局部或增设部件，加强辅助功能。

（3）变型设计　工作原理和功能结构不变，变更现有产品结构配置和尺寸，改进材料工艺。

分析最具典型性的开发性设计，机械产品设计过程可分为互相重叠、密切结合的三个主要阶段：

1. 功能原理设计

（1）任务　功能是某一产品的特定工作能力的抽象化描述。产品的功能原理设计是针对某一确定的功能要求，寻求各种新的物理效应，并借助于某些作用原理来求得一些实现该功能目标的解法原理。

（2）重点　创新构思，思维发散，多解评优，简图示意。

（3）特点　以新的物理效应代替旧的物理效应，使机器的工作原理发生根本变化。开发人员有新概念、新构思，引入新技术、新材料、新工艺。机器的品质发生质的变化。

（4）工作要点

1）明确所要设计任务的功能目标。

2）调查分析已有的解法原理。

3）创新构思，寻求更合理的解法。

4）初步预想实用化的可能性。

5）认真进行原理性试验。

2. 实用化设计

（1）任务 使原理构思转化为具有实用水平的机器。完成从总体设计、部件设计、零件设计到制造施工的全部技术资料。

（2）重点 性能价格比，价值工程，物美价廉，结构设计（零部件形状、装配关系、材料、加工要求、表面处理、总体布置、安装等）。

（3）特点

1）工作具体精细。

2）既先进又符合国情。

3）经济合理。

4）易造便修。

（4）工作要点

1）概念设计与总体设计。定工艺方案，定基本参数，定传动机构简图，做工作循环图；满足技术、经济、文化要求。

2）结构设计。结构方案应当可靠、明确、简单。结构方案设计要满足下列原理：等强度原理；合理力流原理；变形协调原理；力平衡原理；任务分配原理；自补偿、自增强、自平衡、自保护原理；稳定性原理等。

3）执行件设计。应用各种设计方法进行执行件设计：可靠性设计，动态设计，抗磨损设计，人机学设计，热变形设计，抗疲劳设计等。

3. 商品化设计

（1）任务 产品不仅在技术上成功，还要保证产品在市场竞争中成功。

（2）重点 商品化设计的核心是产品功能原理的新颖性，基础是产品技术性能的先进性，包装是对市场要求的适应性。

（3）特点

1）销售策略。市场调查，广告宣传，售后服务。

2）经营策略。提高产品质量，增加技术储备，树立企业信誉。

3）设计策略。性能的适用性变化（标准化、系列化、通用化、模块化）、人机工程、艺术造型、价值分析。

（4）工作要点

1）性能的改变：适应不同条件（国家、民族、地区、气候等）；开发新功能；增添附加功能。

2）产品性能尺寸系列化，零部件标准化，非标零部件通用化，零部件设计模块化。可减少设计工作量，便于安排批量生产，减少重复出现的技术过失，增大互换性，有利于增加品种扩大生产。

3）工业产品艺术造型，分析市场的变化需求，以先进的科技功能为基础，设计人机工程、美观适用的外形和布局，满足精神功能要求。

4）价值分析：它是产品达到物美价廉的有效的现代管理技术，研究如何以最低生命周期费用可靠地实现必要的功能。价值分析的目标是提高产品的价值。

1.2.4 机械产品设计的一般进程

机械产品设计进程一般分为四个阶段：产品概念规划阶段、功能原理方案设计阶段、技术设计阶段、施工设计阶段。各阶段的主要目的要求简介如下：

1. 产品概念规划阶段

产品规划，明确设计任务就是决策开发新产品，为新技术系统设定技术过程和边界，是一项创造性的工作。要在集约信息、调研预测的基础上，识别市场当前与未来的真正需求，进行可行性分析，提出可行性报告和合理的设计要求及设计参数项目表。

集约信息应该是生产单位中包括从情报、设计、制造到社会服务等所有业务部门的任务。调研要从市场、技术、社会三个方面进行。预测要按科学的方法进行。识别需求的可行性分析和可行性报告，应由所有业务部门参加的并行设计组和用户共同完成，而不是设计部门或少数部门完成。

2. 功能原理方案设计阶段

功能原理方案设计就是新产品的功能原理设计。用系统化设计法将确定了的新产品总功能按层次分解为分功能直到功能元。用形态学矩阵组合按不同方法求得各功能元的多个解，得到技术系统的多个功能原理解。经过必要的原理试验，通过评价决策，寻求其中的最优解，即新产品的最优原理方案，列表给出原理参数，并做出新产品的功能原理方案图。

3. 技术设计阶段

技术设计是把新产品的最优原理方案具体化。首先是总体设计，按照人—机—环境—社会的合理要求，对产品各部分的位置、运动、控制等进行总体布局。然后分为同时进行的实用化设计和商品化设计两条设计路线，分别经过结构设计（材料、尺寸等）和造型设计（美感、宜人性等）得到若干个结构方案和外观方案，再经过试验和评价，得到最优结构方案和最优造型方案。最后得出结构设计技术文件、总体布置草图、结构装配草图和造型设计技术文件、总体效果草图、外观构思模型。以上两条设计路线的每一步骤都经过交流互补，而不是完成了结构设计再进行造型设计，最后完成的图样和文件所表示的是统一的新产品。

4. 施工设计阶段

施工设计是把技术设计的结果变成施工的技术文件。一般来说，要完成零件工作图、部件装配图、造型效果图、设计和使用说明书、设计和工艺文件等。

以上工程设计的四个工作阶段，应尽可能地实现 CAD/CAM 一体化，可以大大减少工作量，加快设计进度。

在新产品设计的四个工作阶段中，要在各种现代设计理论指导下，用不同的现代设计方法进行工作。表 1-4 示出了机械产品设计一般进程的不同阶段、步骤、方法和主要指导理论，供参考。

表 1-4　机械产品设计一般进程

阶段	步　骤	方法	主要指导理论
产品概念规划	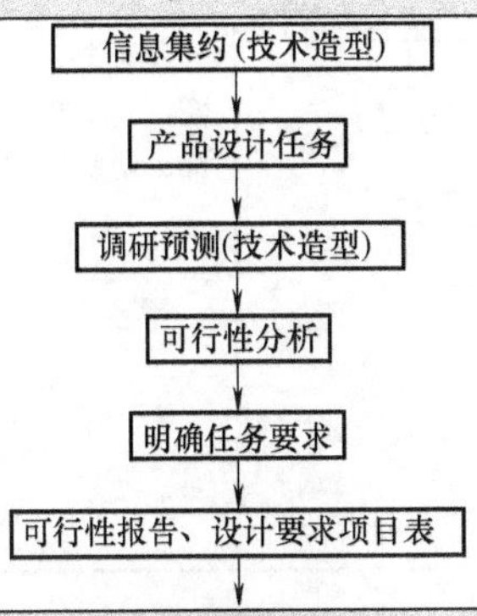 信息集约(技术造型) → 产品设计任务 → 调研预测(技术造型) → 可行性分析 → 明确任务要求 → 可行性报告、设计要求项目表	设计方法 预测技术	设计方法学 技术预测理论 市场学 信息学
功能原理方案设计	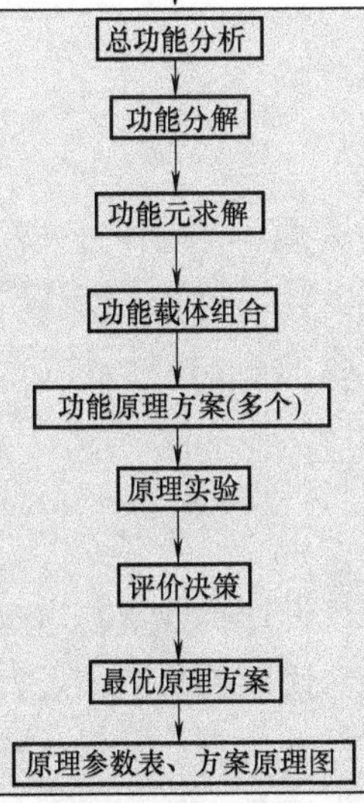 总功能分析 → 功能分解 → 功能元求解 → 功能载体组合 → 功能原理方案(多个) → 原理实验 → 评价决策 → 最优原理方案 → 原理参数表、方案原理图	系统化设计法 创造技法 评价决策方法	系统工程学 形态学 创造学 思维心理学 决策论 模糊数学
技术设计	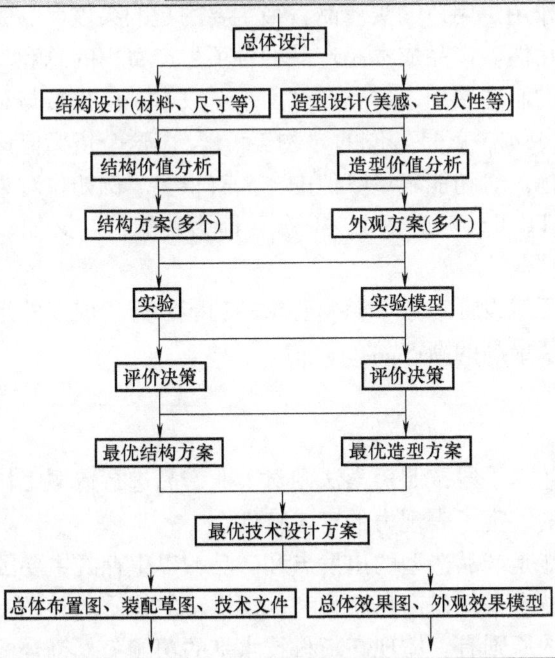 总体设计 → 结构设计(材料、尺寸等) → 结构价值分析 → 结构方案(多个) → 实验 → 评价决策 → 最优结构方案 造型设计(美感、宜人性等) → 造型价值分析 → 外观方案(多个) → 实验模型 → 评价决策 → 最优造型方案 → 最优技术设计方案 → 总体布置图、装配草图、技术文件；总体效果图、外观效果模型	价值设计 优化设计 可靠性设计 宜人性设计 产品造型设计 系列化设计 机械性能设计 工艺性设计 自动化设计	价值工程学 最优化方法、工程遗传算法 可靠性理论与实验 人机工程学 工业美学 模块化设计、相似理论与相似设计法 有限元法、动态设计、摩擦学设计、高等机构学 机械设计的工艺基础 控制理论、智能工程、人工神经网络计算方法、专家系统

（续）

阶段	步骤	方法	主要指导理论
施工设计	零件工作图 → 部件装配图 → 技术文件；外观件加工工艺、面饰工艺流程 → 效果图、检验标准 → 造型工艺文件	各种制造、装配、造型、装饰、检验等方法	各种工艺学
	试制 → 修改 → 批量生产		

1.3 部分现代设计方法简介

现代设计的主要理论与方法见表1-1。本书受篇幅限制，只能重点介绍产品设计学和优化设计、有限元法、可靠性设计、机械动态设计、机械创新设计、人工神经网络、工程遗传算法、人工智能的深度学习方法、相似理论与相似设计法，部分理论与方法简介如下。

1.3.1 价值工程

价值工程从产品的功能研究开始，对产品进行设计，或重新审查设计图样文件，剔除那些与用户要求的功能无关的材料、结构、零部件，代以更新的构思，设计出功能相同而成本更低的产品。

价值指的是事物的用途或积极作用。用户购买商品，最主要的是购买该商品的功能，设计中经常遇到的是使用功能和美学功能。产品成本是产品的各项生产费用的总和。降低成本要了解产品费用的组成，估算产品的制造费用，研究产品产量与成本、销售量与利润之间的关系，进行盈亏分析。价值=功能/成本，就是常说的“物美价廉”。这个指标应该是一般产品的第一指标，甚至远胜于技术指标。对功能定量赋值的方法有很多。例如，对某产品的主要技术性能从理想值到超差值分为11级，对应于10~0分，即为功能值。又如，按产品中各零件的不同功能计算功能成本等。

价值工程设计的基本步骤是：了解设计对象，明确要求的功能，分析成本的组成，进行价值初评，制订改进方案，获得价值最高的新产品。

1.3.2 工业产品艺术造型设计

工业产品艺术造型设计是指用艺术手段按照美学法则对工业产品进行造型工作，使产品在保证使用功能的前提下，具有美的、富于表现力的审美特性。

造型设计的三要素中，使用功能是产品造型的出发点和产品赖以生存的主要因素；艺术形象是产品造型的主要成果；物质技术条件是产品功能和外观质量的物质基础。

工业产品艺术造型设计应遵循的原则有：体现高新科技水平的功能美，符合标准化、系列化、模块化这三化的规范美，显示新型材质的肌理美，体现先进加工手段的工艺美，表达各造型因素整体调和统一的和谐美，追求时代精神的新颖美，体现色光新成就的色彩美等。造型设计要有机地运用统一与变化、比例与尺度、均衡与稳定、节奏与韵律等美学法则。造型要寻求线型、平面、立体、色彩、肌理等造型因素的构成规律和变化，以效果图、动画、模型等形式，设计出物质功能与精神功能高度统一的创新产品。

1.3.3 人机工程

人机工程从系统论的观点研究“人—机（操作者的工作对象和环境）系统”中人、机之间的交互作用，研究人的生理和心理特征，合理分配人与机器的功能，正确设计人—机界面，使人、机相互协调，发挥最大的潜力。

在封闭的“人—机系统”中，机器的显示器显示生产过程的信息变化；人的感受器（眼、耳等）感知和接受信息，传给分析器（大脑），对信息进行分析、处理、存储、决策；由执行器（四肢）根据决策信息做出反应，操纵机器的控制器，使机器的工作状态发生变化，实现生产过程的转变，从而在机器的显示器上显示新的信息。

人机工程研究封闭的“人—机系统”的每个环节的特性及信息的传递：主要感受器眼睛感受信息的范围（视野）、能力（视力）、差别（视差）；分析器人脑感知、解释和处理信息的速度、时间、变化规律；执行器四肢产生力的过程和范围，做出反应的速度和准确度；机器的控制器和显示器这两个人—机界面如何设计，才能使显示和控制在空间、位置、运动、人的习惯模式上相互协调，适合人的生理与心理特征，提高传递信息的准确度和速度，符合思维逻辑，创造良好的工作条件。在机器的自动化程度日益提高的时代，要研究不断变化的人—机系统，设计出更好的合乎人机工程要求的机器。

1.3.4 并行工程

并行工程是集成地、并行地设计产品及其相关的各种过程（包括制造、后勤等）的系统方法。要求产品开发人员在设计伊始，就考虑产品整个生命周期中，从概念形成到报废处理的所有因素，充分利用企业内的一切资源，最大限度地满足市场和用户的需求。

并行工程的目的在于寻求新产品的易制造性、缩短上市周期和增强市场竞争能力。要求集中涉及产品寿命的所有部门的工程技术人员（一人或多人），组成并行设计组，共同设计制造产品，对产品的各种性能和制造过程进行计算机动态仿真，生成软样品或快速出样，进行分析评议，改进设计，取得最优结果，一次成功。利用计算机的数据处理、信息集成和网络通信的能力，发挥并行设计组的集体力量，将新产品开发研究和生产准备等各种工程活动，尽可能并行交叉地进行。这对换代快、批量不大的产品，能显著缩短周期、提高质量。

并行工程的内涵还包含了人的因素和企业文化。并行工程能改变企业组织结构和工作方法，促进人们之间的相互理解，激励积极性，提高协同作战的能力，塑造良好的企业文化氛围，形成一个适合发展需要的社会—技术系统。

20世纪80年代以后，“并行工程”的理念被扩展为“协同设计”（Concurrent Design），到20世纪90年代又发展为“产品及工艺集成设计”（Integrated Product and Process Design，IPPD）。虽然，并行、协同和集成意义上近似，但术语上的变化，也隐含着对如何有效地提高产品设计的思想认识上的提炼。

协同设计的重要思想就是同时关注产品的更新设计和与之相关的制造工艺，迫使工程师们在设计产品时，将精力投入到这两个重要方面。事实上，现在所说的协同设计已经不仅仅只包括设计和制造，而且把材料专家、销售人员、售后服务人员、供货商以及废品处理部门等都集成到一个组织单元内进行工作。

这些“并行”“协同”或者“集成”，实际上是对“设计过程”的一种“哲理性”（Philosophy）的认识，并把这种认识贯穿到设计活动的具体组织工作和计划安排中去，它们本身并没有特殊的理论或技术。

在进行“并行”“协同”或“集成”时，要求及时记录、生成和处理信息，并将它们在恰当的时间交流给适宜的人。因此，要用到大量的计算机及网络技术。尽管如此，事实上，许多设计工作还是要依靠具体的人，采用铅笔和纸张来完成，仅20%的活动依靠计算机的支持，80%的工作还是要依靠公司和团队成员的管理和业务方面的能力及素质来支持和推动，才能完成一项复杂的设计活动。

1.3.5 模块化设计

模块是具有一定功能和特定结合要素的零件、组件或部件。模块化产品是由一组特定模块在一定范围内组成不同功能或功能相同而性能不同的产品。设计模块和模块化产品，可以满足日益增长的多品种、多规格的要求。模块系统的特点是便于发展变型产品，更新换代，缩短设计和供货周期，提高性能价格比，便于维修，但对于结合部位和形体设计有特殊要求。

设计模块系统产品，先要建立模块系列型谱，按型谱的横系列、纵系列、全系列、跨系列或组合系列进行设计，确定设计参数，按功能分析法建立功能模块，设计基本模块、辅助模块、特殊模块和调整模块及其结合部位要素，进行排列组合与编码，设计基型和扩展型产品。模块系统的计算机辅助设计和管理，更显示了模块化设计的优越性。

1.3.6 摩擦学设计

摩擦学是研究相对运动表面的科学及有关的应用技术。由于摩擦损耗约占世界能源总消耗量的1/3~1/2，在一般机械中磨损失效的零件约占全部报废零件的4/5，为节约能源、提高设备可靠性、发展高速机械和生产过程自动化，摩擦学研究发展迅速。

目前，摩擦学研究的主要内容有：

（1）摩擦与磨损机理　研究相对运动表面之间的物理化学作用和表面性能的变化，控制和预测磨损过程。对摩擦的起因和机理的不同理论解释，形成了凹凸学说、分子黏附学说、机械分子学说和新的摩擦学说。对不同磨损过程的研究揭示了黏着磨损、磨料磨损、疲劳磨损、微动磨损、腐蚀磨损等各种磨损的机理和规律。

（2）润滑理论　研究流体动静压润滑、弹性流体动压润滑、边界润滑等理论，以指导机械零部件的润滑设计。近年来，流体润滑理论的研究主要围绕对雷诺方程的求解，考虑各种实际因素的影响，用于研究各种表面形状的轴承。弹性流体动压润滑理论已用于滚动轴承、齿轮、凸轮等零件的润滑设计。高温和特殊环境下的边界润滑问题、流体和固体润滑膜的作用机理、高速轴承在湍流工况下的动态润滑性能、非牛顿流体的润滑性能等方面的研究成果已用于生产。

(3) 新型耐磨减摩材料与表面处理工艺　例如陶瓷代替金属或作表面涂层，具有耐磨、高温耐熔、抗氧化、耐腐蚀、绝缘等特性。表面强化如表面合金化、表面冶金、表面超硬覆盖、电火花表面强化、电镀、喷涂、堆焊、激光处理、电子束处理、离子注入等。表面润滑如渗硫、渗氮、发黑、磷化、表面软金属膜等，或表面复合处理。这些表面处理工艺改善了材料表面的摩擦磨损特性、节约贵金属、降低成本。

(4) 新型润滑材料　如高水基液压介质和润滑剂，在高温、低温、重载、防污染等条件下的新型固体润滑剂。摩擦化学揭示了各种添加剂对润滑材料物理、化学性能的改善机理，形成了各种物理化学吸附膜。

(5) 测试技术　目前对零件表面几何形状的改变、磨屑尺寸数量及形貌特征，机械振动与噪声等摩擦磨损因素，已可用放射性同位素分析仪、振动与噪声监测仪等进行监测、诊断和早期识别，随时了解设备特别是大型复杂机械设备和自动生产线的工况，及时采取措施，将计划维修制度改为自动预测维修制度。

摩擦学设计是机械构件的运动学设计、强度设计之后的重要设计组成部分。以摩擦、磨损及润滑理论为基础，以系统工程的观点，通过一系列分析计算和经验类比，合理设计机械零部件，采用先进材料和工艺，正确选用润滑方式和装置，预测并排除可能发生的故障，减少机械设备的摩擦损耗，达到经济的稳定磨损率，提高设备的工作效率和运行可靠性。

1.3.7　三次设计

三次设计是日本质量管理学家田口玄一在20世纪60年代提出的一种设计方法：把新产品、新工艺设计分为三个阶段，称为三次设计法。

第一次设计称为系统设计。根据市场调查，规划产品功能，确定产品基本结构及组成该产品的各种零部件的参数，提出初始设计方案。系统设计主要依靠专业技术人员的专业知识进行。

第二次设计称为参数设计。在初始设计方案的基础上，对各零、部件参数进行优化组合，完成最优设计方案，使产品的技术特性合理，稳定性好，抗干扰能力强，成本低廉。

第三次设计称为容差设计。在最优设计方案的基础上，进一步分析导致产品技术特性波动的原因，找出关键零部件，确定合适的容差，进而确定定差，并求得质量和成本的最佳平衡。

1.3.8　反求工程设计

技术引进是促进民族经济高速增长的战略措施。要取得最佳技术和经济效益，必须对引进技术进行深入研究、消化和创新，开发出先进产品，形成自己的技术体系。

反求工程是针对消化吸收先进技术的系列分析方法和应用技术的组合。反求工程包括设计反求、工艺反求、管理反求等各个方面。以先进产品的实物、软件（图样、程序、技术文件等）或影像（图片、照片等）作为研究对象，应用现代设计的理论方法、生产工程学、材料学和有关专业知识，进行系统地分析研究，探索掌握其关键技术，进而开发出同类产品。反求工程的次序首先进行反求分析，针对反求对象的不同形式——实物、软件或影像，采用不同的方法。实物如机器设备的反求，可用实测手段获得所需参数和性能、材料、尺寸等。软件如图样可直接分析了解产品和各部件的尺寸、结构和材料，但掌握使用性能和工艺，则要通过试制和试验。影像可用透视法与解析法求出主要尺寸间的大小相对关系，用机器与人或已知参照物对比，求出几个绝对尺寸，推算其他尺寸。材料和工艺等都需通过试制和试验才能解决。在以上充分分析的基础上，才能进行不同的反求设计。

1. 实物反求设计的一般进程

（1）准备工作　广泛了解国内外同类产品的结构、性能参数、产品系列的技术水平、生产水平、管理水平和发展趋势，以确定是否具备引进条件。

反求工程设计包括项目分析、产品水平、市场预测、用户要求、发展前景、经济效益。写出可行性分析报告。在收集的技术资料中，结构说明书、维修手册、标准资料是重要的。

（2）功能分析　对实物进行功能分析，找出相应的功能载体和工作原理。

（3）实物性能测试　项目有整机性能、运转性能、动态特性、寿命、可靠性等。测试时把实际测试与理论计算结合起来。

（4）实物分解　分解工作必须保证能恢复原机。不可拆连接一般不分解，尽量不解剖或少解剖。一般先拍照并绘制外廓图，注明总体尺寸、安装尺寸和运动极限尺寸等，然后将机器分解成各个部件。拆卸前先画出装配结构示意图，在拆卸过程中不断修正，注意零件的作用和相互关系。再将部件分解为零件，归类记数，编号保管。

（5）测绘零件　完成零件工作图、部件装配图和机器总装图。

2. 软件反求工程设计的一般进程

（1）准备工作　与实物反求设计相似。

（2）反求原理方案　分析引进的软件资料，探求其成品的工作可靠性和能否达到技术要求，包括原理方案的科学性，技术、经济方面的可行性，生产率的合理性与先进性，使用维护的宜人性，零部件的加工与装配的工艺性，外观造型的艺术性等。

（3）反求结构方案　分析资料，探求其结构要素的新颖性，新材料、新工艺的特点，先进技术的应用，如何创造性地满足下列结构设计原理：等强度原理、合理力流原理、变形协调原理、力平衡原理、任务分配原理、自补偿原理、稳定性原理等。

3. 影像反求设计的一般进程

（1）准备工作　与实物反求设计相似。

（2）确定基本尺寸　根据影像形成原理分析确定影像中能反映的各种尺寸。影像多数为透视图，在掌握透视变换和透视投影的基础上，根据影像资料做出透视图，从而初定产品的外形尺寸、部件尺寸和一切能观察到的尺寸及外部特征。

（3）功能原理分析　根据外部尺寸和结构特征，分析产品的功能原理、总体布局、性能参数、传动控制方案等，初步确定功能载体和工作原理。

（4）结构分析　根据技术人员的知识和经验，确定具体结构。观察图片等影像资料分辨材料。进行强度、刚度、稳定性等的分析计算。做出反求方案设计，进行评审。

（5）技术设计　根据评审方案，完成技术设计。

1.3.9 优势设计

优势设计是以“常规设计”和“创新设计”为“基础”的更高一层的设计概念，它是更强调面向市场的设计技术。

决定市场竞争优势地位的两个主要指标是：①相对品质差异（Relative Difference）；

②相对成本（Relative Cost）。

从设计人员的能力、经验和水平以及设计产品的最后成果的水平来评价，可以将设计分为四个等级：正确设计、成熟设计、创新设计、优势设计。

一个刚出校门的大学生可以做出没有重大原则性错误的设计，但是他缺乏实践经验。

正确设计主要在于有较多的实践，从而克服种种初始设计时想象不到的缺陷。

创新设计有强大的生命力，但“创新”不一定保证“正确”或“成熟”。在技术成熟方面也要注意。

优势设计属于设计分级的最高层次，它必须以正确设计和成熟设计为基础，同时也必须以创新设计的思想来创建竞争优势。

1. 优势设计的基本思想

面向市场的设计是大大不同于常规的“纯技术”的设计的，优势设计主要在于要强调它是一种面向市场争取竞争优势的设计。创新设计并不一定能被市场接受，原因在于很多创新设计的动机并没有非常明确以市场需求为目标。优势设计的基本思想在于以下几方面：

（1）它是一种面向市场的设计　主要应使设计者认识到市场的挑剔性、严酷性及多变性。面向市场的设计要考虑很多的因素，要意识到风险的存在。

（2）它是一种战略性的分析、预测、判断和决策　优势设计必须善于进行产品方向预测和技术方向分析，要能够从复杂多变的市场变化和日新月异的技术进步中寻求能在当前及以后的市场上占主导地位的产品和技术方向。

（3）它是一种对自然法则深刻认识基础上的优势发现和发展战略　自然法则有：

1）最优秀的事物不知在什么时候、什么地方出现，是一种随机的自然现象。主观选定苗子，采取特殊培养，不一定能经受得了竞争的考验。

2）一旦发现优势，必要的支持和培育，对于优势的发展是很重要的。

3）任何优势都是发展的、变化的，要不断地改善，必要时甚至要做根本性的改革，放弃过时的，选择新的优势。

（4）它是一种高层次的设计思维　优势设计在思维方面有更高、更深、更广的层次。

1）要求有更全面的思维能力。从一个产品的构思开始就应该有全面的思维，也就是要能对这个产品将来在制造、使用、维护以至于回收等各方面可能遇到的问题做出预见性的分析。

2）要有更深入的思维。在新东西应用的同时，不仅会带来好的性能、好的效果，而且也可能会带来制造、装配、成本等方面的问题。另一方面，一种新的东西往往有很多细节会影响它的性能的发挥。很多细节往往需要经过长期的改型才能完善，这些完善工作就是属于深入思维的问题。从同一个原型出发，谁能在细节完善方面走得更快、更深入，谁就可能在竞争中占更大的优势。

更深入的思维，主要就是指对物理现象的深入思维。微软公司的人们常常想得比别人要深入得多，他们说“人们大大低估了人脑和人类的潜能的力量”。

要想有深层的思维，就要求设计人员具备较高的修养和知识水平，尤其对于物理概念要有较深的认识，善于以物理概念为基础对机械行为进行深层次的思考，物理概念是一切机械功能的基础。

在所有设计人员中，在战略和战术思维方面，确实存在很大的差距。说明这一点，对企业的领导人和从事具体设计工作的人员来说都是有利无害的。作为企业领导人，要善于发现高素质的人才。对于设计人员来说，要努力提高修养，使自己在思维能力方面不断提高，这不是学历和职称能完全解决的。

2. 优势分析

一个产品的优势从根本上来说，是由设计人员在设计阶段赋予的，即所谓“相对品质差异”和“相对成本差距”。但是在产品实现过程中的加工制造、生产管理等因素，对产品优势的形成也会产生重大的影响。

优势的最后实现则是由它在市场上的表现来决定的。一个产品在市场上能否实现它的优势，除了产品本身具有本质上的优势外，很大程度上还受营销手段的影响。

根据产品在市场上的表现，可以把优势的类型分为以下一些方面：

（1）表面优势和本质优势　一个产品的本质优势指的是它的功能原理是否新颖，技术性能指标是否先进，以及制造质量是否上乘等与实用效果有关系的技术内容，它决定着一个产品的技术水平，也是“相对品质差异”的主要内容。所谓表面优势，则是指外观、色彩、线条、附加功能以及宣传、广告等，它们是非本质的东西。

当然在现代产品竞争中，表面优势也不是一个可以等闲视之的因素，在一定条件下它可能是一个决定性的因素。

（2）局部优势和全面优势　争取全面优势当然是最理想的目标，但是这往往难以达到。

在设计中，很难一下子就取得全面优势，那么怎么使自己的产品在一些主要方面取得局部优势也是一种重要策略，设计者应该考虑自己产品首先要取得哪几项优势，才能保证在市场上取得一席之地。选择得正确与否，将决定其在竞争中的命运。

局部优势有时会随时间、地点及形势的变化而成为失去竞争力的劣势。设计时考虑到这一点，而事先采取了相应的措施，那么就可以避免风险。

（3）绝对优势和相对优势　客观事物的规律总是不能尽如人意，当一个新技术研究成功以后，也许可以使你的产品在“相对技术差距”上达到大大超过别人的水平，仅在这一时刻处于“绝对”优势的地位。

另外，一个新技术的出现，还有一个成熟和发展的过程，在这个过程中，别人就可能赶上，甚至超过你的水平，说明大多数技术是很容易让人超越的。

因此企业领导和设计人员应该更注重把自己开发的新技术作为一种针对某一方面特殊要求的技术来对待，而不要企图满足全部的要求。

（4）营销优势和实质优势　应该把“相对品质差异”和“相对成本差距”看作为实质性的优势，使它和“营销手段”结合起来，而不要对立起来。

不仅要懂得实质优势，而且还要懂得“营销优势”，懂得市场情况的变化万端，以采取相应的营销策略来适应市场，使有一定实质优势的产品能在市场上实现自己的价值。

只会搞“营销手段”而不在“实质优势”上下功夫的企业家，是一个“空对空”的企业家。

总结上述各种类型的优势，其中最根本的是技术性的“实质优势”。

3. 优势设计的物理学基础

机械产品的主要特征是实现动作功能（包括传递运动和力）和工艺功能，这两种功能都是物理学行为。过去只把机械看作是力学行为（包括运动学和动力学），这样的看法导致人们只从“机械学”的角度来研究机器，这种观点可以叫作“狭义物理效应”。实际上，要产生动作功能与工艺功能，所有的物理效应都可以利用，甚至连化学效应也可以利用，特别是强、弱电学效应。它是一种广义物理效应。要进行优势设计，首先就应该认识“广义物理学”。

在机械设计中应用广义物理学思想主要体现在以下一些方面：

（1）用广义物理效应实现机械动作功能 用物理效应产生机械动作的最早应用是液压、气动原理，但是更广泛的应用则应该从近一二十年谈起。人们已经在不同情况下应用了广义物理效应来驱动机器。例如：用压电晶体或磁致伸缩的物理效应实现微米级（1μm以下）的驱动；用热胀冷缩的物理效应，实现体内微型液体泵的驱动；用液体的压黏效应，实现牵引传动（Traction）的无齿传动功能；用液体的电流变效应（Electrorheological Fluid Effect），实现液压控制功能；用硅油的热黏性效应，实现汽车差速器锁紧功能；用直线电动机来实现自动绘图机的 x、y 方向驱动功能；用超声波进行不定向驱动（三个自由度原动机）。

在不同场合下利用不同的物理效应来驱动机械运动，有时可能比纯机械的方式要有效得多。

（2）用广义物理效应实现机械工艺功能 传统的机械工艺功能，常常用机构驱动一个工作头对工作对象进行直接的工艺（加工）作用。而工作头对工作对象的加工原理也是纯机械的方式，如切削、锻压、冲剪等。实际上，加工工艺功能比动作功能更易于采用广义物理效应。例如：在机械加工工艺中，过去以切削加工为主要工艺功能原理，现在电火花加工工艺功能原理可以加工出各种通孔或不通孔及异形孔；线切制加工工艺功能原理，可以用一根金属丝通过电火花切开金属块；激光加工工艺功能原理，用激光束聚焦，使能量集中，用来切割金属或布（多层布），目前已可切割10mm以上的钢板；水流切制工艺功能原理，将高压水通过小孔射出，能量甚大，也可以用来切制木材、布（多层布）、石料以及铁板。

在其他部门，加工工艺用物理效应的实例更多。例如：织布工艺中的喷水织机；在纺织工艺中，有一种“气流纺”；20世纪末出现的一种“快速成型技术”，采用激光对液态树脂或金属粉末进行逐层扫描。清洗工艺历来是用清洗溶液采用手工的方式对零件进行清洗。用超声波的物理效应，很容易地将零件或假牙、饰物等清洗干净。采用激光还可以清除金属件表面的锈污。

总而言之，用各种物理效应对物体的作用来代替用机械工作头对物体的直接作用，是工艺功能中有宽广前景的新途径，其前景不可限量。

（3）用广义物理效应解决关键技术功能 一个产品是否具有一个或一些较先进的关键技术，是这个产品是否具有“实质优势”的根本。关键技术有“软”和“硬”两种。软的关键技术体现在产品的总体设计思想方面，而并不一定在具体的技术内容上有很多尖端技术。就是好的产品并不一定所有的组成都是最优秀的技术，应该是有所取，有所不取。“硬关键技术”则要求对产品的核心技术或重点技术进行研究，使之超过常规水平及同类水平。这种靠硬关键技术建立起来的优势，是更强有力的优势，是设计师和工程师们应努力追求的目标。因此从某种意义上说，关键技术很大程度上要依靠非机械技术来解决。这就是要把广义物理效应和关键技术功能联系起来的原因。

在为解决关键技术问题而采用广义物理效应时，产生技术矛盾的本身就可能是一种微观物理现象，而解决的办法也可能是要从微观的角度来分析和解决这种微观问题。

（4）用广义物理学观点进行新机构、新结构、新材料、新工艺的研究

1）机构学的研究。例如，“并联六杆机构”、双螺旋自动增力机构。

2）机械结构体的设计。结构体都有一个共同的特点，就是材料是整体一致的。

对于构件本体，要能够减轻质量而不降低强度或刚度。处理的方法有通过结构优化设计、采用高强度轻金属材料和采用复合材料三种。

3）新材料开发。现代材料已经出现了下列几个方面的新发展趋势：①特别高强度的轻质金属材料；②粉末冶金材料；③高强度高分子复合材料；④各种高分子有机材料。

4）新工艺的研究。出现了一些新的加工工艺：①电火花加工；②线切割加工；③激光加工；④精密冲压加工；⑤高压喷射水刀加工；⑥数控冲床。

4. 优势设计的哲学基础

1）设计问题永远没有一个“唯一正确的解答”。

2）设计需要创造性，但不是一般的创造性。

3）设计需要反复试验，不断摸索。

4）市场是检验设计的唯一标准。

5）成功是必然性和偶然性的结合。

5. 优势决策

世界上不存在一种决策方法能够做出百分之百正确的决策来。原因在于世界上的事物发展有其偶然性和不可知性存在。

（1）三类事物　世界上的事物大体上可以分为三类：第一类是简单事物，第三类是复杂的事物，它们之间存在的大量事物属于第二类，即既不很简单，也不很复杂的大量事物。可以将区分第几类事物的条件归纳为以下三点：

1）事物发展的后果是否有成或败的极端性。

2）可供选择的方法和路线是否较多。

3）影响事物发展的因素是否有较多的偶然性、不确定性和不可知性。

从哲学的观点看，世界上一切事物的发展中唯一可以确定的东西就是“不确定性”，对于第一类事物，一般来说只要做出必要的安排就可以完成任务。对于第三类事物，一般来说影响其能否实现的主要因素包括负责人、执行人和外界条件。

（2）优势决策的三大影响因素　优势决策的主角是决策负责人，应该把专家决策或群众路线只看成是一种方法（或称路线），一切责任仍应由决策负责人来承担。

优势决策的第二个重要因素是决策执行人，对于设计来说，当设计决策做出后，随后就要通过具体的实用化设计和商品化设计来实现决策的目标。因此，负责原理性试验研究和随后的实用化、商品化实施的人，是非常重要的角色。

决策负责人必须要了解和关心第一层次的重要决策，也必须和决策执行人随时沟通并取得同意。

一切决策，尽管可能非常周到，但是在执行中必须有天时、地利、人和的保证。如果机遇不合适，再好的决策也难以成功。

（3）优势决策的要点　优势决策是指为使企业的产品设计取得竞争优势，而在一些重要问题上必须做的决策。首先要讨论优势决策的重要环节。

1）决策负责人的选定。决策负责人的基本条件应该是：①对决策的问题力求有深入和

广泛的了解；②有强烈的钻研精神；③具有实际的操作经验和能力。

2）决策执行人的选择。决策执行人实际上也是下一层次问题的决策负责人，因为决策执行人的基本条件应该和决策负责人的条件没有太多区别。但是决策负责人和决策执行人在一些复杂的事情中必须是分开的，决策执行人还必须要有另一些重要品质：①必须了解决策负责人的决策动机，并和自己的判断相一致；②必须能在实际情况出现变化或发现始料不及的情况时，有能力采取补救措施和行动；③能随时判断总决策执行中的发展态势，一旦出现不利情况，甚至必须考虑总决策是否要做修正时，应该敢于提出建议，必要时应暂停执行，与决策负责人统一思想后再继续执行。

以上两点是关于人选的工作要点。以下是工作进程中的工作要点。

3）方向性问题的决策。方向性问题有三类：① 产品方向问题；②技术方向问题；③非技术问题。

4）方向性问题决策的思维要点：①要用一个市场分析专家和顾客心理专家的眼光，分析市场和顾客对产品和技术的反应，做出相对准确的判断；②要用一个技术专家的眼光，了解和分析产品需求和各种已有技术的优缺点，更重要的是要用一个预测技术发展的行家的眼光，预测今后一段时期内产品前景可能达到并可能占据优势地位；③要用一个总经理的眼光对本企业的经济实力、技术条件、技术水平和员工素质做出切实的评价，判断是否适应所选择的产品和技术方向；④要用一个军事统帅的眼光，做好队伍组织、计划安排、条件保证和问题处理等运筹和指挥工作。

5）决策的本质是正确处理事物的不确定性，人们在做决策时，面对不确定性，人人有同等的机会，但由于各人的素质和悟性不同，决策的结果也将有很大的差别。

1.3.10 产品生命周期设计

“可持续发展是既满足当代人的需要，又不对后代人满足需要的能力构成危害的发展。”人类经济社会发展要与所处的环境维持一种生态平衡关系。

产品是工业的产物，要使它成为一种“绿色产品”，就必须重视产品生命周期中的环保问题，即产品既不会在生产过程中产生污染物，做到清洁生产，产品本身也不含污染物，并在使用中也不会对环境产生有害的物质，直至产品报废还应该可以回收再利用，以使对环境的影响减到最小。基于这点，提出了产品绿色设计或产品生态设计的概念，它的基本思想是：工业产品的污染预防应从设计入手，把改善环境影响的努力凝结在产品的设计之中。

产品生命周期设计或绿色产品设计，它要求设计人员在产品生命周期设计的初始阶段就应把资源优化、能源优化、劳动保护、生态环境保护和报废产品的回收和再利用等与产品的功能、质量、寿命和成本列为同等重要的设计目标，并保证在生产和使用中能够顺利实施。产品生命周期设计一般具有如下的几个特点：

1）可能使产品从生产到使用乃至废弃、回收处理的各个环节中都对环境所产生的危害为最小，甚至做到对环境无害。

2）最大限度地合理使用材料资源，并使报废产品中的零件材料能再生利用。

3）最大限度地节约能源，使在产品生命周期中的各个环节所消耗的能源为最少，并不至于对环境产生不利的影响。

提高我国产品在国际市场的竞争力只有从产品生命周期设计的观点出发，生产出无污染的产品。

1. 产品生命周期设计简介

（1）产品的生命周期　任何一种产品从市场预测、战略规划开始，经概念设计、样机试制、设计定型、市场测试、投产准备、批量生产、市场销售、售后服务到报废回收，都会经历这样一个生命周期。

（2）产品生命周期设计　产品生命周期设计（Life Cycle Design，LCD）是针对产品绿色化问题提出来的一种设计方法，并随并行工程的发展而发展起来的。

产品生命周期设计所采取的基本策略是“让产品在生命周期内对环境不产生或尽量减少污染，而不是当产品产生污染后采取措施去消除”，其目标是使所设计的产品对社会的价值最大，面对制造、使用维护和环境所投入的费用最小。所谓对社会的价值不仅包括产品所具有的功能，还包括产品的可制造性、可装配性、可维修性、可靠性、可回收再利用性以及与环境的友好性等。因此，产品生命周期设计是一种在产品设计的各个阶段考虑产品整个价值的一种设计方法。由于它的核心是在设计阶段将产品对环境的影响降至最低水平，因此在一些场合下，也把产品生命周期设计称为绿色设计（Green Design，GD）或生态设计（Ecological Design，ED），而把产品生命周期设计出来的产品称为“绿色产品”。

绿色产品是这样一种产品，即在其生命周期全过程中，符合特定的环境保护要求，对生态环境无害或危害极少，资源利用率最高，能源消耗最低的产品。因而产品生命周期设计或绿色设计与传统产品设计的不同之处在于，在产品整个生命周期内，着重考虑产品环境属性（可拆卸性、可回收性、可维护性、可重复利用性等），并将其作为设计目标，在满足环境目标要求的同时，保证产品应有的功能、使用寿命、质量等。

（3）产品生命周期设计的组成　产品生命周期设计不单需要考虑产品的性能、质量、可靠性、可制造性和可维护性等这些基本要求，还必须考虑产品在生命周期中对环境的不利影响最小或是降低到合理水平。因此，DFX方法就成为产品生命周期设计的重要组成部分。

所谓DFX就是Design For X（面向产品生命周期各个阶段/环节的设计）的缩写。X可以代表产品生命周期或其中的某环节，如装配、加工、使用、维修、回收等，也可以代表产品竞争力或决定产品竞争力的因素，如质量、成本、可靠性和效率等。因此，当X代表决定产品竞争力的因素时，可以统称为面向产品竞争力的设计，这一类DFX实际上是面向整个产品生命周期的。

一般地，DFX方法都是对产品生命周期的某个阶段或某个特性进行的。例如，面向制造和装配的设计（Design for Manufacturability and Assembly，DFMA）、面向拆卸的设计（Design for Disassembly，DFD）、面向维修性的设计（Design for Maintainability，DFMn）、面向回收的设计（Design for Recycling，DFR）、面向环境的设计（Design for Environment，DFE）、面向材料选择的设计（Design for Material Selectivity，DFMS）、面向质量的设计（Design for Quality，DFQ）、面向可靠性的设计（Design for Reliability，DFRa）和面向服务的设计（Design for Serviceability，DFS）等。从产品整个生命周期来看，各项设计可能出现矛盾，无法使产品在整个生命周期内的各项指标达到整体最佳，从而利用产品生命周期评价（Life-Cycle Assessment，LCA）将这些DFX方法集成在一起，成为一个有机的整体系统。

（4）产品生命周期设计的实施模式　产品生命周期设计继承了并行工程的组织模式和

运行机制，并围绕“开发周期、质量、成本和售后服务”四个基本因素来开展工作，并在设计中：①同时考虑生命周期中的各种约束因素；②各设计阶段的各种工具并行协作；③产品的各设计小组协同工作，并定期对产品的各方面问题进行综合讨论与决策；④设计工作在宏观上按并式进行，但在微观上按串式进行。

对于产品生命周期设计，还需要多学科的知识、各种技术与方法和工程设计所必需的数据，这些都应该被集成为相应知识库、方法库和数据库，并把它们组成统一的管理系统，以利于并行设计的实施，其中特别是产品信息模型（Product Information Model，PIM）和产品数据管理（Product Data Management，PDM）尤为重要。

产品生命周期设计还需有一定的支撑环境，并且应包括一般的并行工程支撑环境和绿色设计支持环境的部分。

设计人员在各自的工作站上既可以像在传统的CAD工作站上一样进行自己的设计工作，又同时可以与其他工作站进行通信。根据设计目标的要求；既可以随时应其他设计人员的要求修改自己的设计，也可以要求其他设计人员修改其设计以适应自己的要求。这样，多个工作站就可以并行协调地进行。

2. 材料的选择设计方法

材料选择需要考虑很多因素，如工程需要、可制造性、性能、环境影响和费用，但所有这些都必须与产品的可靠性、技术性能、可维修性以及环境友好性同时考虑、协调一致，使产品整个生命周期内的费用以及对环境的危害最小。

总的来说，在产品生命周期设计中，材料选择应遵循以下两条原则：一是尽可能使用在自然界中可循环的材料，并将自然的循环应用到其废弃和生产过程中。为此，需要熟知自然循环系统的性质，并根据具体情况以自然循环为模型来设计人类圈的物质循环；二是尽可能少地使用自然界中不可循环的材料。对那些非用不可的材料，应事先设计一个再生循环系统，在材料的废弃和再生过程中，严格控制数量，并使其处于不活泼状态。

3. 产品生命周期设计的评价

（1）LCA的概念　产品生命周期评价（LCA）是对环境影响进行分析的一种定量方法。从理论上讲，LCA具有将环境质量融入产品决策过程的特点，是一种全面性的综合思考模式，与传统的产品环境影响评价有本质的区别，主要反映在集中考虑的焦点环节和废弃物管理方面。传统环境影响评价方法与LCA的比较见表1-5。

表1-5　传统环境影响评价方法与LCA的比较

方法类别	针对的环境	污染物、废弃物管理
传统环境影响评价方法	实用阶段	使用过程中所产生的污染物
LCA	原料开采、生产、制造、使用及废弃等整个阶段	制造、运输、使用及废弃过程中的污染物、废弃物

（2）LCA的分析方法　产品生命周期分析分四个实施阶段：目标及范畴定义、清单分析、影响评价、改进分析。

1）目标及范畴定义。目标及范畴定义主要是对研究的目标及范围做出清楚的定义，建立所研究产品的功能单元，设定LCA的边界等。它分为三个层次，即观念的、初步的或全面的LCA。

2）清单分析。生命周期清单分析，是针对某特定的产品及其生产全过程（原料开采、加工/制造、运输及供销、使用/再使用、维护、回收及废弃物管理）中的能源和原料需求，以及排放至环境中的空气、水及土壤污染物等资料清单和定量值进行收集整理和描述，作为后续影响评价或改进分析的基础。

生命周期清单分析的一般步骤包括过程描述、数据收集、预评价和产生清单等。

3）影响评价。LCA 的影响评价是将清单分析所得的结果，以技术定量或定性方式评价重要且具有潜在性的环境影响。影响评价的步骤通常包括分类、特征化和量化。

4）改进分析。将清单分析和影响评价中发现的问题，提出对现有产品设计和加工工艺的改进意见，提出可能的实施方案；或者将评价的结果以结论或建议方式提出，供决策者参考。

4. 生命周期设计的关键技术

数据和知识包括在生命周期设计中完成绿色设计所必需的一些数据和知识，如材料数据，不同材料的环境负担值，材料的自然及人工降解周期，制造、装配、销售及使用过程中产生的废弃物数量及能耗，回收分类特征数据及生命周期各阶段的费用及时间等。这些数据有静态数据和动态数据：静态数据如设计手册中的所有数据、回收分类特征等，这类数据通常采用表格、线图、公式、图形及格式化文本表示；动态数据是在设计过程中产生的有关信息，如中间过程数据、零件图形数据、环境数据等。

产品生命周期设计涉及很多学科领域的知识，这些知识不是简单地组合或叠加，而是有机地融合。利用常规的分析方法、计算方法和设计工具，是无法满足设计要求的。此外，绿色设计的知识和数据多呈现出一定的动态性和不确定性，用常规方法很难做出正确的决策判断；而且只能要求产品设计人员在设计过程中具有一定的环境基础知识和环境保护意识，而不能要求它们成为出色的环境保护专家。因此，绿色设计必须有相应的设计工具作支持。绿色设计工具即绿色产品的计算机辅助设计，是目前绿色设计的研究热点之一。

随着 LCD 研究的不断深入和实践，一些信息模型相应的软件系统也应运而生，比较有代表性的是 LASeR1.0、DFA/Pro7.1 和 DFS Version1.0。

LASeR1.0 是由斯坦福大学生命周期工程小组开发的基于微机的软件系统，它能对机械设计的可维修性、可循环利用性和装配性能进行评价。用户首先输入机械系统的设计结构、费用、劳动成本以及所使用的材料，然后就能选择相应的手段对设计进行分析。该软件用 GE-Hitachi 装配评估法对设计的装配性进行分析，通过确定修理所需的操作步骤和计算有关的维修费用对产品的维修性进行分析。如果是产品报废处理，则由用户选择相容的零件组，LASeR1.0 对这些零件组或零件族进行分析，根据所给出的分类策略，确定相应的拆卸和再处理费用。

DFA/Pro7.1 和 DFS Version1.0 用结构表按树状结构表示产品全部的子装配件、部件和所需的装配、拆卸和维修操作，树根是主装配件或产品。通过 DFA 或 DFS 问题推理对产品进行装配、拆卸、维修和再装配分析，减少装配时部件的数量，计算装配、拆卸、维修和再装配的时间，估计装配或维修的费用，提出设计建议。用户可根据设计对象定义自己的规则库和操作。它们可与 Pro/Engineer 集成使用，使之成为一个集成的绿色设计和分析软件工具。

1.3.11 稳健性设计

稳健性设计是研究怎样得到高质量产品的设计技术，是大多数基本的质量因素经过长时间使用之后仍保持各自应有的作用（包括易于维护）。①在正常的工作条件下，要考核它们在使用中是否有不知不觉的变化，考核所说的产品的使用寿命；②产品的动作和外观不应随时间而变；③它的操作应该不变，甚至不需要调整。

一个产品如果其质量指标保持不变，而且不受制造、使用时间或者环境引起的参数变化的影响，则可以认定为是高质量的。

稳健性设计是研究怎样得到上述这样的高质量产品的设计技术。

机械产品的性能与设计时确定的参数值直接相关，通过设计所确定的参数名义值会由于上述各种干扰因素（噪声）的作用而偏离理想值，这些干扰因素有三种类型：第一种是制造误差；第二种是环境变化（由载荷作用引起的结构变形，由温度变化引起的变形等）；第三种是使用时间造成的零件磨损、蠕变、疲劳或老化等。上述三类干扰因素包括了所有的噪声。如果通过合理地选择结构参数，使得这些产品满足质量指标并对这些因素不敏感，那么，顾客将认为此系统是个高质量产品。通过某些设计技术使产品性能对干扰因素的影响不敏感，这样的设计方法就被称为稳健性设计。

采用检验方法的质量控制被称作检验员去核实所生产的产品是否在指定的公差之内。这种通过检验来提高质量的努力不是非常稳健的，因为，恶劣的生产制造工艺和不好的设计可以使质量检验非常困难。

之后，许多努力都花费在设计生产设备上，制造的零件变得更加一致。这使得质量控制的责任从在线检验转移到离线的生产工艺的设计上来了。为了使它们在规定的公差内，制造工艺开发了许多统计学的方法。如果一个生产工艺能够使一个被加工的零件保持规定的公差，这就是有一个稳健的、高质量产品的保证。

1980年以后实现了的质量控制理念，才是真正的设计结果。如果稳健性是设计进去的，质量控制的责任就与生产和检验脱开了。这就是稳健性设计的质量控制理念。

稳健性设计的本质就是对噪声的处理。有四种方法来处理这些噪声：①保持在通常的费用下较紧的制造误差；②加上主动的控制来补偿误差（在通常的复杂程度和费用下）；③从产品的使用时间和环境的影响方面加以防护；④使这个产品对噪声不敏感。一个产品对制造、使用时间以及环境噪声不敏感，可被认为是稳健的。稳健性设计的关键的哲学思想是：以容易制造的公差为基础决定参数的值，并且不采取对使用时间和环境有影响的防护，达到产品的最好的性能是满足工程需求的目标并且产品对噪声不敏感。

以这样的哲学思想，质量是能够设计到产品中去的。

具有稳健性的产品设计，可以在较恶劣的环境下工作，可以允许温度、压强、载荷在较大的范围内变化，可以具有较长的使用寿命，所以稳健性设计有助于降低产品的成本，提高产品的性能，延长产品的使用寿命。

传统的机械设计过程中将基本参数和公差分别考虑。首先根据功能要求确定基本参数，然后再根据精度和工艺要求确定公差。

例如，在对圆柱形表面加工面装配进行参数设计时，选择较大直径，容积对直径误差的敏感程度就会降低，对长度误差的敏感程度就会提高；反之，如果选择较小的直径和较大的长度，可以获得容积对直径和长度的综合误差的敏感程度最低。

对于所设计的对象无法得到完整的数学模型，可以采用实验的方法。

确定实验方案之前首先应列举可能对设计性能产生关键性影响的独立设计参数及重要的干扰因素，然后根据测试要求设定实验方案。

所确定的实验方案应使被测试的关键参数可以独立改变或调整，被测试的干扰因素可以被独立控制，性能参数可以被精确地测量，测量误差与关键参数的影响和被控制的干扰因素的影响相比很小。可以通过对每组实验多次重复的方法降低测量误差的影响。

如果参数和位级数量增加，会使实验次数变得很多，这种情况下可以采用正交实验方法。

1.3.12 公理设计

设计是在“我们要达到什么”和“我们要如何达到它”之间的映射，这个过程从明确的“我们要达到什么”开始，到一个清楚的“我们要如何达到它”的描述结束。

传统设计主要是依靠设计人员的经验和聪明才智，通过反复尝试迭代的方法完成的。

公理设计理论试图通过为设计提供基于逻辑的和理性思维过程的基础来改进设计，使设计更加成为一个科学的思维过程，而不是完全艺术的思维过程。

公理设计理论认为，设计过程由四个域构成，它们分别是用户域、功能域、物理域、过程域。用户域是对用户需求的描述（也称为需求域）。在功能域中，用户需求用功能需求和约束来表达。为了实现需求的功能，在物理域中形成设计参数。最后通过在过程域中由过程变量所描述的过程制造出具有给定设计参数的产品。

公理设计理论由一组公理和通过公理推导或证明的一系列的定理和推理组成。公理设计理论的基本假设是存在控制设计过程的基本公理。基本公理通过对优秀设计的共有要素和设计中产生重大改进的技术措施的考证所确认。

公理设计理论确认两条基本公理：

公理1：独立公理。即表征设计目标的功能需求必须始终保持独立。

公理2：信息公理。在满足独立公理的设计中，具有最小信息量的设计是最好的设计。

所谓独立公理，是指功能需求为设计所必须满足的独立需求的最小集合。独立公理要求当有两个或更多的功能需求时，设计结果必须能够满足功能要求中的每一项，而不影响到其他项。

如果一项设计要求的公差小、精度高，则某些零件不符合设计要求的可能性会增大。设计信息量是设计复杂程度的度量，越是复杂的系统，信息量越大，实现的难度也越大。

成功概率是由设计所确定的能够满足功能要求的设计范围和规定范围内生产能力的交集。

1.3.13 概念设计

“概念设计”的确切含义是指对一种产品的创意性的形象化描述。例如：20世纪60年代美国MIT提出的“程序控制机床”的概念；20世纪80年代日本SONY公司提出的Walkman的概念；现代汽车展上各种“21世纪概念车”等。

从上面的这些例子可以看出，“概念设计”所指的产品是总体性想法，但并没有限定为专指某些具体的方面，而是对产品总体设计方面的一些有特殊意义的想法。这些想法有以下几个特点：

1）有突出的创意。

2）其效果是为同类产品开创出一个全新的技术性的或应用性的方向。

3）和需求的关系更加密切，有广阔的应用前景。

4）这种概念应该和当前的科学和技术发展水平相适应，更多地强调思想（Idea）。

世界上的事物基本上有两大类：一类是可以按人们的理想，用某种固定的程式，可以人为地制造出来的。例如，工厂中生产产品。另一类是不可知的，发明计算机就属于这类。

“自然法则”控制的问题就是说没有一种可以直接得到某种成功的“产品概念”的公式、程序或方法，成功的“概念”是随机产生的。

机遇总是只眷顾那些付出大量汗水的人们，这也是“自然法则”。

评价一个已经提出的产品，只有市场才是评价产品概念是否成功的唯一标准。

对新的产品概念的评价和决策，是一个面对“不确定性”的问题，还受到其他因素的影响：

1）概念本身是否确实有优势、有应用前景。

2）企业本身（领导和团队）是否有能力和毅力实现该产品。

3）竞争对手是否会提出更有优势的产品概念。

4）随着时间的推移，是否会出现新的技术，促使更新的概念的出现。

5）市场是否会出现难以预料的变化。

1.3.14 质量功能配置设计方法

当人们确定了一个项目并明确了想要设计的产品的概念之后，随后要做的工作便是确定产品的特性，这些工作包括：

1）产品的特性或目标。

2）这个目标的竞争力如何。

3）从顾客的观点看，什么是重要的。

4）用数字表达出上述特性或目标。

一种叫作“质量功能配置”（Quality Function Deployment，QFD）的方法被用来获得上述这些问题的大量重要的信息。

这个方法最早可以追溯到 Pahl 和 Beitz 合著的《构造理论》（Konstruktionslehre）一书中的“要求表”（Anforderungs lists），可以用来帮助设计者更好地理解设计问题。现在这个 QFD 方法是 1970 年在日本发展起来的，1980 年推广到美国。使用该方法，日本丰田公司在推出一款新的轿车时成本降低 60%以上，并且缩短开发周期 1/3，在达到这些目标的同时产品质量也得到提高。一个对 150 家美国公司的最近调查显示，69%的公司应用了 QFD 方法，其中的 71%的公司自 1990 年开始就应用这个方法。大多数应用这个方法的公司采用 10 个或少于 10 个人的功能交叉的设计团队。这些公司的看法是，83%的人感觉到提高了顾客的满意程度，76%的人指出它可以导致合理的决策。

应用 QFD 方法，要按步骤建立“质量屋”（House of quality），它是一幅框图，样子像是一座有许多房间的房子，每个房间都含有可定值的信息。关于它的详细介绍请参见参考文献。

总之，要对设计的问题充分地理解，最好是通过 QFD 方法，它可以把顾客的需求转换为可以度量的工程要求的目标。

1.3.15　模糊设计

在现实的客观世界及工程领域中，既有许多确定性与随机性的现象，还存在着模糊现象。所谓的模糊现象是指边界不清楚，在质上没有确切的含义，在量上没有确切界限的某种事物的一种客观属性，是事物差异之间存在着中间过渡过程的结果。科学家基于这一现象创立了模糊集合论，进而形成了模糊数学。模糊设计是运用模糊数学原理针对工程中的模糊现象，模拟人的经验、思维与创造力，设计模糊化、智能化的软件与硬件产品的综合学科。机械工程中模糊设计的应用包括模糊优化设计和模糊可靠性设计。目前，国内外模糊优化理论及研究已取得较大进展，我国在机械结构的模糊优化设计、抗震结构的模糊优化设计等方面已取得了较多成果。对产品进行模糊可靠性设计是一种新的设计理论与方法，是常规可靠性设计的拓展，也是可靠性设计理论的重要研究方法之一。

1.3.16　机械疲劳设计

零件在循环应力或循环应变作用下，由于某点或某些点产生了局部的永久结构变化，从而在一定的循环次数以后形成裂纹或发生断裂的过程称为疲劳。零件和结构是在循环交变应力下工作的，设计时应该采用疲劳强度设计方法。

1. 疲劳破坏的机制和特点

（1）疲劳破坏机制　疲劳破坏一般可分为三个阶段：第一阶段是疲劳裂纹萌生；第二阶段是疲劳裂纹的扩展；第三阶段是失稳断裂。损伤逐渐积累到临界值时，即发生瞬间的断裂破坏。在微观和宏观方面对疲劳的研究集中在疲劳裂纹的萌生和扩展两个方面。

（2）疲劳破坏的特点

1）它是在循环应力或循环应变作用下的破坏，疲劳条件下的破坏应力低于材料的抗拉强度 σ_b，还可能低于屈服强度 σ_s。

2）疲劳破坏必须经历一定的载荷循环次数。

3）零件在整个疲劳过程中不发生宏观塑性变形，其断裂方式类似于脆性断裂。

4）疲劳断口上明显地分为两个区域：光滑与粗糙。

2. 载荷类型

根据载荷幅值随时间的变化呈现有规则和无规则，周期载荷按照交变应力的特征，可分为对称循环、脉动循环、非对称循环。每个工作周期载荷的变化历程称为载荷谱。

3. 疲劳应力与疲劳强度、疲劳曲线、疲劳极限

（1）疲劳应力与疲劳强度　应力是指零件上某一特定截面上某指定点的内力分布，强度则是指零件受载荷作用时抵抗失效的能力，通常用最大应力（最大应变）表示。

（2）疲劳曲线　在交变载荷作用下，零件承受的交变应力和断裂循环周次之间的关系，通常用疲劳曲线来描述，这些数据是通过试验取得的。将试件运转直到疲劳破坏为止，并记录循环次数 N，在该循环次数下试件发生破坏时的应力 σ_{max} 称为疲劳强度，用 S_f 表示。将所加的 σ_{max} 为横坐标和对应的断裂循环周次 N_i 为纵坐标取对数，绘成图便得到疲劳曲线，

即 $S\text{-}N$ 曲线。$S\text{-}N$ 曲线上具有一明显的水平段，与此水平段相应的最大应力 σ_{max} 称为试件的疲劳极限 σ_r。一般均以对称循环下的疲劳极限作为材料的基本疲劳极限。

（3）疲劳极限图（疲劳图） 在各种循环应力下，选取以平均应力 σ_m 为横坐标、以应力幅 σ_a 为纵坐标绘出的曲线称为疲劳曲线图。根据试验得出的疲劳极限数据画出曲线，在曲线内的任意点表示不产生疲劳破坏的点。在这条曲线以外的点，表示经一定的应力循环数后要产生疲劳破坏的点。横坐标表示出对称循环交变应力下产生疲劳破坏的临界点，纵坐标表示出静强度破坏点。

4. 影响疲劳强度的因素

（1）应力集中的影响

（2）尺寸效应 零件的截面尺寸越大，疲劳极限就越低；这是由于尺寸大时，材料晶粒粗、出现缺陷的概率高和表面冷作硬化层相对薄等原因所致。

（3）表面状态的影响 表面强化可提高疲劳强度，而表面粗糙会降低疲劳强度。最大应力往往在断面边缘外应力集中。

5. 疲劳设计

现行的疲劳设计法主要有以下几种：

（1）名义应力疲劳设计法 以名义应力为基本设计参数，以 $S\text{-}N$ 曲线为主要设计依据的疲劳设计方法称为名义应力疲劳设计法。有无限和有限寿命设计法，前者主要的设计依据是疲劳极限，也就是 $S\text{-}N$ 曲线的水平部分；后者主要设计依据是 $S\text{-}N$ 曲线的斜线部分。

（2）局部应力应变分析法 该法是在低周疲劳的基础上发展起来的一种疲劳寿命估算方法，其基本设计参数为应变集中处的局部应变和局部应力。

（3）损伤容限设计法 其设计思想以承认材料内有初始缺陷为前提，并把这种初始缺陷看作裂纹，这种方法的思路是，零件内具有裂纹是不可避免的，正确估算其剩余寿命，采取适当的断裂控制措施，确保零件在使用期限内能够安全使用，则这样的裂纹是允许存在的。

（4）疲劳可靠性设计 疲劳可靠性设计是概率统计方法和疲劳设计方法相结合的产物，因此也称为概率疲劳设计。这种设计方法考虑了载荷、材料疲劳性能和其他疲劳设计数据的分散性，把破坏概率限制在一定的范围之内，因此其设计精度比其他疲劳设计方法要高。

6. 低周疲劳的概念

在循环加载过程中，当应力水平很高、应力峰值 σ_{max} 接近或高于屈服强度而进入塑性区时，每一应力循环有少量塑性变形，呈现 $\sigma\text{-}\varepsilon$ 滞后回线，以至于循环次数很低时就产生疲劳破坏，此时断裂寿命的变化对循环应力的高低已不敏感。这种现象通常发生在寿命低于 10^3 次的范围里，应力和应变的线性关系丧失，用应力很难描述实际寿命的变化，因而改用应变来描述。用 $\Delta\varepsilon$ 为纵坐标，用破坏时的循环次数 N_f 为横坐标绘制低周疲劳曲线。因其控制因素是塑性应变幅，故称之为应变疲劳。

对于通常承受高应力水平的交变载荷的结构，如压力容器、汽轮机壳体、炮筒、飞机的起落架等，应当考虑低周疲劳的问题。

7. 结构疲劳试验简介

影响零件疲劳强度的因素不仅与材料成分、组织结构、热处理和冷加工规范、试验温度等有关，而且与试件（或零件）尺寸、应力状态、应力集中、试件表面状况、表面粗糙度、试验介质、与其他零件的相互配合等有关。由于上述影响因素的随机性，致使测出的疲劳特性（疲劳极限，*S-N*曲线和疲劳寿命）呈离散性分布，更增加了零件疲劳强度的复杂程度。为了提高零件的使用寿命，不仅要进行结构疲劳强度设计，还要对重要机械的零件、部件直至整机做结构疲劳试验。从研究现状与发展趋势来看，目前存在的问题是缺乏疲劳设计的基础数据，更未建立疲劳设计规范。特殊工况下的疲劳问题和模拟实物工况的整机疲劳试验的研究尚处于探索阶段。

（1）结构疲劳试验的基本类型与特点　机械零件的疲劳试验分为零件疲劳试验、模拟疲劳试验和整机疲劳试验三类。

1）零件疲劳试验。零件疲劳试验是验证零件结构疲劳设计质量能否满足使用强度要求的有效手段，同时也可利用所得数据充实和修正疲劳设计理论。零件的疲劳强度设计所用数据多数是由标准试件疲劳试验取得的，在大多数情况下，实际零件的残余应力分布、截面各处力学性能的变化梯度、不同淬火冷却速度形成的金相组织、表面加工状况和几何应力集中等都与标准试件大不相同。因此，在整机实物试验之前，应该对重要承力零、部件直接做疲劳试验。零、部件疲劳试验，能暴露出结构上存在的薄弱环节、应力集中源，并可检查关键零件使用寿命。在进行零件疲劳试验时，重点应解决试验规范、加载方案和加载参数的选择等问题。

2）模拟疲劳试验。大型机械零件的实物疲劳试验，往往因加载设备和场地条件等限制而无法进行。为此，常采用几何相似模拟或局部应力场模拟试验的方法。几何相似模拟试验对试件的要求是：模拟件的化学成分、热处理和力学性能要与原型件相同；试件与原型件几何形状相似。此种模拟试验，由于尺寸效应的影响往往不能代表原型件的实际影响，因而现在较少采用；局部应力场模拟疲劳试验是以疲劳破坏的局部性为依据。首先在结构局部高应力区产生滑移，然后在滑移带中形成微观裂纹。当微观裂纹刚产生时，因裂纹附近的塑性变形很小。不会引起载荷的重新分配，在距离微观裂纹较远的部位，应力场基本保持原来状态。因此，疲劳裂纹的萌生只与应力最大点附近的应力场有关。这样，只要使模拟件在应力最大点附近的应力场和材质情况与原型件相同，则这种模型的疲劳强度即可代表原型件的疲劳强度。

3）整机疲劳试验。对于特别重要的机械和批量较大的机械，为了确保机械的可靠性，还必须在零件疲劳试验的基础上再做整机疲劳试验。这种试验可弥补因设计载荷确定误差、环境、运动件接触腐蚀等给零件寿命带来的影响，得出更有价值的数据。

（2）试验结构的统计处理　由于结构疲劳强度影响因素的随机性，致使疲劳试验结果呈离散性分布。为了以少量试件的试验结果推知整批同样零件的疲劳特性，一般均采用数理统计的方法处理结果数据。具体方法可参阅有关资料。

1.3.17　蚁群算法

蚁群算法（Ant Colony Optimization，ACO），又称蚂蚁算法，是一种用来在图中寻找优化路径的概率型算法。它由 Marco Dorigo 于 1992 年在他的博士论文中提出，其灵感来源于蚂蚁在找食物过程中发现路径的行为。蚁群算法是一种求解组合最优化问题的通用启发式方法，是受到人们对自然界中真实蚁群集体行为研究成果的启发，考虑到蚁群搜索食物的过程与旅行商问题的相似性，利用蚁群算法求解旅行商问题、指派问题和调度问题，取得了一些比较满意的实验结果。该方法具有适应性好、鲁棒性强，具有正反馈、分布式计算和富于建设性的贪婪启发式搜索的特点。通过建立适当的数学模型，可以解决非线性全局寻优问题。

1. 蚁群算法的基本原理

各个蚂蚁在没有事先告诉它们食物在什么地方的前提下开始寻找食物，当一只蚂蚁找到食物以后，它会向环境中释放信息素，吸引其他的蚂蚁过来，这样越来越多的蚂蚁会找到食物。有些蚂蚁并没有像其他蚂蚁一样总重复同样的路径，它们会另辟蹊径，如果另开辟的道路比原来的其他道路更短，则更多的蚂蚁会被吸引到这条较短的路径上来。经过一段时间运行，可能会出现一条最短的路径被大多数蚂蚁重复使用。

（1）范围　蚂蚁观察到的范围是一个方格世界，蚂蚁有一个参数为速度半径（一般是3)，它能观察到的范围就是3×3个方格世界，并且能移动的距离也在这个范围之内。

（2）环境　蚂蚁所在的环境是一个虚拟的世界，其中有障碍物、其他蚂蚁和信息素。信息素分为两种：一种是找到食物的蚂蚁洒下的食物信息素，另一种是找到窝的蚂蚁洒下的窝的信息素。每个蚂蚁都仅仅能感知它范围内的环境信息。环境以一定的速率让信息素消失。

（3）觅食规则　在每只蚂蚁能感知的范围内寻找是否有食物，如果有就直接过去；否则看是否有信息素，并且比较在能感知的范围内哪一点的信息素最多，这样，它就朝信息素多的地方走，并且每只蚂蚁都会以小概率犯错误，从而并不是总往信息素最多的点移动。蚂蚁找窝的规则和上面一样，只不过它对窝的信息素做出反应，而对食物信息素没反应。

（4）移动规则　每只蚂蚁都朝向信息素最多的方向移动，当周围没有信息素指引的时候，蚂蚁会按照自己原来运动的方向惯性地运动下去。在运动的方向有一个随机的小的扰动，为了防止蚂蚁原地转圈，它会记住最近刚走过了哪些点，如果发现要走的下一点已经在最近走过了，它就会尽量避开。

（5）避障规则　如果蚂蚁要移动的方向有障碍物挡住，它会随机地选择另一个方向，并且有信息素指引的话，它会按照觅食的规则行动。

（6）播撒信息素规则　每只蚂蚁在刚找到食物或者窝的时候散发的信息素最多，并随着它走远的距离，播撒的信息素越来越少。

根据这几条规则，蚂蚁之间并没有直接的关系，但是每只蚂蚁都和环境发生交互，而通过信息素这个纽带，实际上把各个蚂蚁之间关联起来了。例如，当一只蚂蚁找到了食物，它并没有直接告诉其他蚂蚁这儿有食物，而是向环境播撒信息素，当其他的蚂蚁经过它附近的时候，就会感觉到信息素的存在，进而根据信息素的指引找到了食物。

2. 人工蚂蚁与真实蚂蚁的异同

（1）人工蚂蚁与真实蚂蚁相同　根据真实蚂蚁觅食所得灵感，提出的蚁群算法能解决系列的组合优化问题，而这里的蚁群算法准确地说是“人工蚁群算法”，利用的是人工蚂蚁。这里所引入的人工蚂蚁与真实蚂蚁有着很大的相似性，毕竟人工蚂蚁是从真实蚂蚁中所抽象出来的，是人们通过对真实蚂蚁行为的观察，才提出了人工蚂蚁。

1）人工蚂蚁和真实蚂蚁一样，是一个相互合作的群体。它们都能够通过相互之间的协作在全局范围内找到问题比较好的解决方案。每只人工蚂蚁都能建立一个可行解，但是高质量的解决方案必须由整个蚁群合作才能取得。

2）人工蚂蚁和真实蚂蚁一样，也是通过信息素进行间接的通信。

3）人工蚂蚁和真实蚂蚁一样，有着具体的共同目标。真实蚂蚁是要找到连接食物源与巢穴之间的最短路径，人工蚂蚁是要找到图上的最小的哈密顿回路（以TSP为例），它们只能沿着邻近区域的状态进行移动。

4）人工蚂蚁利用了真实蚂蚁觅食行为中的正反馈机制，以信息素作为反馈，通过对系统中找到的较优解的自增强的作用，使得问题的解朝着全局最优解的方向不断前进，最终才能够有效地获得相对满意的解。

5）人工蚂蚁和真实蚂蚁一样，都有着信息素的挥发机制。在人工蚂蚁中，也存在一种挥发机制，因为真实的蚂蚁所释放的信息素会随着时间的推移而减弱甚至消失，正是因为人工蚂蚁利用了这种机制，才可以不过分受历史因素的影响，有利于人工蚂蚁向着新的方向进行搜索，避免早熟收敛。

6）人工蚂蚁和真实蚂蚁一样，在状态转移的策略上都是采用概率机制。它们都是应用概率的决策机制向着邻近状态转移，从而建立问题的解决方案。而且这种策略只是利用了局部的信息，而没有任何前瞻性来预测未来的状态。

（2）人工蚂蚁与真实蚂蚁相异　当然人工蚂蚁与真实蚂蚁还是有一定的区别的，主要体现在以下几个方面：

1）人工蚂蚁具有记忆能力，而真实蚂蚁没有记忆能力。人工蚂蚁可以记住曾经走过的路径或访问过的节点，这样对提高算法效率是有益的。在算法中引入一个数据结构来表示禁忌表，存放已经走过的路径。

2）人工蚂蚁不像真实蚂蚁那样是完全盲目的。人工蚂蚁可以根据一些启发信息来指导自己的选择。一般是用一个启发因子表示最初的启发式信息，并且是固定不变的，还可以用不同的参数来确定启发式信息与信息素之间的重要性。

3）人工蚂蚁“生活”在一个离散时间的环境中，而真实蚂蚁生活在连续时间的环境中。这一点对于解决分步骤的优化问题是十分重要的。

4）人工蚂蚁释放信息素的时间可以视情况而定，而真实蚂蚁是在移动的同时释放信息素。人工蚂蚁可以建立在一个可行的方案之后再进行信息素的更新。

5）为了提高系统的总体性能，人工蚂蚁被赋予了很多其他的本领，如局部优化等，这些本领在真实蚂蚁中是找不到的。

人工蚂蚁寻找最优路径的方法就是根据上面的真实蚂蚁寻找最优路径的方法提出的，即让人工蚂蚁根据路径上的相当于信息素的数字信息量的强度选择路径，并在所经过的路径上留下相当于信息素的数字信息量，然后随着时间的推移，最优路径上的数字信息量将积累得越来越大，从而被选择的概率也越来越大，最终所有人工蚂蚁将趋向于选择该路径。这种模拟蚁群搜索食物的过程与著名的旅行商问题非常相似，因而最初人工蚁群算法被提出用于求解旅行商问题。

1.3.18　模拟退火算法

1. 模拟退火算法简介

模拟退火算法（Simulated Annealing，SA），属于一种通用的随机搜索算法。模拟退火算法的基本思想来源于固体的退火过程。在加热固体时，固体中分子的热运动不断增强，随着温度的不断升高，固体的长短有序被彻底破坏，固体熔解为液体（或气体）。冷却时，液体中分子的热运动渐渐减弱，随着温度的徐徐降低，分子运动渐趋有序。当温度降至结晶温度后，分子运动变为围绕晶体格点的微小振动，液体凝固成固体，这种由高温向低温逐渐降温的过程称为退火。退火过程中系统的熵值不断减小，系统能量随温度降低趋于最小值。1982年，Kirk Patrick 等人首先意识到固体退火过程与优化问题之间存在着类似性，Metropolis 等对固体在恒定温度下达到热平衡过程的模拟中得到启迪：应该把 Metropolis 准则引入到优化过程中来，即如果 $\Delta f \leqslant 0$，则接受新状态，否则按概率 $P(\Delta f)=\exp(-\Delta f/T)$ 接受新状态。其中 $\Delta f=f(x(t+\Delta t))-f(x(t))$，$\Delta t>0$；$T=T(t)$ 为一随时间 t 增加而下降的参变量，它相当于退火过程中的温度。最终他们得到一种对 Metropolis 算法进行迭代的优化算法，这种算法类似固体退火过程，故称之为“模拟退火算法”。

模拟退火算法是一种求解大规模组合优化问题的随机性方法，以优化问题的求解与物理系统退火过程的相似性为基础，利用 Metropolis 算法，并适当地控制温度的下降过程，实现模拟退火，从而达到求解全局优化问题的目的。模拟退火算法在求解 TSP、VISI 电路设计等 NP 完全的组合优化问题上取得了令人满意的结果，并应用于求解连续变量函数的全局优化问题，它具有适用范围广、求得全局最优解的可靠性高、算法简单、便于实现等优点。模拟退火算法在搜索策略上与传统的随机搜索方法不同，它不仅引入了适当的随机因素，而且还引入了物理系统退火过程的自然机理。这种自然机理的引入，使模拟退火算法在迭代过程中不仅接受使目标函数值变“好”的试探点，而且还能够以一定的概率接受使目标函数值变“差”的试探点，接受概率随着温度的下降逐渐减小。模拟退火算法的这种搜索策略，有利于避免搜索过程中因陷入局部最优解而无法自拔的弊端，有利于提高求得全局最优解的可靠性。

模拟退火算法是模拟热力学中经典粒子系统的降温过程来求解规划问题的极值的。当孤立粒子系统的温度以足够慢的速度下降时，系统近似处于热力学平衡状态，最后系统将达到本身的最低能量状态，即基态，这相当于能量函数的全局极小点。由于模拟退火算法能够有效地解决大规模的组合优化问题，且对规划问题的要求极少，因此引起研究人员的极大兴趣。

2. 模拟退火算法应用步骤

1）给定初始温度 T_0 及初始点 x，计算该点的函数值 $f(x)$。

2）随机产生扰动 Δx，得到新点 $x'=x+\Delta x$，计算新点函数值 $f(x')$ 及函数值差 $\Delta f=f(x')-f(x)$。

3）若 $\Delta f \leqslant 0$，则接受新点，作为下一次模拟的初始点。

4）若 $\Delta f>0$，则计算新点接受概率，$P(\Delta f)=\exp\,[-\Delta f/(T)]$，产生 [0，1] 区间上均匀分布的伪随机数 r，$r\in[0,1]$。如果 $P(\Delta f)\geqslant r$，则接受新点作为下一次模拟的初始点；否则放弃新点，仍取原来的点作为下一次模拟的初始点。

以上步骤称为 Metropolis 过程。按照一定的退火方案逐渐降低温度，重复 Metropolis 过程，就构成了模拟退火优化算法，简称模拟退火算法。当系统温度足够低时，就认为达到了全局最优状态。按照热力学分子运动理论，粒子做无规则运动时，它具有的能量带有随机性，温度较高时，系统的内能较大，但是对某个粒子而言，它所具有的能量可能较小。因此算法要记录整个退火过程中出现的能量较小的点。

3. 模拟退火算法退火方案

在模拟退火优化算法中，降温的方式对算法有很大影响。如果温度下降过快，可能会丢失极值点；如果温度下降过慢，算法的收敛速度又大大降低。为了提高模拟退火优化算法的有效性，许多学者提出了多种退火方案，有代表性的有：

1）经典退火方式降温公式为 $T(t)=T_0/\ln(1+t)$，特点是温度下降很缓慢，因此，算法的收敛速度也是很慢的。

2）快速退火方式降温公式为 $T(t)=T_0/(1+at)$，特点是在高温区温度下降比较快，而在低温区降温较慢。这符合热力学分子运动的理论，即粒子在高温时，具有较低能量的概率要比在低温时小得多，因此寻优的重点应在低温区。式中参数可以改善退火曲线的形态。

1.3.19 机械的热效应设计

在机械设计中必须考虑温度因素，这就涉及热传导、热弹变形、热应力和热塑变形等诸方面。

1. 热传导

（1）热传导的基本方式　温差是很多机器工作时都存在的，热传导带来热弹变形、热应力、蠕动等。传热过程按其物理本质不同分为三种基本方式：传导、对流、辐射。

（2）温度场及温度梯度　温度场就是某一瞬间空间所有各点的温度分布。机器运转达到热平衡前温度场是非稳态的，在达到热平衡后就成了稳态的。

在三维温度场中，把温度值相同的点相连而构成的面称作等温面，等温面上任意点的法线方向就是该点的热流方向，该方向具有最显著的温度变化。相邻两等温面的温度差 Δt 和沿法线方向两等温面之间距离 Δn 之比值的极限叫作温度梯度。

温度梯度的数值等于在和等温面垂直的单位距离上温度改变的数量，它表示温度变化的强度。

（3）导热系数　导热系数是衡量物质导热能力的一个指标，其数值上等于厚度为1m，表面积为 $1m^2$ 的平壁两侧维持1℃温差时，每小时通过该平壁的热量。这个数值越大，说明物质的导热性能越好。

不同材料有不同的导热系数。一般来说，金属的导热系数最大，大部分纯金属导热系数随温度的升高而下降；合金的导热系数远低于其各金属成分的导热系数，且常随温度的升高而增加；液体的导热系数一般随温度的升高而下降，但水却是例外。气体的导热系数随温度的升高而增加，但水蒸气又例外。

在工程计算中，往往把导热系数 λ 取作所处温度范围内的平均值，并把它当作常数。导热系数可在有关手册中查得。

（4）求解温度场　求解温度场的方法一般分为两类，一类是精确解法，即理论分析法，另一类是近似解法。精确解法只能求解有限数量的简单导热问题，对于工程技术中许多实际问题，形状和边界条件复杂，即使能用解析法解，其解答也非常复杂，不适合进行工程上的定量计算。

对于形状不规则、物性变化、复杂边界等导体的导热问题，精确解法无能为力，近似分析法或者不适用，或者不能提供所需要的精度，因而发展了数值解法。由于以计算机为计算工具，使数值解法在速度和精度方面都有很大提高，其精度可与精确解法媲美。数值解法的基础是离散数学，其基本思想是用空间和时间区域内有限个离散点上的温度值去逼近导热体内温度在空间和时间区域内的连续分布，从而将求解温度分布的偏微分方程转化为求解有限个离散点上的温度值所组成的代数联立方程，并把这个代数方程组的解作为原导热边值问题的数值形式的近似解。

数值解法主要有有限差分法和有限单元法（也称有限元法）。

（5）机械设计实例 精密车床的齿轮在啮合过程中，由于体积温度和热变形等影响使用寿命。采用齿轮修形是全面改善齿轮传动装置性能指标的经济而有效的办法。修形曲线主要取决于轮齿的综合弹性变形，其中很重要的一个因素是轮齿的体积温度及热弹变形，用有限元法可以完成直齿三维边界非线性本体温度场的计算。

齿轮的本体温度场计算视为稳态热交换问题，用有限元法计算齿轮本体温度场无须考虑整个齿轮，而只需取单个轮齿为计算区。

对全部单元热平衡方程进行组集得总体热平衡方程，求解出主动轮齿本体温度分布规律。本体温度在轮齿内部及齿廓表面有一定差异，齿面最高温度位于啮合面根部，在转速升高时尤为明显。

2. 热膨胀

设计中都需把热膨胀的物理影响控制在允许范围内，以便机器正常工作。

（1）线膨胀系数 线膨胀系数定义了固体（各向同性体或正交各向异性体）温度每上升1℃时沿某一坐标轴的膨胀，单位温升时材料的线应变值。

线膨胀系数取决于材料和温度。不同的材料有不同的线膨胀系数值；通常温度上升，线膨胀系数增大。一般所给出的线膨胀系数是一定温度范围内的平均值。

碳钢与奥氏体不锈钢，灰铸铁与青铜、铝等的组合，它们之间的线膨胀系数相差很大，设计中应特别留心用它们制成的零件的相对膨胀，低熔点金属如铝、镁、铅等比高熔点金属如钨、铜、铬等有更大的线膨胀系数。

镍合金的线膨胀系数取决于镍含量。镍的质量分数为32%~40%时线膨胀系数值很小。36%Ni-64%Fe 合金线膨胀系数最低。

工程塑料的线膨胀系数比金属材料高得多。

（2）零件的膨胀 要计算零件的长度变化，必须知道零件的形状尺寸、膨胀系数、约束自由度及温度分布。

3. 热应力

任何物体经受温度变化时，由于它和不能自由相对伸缩的其他物体之间或物体内部各部之间相互产生的应力称为热应力。物体的强迫膨胀或约束可能由下述几个原因引起：

1）由于外加约束而使物体不能完全自由膨胀或收缩。

2）在均质物体内部由于温度分布不均匀，从而使各部分之间引起强迫膨胀或约束。

3）物体为不均质的或不同材料的结构，即使温度分布是均匀的，但其几何尺寸不一，在物体内各部分间引起强迫膨胀或约束。

总之，热应力产生的根本原因是由于温度变化引起各物体在约束下的强迫膨胀。

1.3.20 维修性设计

1. 系统维修性特征

维修性设计是产品或系统设计工作中的一个重要组成部分，特别对航天、军工等部门。它要求在产品或系统的初始阶段将可维修性作为设计的一个目标，使产品或系统具有下列设计特征：

1）用最少的人员，在最短的时间内完成各项维修工作。

2）对测试设备和工具的种类及数量要求最少，对维修设施要求最低。

3）零部件的消耗最少。

4）对维修人员培训的工作量最少。

产品具有上述设计特征，称该产品具有较好的可维修性，从而提高了该产品的使用性能。

虽然维修性设计有其特定的工作内容、工作程序及方法，但是在产品整个设计和研制过程中，维修性设计与产品设计必须紧密配合，互相及时地输入或输出有关的设计数据和资料，并进行必要的设计协调，以保证设计出来的产品易于使用和维修，减少或避免由于技术上不协调导致设计返工而造成的人力物力的浪费。

2. 维修性设计流程

维修性设计流程主要包括以下一些内容：

1）提出基本维修概念。所谓维修概念，就是对整个生命周期内如何提供维修保障以保证产品正常工作给以明确的说明。它是进行整个产品设计和维修性设计共同的基本依据，根据规定的维修概念，即可建立维修性模型，协调地开展产品设计和维修性设计工作。

2）在选择产品设计方案时，为相应的设计部门提供维修性设计方面的技术咨询，提出适用于各零部件的定性和定量的数据资料及有关信息，并提供维修性设计准则。

3）通过对产品中所用零部件材料的维修性分析，以及考虑到结构维修的方便性，完成对产品的定性和定量的维修性分析，以确定维修性特性要求。按要求进行详细的权衡研究，提出设计建议。

4）根据需要，利用特定的模型或其他设计手段进行维修性验证与评价，以确定最合适的设计方案。

3. 维修性设计技术

维修性设计技术有下列几项：

（1）简化设计　在满足使用要求和功能要求的前提下，尽可能采用最简单的结构和外形。减少使用和维修人员的工作量，降低对使用和维修人员的技能要求。尽可能简化、合并产品功能，减少零部件的品种和数量。

（2）模块化设计　模块是具有相对独立功能的结构整体。为便于维修，模块应设计成具有互换性的可以更换的单元；模块应便于单独进行测试，更换后不需要进行调整或必须调整时应能单独进行；模块的大小和质量应便于拆装、携带和搬运。

（3）可更换性设计　可更换性设计是指可更换单元能快捷、方便拆卸和重装的设计。例如，可更换单元能灵活方便地连接和开启，密封门的弹扣设计和快速紧固等。

（4）可达性设计　凡需要检查、维护、装卸、更新的部位及零部件、组件等都应有良好的可达性，如维修通道的目视孔隙、透明窗口或快速启闭的口盖；足够的检测、维修空间等。

（5）安全和人的因素工程设计　维修安全设计是避免维修人员伤亡和产品损坏的设计。通常采用对危险部位设置警告标记、声光报警等预防措施，防机械损伤设计，防电击设计，防火、防爆、防毒设计。维修人的因素工程设计是使维修活动适合人的生理、心理和人体需要，以提高维修工作效率，减轻人员疲劳等的设计。它包括维修空间适合人体活动要求，维修环境的照明亮度、噪声、振动、颜色等的设计。

1.3.21　粒子群优化算法

粒子群优化算法（Particle Swarm Optimization，PSO），又称为粒子群算法、微粒群算法或微粒群优化算法，是通过模拟鸟群觅食行为而发展起来的一种基于群体协作的随机搜索算法。通常认为它是群集智能（Swam Intelligence，SI）的一种。粒子群优化算法于1999年由美国社会心理学家 James Kennedy 和电气工程师 Russell Eberhart 共同提出。其基本思想是受他们早期对许多鸟类的群体行为进行建模与仿真研究结果的启发。而他们的模型及仿真算法主要利用了生物学家 Frank Heppner 的模型。

Frank Heppner 的鸟类模型在反映群体行为方面与其他类模型有许多相同之处，所不同之处在于：鸟类被吸引飞向栖息地。在仿真中，一开始每只鸟均无特定目标进行飞行，直到有一只鸟飞到栖息地，当期望栖息比期望留在鸟群中具有较大的适应值时，每只鸟都将离开群体飞向栖息地，随后就自然地形成了鸟群。由于鸟类使用简单的规则确定自己的飞行方向与飞行速度（实质上，每一只鸟都试图停在鸟群中而又不相互碰撞），当一只鸟飞离鸟群而飞向栖息地时，将导致它周围的其他鸟也飞向栖息地，这些鸟一旦发现栖息地，将降落在此，驱使更多的鸟落在栖息地，直到整个鸟群都落在栖息地。

Eberhart 和 Kennedy 对 Heppner 的模型进行了修正，以使微粒能够飞向解空间并在最好解处降落。其关键在于如何保证微粒降落在最好解处而不降落在其他解处。这就是信念的社会性及智能性所在。信念具有社会性的实质在于个体向它周围的成功者学习。个体与周围的其他同类比较，并模仿其他优秀者的行为。将这种思想用算法实现将导致一种新的最优化算法。要解决上述问题，关键在于在探索（寻找一个好解）和开发（利用一个好解）之间寻找一个好的平衡。太小的探索导致算法收敛于早期所遇到的好解处。而太小的开发会使算法不收敛。另一方面，需要在个性与社会性之间寻求平衡，也就是说，既希望个体具有个性化，像鸟类模型中的鸟不相互碰撞，又希望其知道其他个体已经找到的好解并向它们学习，即社会性。Eberhart 和 Kennedy 较好地解决了上述问题，提出了粒子群优化算法。

1.3.22　虚拟设计技术

虚拟设计是以虚拟现实技术为基础，以机械产品为设计对象的设计手段。它能使产品设计实现更自然的人机交互，能系统考虑各种因素，把握新产品开发周期的全过程，提高产品设计的一次性成功率，缩短产品开发周期，降低生产成本，提高产品质量。虚拟现实技术是一项综合技术，能使用户在计算机生成的虚拟环境中感受逼真的沉浸感，用户可以采用自然的三维操作手势、语音等多通道信息来表达自己的意图，可以按用户当前的视点位置和视线方向，实时地改变呈现给用户的虚拟环境。虚拟设计中的产品是虚拟环境中的产品模型，是现实产品物理原型的形体和表现，可以在计算机上逼真地展示产品性能。在进行虚拟产品设计时，设计人员可以利用现有的CAD系统建模，再转换到虚拟现实环境中，让设计人员或客户来感知产品。设计人员也可利用虚拟现实和CAD系统，直接在虚拟环境中进行设计与修改。虚拟设计包括虚拟装配设计、虚拟人机工程学设计和虚拟性能设计等应用领域。虚拟装配设计将计算机仿真模型在计算机上进行仿真装配，实现产品的工艺规划、加工制造、装配和调试。虚拟人机工程学设计是在计算机虚拟样机系统中，引入虚拟人机工程学评价系统，通过研究产品的人机工程学参数，根据设计要求，修改并重新设计产品。虚拟性能设计是以产品的最优性能为目标的新设计思想。由于网络技术的出现，使得设计者在设计过程中能够突破环境、技术和材料等因素的限制，从而来实现对所设计产品的最终性能指标的估计和控制，完成真正意义上的产品性能设计。

习题

1-1　与传统设计相比，现代设计有哪些特点？

1-2　举例说明机械产品设计分为哪些阶段。

1-3　简述产品设计的一般进程。

1-4　分别简述本章介绍的几种现代设计理论与方法。

参考文献

[1]　黄靖远，高志，陈祝林. 机械设计学［M］. 3版. 北京：机械工业出版社，2006.

[2]　房亚东，等. 现代设计方法与应用［M］. 北京：机械工业出版社，2013.

[3]　中国机械工程学会机械设计分会. 现代机械设计方法［M］. 北京：机械工业出版社，2011.

[4]　孟宪颐. 现代设计方法基础［M］. 2版. 北京：机械工业出版社，2015.

[5]　张大可. 现代设计方法学［M］. 北京：机械工业出版社，2014.

第2章
设计方法学——产品设计

我国机械工业企业的产品设计工作一直是企业的设计科室按照传统设计工作方法进行的。改革开放40多年来，我国先引入了德国的“设计学”（Konstruktionslehre），这实际就是“产品设计”，但被译为“设计方法学”而流行至今。1991年清华大学黄靖远教授主编了我们自己的《机械设计学》(第1版)，参考了德国的“设计学”，有创意地提出自己的真知灼见。该书第2版参考了美国学者明确提出的“产品设计”的著作，指出德国的“设计方法学”和美国的“产品设计”内容有许多是一致的。本教材第2版就保留了第1版中介绍的“设计方法学”的系统内容和设计实例供读者参考。还对有代表性的产品设计著作进行简介，让读者能初步了解改革开放40多年中，我们所认知的“产品设计”思维和实践的发展，这些著作中提出的从培养目标到产品开发流程的有创意的观点，从不同的角度看本教材介绍的现代设计方法在整个产品开发流程中的实践应用，扩展知识面。

2.1 概述

2.1.1 设计方法学的含义

设计方法学是用系统的观点，考虑自然科学、社会科学、经济科学等各种现代因素，为获得质优价廉的创新产品，研究产品的一般设计进程、设计规律、设计思维和工作方法、设计工具的综合性学科。

2.1.2 设计方法学的研究对象

设计方法学研究的具体对象有：

(1) 设计对象　设计对象是一个能实现一定技术过程的技术系统。对于一定的生产或生活需要来说，能满足这个需要的技术过程不是唯一的，能实现某个一定的技术过程的技术系统也不是唯一的。影响技术过程和技术系统的因素有很多，要全面系统地考虑、研究和确定最优技术系统即设计对象。

（2）设计进程研究 设定技术过程及划定技术系统的边界，就确定了技术系统的总功能，包括物质功能和精神功能。总功能可分解为不同层次的分功能。分功能继续分解到不宜再分时，就构成功能元。功能元求解即寻求实现某功能元的多种实体结构即功能载体。N个分功能中，若解数最多的有M个解，以$N \times M$形态学矩阵来组合分功能解，可得$N \times M$个整体方案，从中寻求最优整体方案。

（3）设计评价 优选多个设计方案的方法是：先根据一定的准则和方法对各方案做出评价，然后按正确的原则和步骤进行决策，逐步求得最优方案。

（4）设计思维 设计是一种创新，设计思维应是创造性思维。创造性思维有其本身的特点和规律，并可通过一定的创造技术方法来激发人们的创造性思维。

（5）设计工具 把分散在不同学科领域的大量设计信息集中起来，按设计方法学的系统程式分类列表，建立各种设计信息库，通过计算机等先进设备方便快速地调用参考。

（6）现代设计理论与方法的应用 把成批涌现且不断发展的各种现代设计理论与方法应用到设计进程中来，使设计方法学更臻完善。

2.2 技术系统及其确定

2.2.1 技术系统

设计的目的是为了满足一定的需求。例如，为得到某种复杂形状的金属零件，可通过编程在加工中心上对坯料进行加工。坯料是作业对象，加工中心是技术系统，所完成的加工过程是技术过程。设计是对作业对象完成某种技术过程，产品就是人造技术系统。

作业对象一般可分三大类：物料、能量和信息。例如：加工过程中的坯料、发电过程中的电量、控制过程中的电子信号等。只有在技术过程中转换了状态，满足了需求，才是作业对象。

满足一定需求的技术过程不是唯一的，因而相对应的技术系统也是不同的。例如：某种形状的金属零件可以用切削、铸造、锻造、轧制、激光成型、三维造型等不同的技术过程来完成，相对应的技术系统有切削机床、精密铸机、精密锻机、冷轧机、激光成型机、三维快速成型机等。

技术过程的确定，对设计技术系统是非常重要的。确定的一般步骤如下：①根据信息集约和调研预测的资料，分析确定作业对象及其主要转换要求。②分析比较传统的和现代的理论和实践，确定实现主要转换的工作原理。③明确实现技术过程的环境和约束条件。环境是与技术系统发生联系的外界的总和，包括经济条件、生产条件、技术条件、社会条件等。④确定主要技术过程和其他辅助过程。⑤根据高效、经济、可靠、美观、使用方便等原则，初步划定技术系统的边界即工作范围。

技术过程是在人—技术系统—环境这一大系统中完成的。划定技术系统与人这一方的边界，主要确定哪些功能由人完成，哪些功能由技术系统完成。而划定技术系统与环境这方的边界，主要确定环境对技术系统有哪些干扰，技术系统对环境有哪些影响。这样划定了技术系统的两方边界，就确定了技术系统应实现的功能。

技术系统所具有的功能，是完成技术过程的根本特性。从功能的角度分析，技术系统应具有下列能完成不同分功能的单元：①作业单元，完成转换工作；②动力单元，完成能量的转换、传递与分配；③控制单元，接受、处理和输出控制信息；④检测单元，检测技术系统各种功能的完成情况，反馈给控制单元；⑤结构单元，实现系统各部分的连接与支承。

图2-1所示为切削加工中心的功能构成。作业对象坯料（物料）与机床、刀具、夹具组成工艺系统，完成作业功能，生产出合格的工件。电源电器对外部能量进行处理，完成动力功能。数控装置把操作者输入的信息进行存储、运算、输出指令，完成控制功能。传感器检测工作过程的变化，反馈给数控装置，完成检测功能。机件连接和支承各个部件，完成结构功能。周围环境传入热量、振动等干扰因素，加工中心的热量、振动、噪声、切屑等伴生输出传给周围环境。

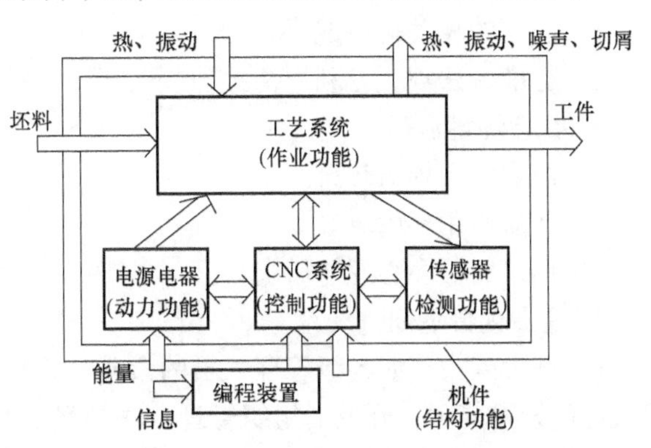

图 2-1
切削加工中心的功能构成

2.2.2　信息集约

信息集约由企业各部门共同完成，分工如下：

（1）情报部门　产品的技术资料及发展趋势，专利情报，行业技术经济情报等。

（2）研究部门　性能试验，新材料、新工艺、新技术等。

（3）设计部门　产品性能、规格、造型，各种标准法规，设计方法等。

（4）制造部门　生产能力，工时，制造工艺，设备，技术数据等。

（5）销售部门　国家计划、政策，产品寿命周期分析，市场调查，需求预测，经营销售分析等。

（6）供应部门　材料和外购件的价格与供应情况，协作厂质量与供货能力等。

（7）服务部门　老产品用户意见分析，事故与维修情况分析等。

（8）公关部门　产品和企业的社会形象，同行的竞争与联合等。

（9）社会部门　产品与环境污染、节能、资源、动力供应等的关系，产品进入和退出社会、报废消失、升级换代等的效应等。

2.2.3　调研预测

调研预测一般从市场、技术、社会环境、企业内部四个方面进行。

1. 市场调研

1）用户对象，如市场面、用户分类、购买力、采购特点等。

2）用户需求，如品种规格、数量、质量、价格、交货期，心理与生理特点等。

3）产品的市场位置，如质量、品种、规格统计对比，新老产品情况，市场满足率，产品寿命周期等。

4）同行，如竞争对手分析，销售情况与方法，市场占有率等。

5）外购件供应，如原材料、元器件供应质量、价格、期限等。

2. 技术调研

1）现有产品的水平、特点、系列、结构、造型、使用情况、存在问题和解决方案等。

2）有关的新材料、新工艺、新技术的发展水平、动态与趋势。

3）适用的相关科技成果。

4）标准、法规、专利、情报。

3. 社会环境调研

1）国家的计划与政策。

2）产品使用环境。

3）用户的社会心理与需求。

4. 企业内部调研

1）开发能力，如各级管理人员的素质与管理方法，已开发产品的水平与经验教训，技术人员的开发能力，开发的组织管理方法与经验教训，掌握情报资料的能力和手段，情报、试验、研究、设计人员的素质与数量。

2）生产能力，如制造工艺水平与经验，动力、设备能力，生产协作能力。

3）供应能力，如开辟资源与供货条件的能力，选择材料、外购件和协作单位的能力，信息收集能力，存储与运输手段。

4）销售能力，如宣传和开辟市场的能力与经验，联系与服务用户的能力，信息收集能力，存储与运输能力。

2.2.4 可行性报告

在信息集约、调研预测的基础上，由企业内所有业务部门参加的并行设计组和用户共同进行可行性分析，提出可行性报告。

可行性报告一般包括下列内容：

1）用户的需求，包括产品的功能、质量、外观、价格等。

2）新产品的功能、类型、技术指标、市场寿命周期和对社会环境的影响，新产品的经济效益和社会效益预测，国内外市场上同类产品的生产情况和发展趋势等。

3）待解决的关键设计、工艺问题。

4）开发进度、投资估算和经济分析。

5）产品开发的必要性和可能性。

作为可行性报告附件的设计项目表中列出尽可能定量的设计要求和设计参数，包括保证产品基本功能的要求与参数，以及希望达到的附加要求与参数。

2.3 系统化设计

2.3.1 功能分析

功能是对技术系统中输入和输出的转换所做的抽象化描述。只有用抽象的概念来表述系统的功能，才能深入识别需求的本质，辨明主题，发散思维，启发创新。例如，“车床加工零件”抽象为“把多余材料从毛坯上分离出去”，再抽象为“获得合格表面”，思维就从

“车削”发散到“强力磨削”“激光加工”再到“成型挤压”“冷轧”。防止了设计人员知识经验的局限和过早地进入具体方案，而应从技术系统的功能出发进行功能原理设计。

总功能逐步分解为比较简单的分功能，一直分解到能直接找到解法的功能元，形成功能树。例如，丝杠冷轧机的功能树如图 2-2 所示。

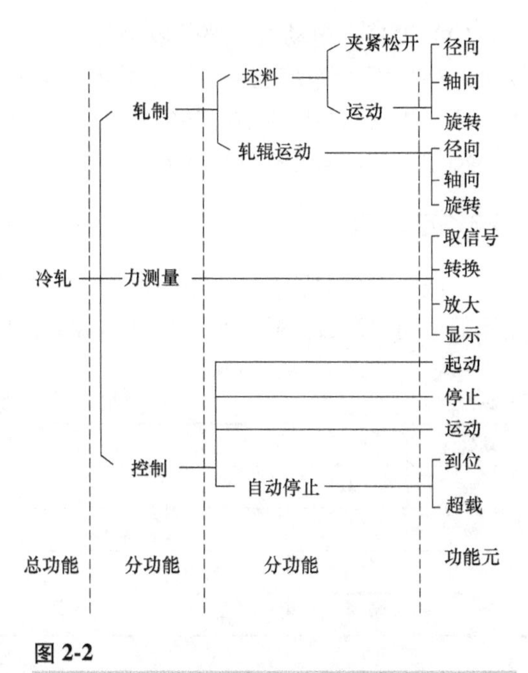

图 2-2

丝杠冷轧机的功能树

2.3.2　功能元求解

功能元的求解过程是选择实用的科技工作原理，构思实现工作原理的技术结构即功能载体。

1. 选择工作原理

设计人员在选择工作原理时，思维发散是关键。机械设备的设计不应局限于机械学的范围，电子学、磁学、光学、热学、声学、仿生学等科技工作原理都应在考虑之列。例如：应用磁学、电子学工作原理的磁力轴承，代替应用摩擦学、流体力学工作原理的液压轴承；应用电子学、信息学工作原理的带编码器的伺服电动机，代替应用电工学、机械学工作原理的带交流电动机的齿轮轴系；应用光学工作原理的激光器代替应用机械学工作原理的切削机床对高硬度材料的加工；应用电子学工作原理的电子计时表代替应用机械学工作原理的机械计时表等。先进的科学技术的应用能设计出新一代的创新产品。

选择先进的工作原理时，必须分析工作条件是常规的还是非常规的，功能载体在不同的工作条件下表现出来的特性是一般的显特性，还是某种内在的潜特性。例如：普通钢材在超低温下的冷脆性使强度大大降低，而在超高压下的高塑性使硬度大大降低；用激光加工印制板小孔代替机械加工，要保证小孔的表面粗糙度以便于装配元件，必须经过实验决定是否可行。

2. 构思功能载体

构思完成某个功能元的功能载体，一般采取以下方法。

（1）检索　在各种设计目录、信息库、手册等设计工具中进行检索，寻求最优功能载体。

（2）集成　把不同的特性、功能、技法等综合集成，产生创新功能载体。例如：耐拉纤维和耐高温陶瓷有机综合成为高强度陶瓷；具有收音、计时、记忆、报警等多种功能的收音机；能折叠、爬楼、坐息、载重的手拉行李车。至于集自动加工、装配、检测、调整、运输、储存、管理等功能于一身的计算机集成制造系统（CIMS），更是机电一体化综合集成的技术高峰。

（3）缩放　由于材料、集成电路及其工艺等的发展，机器人已可缩小到从血管进入心脏完成手术，这只是缩小的微机械的一例。相反的例子有放大到数百平方米的电视屏幕。

（4）变换 电动机的部分矽钢片变换为永磁材料，产生了响应特性大大提高的控制电动机。弹簧-质量系统变换为压电晶体，电阻丝变换为半导体，使传感器和应变片的性能大大提高。相反，利用永磁材料的特性，用大惯量转子变换小惯量转子，大大提高了伺服电动机的特性，是逆向变换的成功实例。

2.3.3 方案综合

功能原理方案综合常用形态学矩阵。矩阵的行数 n 为功能元数，矩阵列数为实现一个功能元的不同功能载体数中最多的载体数 m，见表 2-1。

表 2-1 功能原理方案的形态学矩阵

功能元	功能载体							
a	a_1	a_2	…	a_k				
b	b_1	b_2	…	b_k	…	b_l		
⋮	⋮	⋮		⋮		⋮		
n	n_1	n_2	…	n_k	…	n_l	…	n_m

$n \times m$ 的形态学矩阵名义上有 $n \times m$ 个解即 $n \times m$ 个方案，实际上有 $a_k b_l \cdots n_m$ 个方案。方案数太大难以寻优，一般先按以下方法淘汰大部分一般方案。①各功能元解必须相容，不相容者淘汰；②淘汰与国家政策及民族习性有矛盾的、经济效益差的解；③优先选择主要功能元的技术先进的解。

寻求组合方案时，注意防止按常规走老路的倾向，重视创新的先进技术的应用。经过筛选淘汰组合成少数方案供评价决策，最后得 1~2 个可行的功能原理方案作为技术设计方案。

2.3.4 设计工具

1. 设计目录

设计目录提供与设计进程有关的信息，如物理效应、作用原理、构形方法等，一般由分类、主体、检索三部分组成。根据内容不同，设计目录可分为以下三种：

（1）对象目录 提供有关物理、几何、材料、工艺等设计对象的知识和信息，设计时按目录选用。表 2-2 是给定构件数的约束运动机构的对象目录。图 2-3 是根据表 2-2 中所选机构设计的几种铆机方案，各方案下的编号 2、4、7、9 与表 2-2 竖列编号一致，其中 7、9 各有两种类型分别编为 7a、7b、9a、9b。

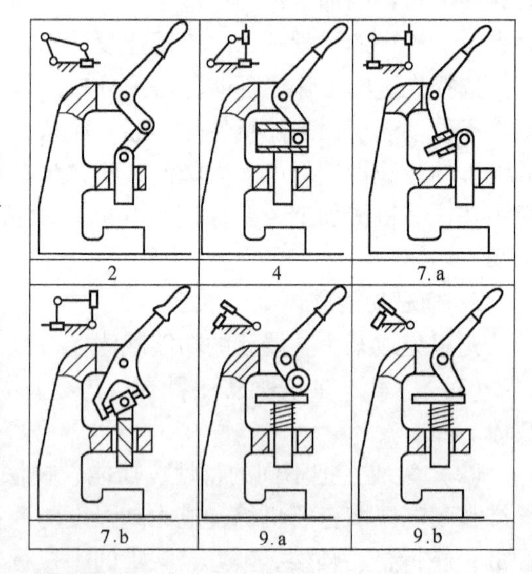

图 2-3 铆机方案

（2）作业目录 提供各种单项设计工作步骤和工作过程及其使用条件和判断准则等，如构形规则、解法选用、特性计算等。表 2-3 为构形方案选择的作业目录。

表 2-2　　对象目录：最多有四个构件的约束运动机构（摘录）

分类部分				主体部分		检索部分								
运动副数	转动副数和位置		连架运动副	运动学符号（原理图）	编号	连架运输副适于						按给定的距离-时间规则或点的轨迹实现给定运动	构件数	连杆机构的结构耗费
						改变或导引运动			按下列原理增加力					
						转动/平移	转动/转动	平移/平移	杠杆原理	曲杆原理	楔形原理			
1	2		3		No.	1	2	3	4	5	6	7	8	9
4	4	相邻或相对	转动副 转动副	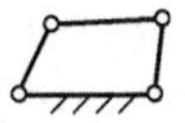	1	—	·	—	·	·	—	通过点的数量(最大 9)可以近似实现给定运动	4	小
	3	相邻或相对	转动副 移动副	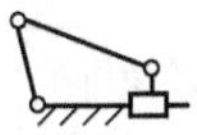	2	·	—	—	·	·	·			中等
			转动副 转动副	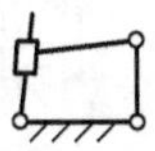	3	—	·	—	·	·	·			
	2	相邻	转动副 移动副	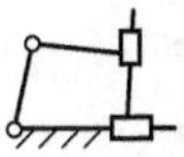	4	·	—	—	·	·	·			大
			移动副 移动副	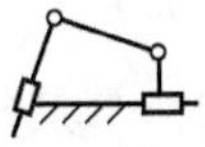	5	—	—	·	—	·	·			
		相对	转动副 转动副	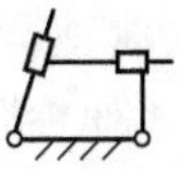	6	—	·	—	有条件	·	有条件			
			转动副 移动副	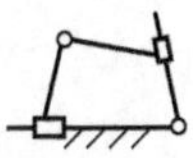	7	·	—	—	·	有条件	·			
3	2		转动副 转动副	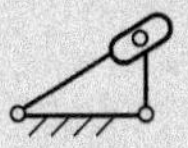	8	—	·	—	·	·	有条件	一般可准确实现给定运动	3	中等
	1		移动副 移动副	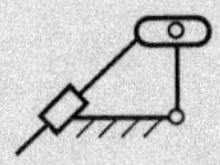	9	·	—	—	·	·	·			大

注：—代表否；·代表是；转动副；移动副；双动副。

（3）解法目录　解法目录列入特定功能、任务，或附带一定的边界条件，如各种产生某种功能的效应、载体、外形及制造方法等。表 2-4 为功能“力的产生”的解法目录。

表 2-3 作业目录：构形方案作业方法

分类部分和提取部分	编号	待改变的参数			
		数量增加，减少	改变形状或类型	改变拓扑关系或质量	尺寸增大、缩小
结构设计方面	No.	1	2	3	4
轮廓面	1	1.1 边界线	1.2 摆线面　渐开线面	1.3 外表面　内表面	1.4 小　大
零件	2	2.1 轮廓面	2.2　面组合	2.3 实心体　心体	2.4　面之间的距离角度位置
元件连接	3	3.1　零件的连接	3.2　零件组合	3.3　连接拓扑关系（例如：成对反转） a b a b	3.4　零件尺寸相对位置
工件材料	4	4.1 每个零件，每个相连接的零件用一种材料或多种材料	4.2 改变材料，例如，把铸铁改为钢，把钢改为人造材料	4.3 例如调质处理	4.4 量（质量，体积，重量）增大、缩小

2. 知识库

（1）数据库　各种物理效应、功能载体、技术参数等，都可以数据库的形式存入计算机供检索查询。

（2）设计词典　按某种设计要求编词典。如功能-载体词典把常用的功能编为词典条目，关键词是一个动词，再加限制性形容词。图 2-4 表示词条“伸缩”。

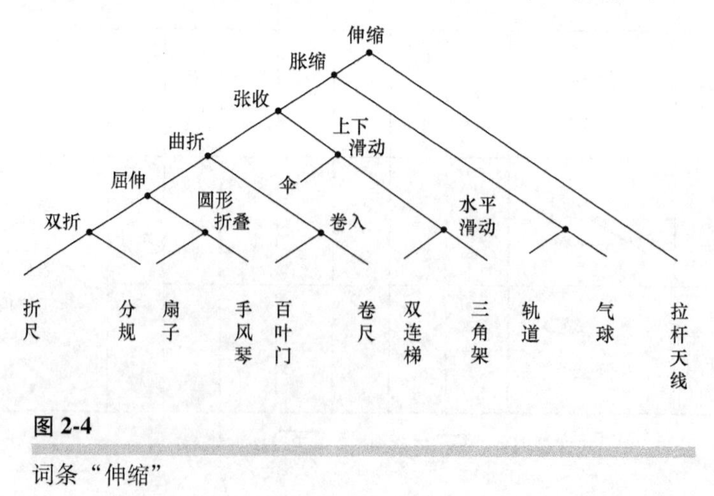

图 2-4

词条“伸缩”

（3）手册　各种设计手册如《机械工程手册》等，也属知识库的范畴，使用广泛。

表 2-4 设计目录：功能“力的产生”的解法目录

分类部分				主体部分			检索部分											
力的类型	物理定律		特性效应	公式	图例		力效应的物质条件	产生力的集度量或场量	能量持续输入的必要性	力的做功能力，大小	可产生的力的大小	特征值	结构参数	全固体配置	力效应的几何条件	力效应的持续时间	力效应的运动条件	典型示例(应用或出现)
1	2		3	1	2	No.	1	2	3	4	5	6	7	8	9	10	11	12
重力	万有引力定律	$F=T\frac{m_1 m_2}{r^2}$	地心引力	$F=T\frac{m_E m}{r^2}$		1	2个质量载体	重力场	无	有	中等	$\sqrt[3]{m/\rho}$	r,m	是	在重力场内的位置	在作用于静态系统时，任意	—	卫星
			重量	$F=mg$		2					大		m		高度差			天平
			浮力	$F=\rho gV$		3	质量载体+周围液体					$\sqrt[3]{V}$	V,ρ	否	浸没深度			船舶
惯性力	牛顿定律	$F=\frac{dma}{dt}$	轨道加速	$F=ma$		4	载体为固体或液体	速度	有（摩擦）	只能直接在相对系统的物体上做功		$\sqrt[3]{m/\rho}$	m		—	有限	相对于参考系加速	加速度测量仪
			离心力	$F=m\omega^2 r$		5						r	m,r	是	对旋转中心的距离 r	任意	旋转	离心机
			科氏力	$F=2m\omega r$		6							m		—	由行程限定	在旋转系中的径向速度	涡流电流摆动试验
			射束力（滞止压力）	$F=mv(1-\cos\alpha)$ α 为偏转角		7	固体和液体	质量流（速度）	有	有		—	m,α	否	在射束范围内的物体位置	在作用于静态物时	固体-液体的相对速度	液体静压轴承

2.4 评价决策

2.4.1 评价目标树

工程设计的各个阶段，对多种方案都要进行评价决策，逐步优化。评价目标一般有三个方面。

(1) 技术目标 技术性能、工艺性、可靠性、自动化程度等。

(2) 经济目标 成本、利润、投资额、回报率、市场寿命等。

(3) 社会目标 国家政策、国际惯例、资源、节能、治理环境污染等。

具体的评价目标一般有6~10项，过多可能影响主要功能目标。为比较各目标的重要程度，定量评价时要设加权系数。一般各加权系数 $q_i<1$，而 $\sum q_i=1$。总目标为 b，一阶子目标为 b_1，b_2，…；二阶子目标为 b_{11}，b_{12}，…，b_{21}，b_{22}，…；以此类推。加权系数也有一阶加权系数 q_1，q_2，…，二阶加权系数 q_{11}，q_{12}，…，q_{21}，q_{22}，…。子目标加权系数之和等于上一级目标的加权系数。评价目标树如图2-5所示。

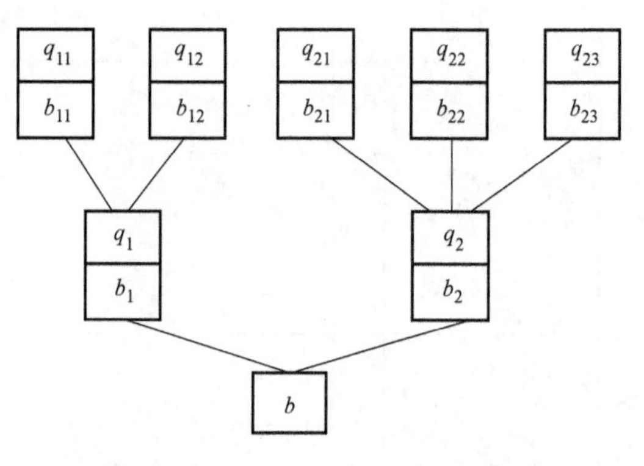

图2-5

评价目标树

下面介绍几种评价决策方法。

2.4.2 评分法

评分法一般用5分制，以0~5分表示。对应中间值可用直线插入法求得。下面举例说明。

例2-1

A、B、C三种电池的主要性能目标见表2-5。试评价决策出较好的电池。

表2-5 电池的评价目标值

评价目标		成本(元)	电压/V	寿命/h
理想值		1.6	9.1	120
优等值		2	8.9	100
及格值		3.2	8.6	85
加权系数		0.2	0.3	0.5
实际值	A	2.4	9	100
	B	2.2	8.6	110
	C	1.6	8.9	90

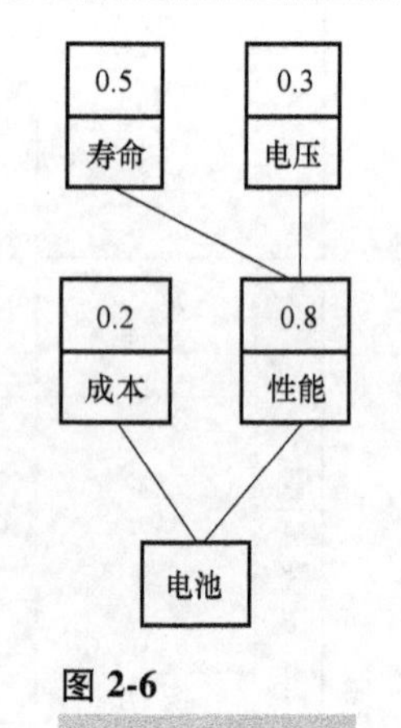

图2-6

电池的评价目标树

解： 评价目标树如图2-6所示。

由图 2-7 的评分线图求出各方案的相应分值列于表 2-6 中。

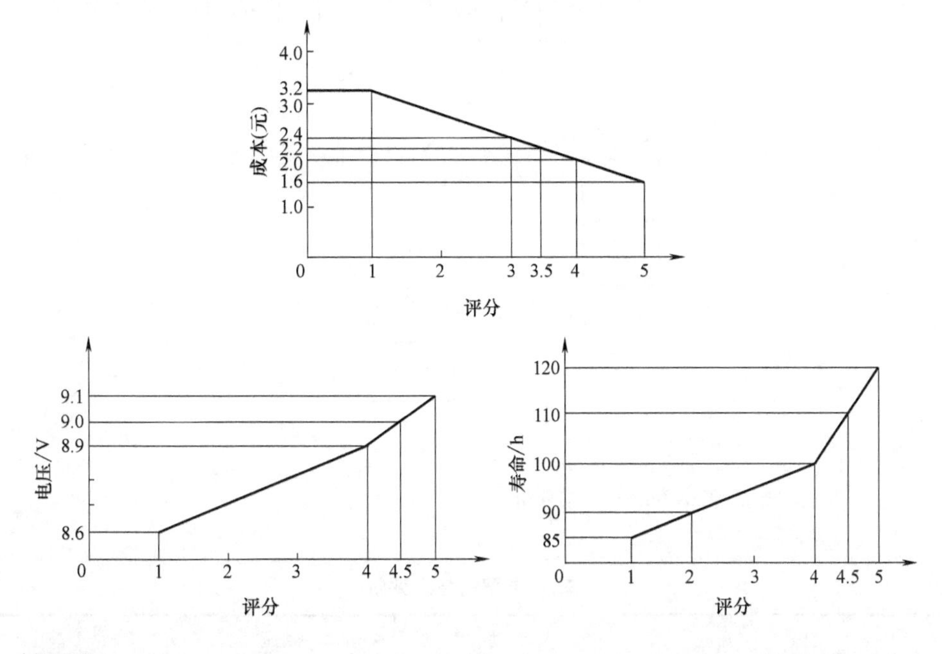

图 2-7

电池的评分线图

表 2-6　电池评分表

评价目标		成本	电压	寿命	总分		
加权系数		0.2	0.3	0.5	分值相加	分值连乘	加权分值相加
方案评分	A	3	4.5	4	11.5	54	3.95
	B	3.5	1	4.5	9	15.75	3.25
	C	5	4	2	11	40	3.2

评价结果：方案 A 各种总分均为最高，为最优方案。但成本较高，应采取措施降低成本。

2.4.3　技术—经济评价法

先评出方案的技术价 W_t 和经济价 W_w，然后用相对价 W 和 W_t、W_w 构成的平面坐标系作出优度图，对方案进行技术—经济综合评价，下面举例说明。

例 2-2

高速专用磨床的主轴前支承有三排深沟球轴承、三瓦液体动压轴承和球面液体静压轴承三种方案。已知各方案的技术指标 b_{1i}、b_{2i}、b_{3i} 及加权系数 q_i、各方案的生产成本 H_i 及理想成本 H_I，试评价决策出较好方案。

解：图 2-8 示出用目标树表示的技术评价目标及加权系数，三种轴承的技术评价结果如表 2-7 所示，经济评价如表 2-8 所示。

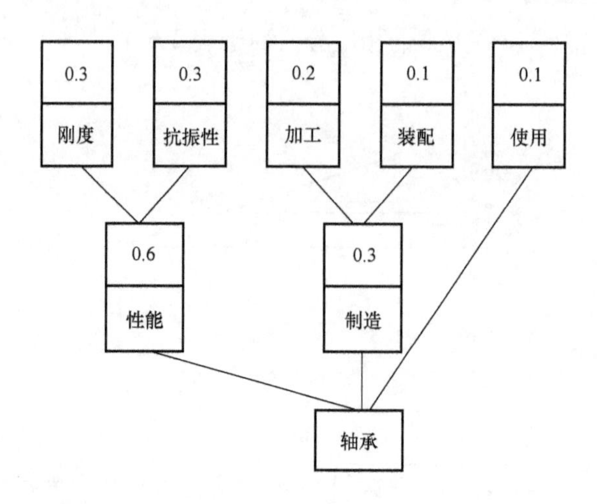

图 2-8

轴承方案的技术评价目标树

表 2-7 轴承方案的技术评价

评价目标	加权系数 q_i	滚动		动压		静压	
		b_{1i}	$b_{1i}q_i$	b_{2i}	$b_{2i}q_i$	b_{3i}	$b_{3i}q_i$
1. 刚度	0.3	4	1.2	3.5	1.05	3	0.9
2. 抗振性	0.3	2	0.6	3	0.9	4	1.2
3. 加工	0.2	4	0.8	3	0.6	2.5	0.5
4. 装配	0.1	4	0.4	3	0.3	2.5	0.25
5. 使用	0.1	2	0.2	3.5	0.35	4.5	0.45
$b_{max}=5$		$\sum b_{1i}q_i=3.2$		$\sum b_{2i}q_i=3.2$		$\sum b_{3i}q_i=3.3$	
$W_t=\sum b_iq_i/b_{max}$		$W_{t1}=0.64$		$W_{t2}=0.64$		$W_{t3}=0.66$	

表 2-8 轴承方案的经济评价

评价目标	滚动	动压	静压
生产成本 H_i(%)	140	160	180
理想成本 H_l(%)	100		
经济价 $W_w=H_l/H_i$	$W_{w1}=0.714$	$W_{w2}=0.625$	$W_{w3}=0.555$

三种方案的相对价 W 分别为

$$W_1=\sqrt{W_{t1}W_{w1}}=\sqrt{0.64\times0.714}=0.676$$

$$W_2=\sqrt{W_{t2}W_{w2}}=\sqrt{0.64\times0.625}=0.632$$

$$W_3=\sqrt{W_{t3}W_{w3}}=\sqrt{0.66\times0.555}=0.605$$

优度图如图 2-9 所示。

评价决策准备采用滚动轴承方案，要求进一步提高技术水平。

2.4.4　模糊评价法

根据评价目标 b_i 及其加权系数 q_i 建立评价目标集 $B=\{b_1, b_2, \cdots, b_n\}$ 和加权系数集 $Q=\{q_1, q_2, \cdots, q_n\}$。根据评价标准 p_i 建立评价集 $P=\{p_1, p_2, \cdots, p_n\}$。求出各方案评价目标对于不同评价标准的隶属度，建立各方案的模糊评价矩阵。按一定模型合成模糊矩阵，求出考虑加权的综合模糊评价，折算为按百分比表示的隶属度。用最大隶属度原则评价方案优劣顺序，决策采用何种方案。下面举例说明。

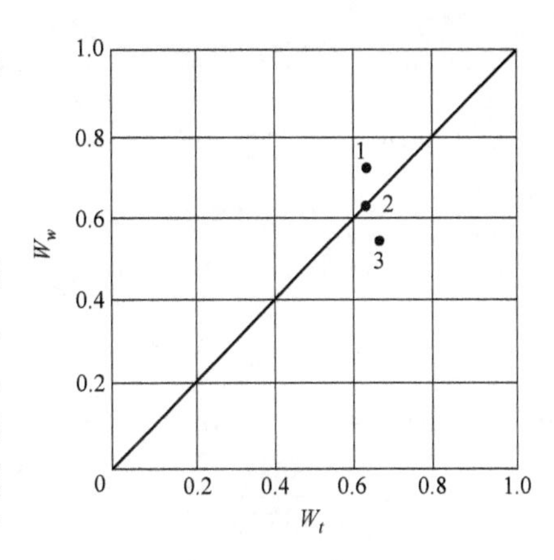

图 2-9

优度图

例 2-3

对建立某计算机管理系统的三个方案进行评价决策。投资控制在 30 万元以内，15 万元为中，低于 5 万元为优。要求性能完善、建成周期短。方案和评价目标情况见表 2-9。评价目标树如图 2-10 所示。

表 2-9　**计算机管理系统的目标情况**

方　案	评价目标		
	投资(1)	性能(2)	周期(3)
Ⅰ购买专用软件	28	优	短
Ⅱ购买通用软件	12	中	中
Ⅲ自行开发	6	差	长

解： 评价目标集 $B=\{$投资，性能，周期$\}$

评价集 $P=\{$优，中，差$\}$

加权系数集 $Q=\{0.2, 0.55, 0.25\}$

对投资求隶属度：先用隶属函数求隶属度，在模糊数学的十几种隶属函数中，选直线隶属函数，求隶属度如图 2-11 所示。隶属度函数式为

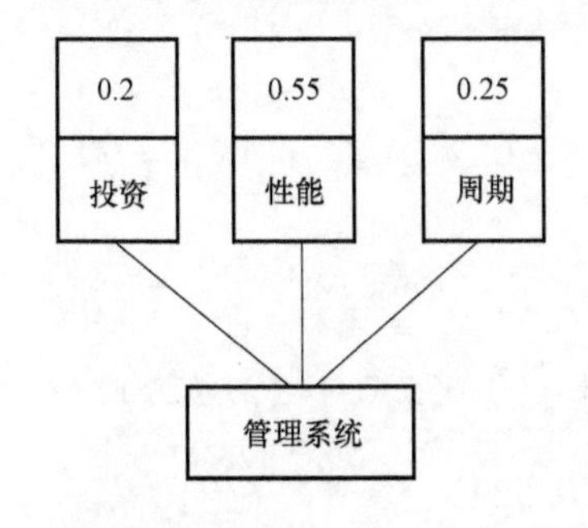

图 2-10

管理系统评价目标树

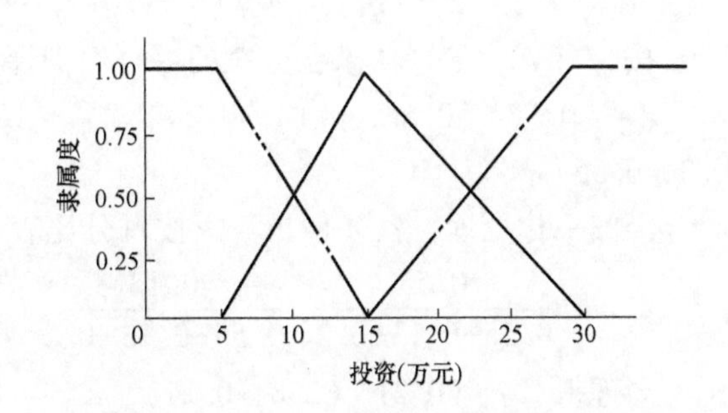

图 2-11

对投资求隶属度

$$\text{优}: \mu(c)=\begin{cases}1, & 0<c\leqslant 5\\ \dfrac{15-c}{15-5}, & 5<c\leqslant 15\\ 0, & 15\leqslant c\end{cases}$$

$$\text{中}: \mu(c)=\begin{cases}0, & c\leqslant 5\\ \dfrac{c-15}{15-5}, & 5<c<15\\ 1, & c=15\\ \dfrac{30-c}{30-15}, & 15<c<30\\ 0, & c\geqslant 30\end{cases}$$

$$\text{差}: \mu(c)=\begin{cases}0, & c\leqslant 15\\ \dfrac{c-15}{30-15}, & 15<c<30\\ 1, & c\geqslant 30\end{cases}$$

三个方案对投资评价集的隶属度 r 分别为

$\boldsymbol{R}_{\mathrm{I}1}=(0,\ 0.13,\ 0.87)$，$\boldsymbol{R}_{\mathrm{II}1}=(0.3,\ 0.7,\ 0)$，$\boldsymbol{R}_{\mathrm{III}1}=(0.9,\ 0.1,\ 0)$

对性能求隶属度，可用统计法。请若干位专家进行性能的优、中、差评价，三个方案的统计比例分别为

$\boldsymbol{R}_{\mathrm{I}2}=(0.95,\ 0.05,\ 0)$，$\boldsymbol{R}_{\mathrm{II}2}=(0.05,\ 0.80,\ 0.15)$，$\boldsymbol{R}_{\mathrm{III}2}=(0.10,\ 0.30,\ 0.60)$

对周期求隶属度，同样用统计法求得

$\boldsymbol{R}_{\mathrm{I}3}=(0.85,\ 0.10,\ 0.05)$，$\boldsymbol{R}_{\mathrm{II}3}=(0.20,\ 0.60,\ 0.20)$，$\boldsymbol{R}_{\mathrm{III}3}=(0.10,\ 0.20,\ 0.70)$

三个方案的模糊评价矩阵分别为

$$\boldsymbol{R}_{\mathrm{I}}=\begin{bmatrix}0 & 0.13 & 0.87\\ 0.95 & 0.05 & 0\\ 0.85 & 0.10 & 0.05\end{bmatrix},\ \boldsymbol{R}_{\mathrm{II}}=\begin{bmatrix}0.3 & 0.7 & 0\\ 0.05 & 0.80 & 0.15\\ 0.20 & 0.60 & 0.20\end{bmatrix},\ \boldsymbol{R}_{\mathrm{III}}=\begin{bmatrix}0.9 & 0.1 & 0\\ 0.10 & 0.30 & 0.60\\ 0.10 & 0.20 & 0.70\end{bmatrix}$$

考虑加权的综合模糊评价可用取小取大法 $M(\wedge,\ \vee)$：$q\wedge r=\min(q,\ r)$；$q\vee r=\max(q,\ r)$。

综合模糊评价：$\boldsymbol{Z}=\boldsymbol{QR}=(\boldsymbol{Z}_1,\ \boldsymbol{Z}_2,\ \cdots,\ \boldsymbol{Z}_j,\ \cdots,\ \boldsymbol{Z}_m)$

$$\boldsymbol{Z}_j=(q_1\wedge r_{1j})\vee(q_2\wedge r_{2j})\vee\cdots\vee(q_n\wedge r_{nj})\quad(j=1,2,\cdots,m)$$

按 $M(\wedge,\ \vee)$ 法求各方案的综合模糊评价如下：

$\boldsymbol{Z}_{\mathrm{I}}=\boldsymbol{A}\boldsymbol{R}_{\mathrm{I}}=(0.55,\ 0.13,\ 0.2)$，$\boldsymbol{Z}_{\mathrm{II}}=\boldsymbol{A}\boldsymbol{R}_{\mathrm{II}}=(0.2,\ 0.55,\ 0.2)$，$\boldsymbol{Z}_{\mathrm{III}}=\boldsymbol{A}\boldsymbol{R}_{\mathrm{III}}=(0.2,\ 0.3,\ 0.55)$

经归一化处理，各 $\boldsymbol{Z}$ 值折算为按百分比表示的隶属度：

$$\boldsymbol{Z}_{\mathrm{I}}=\left(\frac{0.55}{0.55+0.13+0.2},\ \frac{0.13}{0.55+0.13+0.2},\ \frac{0.2}{0.55+0.13+0.2}\right)=(0.625,0.148,0.227)$$

同理得 $\boldsymbol{Z}_{\mathrm{II}}=(0.21,\ 0.58,\ 0.21)$，$\boldsymbol{Z}_{\mathrm{III}}=(0.190,\ 0.286,\ 0.524)$

按最大隶属度评价决策方案优劣顺序为Ⅰ，Ⅱ，Ⅲ。

$M(\wedge,\ \vee)$ 法突出了加权系数和隶属度中主要因素的影响，但会丢失部分信息。在评

价目标较多、加权系数绝对值小的情况，可用乘加运算法 M（·+）：$\boldsymbol{Z}_j=\sum_{i=1}^{n} q_i r_{ij}\ (j=1,\ 2,\ \cdots,\ m)$

现用 M（•+）法求各方案的综合模糊评价如下：

$$\left.\begin{aligned}&0.2\times0+0.55\times0.95+0.25\times0.85=0.935\\&0.2\times0.13+0.55\times0.05+0.25\times0.1=0.0785\\&0.2\times0.8+0.55\times0+0.25\times0.05=0.1725\end{aligned}\right\}=\frac{(0.935,\ 0.0785,\ 0.1725)}{0.935+0.0785+0.1725}=(0.788,\ 0.066,\ 0.146)$$

$$\left.\begin{aligned}&0.2\times0.3+0.55\times0.05+0.25\times0.2=0.1375\\&0.2\times0.7+0.55\times0.8+0.25\times0.6=0.73\\&0.2\times0+0.55\times0.15+0.25\times0.2=0.1325\end{aligned}\right\}=(0.1375,\ 0.73,\ 0.1325)$$

$$\left.\begin{aligned}&0.2\times0.9+0.55\times0.1+0.25\times0.1=0.26\\&0.2\times0.1+0.55\times0.3+0.25\times0.2=0.235\\&0.2\times0+0.55\times0.6+0.25\times0.7=0.505\end{aligned}\right\}=(0.26,\ 0.235,\ 0.505)$$

得 $\boldsymbol{Z}_{\text{I}}=(0.788,\ 0.066,\ 0.146)$，$\boldsymbol{Z}_{\text{II}}=(0.1374,\ 0.73,\ 0.1325)$，$\boldsymbol{Z}_{\text{III}}=(0.26,\ 0.235,\ 0.505)$

因为方案Ⅱ的优、中项之和 0.8675 远大于方案Ⅲ的 0.495，按最大隶属度评价决策方案优劣的顺序仍为Ⅰ，Ⅱ，Ⅲ。

2.5 设计实例

2.5.1 现代设计的目标

设计目标是设计对象——技术系统应具有的总体性能。按照前述的现代设计进程进行产品设计，应能达到以下设计目标：

（1）工效实用性　一般用系统总体的技术指标的形式提出，如产量、质量，精度等。

（2）系统可靠性　系统可靠性是指系统在预定时间内，在给定的工作条件下，能够可靠地工作的概率。

（3）运行稳定性　当系统的输入量变化，或受干扰作用时，输出量被迫离开原先的恒定值，在过渡到另一个新的静止稳定状态的时间过程中，输出量发生超过规定限度的变化，或产生非收效性的变化，是系统稳定与否的标志。

（4）人机安全性　采取一切措施，保证人身绝对安全，机器故障造成的损失最小。

（5）环境无害性　把机器对环境的噪声、油液等污染减小到无害的程度。

（6）操作宜人性　操作者工作时心情舒畅，不易疲劳。机器操作维修方便。

（7）结构工艺性　系统的结构设计应满足便于制造、加工、装配、运输、安装、维修等工艺要求。

（8）技术经济性　一般从两方面进行评价：一是评价一次投资变为系统或设备时，不同设计方案的经济性比较；二是评价保持系统或设备正常运行时，资源利用的合理性和运行费用的经济性的比较。

(9) 造型艺术性　在保证功能的前提下，造型合乎艺术规律，使人产生美感和时代感。

(10) 设计规范性　设计成果遵从国家政治经济政策和法规，符合国家的技术规范和法令，贯彻“三化”(即标准化、规范化、制度化)。

2.5.2 设计实例——专门化数控磨床方案设计

某单位要求设计专门化数控磨床。磨削加工直径为 ϕ150～250mm，加工长度为 150～300m，磨削裕量小于 0.15mm 的圆柱凸轮形工件。生产率为 16h/件，表面粗糙度达到 Ra0.4μm，加工精度为 0.1mm。要求工作可靠、外形美观、性能价格比适中。

经初步协商，拟定设计任务书如表 2-10 所示。

表 2-10　设计任务书

<table>
<tr><td>设计对象</td><td>专门化数控磨床</td><td>设计对象说明</td></tr>
<tr><td>设计原因</td><td>目前国内外数控磨床通用性强，价格很高，不适用于专门化加工</td><td rowspan="7">本磨床用于加工一定尺寸精度范围内的圆柱凸轮型工件。数控系统只需 2.5 联动，要求加工不同形状的凸轮曲线。圆柱凸轮型工件在轻工机械中使用较多，目前多用手工铣削和手工打磨，工件硬度和尺寸精度难于保证
委托单位负责人：×××
设计单位负责人：×××</td></tr>
<tr><td>设计条件</td><td>1. 性能　磨削直径：ϕ150～250mm。工件长度：150～300mm，曲线加工精度：±0.1mm，加工表面粗糙度：Ra0.4μm
2. 能源　交流电源 50Hz，(380±3.8)V
3. 环境　温度(20±2)℃
4. 制造　精密机械制造厂
5. 生产率　裕量小于 0.15mm 时，16h/件
6. 批量　单件小批</td></tr>
<tr><td>设计关键</td><td>1. 数控成型装置
2. 设计方案整体优化
3. 外形美观</td></tr>
<tr><td>设计内容</td><td>1. 功能分析
2. 技术系统构成
3. 设计方案的评价决策
4. 总体设计、图样与说明书，造型效果图</td></tr>
<tr><td>设计单位</td><td>××××</td></tr>
<tr><td>设计期限</td><td>××年×月—××年×月</td></tr>
</table>

1. 明确设计任务

成立并行设计组，经各业务部门信息集约，访问用户，调研预测，使用 5W-2H 法，进一步研究设计任务，在全面考虑可行性的基础上，提出可行性报告和设计目标见表 2-11。经双方协商通过。

表 2-11　设计目标

项目	序号	目标内容与指标	要求	希望
工效实用性	1	满足设计任务书中规定的所有设计条件	√	
	2	误操作可报警		√
系统可靠性	3	日维护期间不发生故障，月检修期间不失效	√	
	4	主要零部件使用寿命 5 年		√

（续）

项目	序号	目标内容与指标	要求	希望
运行稳定性	5	运动平稳，部件刚度高，无明显振动	√	
	6	加工精度和表面粗糙度在大修期间无明显变化，微小变化可调	√	
人机安全性	7	有安全罩壳	√	
	8	电器接地，机械自保	√	
环境无害性	9	噪声低于 80dB(A)		√
	10	无油液泄漏		√
操作宜人性	11	操作者不易疲劳，维修方便		√
	12	有断电保持数据功能	√	
结构工艺性	13	无特殊加工零部件	√	
	14	结构易于装拆		√
技术经济性	15	结构简化，自成系列		√
	16	性能价格比高		√
造型艺术性	17	外观新颖		√
	18	材料和表面装饰协调		√
设计规范性	19	零部件有关参数符合国家标准	√	
	20	技术参数符合优先数系	√	

2. 方案设计

（1）识别功能　主要功能是磨削经过铣削并热处理后的高硬度类凸轮曲线。功能原理图如图 2-12 所示。

（2）寻求解答　做出功能载体形态矩阵。考虑最优化配置，组合为若干个原理方案如表 2-12 所示。

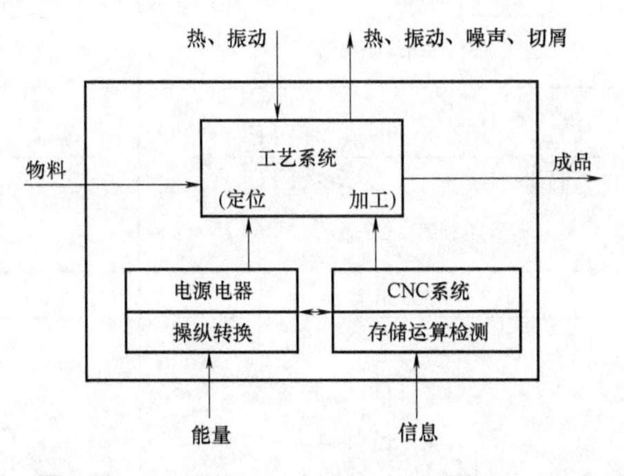

图 2-12

专门化磨床功能原理图

（3）评价决策　做出评价目标树如图 2-13 所示。做出评价表 2–13。评价结果：方案Ⅰ、Ⅱ经济指标差，方案Ⅲ技术指标待改进。

表 2-12 功能

序号	功能元	功能载体	
		功能载	
1	工件主轴相对直线运动功能	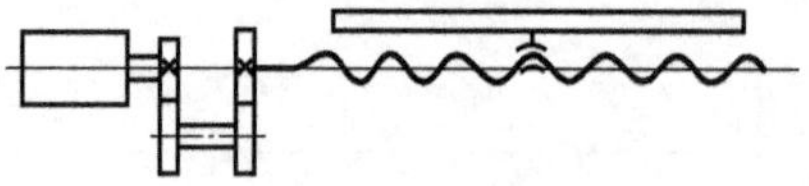 交流伺服电动机+滚珠丝杠	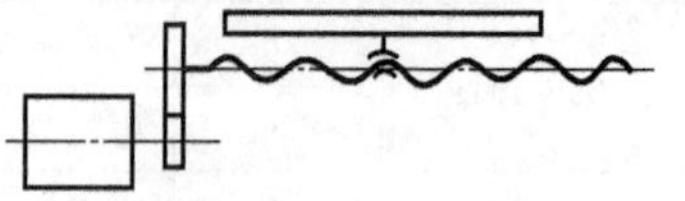 直流伺服电动机+滚珠丝杠
2	工件回转运动功能	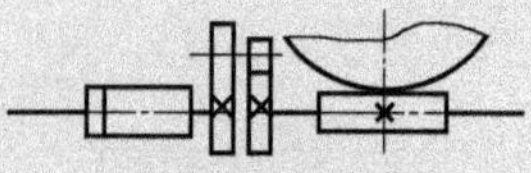 交流伺服电动机	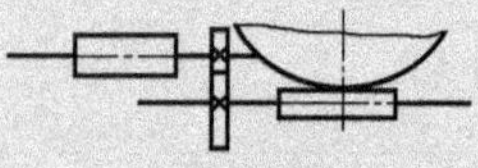 直流伺服电动机
3	主轴垂直运动功能	 步进电动机+滚珠丝杠	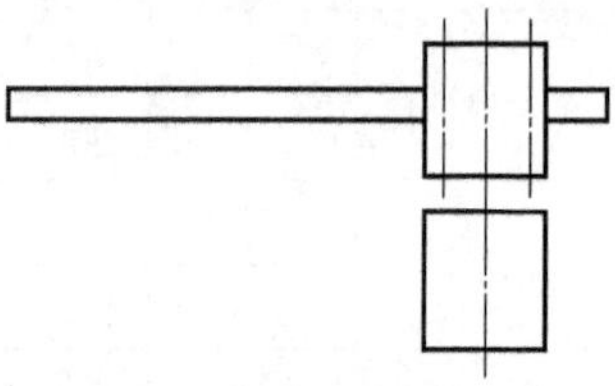 步进电动机+直齿条
4	传感检测功能	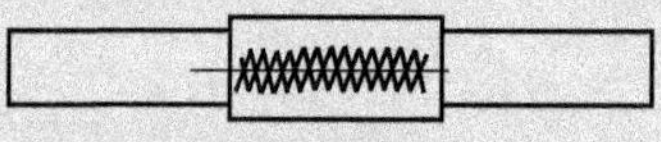 光栅	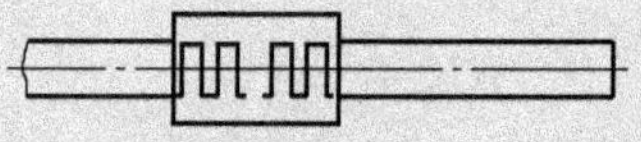 感应同步器
5	主轴回转功能	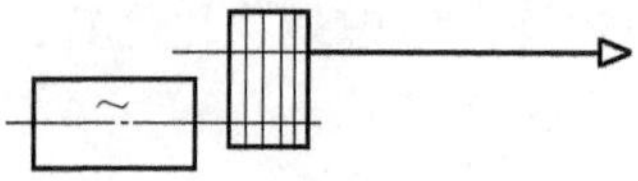 交流主轴伺服电动机	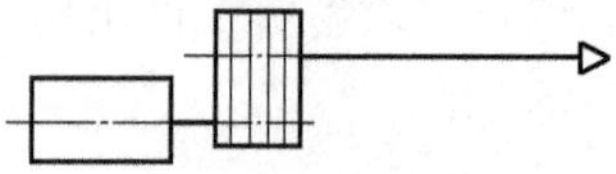 直流主轴伺服电动机
6	工件主轴支承功能	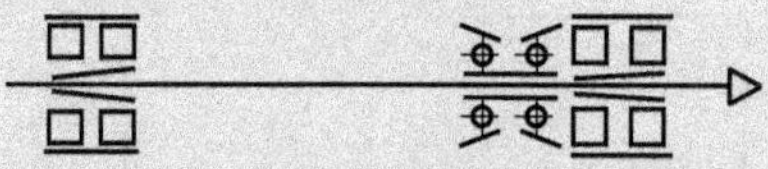 双列圆柱滚子轴承	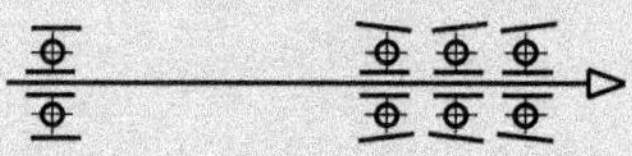 角接触球轴承
7	控制功能	数控系统	工控机数控
8	总体布局结构功能	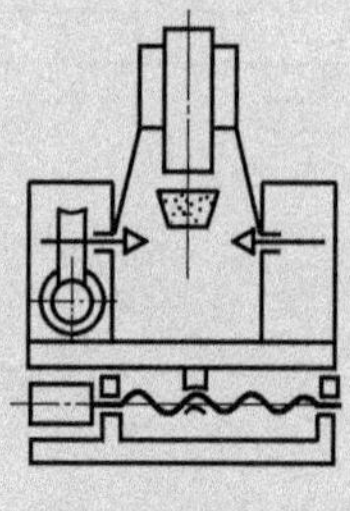 工件回转工件直动	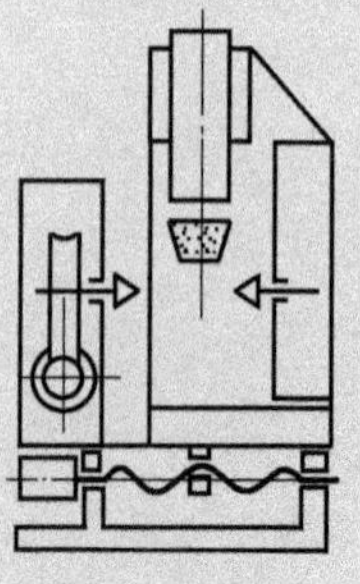 工件回转砂轮下直线

原理方案

形态矩阵

体/方案组合

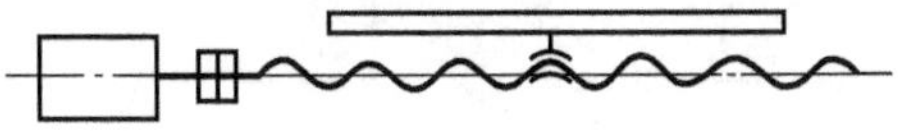 步进电动机+滚珠丝杠	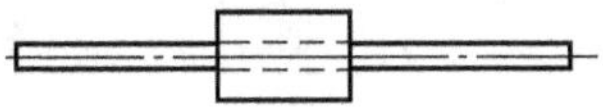 直线电动机
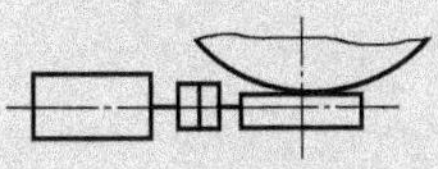 步进电动机	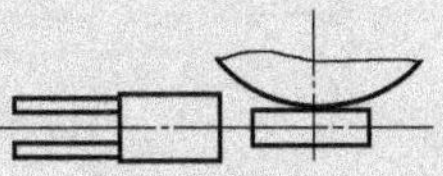 液压马达
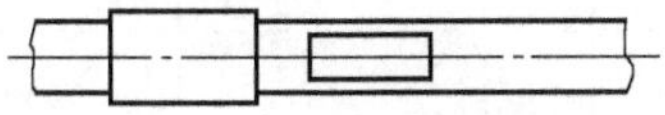 步进电动机+蜗杆齿条	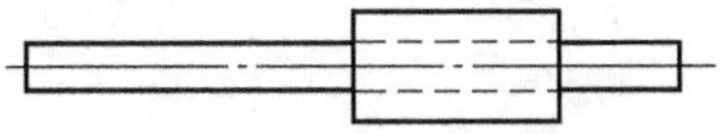 直线电动机
 激光测距器	
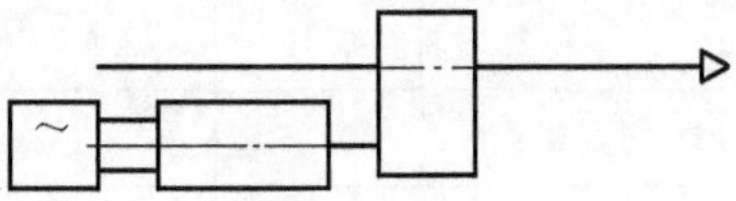 变频器+三相交流电动机	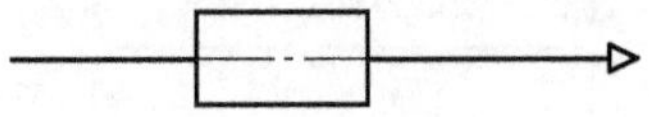 变频磨头
 组合轴承	 密珠轴承
PC 机数控	单片机数控
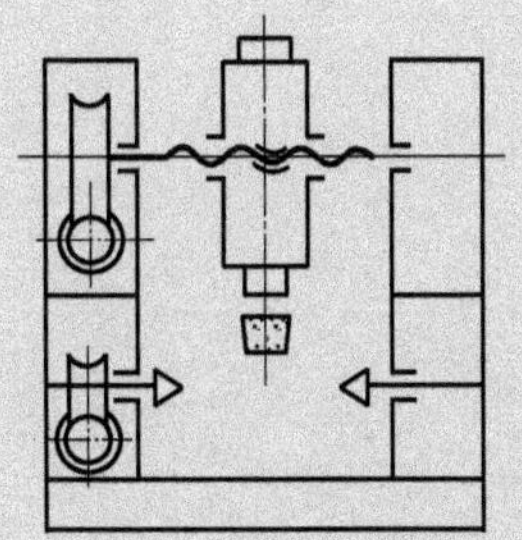 工件回转砂轮上直线	

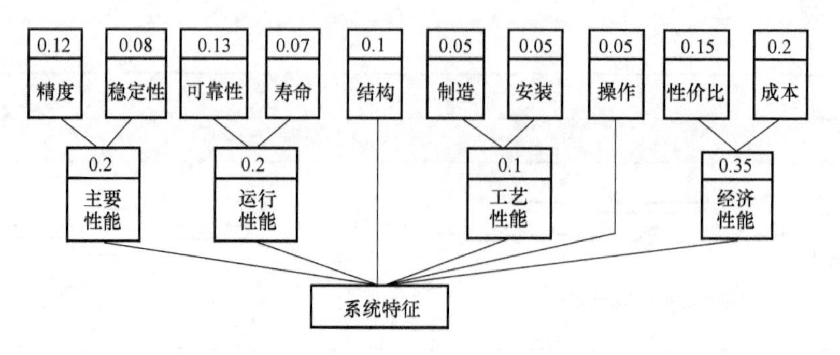

图 2-13

专门化磨床评价目标树

表 2-13 **评价表**

评价目标（0~5分）		加权系数 q_i	方案Ⅰ		方案Ⅱ		方案Ⅲ	
			b_{1i}	$b_{1i}q_i$	b_{2i}	$b_{2i}q_i$	b_{3i}	$b_{3i}q_i$
技术（W_t）	精度	0.12	4	0.48	4	0.48	3.5	0.42
	稳定性	0.08	3.5	0.28	3.5	0.28	3	0.24
	可靠性	0.13	4	0.52	3	0.39	2.5	0.325
	寿命	0.07	3	0.21	2.5	0.175	2.5	0.175
	结构	0.1	2	0.2	2	0.2	1.5	0.15
	制造容易	0.05	2.5	0.125	2.5	0.125	2	0.1
	安装方便	0.05	3	0.15	3	0.15	2.5	0.125
	操作	0.05	3	0.15	3	0.15	3	0.15
经济（W_w）	性能价格比	0.15	2.5	0.375	2.5	0.375	3	0.45
	成本	0.2	1	0.20	1.5	0.3	4	0.8
总评绝对值			28.5	2.69	27.5	2.625	27.5	2.935
总评相对值			0.57	0.538	0.55	0.525	0.55	0.587
$\sum b_{ti}q_{ti}$ 绝对值			25	2.115	23.5	1.95	20.5	1.685
$\sum b_{wi}q_{wi}$ 绝对值			3.5	0.575	4	0.675	6	1.25
$\sum W_t$ 相对值 $\left(\frac{\sum b_{ti}q_{ti}}{5\sum q_{ti}}\right)$			$\frac{2.115}{5\times0.65}=0.65$		$\frac{1.95}{5\times0.65}=0.6$		$\frac{1.685}{5\times0.65}=0.52$	
$\sum W_w$ 相对值 $\left(\frac{\sum b_{wi}q_{wi}}{5\sum q_{wi}}\right)$			$\frac{0.575}{5\times0.35}=0.33$		$\frac{0.675}{5\times0.35}=0.38$		$\frac{1.25}{5\times0.35}=0.71$	

知识拓展

《机械设计学》(第 3 版) 简介

清华大学黄靖远教授主编的《机械设计学》(第 3 版) 不是过去的“机械零件”后改名“机械设计”课程的教材，而是举起产品设计的旗帜，讨论如何产生及评价产品的概念和怎样组织产品设计的过程。强调实质性问题的研究，强调基本知识、原则、规律、经验、设计实践以及实验验证的重要性。强调培养学生创新构思并将各种创新构思快速转换为具有竞争优势的产品的能力。强调了功能（Function）是机器的灵魂，是商品的核心，是产品的整个开发流程的中心。提出在产品设计中功能原理设计是三个关键阶段中最重要的部分，实用化设计和商品化设计都围绕着它，许多现代设计方法的出现都围绕着它。价值工程中的价值这一名词（功能成本）是它，就是中国老百姓信奉的“物美价廉”，许多先进的创造性技术能更好地实现它，“人工智能”就是一例。

《产品设计与开发 (原书第 6 版)》简介

《产品设计与开发（原书第 6 版)》的两位作者是机械工程专业博士卡尔 · T. 乌利齐（Karl T. Ulrich）和史蒂文 · D. 埃平格（Steven D. Eppinger）此书是产品设计这一跨学科课程教材。产品开发的三种基本成分：市场营销、设计、工业制造，作者用各种不同的“方法”将三者融合起来，开发团队的每个成员都可以找到自己的具体任务，在完成任务中思考如何做得更好，形成自己的实践经验，若能有哪怕小小的“改革”，都是有价值的“推进”，向着理论“推进”。此书的每一种方法都通过现实的工业实例或案例研究来说明，每一章都选择了不同的成功产品实例。

产品开发是否成功，可以从五个主要维度来分析：产品质量、产品成本、开发用时、开发成本、开发能力。

此书的写作思路很新颖：

（1）集成化方法　由于读者对象主要应是最少具有一个学科领域的相应知识、学科技能和实践经验，因而，此书提出的集成化方法旨在帮助不同学科视角的人们共同解决产品开发整个流程所有的问题，做出正确的决策。

（2）结构化方法　可以让开发团队中的每个人都能理解决策的基本原理。开发活动关键步骤的“检查表”可确保重要问题不会遗忘。结构化方法大都可以自我记录，在对应方法实施过程创建的记录可供学习和参考。

（3）工业实例　工科学习要把实践放在第一位。除第 1 章外都围绕着一个最简单的工业实例展开，说明该书所介绍的方法的重要方面。

（4）组织表现　这里注意的是开发团队的负面特征，此书介绍四种大多数组织在某种程度上表现出一个或多个负面特征。这些负面特征必须及时清除，否则会导致所介绍的开发方法失败，后果严重。

（5）该书路线图　此图基本为一个长方形。坐标原点在左上角，水平坐标轴向右，垂直坐标轴向下。水平轴表示整个产品开发流程被分割为六个阶段。垂直轴表示此书作者独创设计的一系列独立模块，以每一章表述为产品开发流程中的一个具体部分所提出的一种开发方法。每一章在线路图中的长度位置对应于某一个或几个流程的阶段位置，说明这种开发方法可以帮助解决流程相应阶段的问题，更好地完成阶段的工作任务。

习题

2-1 设计方法学研究的对象有哪些?

2-2 什么是技术系统？举例说明技术系统应具有的分功能单元。

2-3 举例说明系统化设计的步骤。

2-4 设计工具有哪几种？各有什么用途?

2-5 评价决策有哪几种方法?

2-6 试按技术经济评价法示例另做一例及其解答。

2-7 试按模糊评价法示例另做一例及其解答。

2-8 思维有哪几种类型?

2-9 简述本章介绍的几种创新技法。

2-10 试按本章的设计实例另做一例及其解答。

参考文献

[1] 黄靖远，高志，陈祝林. 机械设计学［M］. 3版. 北京：机械工业出版社，2006.

[2] 乌利齐，埃平格. 产品设计与开发：6版［M］. 杨青，杨娜，译. 北京：机械工业出版社，2018.

[3] 黄纯颖. 设计方法学［M］. 北京：机械工业出版社，1992.

[4] 董仲元，蒋克铸. 设计方法学［M］. 北京：高等教育出版社，1991.

[5] 李贵轩. 设计方法学［M］. 北京：世界图书出版公司，1989.

[6] 柯勒. 机械·仪器和器械设计方法［M］. 北京：科学出版社，1982.

[7] 黄发之. 中外创造发明知识手册［M］. 武汉：武汉工业大学出版社，1990.

[8] 魏发辰. 发现与发明方法［M］. 北京：北京理工大学出版社，1989.

第3章
优化设计

3.1 概述

本章首先介绍了优化设计方法的发展及应用，分析了基于数学模型的优化设计方法相对于传统设计方式的优越性，详细讲解了多种优化方法，如一维搜索、无约束优化、约束优化算法等，并给出了相应实例。

3.1.1 优化设计的发展及应用

传统机械设计很早就存在“选优”思想，设计人员同时提出几种设计方案，通过分析评价，选出较好的加以采用，这种选优方法在很大程度上带有主观经验性，从而具有一定的局限，选优结果因受到时间、条件、经费和经验等方面的限制，所以我们将其称之为满意方案。

在计算机大规模应用之前，人们曾使用经典函数极小化的方法来处理简单的结构优化设计问题，但是由于工程问题存在复杂性，使得这种理论在实际应用中受到了较多限制。1946 年第一台计算机问世以后，机械设计从传统的设计方法逐步转变为优化设计方法，概括地说，优化设计就是以数学规划理论为基础，以计算机为工具，优选设计参数的一种现代设计方法。

20 世纪 50 年代以后，数学规划法方面的文献大量涌现，特别是随着计算机的普及，使得优化算法与计算机程序相结合，并在生产实际中广泛应用，促进了优化设计理论的发展完善；20 世纪 60 年代以后，出现了大量的机械优化设计算法，在实际应用中收到了显著的社会、经济效益。

3.1.2 传统设计与优化设计

一般工程设计存在多种可行方案，例如设计一对圆柱齿轮减速器，输入功率为 $P=100\text{kW}$，输入转速为 $n=730\text{r/min}$，传动比 $i=4.5$，工作期限为 10 年，能满足上述设计要求的方案列于表 3-1。

表 3-1　满足设计要求的各种可行方案

方案	参数										
	模数 m_n /mm	齿数		螺旋角	变位系数		齿宽/mm		精度	中心距 a/mm	体积 V/cm^3
		z_1	z_2	β	x_1	x_2	b_1	b_2			
1	4	36	162	15°	0	0	155	150	8-FL	409.97	51911.6
2	5	28	126	12°	0.2	−0.2	175	170	8-FL	393.6	55610.1
3	5	30	135	0°	0	0	165	160	8-FL	412.5	60082.9
4	6	24	108	9°22′	0	0	165	160	8-FL	401.35	55732.4

分析表中数据，可看出：

1）每个方案都是由模数、齿宽等八个参数组成，不同值组合构成了不同方案。

2）所给出的不同方案均满足设计要求。

3）每个方案都有其特点，即方案1体积（重量）最小；方案2中心距最小；方案3轴向力最小；方案4综合指标最好。设计者将根据项目需求来优选一种方案，可见，所谓“优化方案”是有前提的，是根据不同衡量指标来评价的。

应当指出，这种传统设计的不足之处为：给出的设计方案有限；在有限的方案中衡量指标进行优选并不充分，难以根据指标严格计算出一组最优参数（最优方案），优化设计恰恰能弥补传统设计的不足，它可以根据衡量指标计算出完全满足设计要求的最优方案。

3.1.3　优化设计的数学模型

优化设计是用数学规划理论求解最优的设计方案，首先需把工程问题用数学方法来描述，即建立数学模型。机械优化设计的数学模型一般可写成

$$\left.\begin{aligned}&\min F(\boldsymbol{X}) \quad \boldsymbol{X}\in D\subset \mathbf{R}^n\\ &\text{s.t.}\quad g_u(\boldsymbol{X})\leqslant 0,\ u=1,2,\cdots,m\\ &\qquad\ h_v(\boldsymbol{X})=0,\ v=1,2,\cdots,p\end{aligned}\right\} \tag{3-1}$$

对该数学模型计算，可得优化问题的最优解：

$$\left.\begin{aligned}&\text{最优方案}\quad \boldsymbol{X}^*=(x_1^*,x_2^*,\cdots,x_n^*)^{\mathrm{T}}\\ &\text{最优值}\quad F(\boldsymbol{X}^*)\end{aligned}\right\} \tag{3-2}$$

完整的优化设计问题数学模包含三方面内容，即数学模型三要素，它们分别为设计变量 $\boldsymbol{X}$、目标函数 $F(\boldsymbol{X})$、约束函数 $g_u(\boldsymbol{X})$ 和 $h_v(\boldsymbol{X})$。根据数学模型的组成不同，可以分为：

当 $m=p=0$ 时，称为无约束优化问题；

当 $m\neq p\neq 0$ 时，称为（有）约束优化问题；

当 $F(\boldsymbol{X})$、$g_u(\boldsymbol{X})$、$h_v(\boldsymbol{X})$ 都是线性函数时，称为线性规划问题；

当 $F(\boldsymbol{X})$、$g_u(\boldsymbol{X})$、$h_v(\boldsymbol{X})$ 其中有一个为非线性函数时，称为非线性规划问题。

1. 设计变量

设计变量是优化设计要优选的量。可表示为

$$\boldsymbol{X}=(x_1,x_2,\cdots,x_n)^{\mathrm{T}},\quad \boldsymbol{X}\in\mathbf{R}^n \tag{3-3}$$

设计变量是一组实数集合，可用于表示一个矢量、一个点或一个设计方案。它的每个分量相互独立，所有分量构成一个空间，称之为设计空间。以 $n=2$ 为例，如图 3-1 所示。

$$\boldsymbol{X}^{(1)}=(x_1^{(1)},x_2^{(1)})^{\mathrm{T}}$$

$$\boldsymbol{X}^{(2)}=(x_1^{(2)},x_2^{(2)})^{\mathrm{T}}$$

$\boldsymbol{X}^{(1)}$、$\boldsymbol{X}^{(2)}$ 分别代表设计空间上的两个点，在实际问题中则代表两个设计方案，每个方案都有其具体的 x_1 和 x_2 值，$\boldsymbol{X}^{(1)}$、$\boldsymbol{X}^{(2)}$ 是矢量，方向设为从原点到点 $\boldsymbol{X}$。按矢量加法有

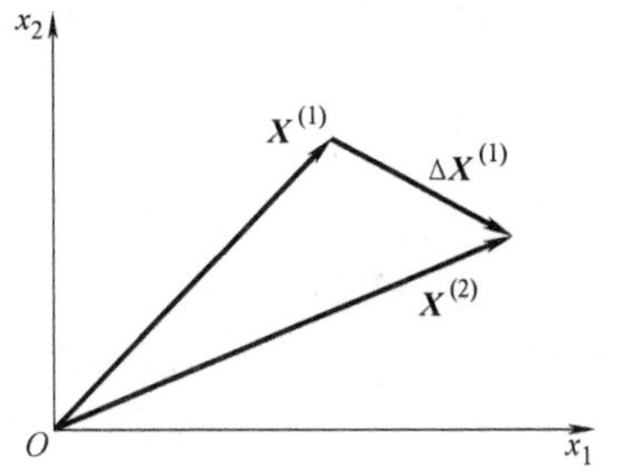

图 3-1

设计空间的几何描述

$$\boldsymbol{X}^{(2)}=\boldsymbol{X}^{(1)}+\Delta\boldsymbol{X}^{(1)} \tag{3-4}$$

式中，$\Delta\boldsymbol{X}^{(1)}$ 为两次设计的修改量，$\Delta X^{(1)}=(\Delta x_1^{(1)},\ \Delta x_2^{(1)})^{\mathrm{T}}$。该变量可把不同的设计方案联系起来。

设计变量可分为连续型变量和离散型变量。设计变量的个数，称为自由度，它决定了优化问题的规模：

$n=2\sim10$　　小型题目

$n=10\sim50$　　中型题目

$n>50$　　大型题目

设计变量越多，自由度越大，设计空间维度越高，优化效果也越好，但计算的难度也相应增加。

2. 目标函数

目标函数是优化设计的衡量指标，常记为

$$F(\boldsymbol{X})=F(x_1,x_2,\cdots,x_n) \tag{3-5}$$

目标函数是设计变量 $\boldsymbol{X}$ 的函数，在优化设计中常追求目标函数的极值。目标函数可以根据工程问题的实际需求来建立，例如成本、重量、几何尺寸、运动轨迹、功率、应力、动力特性等。

优化问题只有一个目标函数，称之为单目标函数问题；也可拥有多个目标函数，称之为多目标函数问题。

目标函数可用等值线（面）在设计空间中表示，以二维设计空间为例，如图 3-2 所示，在设计平面上的点 $\boldsymbol{X}^{(1)}$、$\boldsymbol{X}^{(2)}$、$\boldsymbol{X}^{(3)}$ 存在，且有

$$F(\boldsymbol{X}^{(1)})=F(\boldsymbol{X}^{(2)})=F(\boldsymbol{X}^{(3)})=c_1 \tag{3-6}$$

将这些函数值相等的各点连接起来，就得到函数值为 c_1 的等值线。同理，c_1、c_2、c_3 为不同的函数值，得到一簇等值线。对于一个目标函数来说，它可以有无穷多条等值线，可以说等值线充满了设计空间。

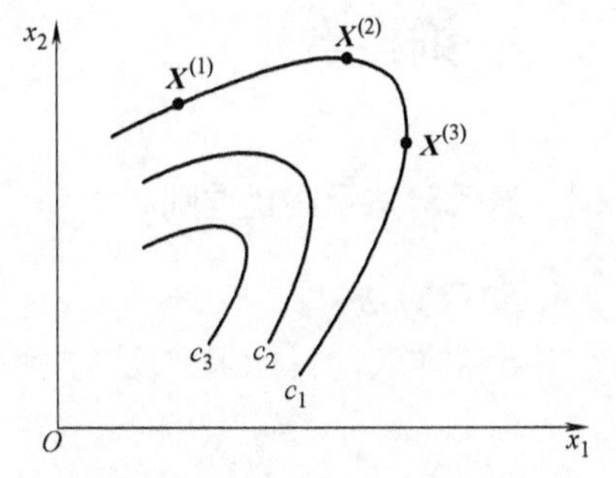

图 3-2

目标函数等值线

等值线有以下几个特点：

1）不同值的等值线不相交。

2）除极值点外，在设计空间内，等值线不会中断。

3）等值线充满整个设计空间。

4）等值线分布的疏或密，反映出函数值变化的慢或快。

5）一般来说，在极值点附近，等值线近似呈同心椭圆簇，极值点就是椭圆的中心点。在设计空间内，目标函数值相等点的连线在二维问题情况下构成了等值线；对三维问题，构成了等值面；对四维以上问题，则构成了等值超曲面。

3. 约束函数

设计变量选取的限制条件，或说是附加的设计条件，其形式有不等式约束和等式约束两种，即

$$g_u(\boldsymbol{X}) \leqslant 0 \quad u=1,2,\cdots,m$$
$$h_v(\boldsymbol{X})=0 \quad v=1,2,\cdots,p$$

或可用约束集合 D 表示为

$$D=\{\boldsymbol{X} \mid g_u(\boldsymbol{X}) \leqslant 0, u=1,2,\cdots,m \quad h_v(\boldsymbol{X})=0, v=1,2,\cdots,p\} \tag{3-7}$$

按性质可将约束分为两类：①边界约束，指设计变量变化的范围；②性能约束，指由某种性能或指标推导出来的约束条件。约束函数的几何意义是其将设计空间一分为二，分别为可行域和不可行域。以二维问题为例，如图3-3所示。优化设计点应当落在可行域内，即

$$\boldsymbol{X} \in D \subset \mathbf{R}^n$$

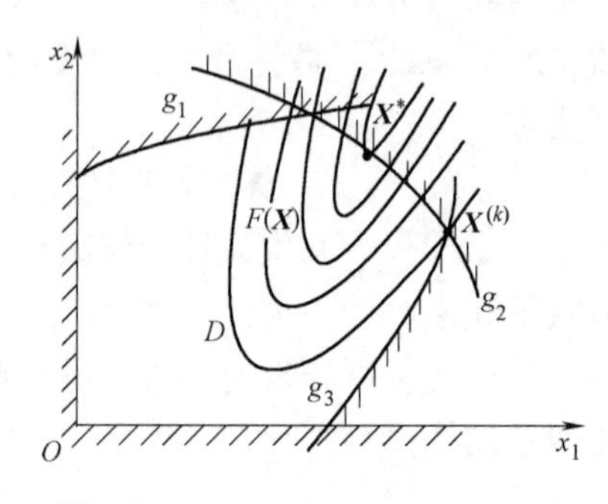

图3-3 约束函数的几何描述

3.1.4 优化设计的分类

根据设计变量的类型可分为：①连续型变量优化方法；②离散型变量优化方法。其中连续型变量优化方法中，又可分为非线性无约束优化方法和非线性约束优化方法。

1. 非线性无约束优化方法

1）直接算法，如坐标轮换法、共轭方向法、单纯形法等。

2）梯度算法，如最速下降法、牛顿法、共轭梯度法、变尺度法等。

2. 非线性约束优化方法

1）直接算法，如复合形法、随机方向法、网格法、可行方向法等。

2）间接算法，如拉格朗日乘子法，罚函数的内点法、外点法和混合法等。

3.2 一维搜索

3.2.1 迭代算法及终止准则

1. 迭代算法

对 n 维非线性目标函数用常规解法求极值往往很困难，有效的办法是用迭代算法，迭代公式为

$$\boldsymbol{X}^{(k+1)}=A(\boldsymbol{X}^{(k)}) \tag{3-8}$$

$A(\boldsymbol{X}^{(k)})$ 可以理解为一种算法，它可以用一个简单的数学表达式来定义，或用某个计算程

序来定义。总之，当输入一个点 $\boldsymbol{X}^{(k)}$，经过 A 的作用，就可给出另一个点 $\boldsymbol{X}^{(k+1)}$。在求函数极小值时，不难设想，通过 A 的作用一步就能达到极小值点。但如果给定一个初始点 $\boldsymbol{X}^{(0)}$，然后按迭代公式一步步求出 $\boldsymbol{X}^{(1)}$、$\boldsymbol{X}^{(2)}$、…，只要能保证

$$F(\boldsymbol{X}^{(0)})>F(\boldsymbol{X}^{(1)})>\cdots>F(\boldsymbol{X}^{(k)})>\cdots \tag{3-9}$$

就有可能最终找到极值点，这一特性称作目标函数的下降性。

算法 $A(\boldsymbol{X}^{(k)})$ 可用具体的数学表达式表示为

$$A(\boldsymbol{X}^{(k)})=\boldsymbol{X}^{(k)}+\alpha^{(k)}\boldsymbol{S}^{(k)} \tag{3-10}$$

即

$$\boldsymbol{X}^{(k+1)}=\boldsymbol{X}^{(k)}+\alpha^{(k)}\boldsymbol{S}^{(k)} \tag{3-11}$$

现以二维函数为例，从几何图形来理解这一迭代过程。如图3-4所示，先设一初始点 $\boldsymbol{X}^{(0)}$，从 $\boldsymbol{X}^{(0)}$ 出发，沿 $\boldsymbol{S}^{(0)}$ 方向求得点 $\boldsymbol{X}^{(1)}$，然后再从点 $\boldsymbol{X}^{(1)}$ 出发，沿 $\boldsymbol{S}^{(1)}$ 方向求得点 $\boldsymbol{X}^{(2)}$，依次不断迭代下去，则逐步向最优点 $\boldsymbol{X}^*$ 逼近。

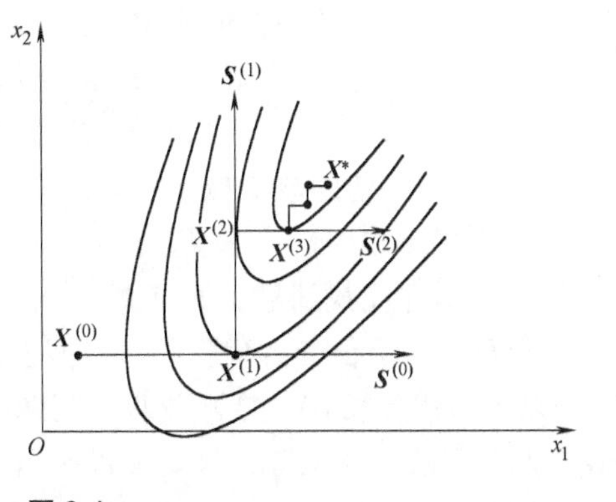

图3-4

搜索迭代过程

2. 终止准则

目标函数下降，但总应有个停止迭代的标准，这个标准就是终止准则，实践中按下面的步骤判定：

$$|F(\boldsymbol{X}^{(k+1)})-F(\boldsymbol{X}^{(k)})|\leqslant\varepsilon_1 \tag{3-12}$$

$$\|\boldsymbol{X}^{(k+1)}-\boldsymbol{X}^{(k)}\|\leqslant\varepsilon_2 \tag{3-13}$$

式（3-12）和式（3-13）可以分别作为判别条件，也可以综合在一起作为判别条件。如果 $F(\boldsymbol{X}^{(k)})$ 与 $\boldsymbol{X}^{(k)}$ 的变化量与1相比可能很大，从而导致 $F(\boldsymbol{X}^{(k)})$ 与 $\boldsymbol{X}^{(k)}$ 的迭代变化量较大，仍用式(3-12)和式(3-13)作为判别条件，则会出现已达到精度要求但还不能停止计算的情况，所以此时可采用相对值来判断，即当

$$|F(\boldsymbol{X}^{(k)})|\geqslant\varepsilon_3$$

或

$$\|\boldsymbol{X}^{(k)}\|\geqslant\varepsilon_4$$

时，则式(3-12)、式(3-13)改为

$$\frac{|F(\boldsymbol{X}^{(k+1)})-F(\boldsymbol{X}^{(k)})|}{|F(\boldsymbol{X}^{(k)})|}\leqslant\varepsilon_1 \tag{3-14}$$

$$\frac{\|\boldsymbol{X}^{(k+1)}-\boldsymbol{X}^{(k)}\|}{\|\boldsymbol{X}^{(k)}\|}\leqslant\varepsilon_2 \tag{3-15}$$

在应用梯度算法时，目标函数的梯度是求解过程中必须计算的，所以在使用终止准则判断时，就可以利用已知的梯度信息作为判别条件。

$$\nabla F(\boldsymbol{X}^*)=0$$

即

$$\|\nabla F(\boldsymbol{X}^{(k)})\|\leqslant\varepsilon_5 \tag{3-16}$$

式中，$\varepsilon_1\sim\varepsilon_5$ 为判断精度，一般取 $\varepsilon_1\sim\varepsilon_4=10^{-5}$；$\varepsilon_5=10^{-4}$。

3.2.2　一维搜索流程

一维搜索迭代算法的快慢、好坏都直接影响最优化问题的求解质量，式（3-11）是迭代

算法的基本公式，可写成

$$\boldsymbol{X}^{(k+1)}=\boldsymbol{X}^{(k)}+\alpha\boldsymbol{S}^{(k)} \tag{3-17}$$

其含义是从点 $\boldsymbol{X}^{(k)}$ 出发，沿 $\boldsymbol{S}^{(k)}$ 方向，寻求最小值点。当 $\alpha=\alpha^{(k)}$ 时，则找到了最小值点 $\boldsymbol{X}^{(k+1)}$，所以点 $\boldsymbol{X}$ 的函数值可表示为

$$F(\boldsymbol{X})=F(\boldsymbol{X}^{(k)}+\alpha\boldsymbol{S}^{(k)})=\varphi(\alpha) \tag{3-18}$$

可以看出，当 $\boldsymbol{X}^{(k)}$、$\boldsymbol{S}^{(k)}$ 一定时，$F(\boldsymbol{X})$ 只是单一变量 α 的函数，这就是一维搜索，其意义是寻求最优 α，使函数值最小。以二维为例，如图 3-5 所示，在 $\boldsymbol{S}^{(k)}$ 方向上，对应函数值最小点 $\boldsymbol{X}^{(k+1)}$ 的 α 为 $\alpha^{(k)}$。问题是 $\alpha^{(k)}$ 是未知的，只有不断变化 α 值并比较函数值的大小，逐步使 $\alpha=\alpha^{(k)}$ 才能找到最小值点 $\boldsymbol{X}^{(k+1)}$，所以目标函数对 α 来说是一维函数，按式(3-18)改变 α 求 $F(\boldsymbol{X})$ 极值的过程就是一维搜索，α 为搜索步长，$\alpha^{(k)}$ 为最优步长。

求取最优步长 $\alpha^{(k)}$ 要解决两个问题：①要确定点 $\boldsymbol{X}^{(k+1)}$ 的所在区域；②在该区域内找出点 $\boldsymbol{X}^{(k+1)}$ 的具体位置，只要位置找到了，最优步长 $\alpha^{(k)}$ 实际上也就确定了。

在搜索区间内，被搜索的函数必须是凸性函数（单峰函数），如图 3-6 所示，$\alpha^{(k)}$ 是 $[\alpha_1,\alpha_3]$ 区间内的局部极小值点所对应的最优步长，确定搜索区间就是要找出包含有 $\alpha^{(k)}$ 在内的 $[\alpha_1,\alpha_3]$ 区间。下面介绍一种常用的进退算法。其步骤是先给定初始点 $\boldsymbol{X}^{(k)}$，从 $\boldsymbol{X}^{(k)}$ 开始沿已定的搜索方向 $\boldsymbol{S}^{(k)}$ 和步长 $\alpha^{(k)}$ 求得一新点 $\boldsymbol{X}^{(k+1)}=\boldsymbol{X}^{(k)}+\alpha^{(k)}\boldsymbol{S}^{(k)}$，并计算目标函数值 $f(\boldsymbol{X}^{(k+1)})$，如果 $f(\boldsymbol{X}^{(k+1)})<f(\boldsymbol{X}^{(k)})$，即目标函数值下降，则加大步长继续向前搜索，直至目标函数值上升为止，这是前进搜索；如果第一步从点 $\boldsymbol{X}^{(k)}$ 出发向前搜索，目标函数值不下降，说明向前搜索方向不对，下一次就要从初始点开始，向相反方向搜索，即后退搜索。与前进搜索相似，直到找出目标函数值具有“大—小—大”特征的区间为止。该算法的程序框图如图 3-7 所示，其中算法的给定输入为：初始点 $\boldsymbol{X}^{(k)}$、对应初始值为 $f(\boldsymbol{X}^{(k)})$、初始搜索方向为 $\boldsymbol{S}^{(k)}=\{-1,1\}$、初始搜索步长为 $\alpha^{(k)}$；输出为单峰函数特征区间，α_1 为区间左侧点，其对应函数值为 f_1，α_3 为区间右侧点，其对应函数值为 f_3，α_2 为区间内点，其对应函数值为 f_2。

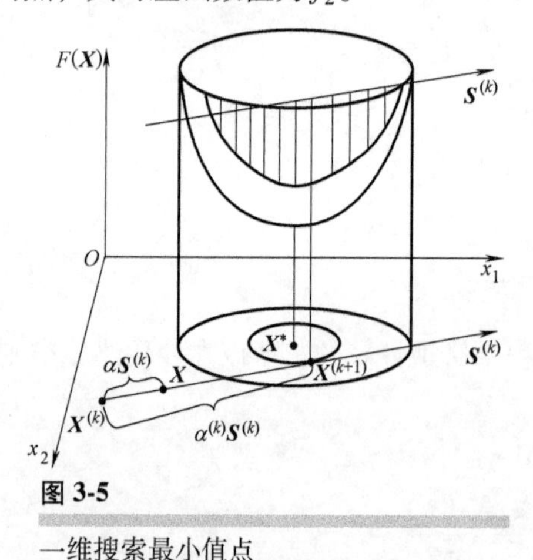

图 3-5

一维搜索最小值点

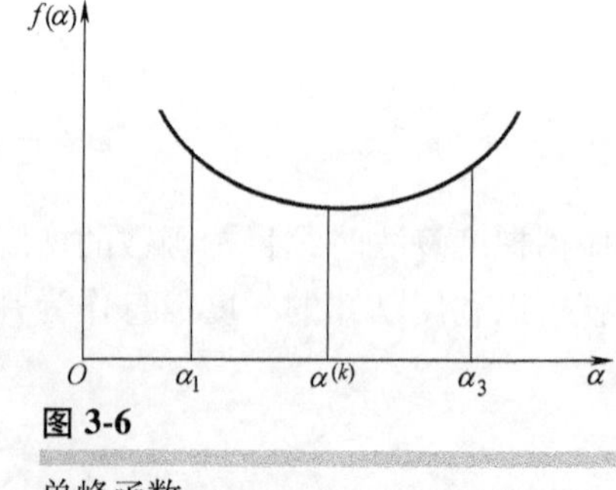

图 3-6

单峰函数

初始点 $\boldsymbol{X}^{(k)}$ 允许在函数 $f(\boldsymbol{X})$ 的定义域内任选，初始步长 $\alpha^{(k)}$ 的取值需适当，过小会使迭代次数增加，过大虽一步就能把极小值点包括进来，但会使搜索极小值点的过程增加搜索次数。

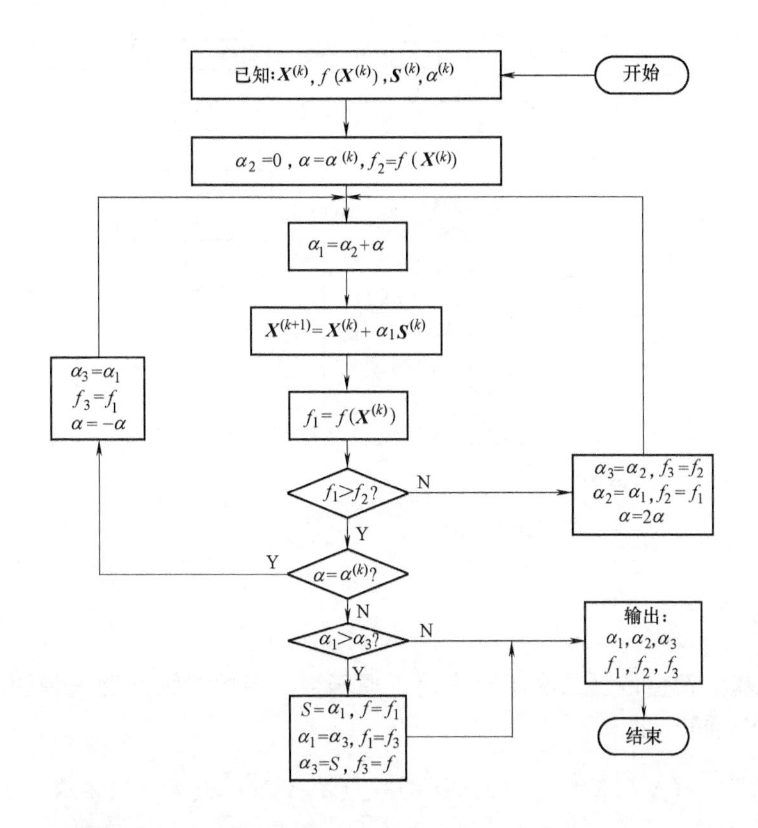

图 3-7

进退算法的程序框图

有了包含极小值点在内的粗略区间 $[\alpha_1, \alpha_3]$，就可以应用二次插值法、黄金分割法等算法来求出极小值点的具体位置，或者说用这些算法来确定最优步长 $\alpha^{(k)}$ 值。

3.3 无约束优化算法

3.3.1 梯度法

梯度法是最古老的算法，也称作最速下降法，该算法需要使用目标函数的一阶导数，所以被称为梯度算法。

梯度表征了函数变化率最大的方向，负梯度则是函数下降最快的方向，沿该方向搜索，使函数值在该点附近下降最快，其迭代关系是 $\boldsymbol{X}^{(k+1)}=\boldsymbol{X}^{(k)}+\alpha^{(k)}\boldsymbol{S}^{(k)}$，即

$$\boldsymbol{X}^{(k+1)}=\boldsymbol{X}^{(k)}-\alpha^{(k)}\nabla F(\boldsymbol{X}^{(k)}) \tag{3-19}$$

梯度法的程序框图如图 3-8 所示。

梯度法的特点是：①算法简单；②前后两次迭代方向正交，所以搜索路径呈直角锯齿状；③开始搜索时，收敛速度较快，但当靠近极值点附近，收敛速度越来越慢，这是梯度法的严重缺点。

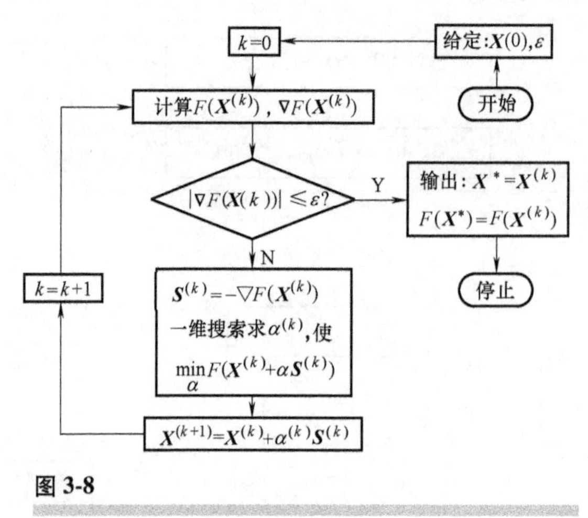

图 3-8

梯度法的程序框图

3.3.2 牛顿法

牛顿法的基本思想是以二次函数来逼近原函数，现用二维问题来说明。令目标函数 $F(\boldsymbol{X})$ 在点 $\boldsymbol{X}^{(k)}$ 展开，即

$$F(\boldsymbol{X})=F(\boldsymbol{X}^{(k)})+(\nabla F(\boldsymbol{X}^{(k)}))^{\mathrm{T}}(\boldsymbol{X}-\boldsymbol{X}^{(k)})+\frac{1}{2}(\boldsymbol{X}-\boldsymbol{X}^{(k)})^{\mathrm{T}}H(\boldsymbol{X}^{(k)})(\boldsymbol{X}-\boldsymbol{X}^{(k)})+\cdots \tag{3-20}$$

仅保留二阶以内的展开项，忽略高阶项有

$$\Phi(\boldsymbol{X})=F(\boldsymbol{X}^{(k)})+(\nabla F(\boldsymbol{X}^{(k)}))^{\mathrm{T}}(\boldsymbol{X}-\boldsymbol{X}^{(k)})+\frac{1}{2}(\boldsymbol{X}-\boldsymbol{X}^{(k)})^{\mathrm{T}}\boldsymbol{H}(\boldsymbol{X}^{(k)})(\boldsymbol{X}-\boldsymbol{X}^{(k)}) \tag{3-21}$$

则原函数 $F(X)$ 可近似表示成二次函数 $\Phi(\boldsymbol{X})$，即

$$F(\boldsymbol{X})\doteq\Phi(\boldsymbol{X}) \tag{3-22}$$

并令 $\Phi(\boldsymbol{X})$ 的极值点 $\boldsymbol{X}^{(k+1)}$ 就是 $\boldsymbol{X}^{(k)}$ 的下一个迭代点，如图 3-9 所示。此时，点 $\boldsymbol{X}^{(k+1)}$ 的一阶导数应当为零，即

$$\nabla\Phi(\boldsymbol{X})=\nabla F(\boldsymbol{X}^{(k)})+\boldsymbol{H}(\boldsymbol{X}^{(k)})(\boldsymbol{X}^{(k+1)}-\boldsymbol{X}^{(k)})=0 \tag{3-23}$$

$$\boldsymbol{X}^{(k+1)}=\boldsymbol{X}^{(k)}-[\boldsymbol{H}(\boldsymbol{X})]^{-1}\nabla F(\boldsymbol{X}^{(k)})=\boldsymbol{X}^{(k)}+\boldsymbol{S}^{(k)}$$

式（3-23）就是牛顿法的迭代公式。其中表达式为

$$\boldsymbol{S}^{(k)}=-(\boldsymbol{H}(\boldsymbol{X}^{(k)}))^{-1}\nabla F(\boldsymbol{X}^{(k)}) \tag{3-24}$$

被称作牛顿方向。牛顿法对于二次目标函数非常有效，迭代一步就可到达极值点，从而不需要进行一维搜索。对于高次函数，只有当迭代点靠近极值点附近的目标函数近似二次函数时，才会保证很快收敛，否则可能导致算法失效。为克服这一缺点，将迭代公式修改为

$$\boldsymbol{X}^{(k+1)}=\boldsymbol{X}^{(k)}+\alpha^{(k)}\boldsymbol{S}^{(k)}=\boldsymbol{X}^{(k)}-\alpha^{(k)}(\boldsymbol{H}(\boldsymbol{X}^{(k)}))^{-1}\nabla F(\boldsymbol{X}^{(k)}) \tag{3-25}$$

引入 $\alpha^{(k)}$ 后成为修正牛顿法的迭代公式，修正牛顿法的程序框图如图 3-10 所示。

3.3.3 小结

除了上面介绍的两种常用优化算法，还有其他算法也可用于无约束问题的求解，这里不做展开，现将这些方法的特点及其适用条件列于表 3-2 中。

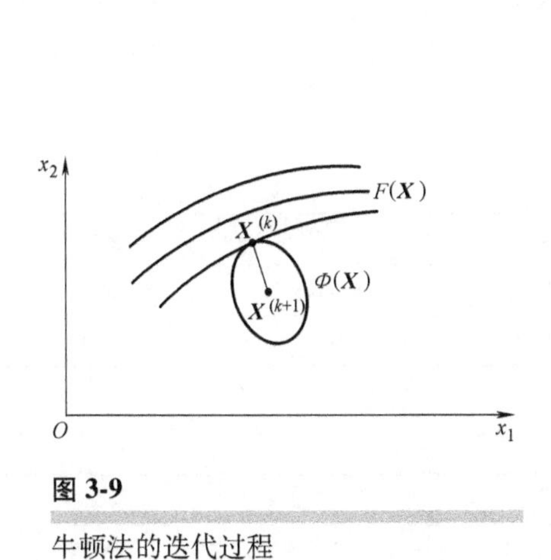

图 3-9

牛顿法的迭代过程

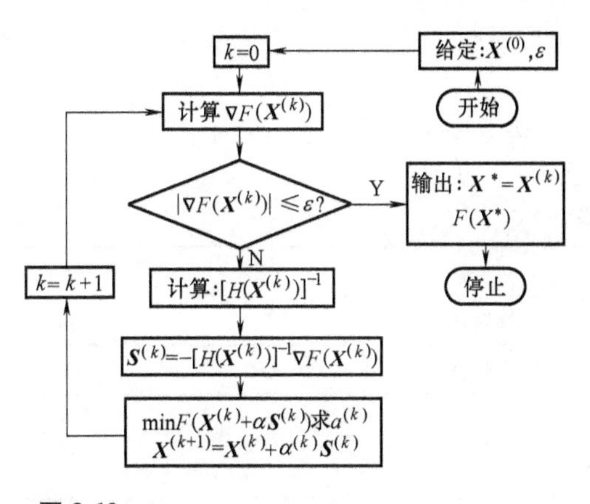

图 3-10

修正牛顿法的程序框图

表 3-2　几种无约束优化方法的特点及其适用条件

优化方法	特　点	适用条件
坐标轮换法	方法简单，只需计算函数值，不需要求函数的导数；程序简单，使用时准备工作量小，存储量少。但计算效率低，可靠性也差，当目标函数有脊线性态时，可能失败	用于维数较低(一般五维以下)或目标函数无导数，或虽有导数但很难求解时的情况
鲍威尔法	属于共轭方向法。具有直接法的共同优点，且具有二次收敛性，收敛速度较快，可靠性也比较好，存储量少，程序较复杂	适用维数较高的目标函数(50维以下)，其他同上
梯度法	需计算一阶偏导数，方法简单，可靠性较好，可稳定地使函数值下降。对初始点要求不严，但收敛速度十分缓慢，特别是当迭代点进入最优点邻域时，更为严重	目标函数必须存在一阶偏导数，适用于精度要求不高的优化问题
共轭梯度法	它是共轭方向法之一。只需计算一阶偏导数，程序编制较容易，准备工作量比牛顿法少。收敛速度较快，所需存储量比牛顿法、DFP算法少，有效性不如DFP算法	适用于维数较高(50维以上)，且易于求一阶偏导数的目标函数
牛顿法	具有二次收敛性，在极值点附近收敛速度快，但要计算函数的黑塞矩阵及其逆矩阵。准备工作量大，程序复杂，所需存储量大。要求迭代点黑塞矩阵非奇异且为定型(正定或负定)，要求初始点靠近极值点，可靠性较差	目标函数存在一阶和二阶偏导数
DFP算法	它是共轭方向法之一。具有二次收敛性，收敛速度快。可靠性好，只需计算一阶偏导数，对初始点要求不高，是有效的无约束优化方法，但所需存储量大	要求函数具有一阶偏导数。适用于维数较高(10~50维)的目标函数

下面举例说明用不同的优化算法进行求解的情况。

例如，

$$\min F(X)=x_1^2+x_2^2-x_1x_2-10x_1-4x_2+60$$

$$\text{初始点 } X^{(0)}=(-1,1)^{\mathrm T}$$

$$\text{最优解 } X^*=(1,1)^{\mathrm T},F(X^*)=0$$

其运算结果列在表3-3中，表中K为迭代轮数，KK为调用目标函数次数。

又如，

$$\min F(X)=100(x_2-x_1^2)^2+(1-x_1)^2$$

$$初始点 \quad \boldsymbol{X}^{(0)}=(-1,1)^{\mathrm{T}}$$
$$最优解 \quad \boldsymbol{X}^{*}=(1,1)^{\mathrm{T}}, F(\boldsymbol{X}^{*})=0$$

其运算结果列在表3-4中。

表3-3 运算结果

算法	K	KK	x_1^*	x_2^*	$F(\boldsymbol{X}^*)$
梯度法	8	172	7.99338	5.99469	8.00004
修正牛顿法	1	26	7.99942	5.99958	8.00000

表3-4 运算结果

算法	K	KK	x_1^*	x_2^*	$F(\boldsymbol{X}^*)$
梯度法	10010	159358	0.98432	0.96899	0.00025
修正牛顿法	11	203	1.00005	1.00011	0.00000

注：梯度法未达到收敛精度。

3.4 约束优化算法

3.4.1 复合形法

复合形法是单纯形法的扩展，适用于具有不等式约束的一种直接算法。它的基本思路是在设计空间的可行域内构造具有 k 个顶点的多面体，按顶点函数值大小排队，找出函数值最小的最好点和函数值最大的最坏点。并计算出最坏点的反射点，一般反射点都优于最坏点，故以反射点代替最坏点，构成新的复形，这样不断调整多面体的顶点，使多面体不断向最优点靠近，最后搜索到最优点。

复合形法与单纯形法相比有两点区别：①构造多面体顶点的个数 $k=n+1\sim2n$；②顶点是随机产生的可行点，所以它是一个不规则的多面体。

其算法步骤是：

（1）确定初始可行点　可以人为给定输入一个 n 维可行点；也可由计算机随机选点。当随机选点时，可按公式

$$x_i^{(1)}=a_i+r_i(b_i-a_i),\ i=1,2,\cdots,n \tag{3-26}$$

式中，a_i、b_i 为第 i 个设计变量的下界、上界；r_i 为随机数。

得到的各顶点，应是约束（3-7）的可行点，即

$$g_u(\boldsymbol{X}^{(1)})\leqslant 0, u=1,2,\cdots,m$$

（2）随机产生其他顶点　顶点个数 k 可按 $k=n+1\sim2n$ 范围来确定，其他顶点也是随机选取的，即

$$\left.\begin{array}{l}\boldsymbol{X}^{(j)}=(x_1^{(j)},x_2^{(j)},\cdots,x_n^{(j)})^{\mathrm{T}}\\ x_i^{(j)}=a_i+r_i(b_i-a_i)\end{array}\right\},j=2,3,\cdots,k;\ i=1,2,\cdots,n \tag{3-27}$$

（3）构成复形　要使所有点都是可行点，就需要对除点 $\boldsymbol{X}^{(1)}$ 外的 $k-1$ 个顶点进行检

验，如有 p 个点满足约束，而 $p+1$，…，k 等 $k-p$ 个顶点未满足约束时，此时先求 p 个顶点的中点，即

$$\boldsymbol{X}^c=\frac{1}{p}\sum_{j=1}^{p}\boldsymbol{X}^{(j)} \tag{3-28}$$

然后使 $p+1$，…，k 等 $k-p$ 个顶点向点 $\boldsymbol{X}^c$ 靠拢，即

$$\boldsymbol{X}^{(p+1)}=\boldsymbol{X}^c+0.5(\boldsymbol{X}^{(p+1)}-\boldsymbol{X}^c) \tag{3-29}$$

再检验点 $\boldsymbol{X}^{(p+1)}$ 是否满足约束条件，如仍不满足，再继续缩小，直至满足为止。依次对 $\boldsymbol{X}^{(p+1)}$，…，$\boldsymbol{X}^{(k)}$ 等各顶点进行收缩，直到全部满足约束，即完成了第一轮的复形构造。

（4）排队　找出最好点 $\boldsymbol{X}^g$、最坏点 $\boldsymbol{X}^b$ 和次坏点 $\boldsymbol{X}^s$，即

最好点　$\boldsymbol{X}^g: F(\boldsymbol{X}^g)=\min\{F(\boldsymbol{X}^{(j)});\ j=1,2,\cdots,k\}$　(3-30)

最坏点　$\boldsymbol{X}^b: F(\boldsymbol{X}^b)=\max\{F(\boldsymbol{X}^{(j)});\ j=1,2,\cdots,k\}$　(3-31)

次坏点　$\boldsymbol{X}^s: F(\boldsymbol{X}^s)=\max\{F(\boldsymbol{X}^{(j)});\ j=1,2,\cdots,k,\ j\neq b\}$　(3-32)

（5）计算中点 $\boldsymbol{X}^c$　按公式

$$\boldsymbol{X}^c=\frac{1}{k-1}\left(\sum_{j=1}^{k}\boldsymbol{X}^{(j)}-\boldsymbol{X}^b\right) \tag{3-33}$$

判断

$$\boldsymbol{X}^c\in D\begin{cases}\text{满足,转(6)求反射点 }\boldsymbol{X}^r\\ \text{不满足,以 }\boldsymbol{X}^g\text{ 为第一个顶点除上、下界重新构形,转(2)}\end{cases}$$

其中 D 为可行域，如果 $\boldsymbol{X}^c$ 是非可行点，说明多面体是一非凸集，如图 3-11 所示，此时以 $\boldsymbol{X}^g$ 为第一个顶点，重新构造复形，但其上、下界范围改成

$$\left.\begin{aligned}a_i&=\min\{x_i^g,x_i^c\}\\ b_i&=\max\{x_i^g,x_i^c\}\end{aligned}\right\},i=1,2,\cdots,n \tag{3-34}$$

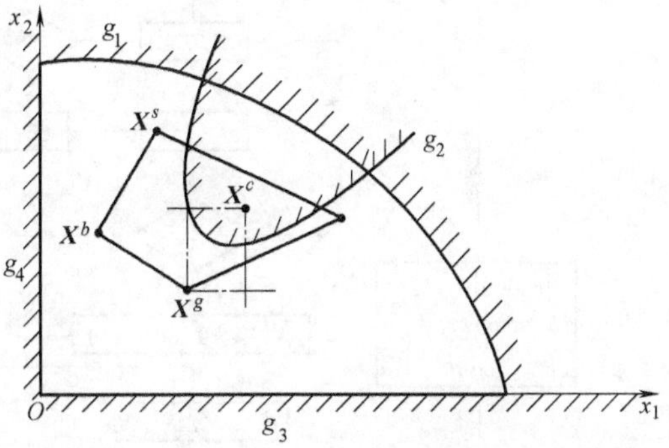

图 3-11

$\boldsymbol{X}^c$ 点在可行域外

（6）求反射点 $\boldsymbol{X}^r$

$$\boldsymbol{X}^r=\boldsymbol{X}^c+\alpha(\boldsymbol{X}^c-\boldsymbol{X}^b),\alpha=1.3 \tag{3-35}$$

判断

$$\boldsymbol{X}^r\in D\begin{cases}\text{满足,转(9)缩小}\\ \text{不满足,求 }F(X'),\text{转(7)比较}\end{cases}$$

（7）比较

$$F(\boldsymbol{X}^r)<F(\boldsymbol{X}^s)\begin{cases}\text{满足，}F(\boldsymbol{X}^r)<F(\boldsymbol{X}^g)\begin{cases}\text{满足，转(8)延伸}\\ \text{不满足，}\boldsymbol{X}^b=\boldsymbol{X}^r\text{ 转(4)}\end{cases}\\ \text{不满足，}F(\boldsymbol{X}^r)<F(\boldsymbol{X}^g)\begin{cases}\text{不满足，}\boldsymbol{X}^b=\boldsymbol{X}^r\text{ 转(4)}\\ \text{满足，转(9)缩小}\end{cases}\end{cases}$$

（8）求延伸点 $\boldsymbol{X}^e$

$$\boldsymbol{X}^e=\boldsymbol{X}^c+\beta(\boldsymbol{X}^r-\boldsymbol{X}^c),\beta=2 \tag{3-36}$$

判断

$$\boldsymbol{X}^e \in D\begin{cases}满足，F(\boldsymbol{X}^e)<F(\boldsymbol{X}^r)\begin{cases}满足，\boldsymbol{X}^r=\boldsymbol{X}^e \text{ 继续求 } \boldsymbol{X}^e\\ 不满足，\boldsymbol{X}^b=\boldsymbol{X}^r \text{ 转}(4)\end{cases}\\ 不满足，\boldsymbol{X}^b=\boldsymbol{X}^r \text{ 转}(4)\end{cases}$$

（9）缩小，改变搜索方向　令 $\delta=10^{-3}\sim10^{-5}$，判断

$$\alpha<\delta\begin{cases}满足，\boldsymbol{X}^b \Leftrightarrow \boldsymbol{X}^s \text{ 转}(5)\text{求中点 } \boldsymbol{X}^c\\ 不满足，\alpha=\dfrac{1}{2}\alpha \text{ 转}(6)\end{cases}$$

复合形法的收敛终止准则可按下式之一决定：

$$\max\{\ \|\boldsymbol{X}^{(j)}-\boldsymbol{X}^{(1)}\|\ ,j=2,\ 3,\ \cdots,\ k\}\ \leqslant\varepsilon \tag{3-37}$$

或

$$F(\boldsymbol{X}^b)-F(\boldsymbol{X}^g)\leqslant\varepsilon \tag{3-38}$$

$$\left|\frac{F(\boldsymbol{X}^b)-F(\boldsymbol{X}^g)}{F(\boldsymbol{X}^g)}\right|\leqslant\varepsilon \tag{3-39}$$

复合形法的计算程序框图如图3-12所示。

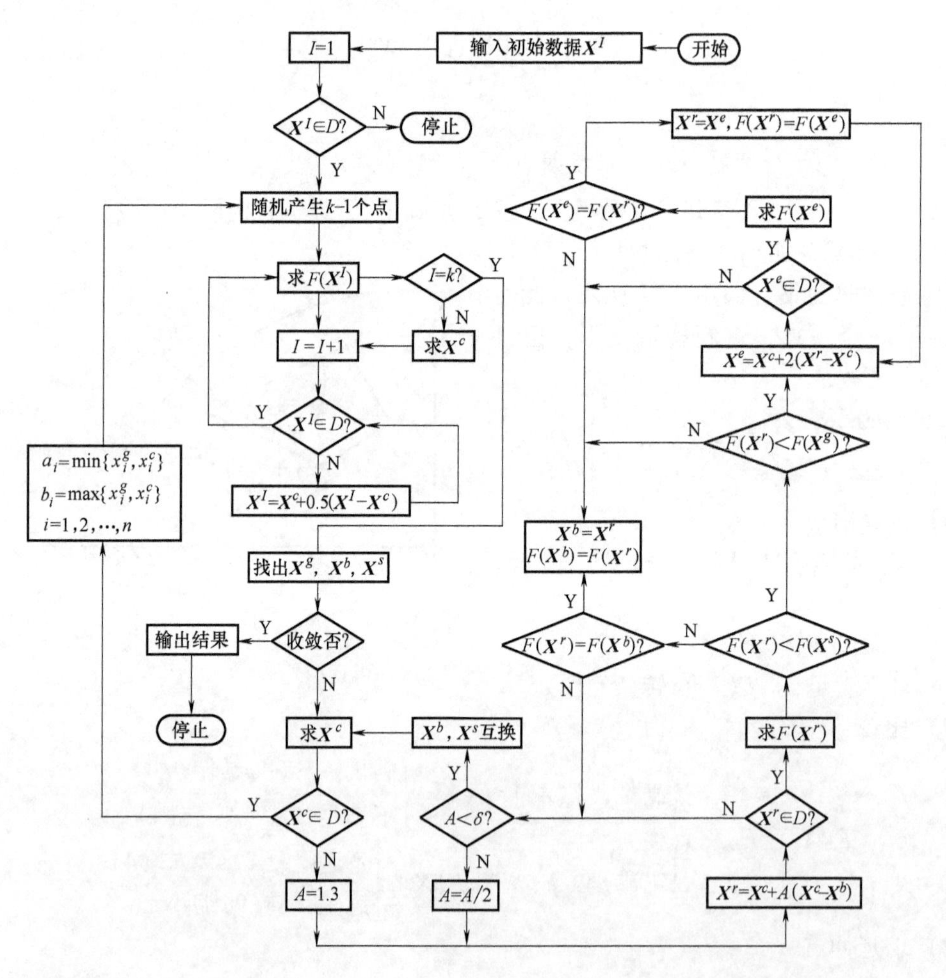

图 3-12

复合形法的计算程序框图

3.4.2　惩罚函数法

该方法是间接求解约束问题的优化算法之一，也是目前较常用的一种有效算法，它的基本思路是将有约束问题改造成为无约束问题的数学模型，然后按无约束问题进行求解，直到求得原问题的最优解。

根据所构造的目标函数的形式不同，决定了搜索点在可行域内或是在可行域外，因而该算法又分为内点法，外点法和混合法三种。

1. 内点法

适用于不等式约束问题，即

$$\left.\begin{array}{l}\min F(\boldsymbol{X}),\ \boldsymbol{X}\in D\subset\mathbf{R}^n\\ \text{s. t. } g_u(\boldsymbol{X})\leqslant 0,\ u=1,2,\cdots,m\end{array}\right\}\tag{3-40}$$

构造新目标函数（增广函数）

$$\Phi(\boldsymbol{X},\ r^{(k)})=F(\boldsymbol{X})+r^{(k)}\sum_{u=1}^{m}G(g_u(\boldsymbol{X}))\tag{3-41}$$

式中，$r^{(k)}$为加权因子，$r^{(k+1)}=cr^{(k)}$是一递减正数序列，即

$$r^{(0)}>r^{(1)}>r^{(2)}>\cdots>r^{(k)}>r^{(k+1)}>\cdots>0$$

其中，c 为递减系数，$0<c<1$；$\sum\limits_{u=1}^{m}G(g_u(\boldsymbol{X}))$为以 $g_u(\boldsymbol{X})$为函数的复合函数。

然后对新目标函数按无约束问题求解，即

$$\min\Phi(\boldsymbol{X},\ r^{(k)})=\Phi(\boldsymbol{X}_k^*,\ r^{(k)})$$

在求解过程中，针对不同的$r^{(k)}$，就有一个与之对应的极小值点$\boldsymbol{X}_k^*$，随着$r^{(k)}$的减小，使求得的$\boldsymbol{X}_k^*$也逐步向原问题的最优点$\boldsymbol{X}^*$逼近，所以这种方法也称为“序列无约束极小化”方法。

对于内点法，求解过程要求保证：①初始点$\boldsymbol{X}^{(0)}$和序列最优点$\boldsymbol{X}_k^*$，都应是可行点；②求解到最后，序列最优点$\boldsymbol{X}_k^*$应逼近最优点$\boldsymbol{X}^*$。要达到上述两点要求，应当：

1）当$r^{(k)}$不太小时，即作为无约束问题求解的开始，然后逐渐缩小k，分别求取相应的最优点$\boldsymbol{X}^*$。如果$\boldsymbol{X}\Rightarrow$边界点时，要求$r^k\sum\limits_{n=1}^{m}G(g_u(\boldsymbol{X}))\Rightarrow\infty$，好似在可行域边界上筑起了一道“高墙”，使搜索点不会触碰约束边界，从而始终保持在可行域内，所以称该项为“障碍项”，也称作“惩罚项”，即不允许接近边界，接近就要惩罚，所以“惩罚函数法”因此而得名。

2）当$r\to0$时，即序列的终数，此时要求

$$r^{(k)}\sum_{u=1}^{m}G(g_u(\boldsymbol{X}))\Rightarrow0$$

即

$$\lim_{k\to\infty}\left|\Phi(\boldsymbol{X}_k^*,\ r^{(k)})-F(\boldsymbol{X}^*)\right|\Rightarrow0$$

$$\boldsymbol{X}_k^*=\boldsymbol{X}^*$$

为保证上述两点，惩罚函数的形式应是

$$g_{\mathrm{u}}\leqslant0$$

$$G(g_{\mathrm{u}})\text{当 }g_{\mathrm{u}}\to0\text{时},G\text{ 应为}+\infty\text{ 才能用于惩罚}$$

$$\sum_{u=1}^{m} G(g_u(\boldsymbol{X})) = -\sum_{u=1}^{m} \frac{1}{g_u(\boldsymbol{X})} \tag{3-42}$$

或

$$\sum_{u=1}^{m} G(g_u(\boldsymbol{X})) = -\sum_{u=1}^{m} \ln(|g_u(\boldsymbol{X})|) \tag{3-43}$$

例 3-1

求

$$\min F(x) = x, x \in D \subset \mathbf{R}$$
$$\text{s. t.} \quad g(x) = 1-x \leqslant 0$$

解： 按数学模型构造罚函数

$$\Phi(x, r^{(k)}) = x - r^{(k)} \frac{1}{1-x}$$

当 $r^{(k)}$ 取不同值时，如 $r^{(1)} > r^{(2)} > r^{(3)} > \cdots$ 时，得到相应的曲线和对应的极值点，如图 3-13 所示。按解析法求解极值点应是

$$\frac{\mathrm{d}\Phi}{\mathrm{d}x} = 1 - \frac{r^{(k)}}{(1-x)^2} = 0$$

所以

$$x^* = 1 \pm \sqrt{r^{(k)}}$$

满足约束条件，最后求得的最优解是

$$x^* = 1 + \sqrt{r^{(k)}}, \ \Phi(x^*, r^{(k)}) = 1 + 2\sqrt{r^{(k)}}$$

当 $k \Rightarrow \infty$，$r^{(k)} \Rightarrow 0$ 时，$x^* = 1, \Phi(x^*, r^{(k)}) = 1$，

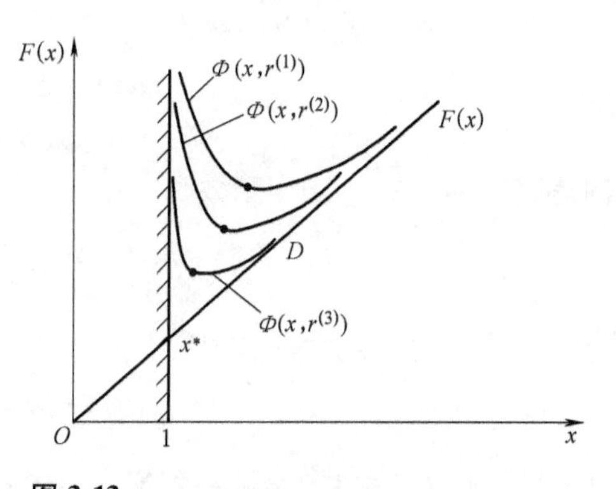

图 3-13
一元罚函数内点法的收敛关系

可以看出序列最优点 $x^*(r^{(k)})$ 是以 $r^{(k)}$ 为参数的点列轨迹。内点法的程序框图如图 3-14 所示。

2. 外点法

此法适用于具有等式和不等式约束的问题，搜索策略与内点法相似，不同点是惩罚函数的定义域为非可行域，即在可行域外进行搜索，其罚函数的形式是

$$\Phi(\boldsymbol{X}, r^{(k)}) = F(\boldsymbol{X}) + r^{(k)} \sum_{u=1}^{m} (\max\{g_u(\boldsymbol{X}), 0\})^2 \tag{3-44}$$

其惩罚项（也称衰减项）为

$$\max\{g_u(\boldsymbol{X}), 0\} = \frac{g_u(\boldsymbol{X}) + |g_u(\boldsymbol{X})|}{2} = \begin{cases} g_u(\boldsymbol{X}), & g_u(\boldsymbol{X}) > 0 \\ 0, & g_u(\boldsymbol{X}) \leqslant 0 \end{cases}$$

说明：当 $\boldsymbol{X}$ 是可行点时，惩罚项为零，也就是说当极小化惩罚函数时，$\boldsymbol{X}$ 由不可行点迭代成为可行点，此时惩罚函数将与原目标函数 $F(\boldsymbol{X})$ 等价，惩罚函数的最优可行点，也将是原目标函数的最优点。

式（3-44）中的罚因子 $r^{(k)}$ 是一递增序列，即

$$0 < r^{(0)} < r^{(1)} < \cdots < r^{(k)} < r^{(k+1)} < \cdots < +\infty$$
$$r^{(k+1)} = c r^{(k)}, \ c > 1$$

现在用外点法求解例 3-1 的数学模型的极值。

解： 构造外点罚函数

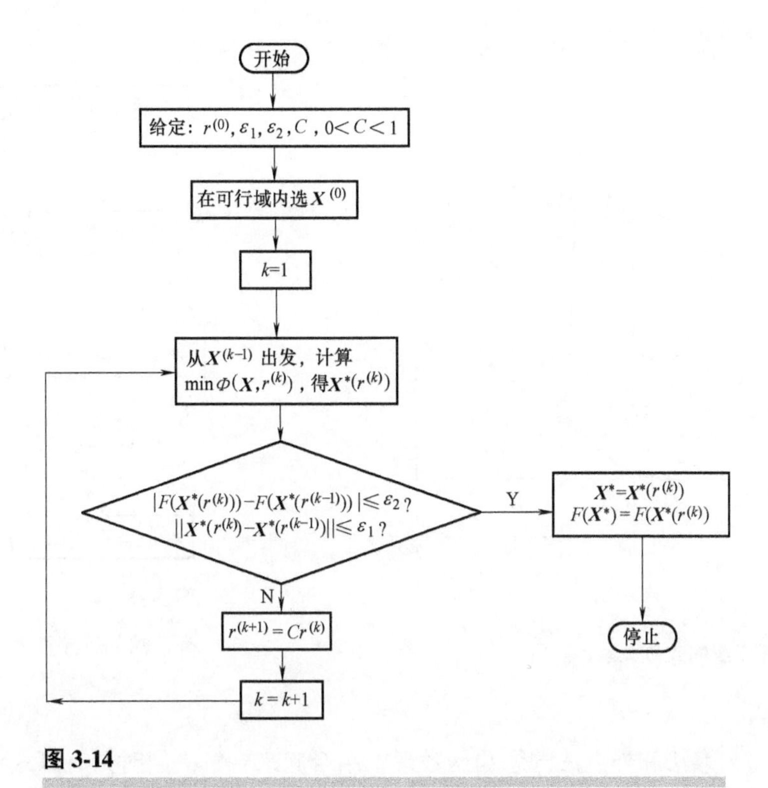

图 3-14

内点法的程序框图

$$\Phi(x, r^{(k)}) = x + r^{(k)} \sum_{u=1}^{m} (\max\{g_u(x), 0\})^2$$

$$= \begin{cases} x + r^{(k)}(1-x)^2, x<1 \\ x, x \geqslant 1 \end{cases}$$

当 $r^{(k)}$ 不同时，得到一组等值线，如图 3-15 所示。

按解析法 $\dfrac{\mathrm{d}\Phi}{\mathrm{d}x}=0$ 求解极值点应是

$$x^*(r^{(k)}) = 1 - \frac{1}{2r^{(k)}}$$

$$\Phi(x^*, r^{(k)}) = 1 - \frac{1}{4r^{(k)}}$$

当 $\lim\limits_{k\to\infty} r^{(k)} = \infty$ 时，

$$x^*(r^{(k)}) = 1, \Phi(x^*, r^{(k)}) = 1$$

外点法的上述逼近特点，也同样适用于具有等式约束问题的最优化，此时的表达式为

$$\Phi(X, r^{(k)}) = F(X) + r^{(k)} \sum_{v=1}^{p} (h_v(X))^2 \tag{3-45}$$

如果同时具有等式和不等式约束问题，则其惩罚函数的表达式应为

$$\Phi(X, r^{(k)}) = F(X) + r^{(k)} \sum_{u=1}^{m} (g_u(X))^2 + r^{(k)} \sum_{v=1}^{p} (h_v(X))^2 \tag{3-46}$$

外点法的程序框图如图 3-16 所示。

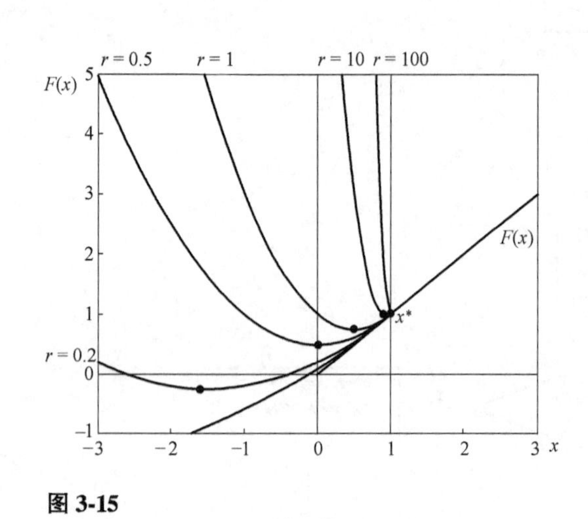

图 3-15

一元罚函数外点法的收敛关系

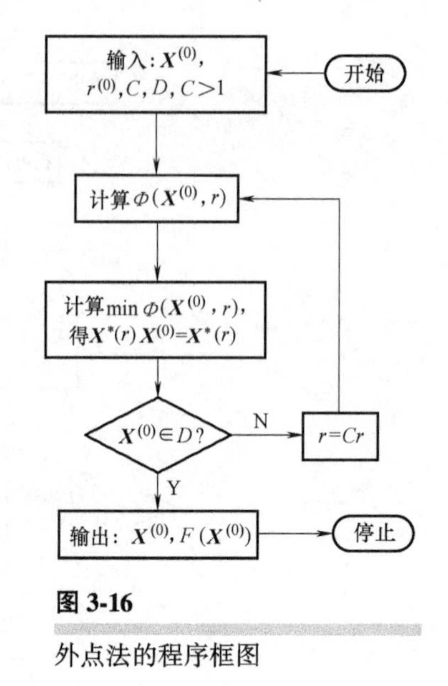

图 3-16

外点法的程序框图

3. 混合法

混合法是将内点法和外点法的惩罚函数形式结合起来，解决同时具有等式和不等式约束的问题，其惩罚函数的表达式为

$$\Phi(\boldsymbol{X}, r^{(k)}) = F(\boldsymbol{X}) - r^{(k)} \sum_{u=1}^{m} \frac{1}{g_u(\boldsymbol{X})} + \frac{1}{\sqrt{r^{(k)}}} \sum_{v=1}^{p} (h_v(\boldsymbol{X}))^2 \tag{3-47}$$

式中，

$$\lim_{k \to \infty} r^{(k)} = 0$$

混合法的初始点 $\boldsymbol{X}^{(0)}$ 应当完全满足严格不等式的要求，即要求 $\boldsymbol{X}^{(0)}$ 是一内点，$r^{(k)}$ 也参照内点法选取，它具有内点法的求解特点，其程序框图与内点法的程序框图一致。

3.5 应用实例

根据前面章节讲述的原理，在解决实际优化问题时可以利用 MATLAB 优化工具箱，从而方便求解线性规划、非线性规划和多目标规划问题，具体包括线性、非线性最小化，最大最小化，二次规划，半无限问题，线性、非线性方程（组）的求解，线性、非线性的最小二乘等问题。另外，该工具箱还提供了线性、非线性最小化、方程求解、曲线拟合、二次规划等中大型问题的求解方法，为优化方法在工程中的实际应用提供了更方便快捷的途径。下面介绍几种常用的 MATLAB 优化函数。

3.5.1 优化工具箱中的函数

MATLAB 优化工具箱中的函数如表 3-5 所示。

3.5.2 有边界非线性最小化

（1）函数 fminbnd

表 3-5　优化工具箱中的函数

函数	描述	函数	描述
fminbnd	有边界的标量非线性最小化	fmincon	有约束的非线性最小化
linprog	线性规划	quadprog	二次规划
fminsearch，fminunc	无约束非线性最小化	fgoalattain	多目标到达问题
fminimax	最大最小化		

其功能是：找到固定区间内单变量函数的最小值。

（2）格式　x = fminbnd(fun, x1, x2)

x = fminbnd(fun, x1, x2, options)

[x, fval] = fminbnd(…)

[x, fval, exitflag] = fminbnd(…)

[x, fval, exitflag, output] = fminbnd(…)

（3）应用背景　给定区间 $x_1<x<x_2$，求函数 $f(x)$ 的最小值；$\boldsymbol{x}$ 可以是多元向量。

（4）说明　fun　目标函数；

x1、x2　设置优化变量给定区间的上下界；

options　设置优化选项参数；

fval　返回目标函数在最优解点 x 处的函数值；

exitflag　返回算法的终止标志；

output　返回优化算法信息的一个数据结构，该参数包含下列优化信息：①output. iterations——迭代次数，②output. algorithm——所采用的算法，③output. funcCount——函数评价次数。

（5）算法　fminbnd 是一个 M 文件，其算法基于黄金分割法和二次插值法。

（6）局限性

1）目标函数必须是连续的。

2）fminbnd 函数可能只给出局部最优解。

3）当问题的解位于区间边界时，fminbnd 函数的收敛速度慢。此时，fmincon 函数的计算速度更快，计算精度更高。

4）fminbnd 函数只用于实数变量。

3.5.3　线性规划及其优化函数

线性规划问题是目标函数和约束条件均为线性函数的问题。MATLAB 解决的线性规划问题的标准形式为

$$\min f(x),\ x\in R^n$$

$$\text{s.t. } A\cdot g(x)\leqslant b$$

$$Aeq\cdot g(x)=beq$$

$$lb\leqslant x\leqslant ub$$

其中，f、x、b、beq、1b、ub 为向量；A、Aeq 为矩阵。其他形式的线性规划问题都可经过

适当的变换化为此标准形式。

（1）函数 linprog

（2）格式 x=linprog(f,A,b,Aeq,beq)

x=linprog(f,A,b,Aeq,beq,lb,ub)

x=linprog(f,A,b,Aeq,beq,lb,ub,x0)

x=linprog(f,A,b,Aeq,beq,lb,ub,x0,options)

[x,fval]=linprog(...)

[x,fval,exitflag]=linprog(...)

[x,fval,exitflag,output]=linprog(...)

[x,fval,exitflag,output,lambda]=linprog(...)

（3）说明 f 优化参数x的系数矩阵；

lb、ub 设置优化参数x的上下界；

fval 返回目标函数在最优解点x处的函数值；

exitflag 返回算法的终止标志；

output 一个返回优化算法信息的结构；

lambda 解x的拉格朗日乘子。

若exitflag >0 表示函数收敛于解x，

exitflag=0 表示超过函数估值或迭代的最大数字，

exitflag <0 表示函数不收敛于解x；

若lambda=lower 表示下界1b，

lambda=upper 表示上界ub，

lambda=ineqlin 表示不等式约束，

lambda=eqlin 表示等式约束，

1ambda 中的非0元素表示对应的约束是有效约束；

output=iterations 表示迭代次数，

output=algorithm 表示使用的运算规则，

output=cgiterations 表示PCG迭代次数。

3.5.4 无约束非线性及其优化函数

1. fminunc 函数简介

（1）函数 fminunc

（2）格式 x=fminunc(fun,x0)

x=fminunc(fun,x0,options)

[x,fval]=fminunc(...)

[x,fval,exitflag]=fminunc(...)

[x,fval,exitflag,output]=fminunc(...)

[x,fval,exitflag,output,grad]=fminunc(...)

[x,fval,exitflag,output,grad,hessian]=fminunc(...)

（3）说明 fun 目标函数；

options 设置优化选项参数；
fval 返回目标函数在最优解点 x 处的函数值；
exitflag 返回算法的终止标志；
output 返回优化算法信息的一个数据结构；
grad 返回目标函数在最优解点 x 处的梯度；
hessian 返回目标函数在最优解点 x 的黑塞矩阵值。

（4）局限性

1）目标函数必须是连续的，fminunc 函数有时会给出局部最优解。

2）fminunc 函数只对实数进行优化，即 x 必须为实数，而且 f(x) 必须返回实数。当 x 为复数时，必须将它分解为实部和虚部。

2. fminsearch 函数简介

（1）函数 fminsearch

（2）格式
```
x=fminsearch(fun,x0)
x=fminsearch(fun,x0,options)
[x,fval]=fminsearch(...)
[x,fval,exitflag]=fminsearch(...)
[x,fval,exitflag,output]=fminsearch(...)
```

（3）说明
fun 目标函数；
options 设置优化选项参数；
fval 返回目标函数在最优解点 x 处的函数值；
exitflag 返回算法的终止标志；
output 返回优化算法信息的一个数据结构。

（4）局限性

1）应用 fminsearch 函数可能会得到局部最优解。

2）fminsearch 函数只对实数进行最小化，即 x 必须由实数组成，而且 f(x)函数必须返回实数。如果 x 为复数，必须将它分为实数部和虚数部两部分。

注意：当函数的阶数大于 2 时，使用 fminunc 比 fminsearch 更有效，但当所选函数高度不连续时，使用 fminsearch 效果较好。

3.5.5 带约束非线性最小化

（1）函数 fmincon

（2）格式
```
x=fmincon(fun,x0,A,b)
x=fmincon(fun,x0,A,b,Aeq,beq)
x=fmincon(fun,x0,A,b,Aeq,beq,lb,ub)
x=fmincon(fun,x0,A,b,Aeq,beq,lb,ub,nonlcon)
x=fmincon(fun,x0,A,b,Aeq,beq,lb,ub,nonlcon,options)
[x,fval]=fmincon(...)
[x,fval,exitflag]=fmincon(...)
[x,fval,exitflag,output]=fmincon(...)
```

(3) 说明 fun 目标函数;
x0 初始值;
A、b 线性不等约束，Agx<=b;
Aeq、beq 线性相等约束，Aeqgx=beq;
lb、ub 变量的上下边界;
nonlcon 非线性约束，非线性不等约束 c，非线性相等约束 ceq;
options 设置优化选项参数;
fval 返回目标函数在最优解点 x 处的函数值;
exitflag 返回算法的终止标志;
output 返回优化算法信息的一个数据结构。

由于篇幅限制，在此就不一一介绍优化函数，其他优化函数可在 MATLAB 命令行窗口中输入 help+优化函数名获得。

3.5.6 优化设计实例

设计一圆柱螺旋压缩弹簧，参数为：弹簧中径 D、钢丝直径 d、总圈数 n。设计要求是在 $F=700\text{N}$ 作用下，产生 10mm 的变形量，要求弹簧压并高度小于等于 50mm，弹簧内径大于等于 16mm，满足强度条件前提下，要求设计的弹簧具有最轻的重量。根据设计要求，建立数学模型标准形式为求

$$\boldsymbol{X}=(x_1,x_2,x_3)^{\mathrm{T}}=(D,d,n)^{\mathrm{T}}$$

$$\min \quad F(\boldsymbol{X})=\frac{\rho\pi^2}{4}x_1x_2^2x_3 \qquad \text{最小质量}$$

$$\text{s. t.} \quad g_1(\boldsymbol{X})=\frac{8Fx_1^3(x_3-n_0)}{Gx_2^4}-10=0 \qquad \text{变形量要求}$$

$$g_2(\boldsymbol{X})=x_2(x_3-\lambda) \qquad \text{压变高度要求}$$

$$g_3(\boldsymbol{X})=16-x_1+x_2\leqslant 0 \qquad \text{弹簧内径要求}$$

$$\left.\begin{aligned} g_4(\boldsymbol{X})&=4-\frac{x_1}{x_2}\leqslant 0\\ g_5(\boldsymbol{X})&=\frac{x_1}{x_2}-10\leqslant 0\end{aligned}\right\} \qquad \text{旋绕比范围}$$

$$g_6(\boldsymbol{X})=\left(\frac{x_1-0.25x_2}{x_2-x_1}+\frac{0.615x_2}{x_1}\right)\frac{8Fx_1}{\pi x_2^3}-[\tau]\leqslant 0 \qquad \text{强度要求}$$

$$\left.\begin{aligned} g_7(\boldsymbol{X})&=8-x_1\leqslant 0\\ g_8(\boldsymbol{X})&=x_1-50\leqslant 0\\ g_9(\boldsymbol{X})&=1-x_2\leqslant 0\\ g_{10}(\boldsymbol{X})&=x-20\leqslant 0\\ g_{11}(\boldsymbol{X})&=1-x_3\leqslant 0\\ g_{12}(\boldsymbol{X})&=x_3-20\leqslant 0\end{aligned}\right\} \qquad \text{边界约束}$$

其中，材料切变模量 $G=8.1\times10^4\text{N/mm}^2$，钢丝的许用切应力 $[\tau]=444\text{N/mm}^2$，弹簧支撑圈

数 $n_0=1.75$，弹簧终端类型系数 $\lambda=0.5$。弹簧中径 D（单位：mm）和钢丝直径 d（单位：mm）的取值优先选用第一系列：

D：8，9，10，12，16，20，25，30，35，40，45，50

d：1，1.2，1.6，2，2.5，3，3.5，4，4.5，5，6，8，10，12，16，20

优化的 MATLAB 实现如下：

1）首先编写目标函数 M 文件 myfun. m：

```
function f=myfun (x)
f=0.001952 *x(1) *x(2) *x(2) *x(3)
```

2）编写非线性约束函数 M 文件 nonlcon1. m：

```
function [c, ce] =nonlcon1 (x)
lamda=0.5;
tao=444;
F=700
G=81000;
c=[x(2) *x(3)-lamda *x(2)-50;4-x(1)/x(2);x(1)/x(2)-10;8 *F *((x(1)-
   0.25 *x(2))/(x(2)-x(1))+0.615 *x(2)/x(1)) *x(1)/pi/(x(3)^3)-tao];%[g2;
g4;g5;g6]
ce=[8 *F *(x(1) ∧3) *(x(3)-1.75)/G/(x(2)^4)-10];%[g1]
```

3）在命令行窗口调用优化程序：

```
x0=[10,2,2];
A=[-1  1  0;-1  0  0;1  0  0;0  -1  0;0  1  0;0  0  -1;0  0  1];%[g3;g7;g8]
B=[16;-8;50;-1;20;-1;20];%[g3;g7;g8;g9;g10;g11;g12]
options=optimset('largescale','off');
[x,fval,exitflag,output]=fmincon(@myfun,x0,A,B,[],[],[],[]@nonlcon1,options)
```

经运行，得到结果如下：

```
x=8.0003    1.0000    2.0325
fval=0.0032
exitflag=1
output=
包含以下字段的 struct：
iterations：52
funcCount：469
constrviolation：1.7964e-07
stepsize：3.4433e-04
algorithm：'interior-point'
firstorderopt：7.9999e-08
cgiterations：62
```

优化结果为 D=8.003，d=1，n=2.0325。

习题

3-1 优化设计问题的数学模型由哪几部分组成？其一般的表达形式是什么？

3-2 判断下列目标函数是否有极值点：

$F(\boldsymbol{X})=x_1x_2$

$F(\boldsymbol{X})=x_1^2-x_2^2$

$F(\boldsymbol{X})=x_1^2+3x_1x_2+4x_2^2+6$

3-3 确定函数 $f(x)=3x^3-8x+9$ 的一个搜索区间，初始点 $x_0=0$，初始步长 $h_0=0.1$。

3-4 目标函数 $F(\boldsymbol{X})=2x_1^3+4x_2^2-x_3^2+2x_1x_2-6x_1x_3^2-x_2+6$。求：

（1）在点 $\boldsymbol{X}=(1.2,\ 1)^{\mathrm{T}}$ 处的梯度矢量；

（2）在点 $\boldsymbol{X}=(1.2,\ 1)^{\mathrm{T}}$ 处沿 S 方向的方向导数。已知方向 S 的其中两个方向余弦为 $\cos\alpha_1=0.7$，$\cos\alpha_2=0.2$。说明沿该方向搜索时，函数是增加还是减少？

3-5 试证明梯度法先后迭代过程的搜索方向：$\boldsymbol{S}^{(k)}=-\nabla F(\boldsymbol{X}^{(k)})$ 和 $\boldsymbol{S}^{(k+1)}=-\nabla F(\boldsymbol{X}^{(k+1)})$ 是互相正交的。

3-6 对于二次函数，试证明牛顿法只需沿着牛顿方向迭代一步，即可搜索到极值点。

3-7 目标函数 $F(\boldsymbol{X})=60-10x_1-4x_2+x_1^2-x_2^2-x_1x_2$。已知沿 $\boldsymbol{S}^{(k)}=(10,\ 4)^{\mathrm{T}}$ 方向搜索到 $\boldsymbol{X}^{(k+1)}=(7,3)^{\mathrm{T}}$，试求此点下一次迭代的共轭梯度方向 $\boldsymbol{S}^{(k+1)}$。

3-8 写出用内点法、外点法和混合法求解下列问题的罚函数形式：

$$
\begin{aligned}
\min\quad & F(\boldsymbol{X})=x_1+x_2\\
\text{s.t.}\quad & g_1(\boldsymbol{X})=x_1^2-x_2\leqslant 0\\
& g_2(\boldsymbol{X})=-x_1\leqslant 0
\end{aligned}
$$

参考文献

[1] 陈立周，等．工程离散变量优化设计方法——原理与应用．[M]．北京：机械工业出版社，1989.

[2] 崔华林．机械优化设计方法与应用 [M]．沈阳：东北工学院出版社，1989.

第4章 可靠性设计

可靠性成为一种定量指标是从20世纪50年代起开始的。第二次世界大战期间，美国军用装备尤其是电子设备存在大量因失效而不能使用的情况，因此，美国军事部门在第二次世界大战结束后开始研究电子元件和系统的可靠性问题。1957年美国发布了“军用电子设备可靠性”的重要报告，被公认为是可靠性的奠基文献。

而今随着科技的发展，可靠性问题的研究取得了长足的进展，许多国家相继成立了可靠性研究机构，对可靠性理论做了广泛的研究。可靠性的观点和方法已经成为质量保证、安全性保证、产品责任预防等不可或缺的依据和手段，也是我国工程技术人员必须掌握的现代设计方法之一。

4.1 概述

本节主要介绍可靠性的基本概念、可靠性设计的特点、可靠性设计中常用的特征量。

4.1.1 可靠性的概念和可靠性设计特点

可靠性的定义为：产品在规定条件下、规定时间内，完成规定功能的能力。

可靠性设计作为一种新的设计方法，是对常规设计方法的深化和发展，所以机械设计等有关课程所阐明的计算原理、方法和基本公式，对可靠性设计仍然适用。但与常规设计相比，它具有如下特点：

1）可靠性设计法认为作用在零部件上的载荷（广义的）和材料性能等都不是定值，而是随机变量，具有明显的离散性质，在数学上必须用分布函数来描述。

2）由于载荷和材料性能等都是随机变量，所以必须用概率统计的方法求解。

3）可靠性设计方法认为所设计的任何产品都存在一定的失效可能性，并且可以定量地回答产品在工作中的可靠程度，从而弥补了常规设计方法的不足。

4.1.2 可靠性设计中常用的特征量

度量产品可靠性的各种量统称为可靠性特征量，如可靠度、失效概率、失效率等。

1. 可靠度

可靠度是指产品在规定条件下、规定时间内，完成规定功能的概率。一般记为 R。由于它是时间的函数，故也记为 $R(t)$。

如果用随机变量 T 表示产品从开始工作到发生失效或故障的时间，概率密度为 $f(t)$，如图 4-1 所示，则该产品在某一指定时刻 t 的可靠度为

$$R(t)=P(T>t)=\int_{t}^{+\infty}f(t)\,\mathrm{d}t \tag{4-1}$$

根据样本观测值，可靠度也可以写为

$$\hat{R}(t)=\frac{N_s(t)}{N}=1-\frac{N_f(t)}{N} \tag{4-2}$$

式中，$\hat{R}(t)$ 为可靠度观测值；$N_s(t)$ 为到 t 时刻完成规定功能的产品数；N 为投入工作的产品数；$N_f(t)$ 为到 t 时刻未完成规定功能的产品数。

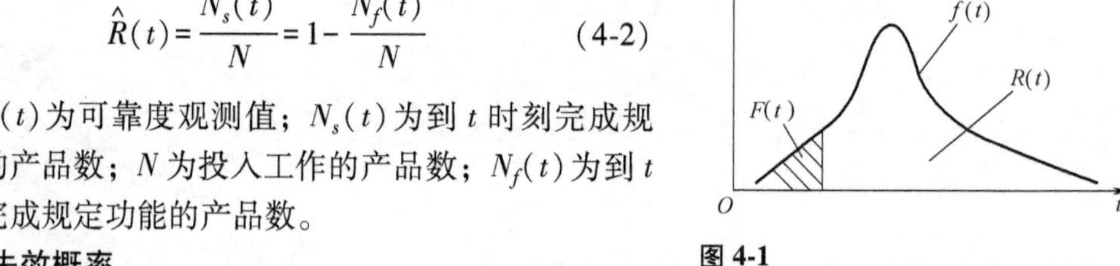

图 4-1
概率密度 $f(t)$、可靠度 $R(t)$ 和失效概率的 $F(t)$ 关系曲线

2. 失效概率

失效概率是指产品在规定条件下、规定时间内未完成规定功能（即发生失效）的概率，也称为不可靠度，一般记为 F 或 $F(t)$，如图 4-1 中阴影部分所示。

$$F(t)=P(T\leqslant t)=\int_{-\infty}^{t}f(t)\,\mathrm{d}t=1-R(t) \tag{4-3}$$

失效概率的观测值可按概率互补定理求出，即

$$\hat{F}(t)=1-\hat{R}(t)=\frac{N_f(t)}{N} \tag{4-4}$$

3. 失效率

失效率是指工作到某时刻 t 尚未失效的产品，在该时刻 t 后单位时间内发生失效的概率，也称为故障率或风险函数，一般记为 λ 或 $\lambda(t)$。其具体表达式为

$$\lambda(t)=\lim_{\Delta t\to 0}\frac{1}{\Delta t}P(t<T\leqslant t+\Delta t\,|\,T>t) \tag{4-5}$$

它反映了 t 时刻产品的失效速率。

失效率的观测值是在某时刻 t 后单位时间内失效的产品数与工作到该时刻尚未失效的产品数之比，即

$$\hat{\lambda}(t)=\frac{\Delta N_f(t)}{N_s(t)\Delta t} \tag{4-6}$$

如果用横坐标表示时间 t，纵坐标表示失效率 $\lambda(t)$，则可绘制出反映产品在整个寿命期失效率情况的曲线，称为失效率曲线或浴盆曲线，如图 4-2 所示。它可分为以下三部分：

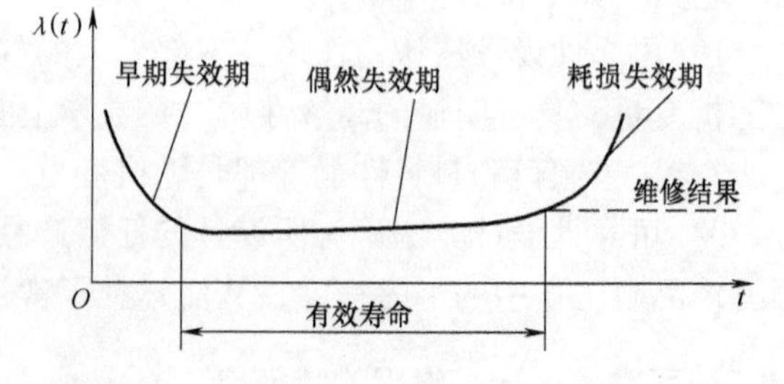

图 4-2
典型的失效率曲线

（1）早期失效期　产品使用初期，失效率较高而下降很快。主要是由于产品在设计、

制造、储存、运输等过程中形成的缺陷，以及调试、跑合、启动不当等人为因素所造成的。

（2）偶然失效期　此阶段失效率近似为常数，失效主要是由非预期的过载、误操作、意外的天灾以及一些尚不清楚的偶然因素所造成，偶然失效期是产品能有效工作的时期，这段时间称为有效寿命。

（3）耗损失效期　此阶段失效率上升较快，这是由于产品疲劳、磨损、蠕变、腐蚀等所谓耗损的原因所引起的。针对耗损失效的原因，应该注意检查、监控、预测耗损开始的时间，提前维修，使失效率仍不上升，如图 4-2 中虚线所示，以延长有效寿命。当然，若修复需要很大费用而延长寿命不明显，则不如报废更为经济。

4. 平均寿命

平均寿命是寿命的平均值。对不可修复产品是指失效前的平均寿命时间，记为 MTTF（Mean Time To Failure），对可修复产品则是指平均无故障工作时间，记为 MTBF（Mean Time Between Failure），一般二者均简记为 $\bar{t}$。

$$\text{MTTF(或 MTBF)} = \bar{t} = \int_0^{\infty} t \cdot f(t)\,\mathrm{d}t \tag{4-7}$$

平均寿命的观测值为

$$\hat{t} = \frac{1}{n}\sum_{i=1}^{n} t_i \tag{4-8}$$

式中，$\hat{t}$ 为平均寿命观测值；n 为实验样品数；t_i 为第 i 个样品的工作寿命。

表 4-1 列示出了可靠性设计中常用的四个基本函数 $R(t)$、$F(t)$、$f(t)$、$\lambda(t)$ 之间的关系。

表 4-1　可靠性基本函数之间的关系

基本函数	$R(t)$	$F(t)$	$f(t)$	$\lambda(t)$
$R(t)$	—	$1-F(t)$	$\int_t^{\infty} f(t)\,\mathrm{d}t$	$\mathrm{e}^{-\int_0^t \lambda(t)\mathrm{d}t}$
$F(t)$	$1-R(t)$	—	$\int_0^t f(t)\,\mathrm{d}t$	$1-\mathrm{e}^{-\int_0^t \lambda(t)\mathrm{d}t}$
$f(t)$	$-\frac{\mathrm{d}R(t)}{\mathrm{d}t}$	$\frac{\mathrm{d}F(t)}{\mathrm{d}t}$	—	$\lambda(t)\,\mathrm{e}^{-\int_0^t \lambda(t)\mathrm{d}t}$
$\lambda(t)$	$-\frac{\mathrm{d}}{\mathrm{d}t}\ln R(t)$	$\frac{1}{1-F(t)}\frac{\mathrm{d}F(t)}{\mathrm{d}t}$	$\frac{f(t)}{\int_t^{\infty} f(t)\,\mathrm{d}t}$	—

4.2　结构可靠性设计

本节首先介绍可靠性概率设计与传统设计方法的区别，然后介绍应力-强度干涉模型及其计算方法，最后介绍可靠性设计的数值迭代方法、蒙特卡罗法等。

4.2.1　应力-强度干涉模型

在传统机械设计中，可靠性设计方法通常采用安全系数法。在零件危险截面上，定义强度均值 μ_δ 和应力均值 μ_σ 的比为安全系数 n，规定工作应力 σ 不得超过许用应力 $[\sigma]$，即

$$\sigma \leqslant [\sigma] \times \frac{\mu_\delta}{\mu_\sigma} = n \tag{4-9}$$

但是在选取安全系数时，常常缺乏明确的依据，设计易受主观经验的影响。由于安全系数法仅仅利用了强度δ和应力σ的均值的比值，而忽略了它们的随机性，导致其没有充分利用强度δ和应力σ的随机信息，因此，安全系数法不能精确地反映设计的安全裕度。

从定性的角度分析，安全系数法忽略了两方面失效问题：一方面，如图4-3中失效概率的阴影面积A，是当应力处于极限状态水平μ_σ时，若强度δ小于μ_σ就会发生失效。另一方面，失效概率为图4-3所示阴影面积B，是当强度处于极限状态水平μ_σ时，若应力σ大于μ_σ也会发生失效。所以，若按照安全系数法计算，可能会导致计算结果的混乱，即使在安全系数下，也会导致结构不同程度的失效。

因此，为使设计更符合实际，应该充分利用各变量的随机信息，在传统设计的基础上进行概率设计。

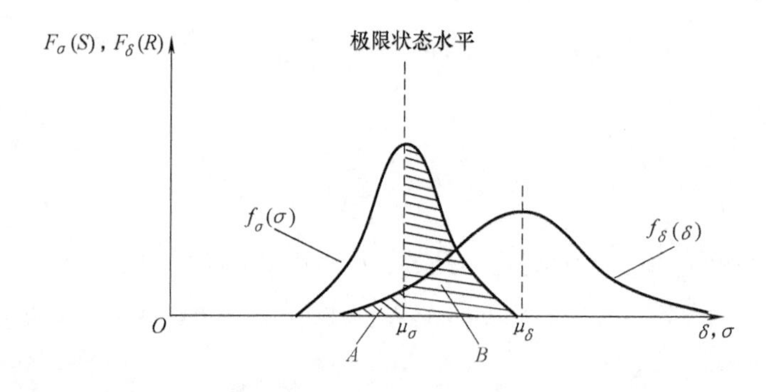

图4-3

安全系数法示意图

与传统设计相比，概率设计具有以下区别：

（1）设计变量的性质不同 传统设计的变量是确定性变量，其值为确定性的单值；概率设计涉及的变量是随机性变量，其取值服从一定的概率分布。

（2）设计变量的运算方法不同 在常规设计中，变量运算为实数域的代数运算，计算结果为确定的单值实数；在概率设计中，随机变量运算需用概率运算法则。

（3）设计准则的含义不同 在常规设计中，应用安全系数来判断一个零件是否可靠，是不需要考虑影响设计变量的不确定因素的；在概率设计中，要综合考虑各设计变量的统计分布特征，定量地用概率表达所设计产品的可靠程度，因而更科学合理。

一般而言，施加于产品或零件的物理量，如应力、压强、温度、湿度、冲击等导致失效的任何因素，统称为应力，用σ表示；而产品或零件能够承受这种应力的程度，即阻止失效发生的任何因素，统称为强度，用δ表示。

原则上讲，零件是否失效决定于强度和应力的相对大小。当零件的强度大于应力时，零件能够正常工作；当零件的强度小于应力时，则发生失效。

一般情况下，应力和强度都是随机变量。令$f(\sigma)$为应力分布的概率密度函数，$g(\delta)$为强度分布的概率密度函数，把应力分布和强度分布画在同一坐标系中如图4-4所示，横坐标表示应力/强度，纵坐标表示应力和强度的概率，两者一般存在干涉区（图中阴影部分）。

干涉区的存在说明存在强度小于应力的可能性，即失效概率大于零。根据应力和强度的干涉关系，计算强度大于应力的概率（可靠度）或强度小于应力的概率（失效概率）的模型，称为应力-强度干涉模型。

1. 应力-强度干涉模型的可靠度计算

现把图 4-4 的干涉区部分放大加以研究，如图 4-5 所示。曲线 1 为应力分布的右尾，曲线 2 为强度分布的左尾。现假设失效控制应力为 σ_1，当强度大于 σ_1 时就不会发生破坏，而可靠度就是强度大于失效控制应力的概率，即

$$R=P(\delta>\sigma_1)=P[(\delta-\sigma_1)>0] \tag{4-10}$$

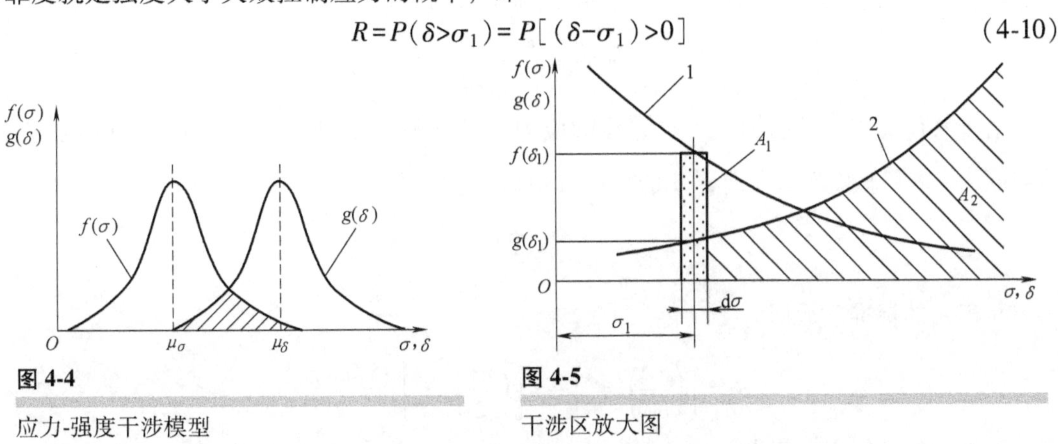

图 4-4 应力-强度干涉模型

图 4-5 干涉区放大图

现用面积 A_1 表示控制应力 σ_1 在区间$\left[\sigma_1-\dfrac{\mathrm{d}\sigma}{2},\ \sigma_1+\dfrac{\mathrm{d}\sigma}{2}\right]$内的概率，则

$$A_1=f(\sigma_1)\mathrm{d}\sigma=P\left[\left(\sigma_1-\frac{\mathrm{d}\sigma}{2}\right)<\sigma_1<\left(\sigma_1+\frac{\mathrm{d}\sigma}{2}\right)\right] \tag{4-11}$$

而强度大于失效控制应力的概率为图中阴影线所示的面积 A_2，其值为

$$A_2=\int_{\sigma_1}^{\infty}f(\delta)\,\mathrm{d}\delta=P(\delta>\sigma_1) \tag{4-12}$$

根据概率乘法定理，应力在区间$\left[\sigma_1-\dfrac{\mathrm{d}\sigma}{2},\ \sigma_1+\dfrac{\mathrm{d}\sigma}{2}\right]$内的可靠度为

$$\mathrm{d}R=A_1A_2=f(\sigma_1)\mathrm{d}\sigma_1\int_{\sigma_1}^{\infty}f(\delta)\,\mathrm{d}\delta \tag{4-13}$$

显然，式（4-13）对 σ_1 的任意取值都是成立的。所以，对整个应力分布，零件的可靠度为

$$R=\int\mathrm{d}R=\int_{-\infty}^{+\infty}f(\sigma)\left[\int_{\sigma}^{+\infty}g(\delta)\,\mathrm{d}\delta\right]\mathrm{d}\sigma \tag{4-14}$$

也可写成

$$R=\int_{-\infty}^{+\infty}g(\delta)\left[\int_{-\infty}^{\delta}f(\sigma)\,\mathrm{d}\sigma\right]\mathrm{d}\delta \tag{4-15}$$

式（4-14）或式（4-15）即为可靠度的一般表达式。当应力和强度的概率分布形式已知时，应用式（4-14）或式（4-15）即可求出零件的可靠度。

2. 基于应力-强度干涉模型的螺栓连接的可靠性设计

在螺栓连接中，螺栓不受预紧力，只受轴向随机静载荷作用。假设拉应力 σ_1 沿螺栓横截面均匀分布，失效模式为断裂，则螺栓杆的强度设计准则为

$$P(\sigma_b > \sigma_l) \geqslant R \tag{4-16}$$

式中，σ_l 为轴向静载荷；σ_b 为材料断裂强度；R 为规定的可靠度。

例 4-1

已知螺栓连接的载荷 F 服从正态分布，其均值和标准差为（$\overline{F}, S_F$）=（26700，900）N。螺栓材料为40Cr，其强度随机变量的均值和标准差为（$\overline{\sigma}_b$，$S_{\sigma b}$）=（900，72）MPa。从经济效益出发，要求在保用期内，10000个螺栓仅允许更换13个，试设计此螺栓连接。

解：1）假设螺栓杆截面积为 A，则由载荷引起的应力为

$$\sigma_l = \frac{F}{A} = \frac{4F}{\pi d^2}$$

由于载荷的统计量已知，为求螺栓的应力，只需确定面积 A 的统计量。若螺栓杆直径的均值为 $\overline{d}$，则螺栓横截面面积 A 的均值近似为

$$\overline{A} = \frac{\pi \overline{d}^2}{4}$$

面积 A 的标准差近似为

$$S_A = \left[\left(\frac{\partial A}{\partial d}\right)^2 S_d^2\right]^{\frac{1}{2}} = \left[\left(\frac{\pi \overline{d}}{2}\right)^2 S_d^2\right]^{\frac{1}{2}} = \frac{\pi \overline{d}}{2} S_d$$

于是，预测的应力值为

$$(\overline{\sigma}_l,\ S_l) = \frac{(\overline{F},\ S_F)}{(\overline{A},\ S_A)} = \frac{(26700,\ 900)}{\left(\dfrac{\pi \overline{d}^2}{4},\ \dfrac{\pi \overline{d}}{2} S_d\right)}$$

式中，由于 $\overline{d}$ 和 S_d 为未知量，所以 $\overline{\sigma}_l$ 和 S_l 为未知量。因此需要另一个关系式来确定 $\overline{d}$ 和 S_d，通常最方便的方法是找出制造过程中 $\overline{d}$ 与 S_d 的关系。由制造公差的统计数据，可取 $S_d \approx 0.001\overline{d}$。可得

$$\overline{\sigma}_l = \frac{4\overline{F}}{\pi \overline{d}^2} = \frac{4 \times 26700}{\pi \overline{d}^2} = \frac{33995}{\overline{d}^2}$$

$$S_l^2 = \frac{\overline{F}^2 S_A^2 + \overline{A}^2 S_F^2}{\overline{A}^4} = \frac{1317745}{\overline{d}^4}$$

$$S_l = \frac{1148}{\overline{d}^2}$$

于是，应力的统计量为

$$(\overline{\sigma}_l,\ S_l) = \left(\frac{33995}{\overline{d}^2},\ \frac{1148}{\overline{d}^2}\right) \text{MPa}$$

2）静强度的统计量　　$(\overline{\sigma}_{\mathrm{b}},\ S_{\sigma \mathrm{b}}) = (900,\ 72)\,\text{MPa}$

3）由连接方程确定螺栓尺寸，螺栓连接所需的可靠度为

$$R(t)=1-\frac{13}{10000}=0.9987=\int_{z}^{+\infty}\Phi(z)\mathrm{d}z$$

由标准正态分布表可知 $z=-3.00$，将有关数据代入连接方程，得

$$-3.00=\frac{900-33995/\bar{d}^2}{[72^2+(1148/\bar{d}^2)^2]^{\frac{1}{2}}}$$

化简和整理后，得

$$\bar{d}^4-80.1618+1498.4=0$$

解上式，得

$$\bar{d}=5.45\mathrm{mm}$$

此值应为螺栓抗拉危险截面上的直径 d_0，故取螺栓直径为

$$\bar{d}=8\mathrm{mm}，内径\ \bar{d}_1=6.627\mathrm{mm}$$

如果按常规设计方法，则螺栓连接的强度条件为

$$\frac{4F}{\pi d_1^2}\leqslant[\sigma]$$

式中，$[\sigma]=\frac{\sigma_s}{n}$，为螺杆的许用拉应力。

对于螺栓连接，取安全系数 $n=2$；F_0 为螺栓总拉力，此处 $F_0=F=26700\mathrm{N}$，对于 40Cr，屈服点 $\sigma_s=750\mathrm{MPa}$，故

$$[\sigma]=\frac{750}{2}\mathrm{MPa}=375\mathrm{MPa}$$

$$d_1=\left(\frac{4\times26700}{\pi\times375}\right)^{\frac{1}{2}}\mathrm{mm}=6.74\mathrm{mm}$$

应取螺栓直径 $d=10\mathrm{mm}$，内径 $d_1=8.5\mathrm{mm}$。

由此可见，对于螺栓连接，按可靠性设计所得的螺栓直径与按常规安全系数法设计所得的直径明显不同。

4.2.2 结构可靠度分析方法

在结构可靠性分析中，结构的极限状态是通过描述结构的功能函数定义的。设 X_1，X_2，…，X_n 为影响结构功能的 n 个随机变量，则下述随机函数

$$Z=g(X_1,X_2,\cdots,X_n) \tag{4-17}$$

称为结构功能函数。随机变量 X_1，X_2，…，X_n 可以是构件的几何尺寸、材料的物理参数、结构受到外来的作用等。

当 $Z>0$ 时，结构具有规定功能，即处于可靠状态。

当 $Z<0$ 时，结构丧失规定功能，即处于失效状态。

当 $Z=0$ 时，结构处于临界状态，或称为极限状态。

相应地，

$$Z=g(X_1,X_2,\cdots,X_n)=0 \tag{4-18}$$

称为结构的极限状态方程。

结构功能函数出现小于零（$Z<0$）的概率称为结构的失效概率，用 P_f 表示。设结构的功能函数式（4-17）已知，则失效概率 P_f 可由基本随机变量的联合概率密度函数的多维积分求得，即

$$P_f = \int_{Z<0} \cdots \int f_X(x_1, x_2, \cdots, x_n)\,\mathrm{d}x_1 \mathrm{d}x_2 \cdots \mathrm{d}x_n \tag{4-19}$$

类似地，结构的可靠度 P_r 可表示为

$$P_r = \int_{Z\geqslant 0} \cdots \int f_X(x_1, x_2, \cdots, x_n)\,\mathrm{d}x_1 \mathrm{d}x_2 \cdots \mathrm{d}x_n \tag{4-20}$$

由概率论知识可知，可靠度与失效概率间存在以下互补关系，即

$$P_r + P_f = 1 \tag{4-21}$$

所以，计算结构的可靠度与计算结构的失效概率在工作任务上是等效的。

一般来说，结构的功能函数比较复杂，而且基本随机变量的联合概率密度函数也难以得到，所以直接计算积分式（4-19）或式（4-20）十分困难。目前，人们通常采用比较简单的近似方法计算，而且往往先求得结构的可靠指标，然后再求得相应的失效概率。

1. 结构可靠度与可靠指标

下面以两个正态变量 R 和 S 的极限状态方程为例，即

$$Z = R - S \tag{4-22}$$

失效概率为

$$P_f = \int_{-\infty}^{0} \frac{1}{\sqrt{2\pi}} \exp\left[-\frac{1}{2}\left(\frac{z-\mu_z}{\sigma_z}\right)^2\right] \mathrm{d}z \tag{4-23}$$

将正态分布变量 $Z \sim N$（μ_z，σ_z）转换为服从标准正态分布变量 $Y \sim N(0,\ 1)$，如图 4-6 所示，则失效概率又可表示为式（4-24）。

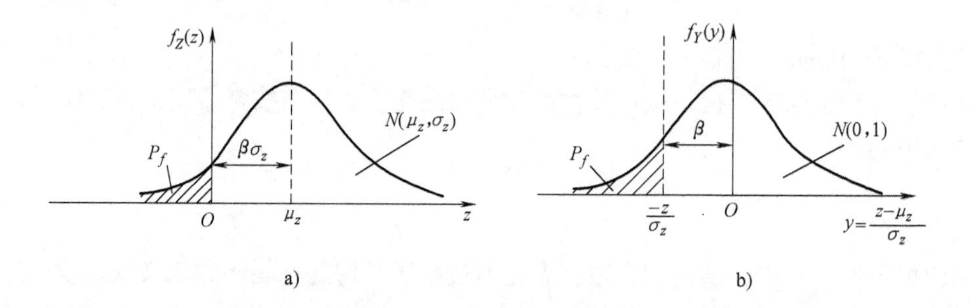

图 4-6

$Z \sim N$（μ_z，σ_z）转换为 $Y \sim N$（0，1）分布图

a）$Z \sim N$（μ_z，σ_z）分布图　b）$Y \sim N$（0，1）分布图

$$P_f = \frac{1}{\sqrt{2\pi}} \int_{-\infty}^{-\mu_z/\sigma_z} \exp\left(-\frac{y^2}{2}\right) \mathrm{d}y = \Phi\left(-\frac{\mu_z}{\sigma_z}\right) \tag{4-24}$$

其中，

$$\mu_z = \mu_R - \mu_S,\ \sigma_z = \sqrt{\sigma_R^2 + \sigma_S^2} \tag{4-25}$$

引入符号 β，并令

$$\beta=\frac{\mu_z}{\sigma_z}=\frac{\mu_R-\mu_S}{\sqrt{\sigma_R^2+\sigma_S^2}} \tag{4-26}$$

可得

$$P_f=\Phi(-\beta) \tag{4-27}$$

式中，β 称为可靠指标。

将式（4-26）写为

$$\mu_z=\beta\sigma_z \tag{4-28}$$

式（4-27）表示了失效概率与可靠指标的关系。利用式（4-21）还可导出可靠度与可靠指标的关系为

$$P_r=1-P_f=1-\Phi(-\beta)=\Phi(\beta) \tag{4-29}$$

结构的可靠指标比较直观而且便于实际应用。它是在功能函数服从正态分布的条件下定义的，在此条件下与失效概率有精确的对应关系。对于任意分布的基本随机变量且任意形式的功能函数，功能函数服从正态分布的条件下通常不能满足。此时无法直接计算结构的可靠指标，需要研究可靠指标的近似计算方法。

将非线性功能函数展开成泰勒级数并取至一次项，并按照可靠指标的定义形成求解方程，就产生了求解可靠度的一次二阶矩法。这种方法只用到基本变量的均值和方差，是计算可靠度最简单、最常用的方法。

2. 一次二阶矩法

所谓一次二阶矩法是针对结构功能函数为变量的一次（即线性）函数，以变量的一阶矩和二阶矩为概率特征进行可靠度计算的一种方法。对于非线性功能函数，一般在某点进行泰勒级数展开并近似地取其一次，使结构功能函数线性化，然后再用一次二阶矩法计算可靠指标。

将结构功能函数式（4-18）在点 $X_{0i}(i=1, 2, \cdots, n)$ 展开为泰勒级数，即有

$$Z=g(X_{01},X_{02},\cdots,X_{0n})+\sum_{i=1}^{n}(X_i-X_{0i})\left(\frac{\partial g}{\partial X_i}\right)_{X_0}+\sum_{i=1}^{n}\frac{(X_i-X_{0i})^2}{2}\left(\frac{\partial g}{\partial X_i^2}\right)_{X_0}+\cdots \tag{4-30}$$

为了得到线性极限状态方程，近似地只取到一次项，得

$$Z\approx g(X_{01},X_{02},\cdots,X_{0n})+\sum_{i=1}^{n}(X_i-X_{0i})\left(\frac{\partial g}{\partial X_i}\right)_{X_0} \tag{4-31}$$

式中，$\left(\frac{\partial g}{\partial X_i}\right)_{X_0}$ 表示该导数在点 X_{0i}（$i=1, 2, \cdots, n$）处取值。式（4-31）即为可靠性分析中将功能函数线性化的常用公式。

一次二阶矩方法包含多种算法，其中常用的如中心点法，它假设结构功能函数的基本随机变量 $\boldsymbol{X}=(X_1, X_2, \cdots, X_n)^{\mathrm{T}}$ 的各个分量相互独立，其均值为 $\boldsymbol{\mu_X}=(\mu_{X_1}, \mu_{X_2}, \cdots, \mu_{X_n})^{\mathrm{T}}$，标准差为 $\boldsymbol{\sigma_X}=(\sigma_{X_1}, \sigma_{X_2}, \cdots, \sigma_{X_n})^{\mathrm{T}}$。将功能函数 Z 在均值点（或称中心点）$\boldsymbol{\mu_X}$ 处展开成泰勒级数并保留至一次项，即

$$Z\approx Z_L=g_X(\boldsymbol{\mu_X})+\sum_{i=1}^{n}\frac{\partial g_X(\boldsymbol{\mu_X})}{\partial X_i}(X_i-\mu_{X_i}) \tag{4-32}$$

则 Z 的均值和方差可分别为

$$\mu_Z \approx \mu_{Z_L} = g_X(\boldsymbol{\mu}_X) \tag{4-33}$$

$$\sigma_Z^2 \approx \sigma_{Z_L}^2 = \sum_{i=1}^{n}\left[\frac{\partial g_X(\boldsymbol{\mu}_X)}{\partial X_i}\right]^2 \sigma_{X_i}^2 \tag{4-34}$$

将式（4-33）和式（4-34）代入式（4-26），得到结构的可靠指标 β 近似为

$$\tilde{\beta} = \frac{\mu_{Z_L}}{\sigma_{Z_L}} = \frac{g_X(\boldsymbol{\mu}_X)}{\sqrt{\sum_{i=1}^{n}\left[\frac{\partial g_X(\boldsymbol{\mu}_X)}{\partial X_i}\right]^2 \sigma_{X_i}^2}} \tag{4-35}$$

中心点法没有利用基本随机变量的概率分布，只利用了随机变量的前两阶矩，这是它的不足之处。中心点法计算简便，若分析精度要求不高，仍有一定的实用价值。在选择功能函数时，可尽量选择线性化程度较好的形式，以便减小非线性函数的线性化带来的误差。

例 4-2

圆截面直杆承受轴向拉力 $P=100\text{kN}$。设杆的材料的屈服极限 f_y 和直径 d 为随机变量，其均值和标准差分别为 $\mu_{f_y}=290\text{N/mm}^2$，$\sigma_{f_y}=25\text{N/mm}^2$；$\mu_d=30\text{mm}$，$\sigma_d=3\text{mm}$。求解杆的可靠指标。

解：此杆的极限状态方程为

$$Z=g(f_y,\ d)=0 \tag{a}$$

由式（4-35）得杆的可靠指标

$$\tilde{\beta}=\frac{g(\mu_{f_y},\ \mu_d)}{\sqrt{\left[\frac{\partial g(\mu_{f_y},\ \mu_d)}{\partial f_y}\right]^2 \sigma_{f_y}^2+\left[\frac{\partial g(\mu_{f_y},\ \mu_d)}{\partial d}\right]^2 \sigma_d^2}} \tag{b}$$

以轴力表示的极限状态方程为

$$Z=g(f_y,\ d)=\frac{\pi d^2}{4}f_y-P=0 \tag{c}$$

将式（c）中的 $g(f_y,\ d)$ 代入式（b）并简化，得杆的可靠指标

$$\tilde{\beta}=\frac{\pi\mu_d^2\mu_{f_y}-4P}{\pi\mu_d\sqrt{\mu_d^2\sigma_{f_y}^2+4\mu_{f_y}^2\sigma_d^2}}$$

$$=\frac{\pi\times30^2\times290-4\times100\times10^3}{\pi\times30\sqrt{30^2\times25^2+4\times290\times3^2}}=2.3517$$

以应力表示的极限状态方程为

$$Z=g(f_y,\ d)=f_y-\frac{4P}{\pi d^2}=0 \tag{d}$$

将式（d）中的 $g(f_y,\ d)$ 代入式（b）并化简，得杆的可靠指标

$$\tilde{\beta}=\frac{\pi\mu_{f_y}\mu_d^3-4P\mu_d}{\sqrt{\pi^2\sigma_{f_y}^2\mu_d^6+64\times10^6P^2\sigma_d^2}}=3.9339$$

对同一问题，采用不同的功能函数形式，中心点法两次计算所得的可靠指标值明显不同。但是，中心点法相对简单。

3. 蒙特卡罗法

当问题涉及已知概率分布的随机变量时，就需要进行蒙特卡罗模拟。蒙特卡罗法能够应用于大型复杂结构系统，生成更为真实的模拟模型，并且适合于并行计算，但不足之处是计算量大，常作为相对精确解来核实或验证解析解。

由概率定义可知，某事件的发生概率可以用大量实验中该事件发生的频率来估算，因此在结构可靠度计算中，可以通过对随机变量进行大量的随机抽样，然后把这些抽样值一组一组地代入结构功能函数 $g(\boldsymbol{X})$，根据计算得到的功能函数值确定结构是否安全与否，最后根据事件发生的次数，计算结构的可靠度或失效概率。下面介绍随机变量的取样方法，然后讨论蒙特卡罗法的分析过程。

1）随机变量的取样。用蒙特卡罗法分析结构可靠度问题，关键是产生已知分布变量的随机数。产生随机数的方法有很多，如中取法、加同余法、乘同余法、混合同余法等。商业化计算软件如 MATLAB 中集成了多种生成随机数的函数，如：normrnd（MU，SIGMA，M，N，…）函数，它能够生成服从均值为 MU、标准差为 SIGMA 的正态分布的随机数，产生的随机数为 M×N 的一个矩阵。

2）结构失效概率的计算。设已知统计独立的随机变量 X_1，X_2，…，X_n，其概率密度函数分别为 f_{X_1}，f_{X_2}，…，f_{X_n}，结构的功能函数为

$$Z=g(X_1,\ X_2,\ \cdots,\ X_n) \tag{4-36}$$

用蒙特卡罗法计算结构的失效概率 P_f。

依据各变量的分布类型通过随机抽样获得变量的 N 个随机样本

$$(x_1^i,\ x_2^i,\ \cdots,\ x_n^i),\ i=1,\ 2,\ \cdots,\ N \tag{4-37}$$

3）计算功能函数值

$$Z_i=g(x_1^i,\ x_2^i,\ \cdots,\ x_n^i),\ i=1,\ 2,\ \cdots,\ N \tag{4-38}$$

4）设 $Z_i \leqslant 0$ 的次数为 L，则在大批抽样后，结构的失效概率计算为

$$P_f=\frac{L}{N} \tag{4-39}$$

式（4-39）表明，通过大批抽样得到的结构失效与总抽样次数之比即为结构的失效概率。这一结论是蒙特卡罗法的核心内容。

在工程实际中，一般要求失效概率 P_f 很小，这就需要计算的次数很多。例如，工程结构的失效概率一般在 0.1%以下，要求计算的次数需达 10 万次以上，因而，蒙特卡罗法的计算成本过高使得其在工程中的使用受到了限制。

4.3　系统的可靠性设计

系统是由若干单元（元件、零部件、设备、子系统）为了完成规定功能而互相结合起来所构成的综合体。系统的可靠性，不仅取决于组成系统零部件的可靠性，而且也取决于各组成零部件的相互组合方式。

4.3.1 典型系统可靠性模型

在可靠性工程中，常用结构图表示系统中各元件的结构匹配关系，用逻辑图表示系统各元件间的功能关系。逻辑图包含一系列方框，每个方框代表系统的一个元件，方框之间用短线连接起来，表示各元件功能之间的关系，所以也称可靠性框图。可靠性框图是表达系统与零件功能逻辑关系的示意图，可靠性数学模型可以看作是可靠性框图的数学描述，表示系统可靠性与零件可靠性之间的定量函数关系。

可靠性框图与系统的结构示意图不一定相同。例如，图4-7所示为由两个阀门组成的简单系统。当系统的功能是使流体通过，则阀门能打开为正常，否则该零件失效。显然，只要阀门1和2中任一个失效，流体都不能通过，即系统失效。这时为串联系统，可靠性框图如图4-8a所示。当系统的功能是阻止流体通过，则阀门能关闭为正常，否则该零件失效。显然，只有阀门1和2都失效，才不能阻止流体通过，即系统失效。这时为并联系统，可靠性框图如图4-8b所示。

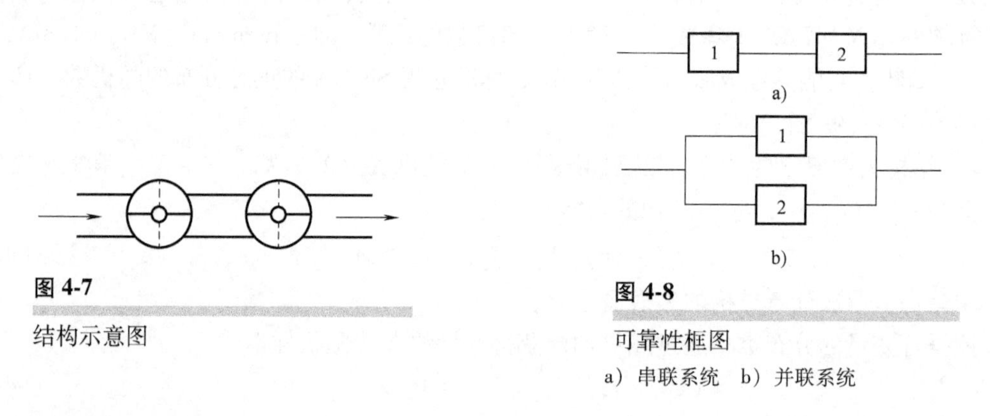

图 4-7

结构示意图

图 4-8

可靠性框图

a）串联系统　b）并联系统

4.3.2 系统的可靠性预测

1. 串联系统可靠性

如果组成系统的所有单元中任何一个失效就会导致系统失效，则称为串联系统。其逻辑图如图4-9所示。

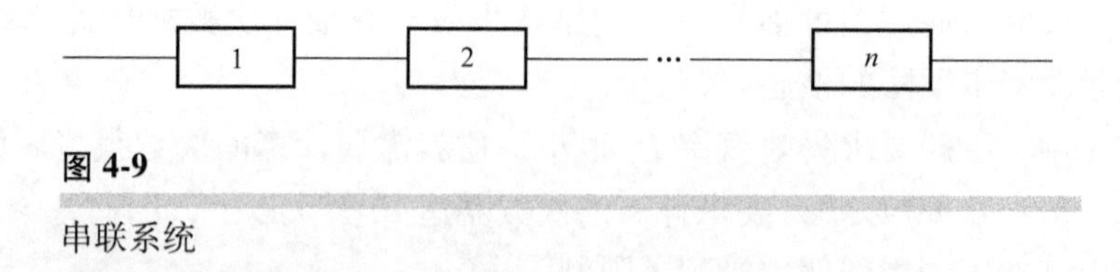

图 4-9

串联系统

根据概率乘法定理，串联系统的可靠度为

$$R_s(t) = R_1(t)R_2(t)\cdots R_n(t) = \prod_{i=1}^{n} R_i(t) \tag{4-40}$$

式中，$R_i(t)$ 为单元 i 的可靠度，$i=1，2，\cdots，n$。

由于 $0 \leqslant R_i(t) \leqslant 1$，所以 $R_s(t)$ 随单元数量的增加和单元可靠度的减少而降低，串联系统的可靠度总是小于系统中任一单元的可靠度。因此，简化设计和尽可能减少系统的零件数，将有助于提高串联系统的可靠性。

2. 并联系统的可靠性

如果组成系统的所有单元中只要一个单元不失效，整个系统就不会失效，则称为并联系统。其逻辑图如图 4-10 所示。

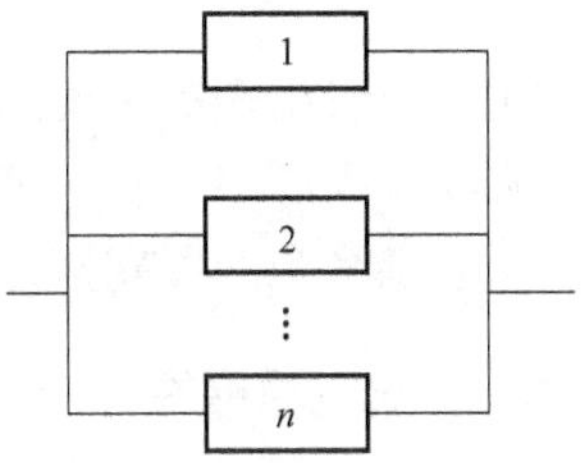

图 4-10

并联系统

并联系统的可靠度为

$$R_S(t) = 1 - F_S(t) = 1 - \prod_{i=1}^{n} F_i(t) = 1 - \prod_{i=1}^{n} [1 - R_i(t)] \tag{4-41}$$

式中，$F_S(t)$ 为系统的失效概率；$F_i(t)$ 为单元 i 的失效概率，$i=1, 2, \cdots, n$。

由此可知，并联系统的可靠度 $R_S(t)$ 随单元数量的增加和单元可靠度的增加而增加。在提高元件的可靠度受到限制的情况下，采用并联系统，可以提高系统的可靠度。

3. 贮备系统的可靠性

如果组成系统的单元中只有一个单元工作，其他单元不工作而作贮备，当工作单元发生故障后，后来未参加工作的贮备单元立即工作，而将失效的单元换下，进行修理或更换，从而维持系统的正常运行，则该系统称为贮备系统，也称为非工作贮备系统或后备系统或后备冗余系统。其逻辑图如图 4-11 所示。

设各单元的失效率相等，则系统的可靠度按泊松分布的部分求和公式得

$$R_S(t) = e^{-\lambda t}\left[1+\lambda t+\frac{(\lambda t)^2}{2!}+\frac{(\lambda t)^3}{3!}+\cdots+\frac{(\lambda t)^{n-1}}{(n-1)!}\right] \tag{4-42}$$

式中，λ 为各单元的失效概率，$\lambda_1(t)=\lambda_2(t)=\cdots=\lambda$。

当开关非常可靠时，贮备系统的可靠度要比并联系统的高。

4. 表决系统的可靠性

如果组成系统的 n 个单元中，只要有 k 个（$1 \leqslant k \leqslant n$）单元不失效，系统就不会失效，则称该系统为 n 中取 k 的表决系统，或 k/n 系统。

在机械系统中，通常只用 3 中取 2 的表决系统，即 2/3 系统，其逻辑图如图 4-12 所示。

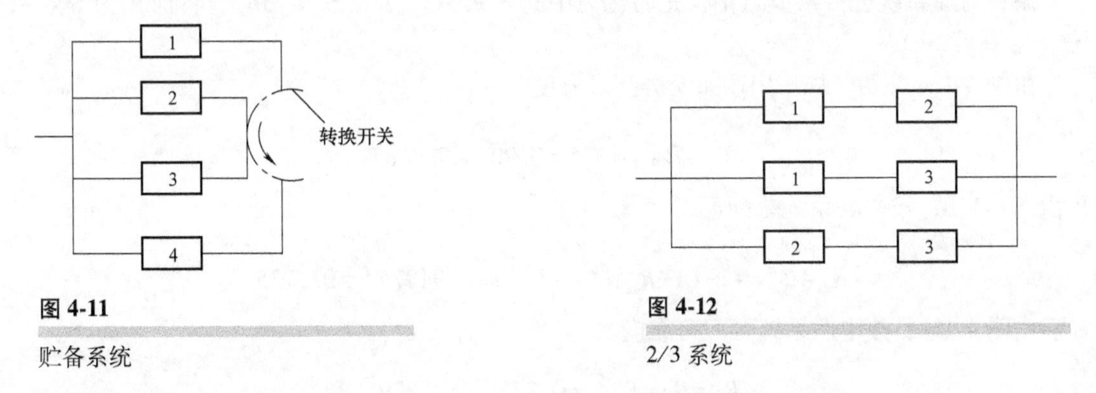

图 4-11

贮备系统

图 4-12

2/3 系统

根据概率乘法定理和加法定理，2/3 系统的可靠度为

$$R_s(t)=R_1(t)R_2(t)R_3(t)+[1-R_1(t)]R_2(t)R_3(t)+R_1(t)[1-R_2(t)]R_3(t)+R_1(t)R_2(t)[1-R_3(t)] \tag{4-43}$$

当各单元的可靠度相同时，$R_1(t)=R_2(t)=R_3(t)=R(t)$，则有

$$R_s(t)=3R^2(t)-2R^3(t) \tag{4-44}$$

由此也可以看出表决系统的可靠度要比并联系统的低。

在实际问题中，有很多系统不能简化为上面所述的几种数学模型，我们称之为复杂系统。对复杂系统的可靠性计算，可参见其他书籍或参考文献。

4.3.3 系统的可靠性分配

可靠性分配是将任务书上规定的系统可靠度指标，合理地分配给系统各单元。下面介绍几种常用的分配方法。

1. 等同分配法

顾名思义，这种方法是对系统中全部单元分配以相等的可靠度。例如，对由 n 个单元组成的串联系统，若已知系统可靠度为 R_{sa}，则由式（4-40）可知各单元的可靠度为

$$R_{ia}=R_{sa}^{1/n} \tag{4-45}$$

 **例 4-3**

如图 4-13 所示，系统由四个单元组成，系统的容许可靠度为 $R_s=0.90$。试按等同分配法对各单元进行可靠度分配。

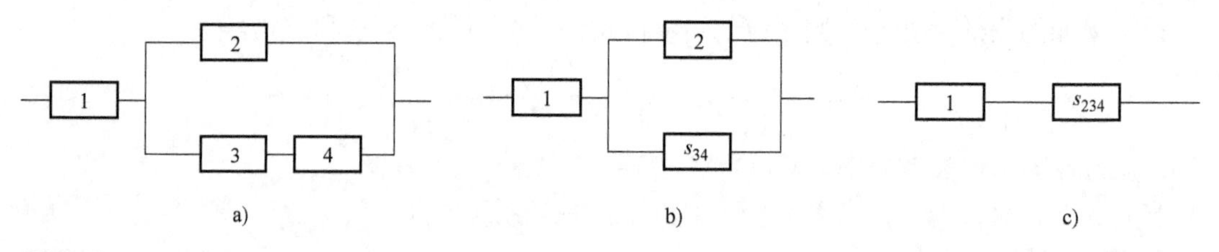

图 4-13

例 4-3 的系统等效过程

a）原系统 b）中间等效系统 c）等效系统

解：对原系统进行两步简化，先简化为中间等效系统（见图 4-13b），再简化为等效系统（见图 4-13c）。

由图 4-13c 开始，先按串联系统分配可靠度

$$R_1=R_{s234}=R_s^{\frac{1}{2}}=0.90^{\frac{1}{2}}=0.9487$$

再由图 4-13b，按并联系统分配可靠度

$$R_2=R_{s34}=1-(1-R_{s234})^{\frac{1}{2}}=1-(1-0.9487)^{\frac{1}{2}}=0.7735$$

最后由图 4-13a，按串联系统分配可靠度

$$R_3=R_4=R_{34}^{\frac{1}{2}}=0.7735^{\frac{1}{2}}=0.8795$$

2. 按相对失效率分配可靠度

1）根据统计数据或现场使用经验，定出各个单元的预计失效率 λ_i。

2）计算各单元的相对失效率

$$\omega_i = \lambda_i / \sum_{i=1}^{n} \lambda_i \quad (i=1, 2, \cdots, n) \tag{4-46}$$

3）按给定的系统可靠性指标 R_{sa} 及要求的工作时间 t 计算系统的容许失效率

$$\lambda_{sa} = -\frac{1}{t}\ln R_{sa} \tag{4-47}$$

4）计算各单元的容许失效率

$$\lambda_{ia} = \omega_i \lambda_{sa} \tag{4-48}$$

5）计算各单元的可靠度

$$R_{ia} = e^{-\lambda_{ia} t} \tag{4-49}$$

例 4-4

设计由三个单元组成的串联系统，要求工作 20h 时系统的容许可靠度为 $R_s = 0.90$。已知各单元的预计失效率分别为 $\lambda_{1e} = 0.006\text{h}^{-1}$、$\lambda_{2e} = 0.003\text{h}^{-1}$、$\lambda_{3e} = 0.001\text{h}^{-1}$，试求各单元分配的可靠度。

解：采用相对失效率法。

1）由式（4-46）计算各单元的相对失效率

$$\omega_1 = \frac{\lambda_{1e}}{\lambda_{1e}+\lambda_{2e}+\lambda_{3e}} = \frac{0.006}{0.006+0.003+0.001} = 0.6$$

$$\omega_2 = \frac{\lambda_{2e}}{\lambda_{1e}+\lambda_{2e}+\lambda_{3e}} = \frac{0.003}{0.006+0.003+0.001} = 0.3$$

$$\omega_3 = \frac{\lambda_{3e}}{\lambda_{1e}+\lambda_{2e}+\lambda_{3e}} = \frac{0.001}{0.006+0.003+0.001} = 0.1$$

2）由式（4-47）计算系统的容许失效率

$$\lambda_s = -\frac{\ln R_s}{t} = -\frac{\ln 0.90}{20}\text{h}^{-1} = 0.005268\text{h}^{-1}$$

3）由式（4-48）计算各单元分配的失效率

$$\lambda_1 = \omega_1 \lambda_s = 0.6 \times 0.005268\text{h}^{-1} = 0.0031608\text{h}^{-1}$$

$$\lambda_2 = \omega_2 \lambda_s = 0.3 \times 0.005268\text{h}^{-1} = 0.0015804\text{h}^{-1}$$

$$\lambda_3 = \omega_3 \lambda_s = 0.1 \times 0.005268\text{h}^{-1} = 0.0005268\text{h}^{-1}$$

4）由式（4-49）计算各单元分配的可靠度

$$R_1(20) = \exp(-\lambda_1 t) = \exp(-0.0031608 \times 20) = 0.9387406$$

$$R_2(20) = \exp(-\lambda_2 t) = \exp(-0.0015804 \times 20) = 0.9688863$$

$$R_3(20) = \exp(-\lambda_3 t) = \exp(-0.0005268 \times 20) = 0.9895193$$

5）验算系统可靠度

$$R_s(20) = R_1(20) R_2(20) R_3(20) = 0.90000037 > 0.9$$

合适。

4.4 机械产品可靠性试验

可靠性试验是定量分析、验证和评价产品可靠性的一种重要手段。产品从设计到定型、再到批量生产，始终都伴随着各类可靠性试验。通过可靠性试验，以及对试验结果进行统计处理，可以获得试验产品在各种环境条件下工作时的可靠性指标，如失效概率、可靠度、平均寿命及失效率等，这些指标可为产品设计、生产、使用提供可靠性数据支撑。同时，通过对试验产品的失效分析，揭示产品的薄弱环节及其原因，制定相应的改进措施，可以达到提高产品可靠性的目的。

4.4.1 可靠性试验的分类

可靠性试验可以按照试验内容、试验场所、样品破坏情况、试验应力、样本数量等进行分类。

（1）按试验内容分类

1）气候环境试验：高温、低温、温度变化、湿热、辐射、气压、沙尘试验等。

2）机械环境试验：振动、冲击、摇摆、碰撞、倾倒、跌落试验等。

3）电磁环境试验：传导干扰、辐射干扰试验等。

（2）按试验场所分类

1）现场试验：在实际的使用场所进行的试验。

2）模拟试验：模拟环境中试验产品的固有可靠度。

（3）按样品破坏情况分类

1）破坏性试验：试验要进行到样品最终被破坏或失效为止。

2）非破坏性试验：正常的工作试验、性能试验、存放试验等。

（4）按试验应力分类

1）常规试验：在类似或接近实际使用条件下进行的试验。

2）加速试验：为了缩短试验时间，在不改变受试样品失效模式、机理和失效分布类型的情况下，增大应力或加载频率的试验。例如，针对集成电路同时增大温度、相对湿度和电压，加速试验的应力。

（5）按试验样本数量分类

1）全数试验：将本批次产品百分之百进行试验。

2）抽样试验：在批次产品中按照规定比例进行抽样，将抽中的样品投入试验。

（6）寿命试验　评价、分析产品寿命特征的试验，称为寿命试验。一般是在试验室条件下，模拟实际使用工况进行试验。一般来说，可靠性试验往往是指寿命试验。

1）储存寿命试验：指产品在规定的环境条件下所进行的非工作状态的存放试验。其目的是了解产品在特定环境下储存的可靠性。

2）工作寿命试验：指产品在规定条件下所进行的加负荷的工作试验。

3）加速寿命试验：指“强化”试验条件，使试件加速失效，以便在较短的时间内得到正常工作条件下的各项可靠性指标。使样件无论是完全寿命试验还是截尾寿命试验，都是正常试验条件下的寿命试验，称为常规可靠性试验。对于高可靠性产品，如果采用常规可靠性试验来估计产品的可靠性寿命特征，往往需要耗费很长时间，甚至来不及做完寿命试验，该产品就被市场淘汰。所以，作为寿命试验的一种，加速寿命试验受到人们关注。

（7）筛选试验　指通过各种方法，将不符合规范要求的产品（指潜在的早期失效产品或隐患）剔除出去，将合格的产品保留下来的试验。

（8）环境试验　评价、分析环境条件对产品可靠性影响的试验，称为环境试验。

（9）现场使用试验　现场使用试验是指在使用现场对产品工作可靠性所进行的测量试验。

4.4.2　可靠性寿命试验的设计

设计寿命试验的环节一般有：明确试验对象、确定试验条件、拟定失效标准、选定测试周期、确定投试样本数和试验截止时间。

一般来说，生产数量少，价格高的复杂大型机械产品，因为不能大量投入试验。有些产品因为生产简单，价格也不高，是可以适当投入得多些。投试样本数 n 可按秩的估计法由下式算出：

$$n=\begin{cases}\dfrac{r}{F(t)}, & n>20\\[2ex] \dfrac{r}{F(t)}-1, & n\leqslant 20\end{cases} \tag{4-50}$$

式中，r 为结束试验时的失效个数；$F(t)$ 为预估失效概率。

 例 4-5

已知某组样本寿命服从指数分布，预估其平均寿命约为 2000h，希望在 1000h 左右的试验中能观测到八次失效，试问应投试多少样本？

解：由指数分布失效概率计算式，令 $t=1000\text{h}$、$T=2000\text{h}$，得

$$F(t)=1-\exp\left(-\frac{t}{T}\right)=1-\exp\left(-\frac{1000}{2000}\right)=0.3935$$

估计 $n>20$，由式（4-50）得

$$n=\frac{r}{F(t)}=\frac{8}{0.3935}=20.33$$

取 $n=21$。

从上例计算可以看出投试样本数、失效数和试验时间三者之间的关系。要在规定时间内观测到较多的失效数，则应增加投试样本数。若要求观测到的失效数不变，则增加投试样本数可以缩短试验时间。

 习题

4-1　为什么要重视和研究可靠性？

4-2　已知某零件中拉应力服从正态分布，$\overline{S}_l=241.2\text{MPa}$，$S_{S_l}=27.6\text{MPa}$。制造过程中产生的残余压应力也服从正态分布，$\overline{S}_c=241.2\text{MPa}$，$S_{S_c}=27.6\text{MPa}$。由零件强度分析可知，有效强度的均值为 $\overline{S}=344.6\text{MPa}$，但对各种强度因素产生的变化尚不清楚。试问：为确保零件的可靠度不低于 0.999，强度的标准差的最大值为多少？

4-3　设计一个一端固定而另一端承受扭矩的实心轴。已知施加的扭矩为 $\overline{T}=11300\text{N}\cdot\text{m}$，$S_T=1130\text{N}\cdot\text{m}$，

许用应力为$\overline{\tau}=344.6\text{MPa}$，$S_\tau=34.5\text{MPa}$。轴径尺寸的变异系数为0.01，规定的可靠度目标值为0.999，试求直径。

4-4　悬臂梁如图4-14所示。设梁截面上的抗弯力矩M_R为正态变量，其均值为69.2kN·m，变异系数为0.20。在梁的任一截面处抗弯力矩即产生破坏，试计算：

（1）如果只有集中力13.61kN作用于自由端，求梁的失效概率。

（2）如果仅受到均匀分布载荷7.44kN/m作用，求梁的失效概率。

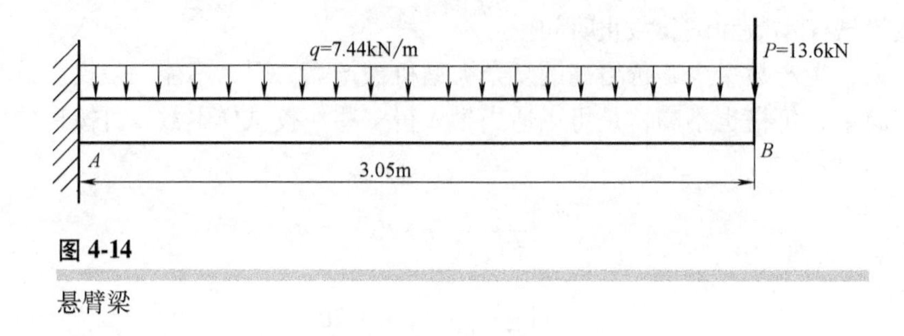

图4-14

悬臂梁

参考文献

[1]　贡金鑫. 工程结构可靠度计算方法［M］. 大连：大连理工大学出版社，2003.

[2]　谢里阳. 现代机械设计方法［M］. 2版. 北京：机械工业出版社，2016.

[3]　武清玺. 结构可靠度理论、方法及应用［M］. 北京：科学出版社，2014.

[4]　张明. 结构可靠度分析——方法与程序［M］. 北京：科学出版社，2009.

第5章
有限元法

本章首先介绍有限元法的基本概念及分析步骤，然后讲述有限元法的基础理论，最后详述三个通用有限元软件 ANSYS 中的分析实例。

5.1 概述

许多工程问题，如固体力学中的应力场分析和振动特性分析、传热学中的温度场分析、流体力学中的流场分析、电磁学中的电磁场分析等，都可归结为在给定边界条件下求解偏微分方程的问题。这些控制方程只有在较简单的工况条件下才能获得解析解，大部分工况下只能用数值方法求得近似解。

目前，工程中实用的偏微分方程数值解法主要有三种，即有限差分法（Finite Difference Method，FDM）、边界元法（Boundary Element Method，BEM）和有限元法（Finite Element Method，FEM），它们都是将无穷多自由度的连续介质问题简化为由有限个节点构成的有限个自由度问题，并以这些节点的自由度为未知量，将控制方程转化为一组线性或非线性方程组，然后用计算机求解。有限差分法的出发点是用节点量的差商代替控制方程中的导数，数学概念直观，表达简单，但不适于求解几何形状复杂的问题。边界元法的基本思路是先将求解域内成立的控制方程用数学方法（如格林积分公式）转化为在求解域边界上成立的边界积分方程，求出边界节点上待求量的近似解，再根据边界节点量计算出区域内部点的待求量。边界元法的计算精度较高，但在处理非均质或非线性问题时求解困难。随着计算机技术的不断发展，有限元法得到越来越多的应用，成为通用性最好、应用性最广的一种数值解法。

5.1.1 有限元法的基本思想

有限元法是一种对真实物理系统进行离散化数值近似求解的方法，其基本思想是将连续的求解区域离散为有限个、且按一定方式相互连接在一起的单元的组合体，每个单元用假设的近似函数表示，近似函数通常由未知场函数或其导数在节点的数值和其插值形式来表达，节点承受载荷，从而将一个连续域中的无限自由度问题转化为离散域中的有限自由度问题。由于单元和节点的数目均是有限的，所以该方法称为有限元法。有限元法的单元形状简单，节点配置灵活，计入边界条件后，易于由平衡关系或能量方程建立节点量之间的方程式，适用于任意复杂的几何结构。如果包含完全的低阶多项式的近似函数在单元交界面上是连续的，满足连续性（或称协调性）、完备性要求，则单元划分越细求解结果越精密。随着单元数量或节点的增加，计算的累积误差也将加大，迭代难以保证收敛。

5.1.2 有限元法的起源和发展

1941年，A. Hrennikoff首次提出了用离散元素求解弹性杆系结构。1943年，R. Courant应用定义在三角形区域上的分片连续函数与最小势能原理，求解了圣维南扭转问题。1956年，M. J. Turner等人把弹性平板结构划分成一个个三角形和矩形单元，单元内采用近似位移插值函数，建立了单元节点力和节点位移关系。1960年，R. W. Clough在《平面应力分析的有限单元法》（*The Finite Element in Plane Stress Analysis*）一文中，首次提出了有限元（Finite Element），把位移法推广到求解连续介质力学问题。1963年前后，J. F. Besseling等人对经典的里茨法（Ritz）和伽辽金法（Galerkin）进行了推广，发展了用不同变分原理导出的有限元计算公式。1967年，Zienkiewicz等人出版了第一本有关有限元法的专著《有限元方法》（*The Finite Element Method*）。1972年，Oden出版了第一本关于处理非线性连续体的专著《非线性连续介质的有限元》（*Finite Element for Nonlinear Continua*）。目前，有限元法的应用已由平面问题扩展到空间问题，分析的对象从弹性材料扩展到塑性、黏弹性、黏塑性和复合材料等，可以解决工程中的线性问题、非线性问题，而且对于各种不同性质的固体材料，如各向同性和各向异性材料、黏弹性和黏塑性材料以及流体均能求解。另外，对于工程中最有普遍意义的非稳态问题也能求解，甚至还可以模拟构件之间的高速碰撞、炸药的爆炸燃烧和应力波的传播。

我国的众多学者为有限元法的发展和推广做出了突出贡献。钱伟长最先研究了拉格朗日乘子法与广义变分原理之间的关系，著有《变分法及有限元》等。钱令希于1950年发表了《余能理论》，证明了我国在以变分原理为基础的有限元法研究中的作用。胡海昌于1954年发表了《论弹性体力学和受范性体力学中的一般变分原理》，创立了三类变量广义变分原理，被世界公认为胡-鹫津原理。之后，冯康将变分原理和差分格式联系起来形成了有限元法，他于1965年发表的《基于变分原理的差分格式》是国际学术界承认我国独立发展有限元法的重要依据。

5.1.3 有限元的基本术语

1. 单元

单元又称为网格，将真实物体离散为有限个网格组成的集合，并用一些线性方程来描述单元的特性。单元是组成有限元模型的基础。常见的单元类型有杆状单元、平面单元、轴对称单元、壳单元、实体单元、质量单元和弹簧单元等。

杆状单元属于一维单元，其截面尺寸远小于轴向尺寸。只能承受拉或压作用的杆状单元为杆单元（见图5-1a），能承受拉、压、弯曲或扭转作用的杆状单元为梁单元（见图5-1b）。

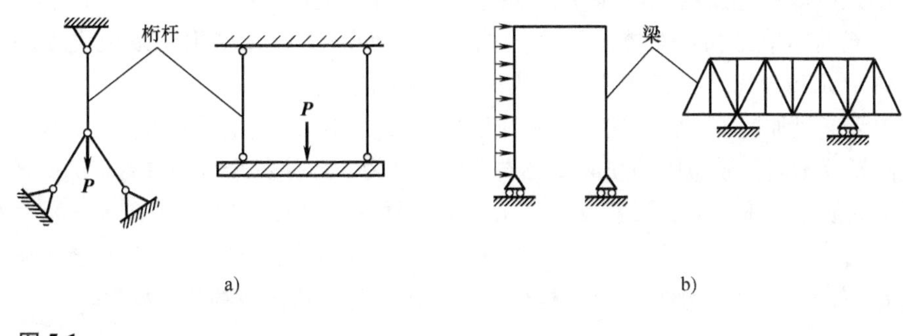

图 5-1

杆状单元

a）杆单元　b）梁单元

平面单元属于二维单元，只能承受平面内的分布力和集中力，用来模拟堤坝、管道、箱体和平板等。轴对称单元用平面单元代替圆环体单元，用来描述几何形状、约束条件及载荷都对称于某一轴的受力件，如飞轮、转轴、活塞、气缸套和竖井等。常见的平面单元有三角形单元和四边形单元（见图 5-2），三角形单元边界适应能力强，但计算精度较低；四边形单元多用于形状比较规则的结构，计算精度较高。为了适应计算数据的分布特点，在结构不同部位可以采用大小不同、阶次不同的单元，即在计算数据变化梯度较大的部位（如应力集中处）增加网格数量或采用高阶单元。

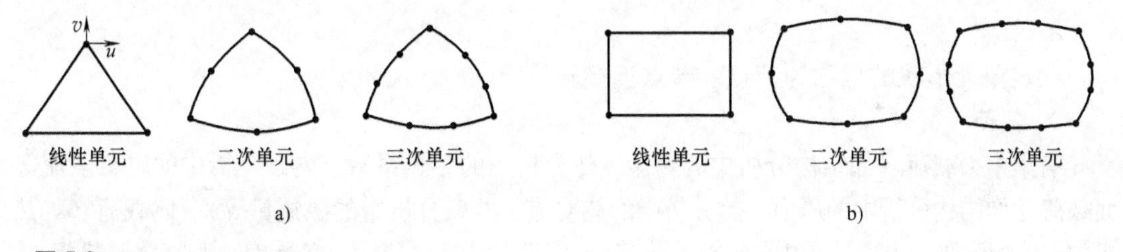

图 5-2

平面单元

a）三角形单元　b）四边形单元

壳单元是一种特殊的二维结构，其网格形状为一曲面，主要承受横向载荷和绕水平轴的弯矩，用来模拟压力容器、舰船外壳、体育馆屋顶和建筑物楼板等。常见的壳单元有三角形单元和四边形单元（见图 5-3）。

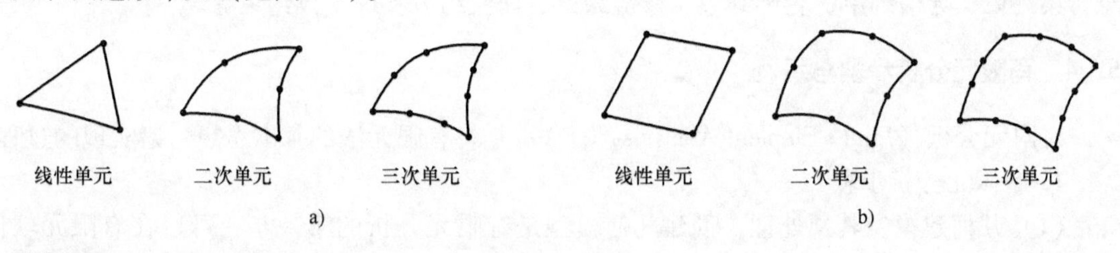

图 5-3

壳单元

a）三角形单元　b）四边形单元

实体单元可以描述所有的结构体，如机床工作台、机械基础件等。常见的实体单元有四面体单元、五面体单元和六面体单元（见图5-4）。四面体单元多用于复杂边界的不规则结构，五面体单元和六面体单元多用于形状比较规则的结构。

质量单元通过加速度、密度等属性完成质量定义。物体的质量没有方向性，但可以在每个坐标轴方向设置不同的质量以防止某些方向产生惯性力，或使各个方向具有不同的惯性反应。

弹簧单元属于一维单元，没有质量，常与阻尼器并联形成弹簧-阻尼单元，承受拉伸或扭转载荷（见图5-5）。单元两个节点 I、J 的位置决定弹簧的作用方向，通过设置弹簧常数 k 和阻尼常数 C_v 来表达弹簧、螺杆、细长构件，以及用刚度等效代替的复杂构件。

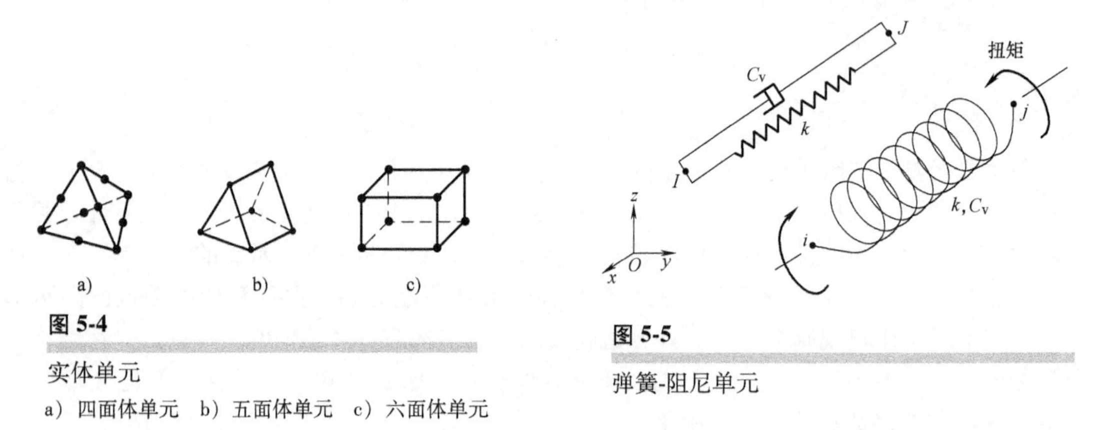

图5-4

实体单元

a）四面体单元　b）五面体单元　c）六面体单元

图5-5

弹簧-阻尼单元

2. 节点

确定单元形状的点称为节点。节点连接着单元。

3. 载荷

有集中力载荷（如结构分析中的弯矩、热分析中的导热系数、电磁分析中的电磁电流等）、面载荷（如结构分析中的压力、热分析中的热对流、电磁分析中的磁通量等）、体载荷（如热分析中的体积膨胀、电磁分析中的磁流密度等）、惯性载荷（如重力、角速度）和耦合场载荷。

4. 自由度

用于描述一个物理场的响应特性，即该结构系统受到外力后的反应，如结构分析中的位移、热力学分析中的温度、磁场分析中的磁势等。节点自由度随单元类型变化。

5. 边界条件

边界条件又称约束，用来表示物理模型与周边物体之间的相互关系。约束类型有固定、悬臂梁约束、导槽约束、轮廓约束、铰链约束、球铰约束和球支撑约束等。

5.1.4　有限元分析步骤与示例

有限元分析（Finite Element Analysis，FEA）是将有限元法的基本思想付诸实现的过程。

1. 有限元分析步骤

（1）几何建模及其预处理　创建几何模型是有限元分析的第一步。可以在有限元软件中直接创建几何模型。由于工程中涉及的结构一般较为复杂，常利用CAD软件（如AutoCAD、Pro/E、SolidWorks、UG等）的三维几何建模功能创建几何模型、评估几何模型中各特征对计算结果或分析问题的影响，忽略影响较小的细节后，导入有限元软件中，检查和修复特征，即可完成几何模型的创建及模型预处理。

（2）结构离散化　对整个结构来讲，内部各点的位移变化无法用一个简单的函数来描述。因此，将连续体结构离散成有限个小单元，单元与单元之间通过节点连接。

结构的离散化包含单元类型选择、单元划分和节点编码三个部分。根据分析对象的模型特征及求解需要，选择不同的单元类型。单元划分过于粗糙，结果可能包含严重的错误；单元划分过于精细，或提高单元的阶次，都会对计算规模的大小、计算结果的精度产生较大影响。应考虑分析数据的类型、求解精度及计算机硬件能力，将单元数量增加到结构的关键部位或计算数据变化梯度较大的部位（如应力集中处）。单元几何形状的合理性也将影响计算精度，可用细长比、锥度比、内角、翘曲量、拉伸值、边节点位置偏差等指标度量。

（3）确定形函数　有限元分析中，普遍采用位移法，即将节点位移作为基本未知量。当结构划分成很细小的网格时，单元内部各点的位移变化情况就可以近似地用简单函数来描述，这种函数称为形函数，也即位移模式。用单元形函数建立节点位移表示的单元内部任一点的位移和应变的关系式，以及用节点位移表示单元内任一点的应力。

单元形函数与单元形状及插值函数形式有关，其数目与节点自由度数相等。为了尽可能真实地表达物体的变形形态，形函数应能够反映单元的刚体位移和单元的常量应变，也能反映位移的连续性。

（4）整体分析　所有作用在单元上的集中力载荷、体力载荷和面力载荷都静力等效地移置到节点上，形成等效节点载荷向量，然后利用虚位移原理和最小势能原理，集成整体刚度矩阵，得到总体平衡方程。引进边界约束条件，解总体平衡方程后求出节点位移。最后，根据节点位移计算其他有关量，如应变、应力等。

2. 示例

用有限元法求图 5-6a 所示的阶梯杆的位移和应力。已知杆的截面面积 $A^{(1)}=2\times10^{-4}\text{m}^2$，$A^{(2)}=1\times10^{-4}\text{m}^2$，杆长 $L^{(1)}=L^{(2)}=0.1\text{m}$；材料弹性模量 $E^{(1)}=E^{(2)}=2\times10^5\text{MPa}$；作用于杆端 O_1 的拉力 $F_3=100\text{N}$。

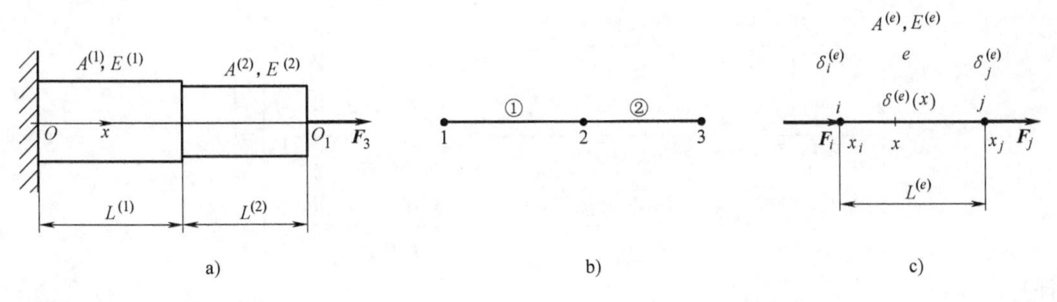

图 5-6

受拉阶梯杆

a）示意图　b）有限元模型　c）单元 e

（1）建模　本例的阶梯杆由两段等截面的细长直杆构成，阶梯杆的右端，作用着沿轴线的载荷。由于本例阶梯杆的结构和载荷形式都比较简单，直接创建包含三个节点、两个一维杆单元的有限元模型（见图 5-6b）。

（2）结构离散化　根据长杆类零件的假设条件，位移只与截面的轴向坐标（图 5-6a 中为 x）

有关。本例同一单元内截面积及材料特性不变，相邻两单元靠公共节点连接。图5-6b中①和②是单元号，1、2、3是节点号。每一个单元有两个节点，分别位于单元两端（见图5-6c）。

（3）确定形函数　图5-6c中，单元e的两个节点号分别为i和j，单元e中坐标为x处的位移函数为$\delta^{(e)}(x)$，单元e两端的节点位移分别记为$\delta_i^{(e)}$和$\delta_j^{(e)}$。根据线性插值关系得

$$\delta^{(e)}(x)=\left(\frac{x_j-x}{L^{(e)}},\ \frac{x-x_i}{L^{(e)}}\right)\begin{pmatrix}\delta_i^{(e)}\\ \delta_j^{(e)}\end{pmatrix}=(\psi_i^{(e)},\ \psi_j^{(e)})\begin{pmatrix}\delta_i^{(e)}\\ \delta_j^{(e)}\end{pmatrix}=\boldsymbol{\psi}\boldsymbol{\delta}^{(e)} \tag{5-1}$$

式中，各项上标表示单元序号，下标表示节点序号；$L^{(e)}=x_j-x_i$是单元长度；$\boldsymbol{\delta}^{(e)}=(\delta_i^{(e)},\ \delta_j^{(e)})^{\mathrm{T}}$是单元自由度列阵；$\boldsymbol{\psi}=(\psi_i^{(e)},\ \psi_j^{(e)})$为单元形函数。

（4）整体分析

1）建立单元方程。根据广义胡克定律，建立等截面杆单元节点位移与节点力的关系：

$$\frac{A^{(e)}E^{(e)}}{L^{(e)}}\begin{pmatrix}1 & -1\\ -1 & 1\end{pmatrix}\begin{pmatrix}\delta_i^{(e)}\\ \delta_j^{(e)}\end{pmatrix}=\begin{pmatrix}F_i^{(e)}\\ F_j^{(e)}\end{pmatrix} \tag{5-2}$$

式中，$F_i^{(e)}$和$F_j^{(e)}$分别为单元e的相邻单元作用于节点i、j上的节点力，属于单元之间的作用力，即节点力。

令

$$\boldsymbol{K}^{(e)}=\frac{A^{(e)}E^{(e)}}{L^{(e)}}\begin{pmatrix}1 & -1\\ -1 & 1\end{pmatrix}$$

则

$$\boldsymbol{K}^{(e)}\boldsymbol{\delta}^{(e)}=\boldsymbol{F}^{(e)} \tag{5-3}$$

式中，$\boldsymbol{K}^{(e)}$为单元e的刚度矩阵，简称单刚矩阵；$\boldsymbol{F}^{(e)}$为单元e的节点力列阵。

2）建立单元组集。为确定节点力和节点外载荷之间的关系，将具有公共节点的单元全部“组集”在一起，建立总体方程组。本例中，将单元方程（5-2）按照局部自由度（$\delta_i^{(e)}$和$\delta_j^{(e)}$）和总体自由度（δ_1、δ_2和δ_3）的对应关系进行扩展。由于相邻单元公共节点上的位移量相同，可将单元①和单元②扩展后的方程相加，即有

$$\begin{pmatrix}\dfrac{A^{(1)}E^{(1)}}{L^{(1)}} & -\dfrac{A^{(1)}E^{(1)}}{L^{(1)}} & 0\\ -\dfrac{A^{(1)}E^{(1)}}{L^{(1)}} & \dfrac{A^{(1)}E^{(1)}}{L^{(1)}}+\dfrac{A^{(2)}E^{(2)}}{L^{(2)}} & -\dfrac{A^{(2)}E^{(2)}}{L^{(2)}}\\ 0 & -\dfrac{A^{(2)}E^{(2)}}{L^{(2)}} & \dfrac{A^{(2)}E^{(2)}}{L^{(2)}}\end{pmatrix}\begin{pmatrix}\delta_1\\ \delta_2\\ \delta_3\end{pmatrix}=\begin{pmatrix}F_1\\ F_2\\ F_3\end{pmatrix} \tag{5-4}$$

简记

$$\boldsymbol{K}\boldsymbol{\delta}=\boldsymbol{F} \tag{5-5}$$

式中，$\boldsymbol{K}$为整体刚度矩阵，简称总刚矩阵，其对角元素恒正，具有对称性、稀疏性和奇异性；$\boldsymbol{F}$为总体节点载荷列阵。

将本例已知数据代入式（5-4），得

$$10^8\times\begin{pmatrix}4 & -4 & 0\\ -4 & 6 & -2\\ 0 & -2 & 2\end{pmatrix}\begin{pmatrix}\delta_1\\ \delta_2\\ \delta_3\end{pmatrix}=\begin{pmatrix}F_1\\ 0\\ 100\end{pmatrix}$$

3）计入边界条件。为获得各节点位移的唯一解，还需消除可能产生的刚体位移，即必须考虑位移边界条件。本例的位移边界条件为 $\delta_1=0$，解得 $\delta_2=0.25\times10^{-6}\mathrm{m}$，$\delta_3=0.75\times10^{-6}\mathrm{m}$。

4）计算单元应变和应力。由几何方程可知，单元中任一点的应变 $\varepsilon^{(e)}(x)$ 与位移 $\delta^{(e)}(x)$ 的关系为

$$\varepsilon^{(e)}(x)=\frac{\mathrm{d}\delta^{(e)}(x)}{\mathrm{d}x}$$

将式（5-1）代入上式，得

$$\varepsilon^{(e)}(x)=\frac{\mathrm{d}\psi}{\mathrm{d}x}\boldsymbol{\delta}^{(e)}=\frac{1}{L^{(e)}}(-1,1)\boldsymbol{\delta}^{(e)}$$

因此，对于单元①、单元②的单元应力分别为

$$\sigma^{(1)}=E^{(1)}\varepsilon^{(1)}(x)=E^{(1)}\frac{-\delta_1+\delta_2}{L^{(1)}}=\frac{2\times10^5\times(0+0.25)\times10^{-6}}{0.1}\mathrm{MPa}=0.5\mathrm{MPa}$$

$$\sigma^{(2)}=E^{(2)}\varepsilon^{(2)}(x)=E^{(2)}\frac{-\delta_2+\delta_3}{L^{(2)}}=\frac{2\times10^5\times(-0.25+0.75)\times10^{-6}}{0.1}\mathrm{MPa}=1\mathrm{MPa}$$

5.2　有限元法基础理论

5.2.1　结构静力分析

结构分析是有限元法在工程中应用最广泛的一类分析，结构静力分析则是最普通的结构分析，讨论的是固定不变的载荷对结构或部件的影响，或载荷随时间变化非常缓慢、可以近似为静力载荷作用的结构或部件的响应，主要用于结构强度、刚度的设计与校核。

结构静力分析时，不考虑惯性或有阻尼效应的载荷。

1. 二维线弹性问题有限元法

任何一个实际结构或构件都是空间物体，任何一种外力形式也都作用在空间力系上。因此，任何实际问题都是空间问题。但是，如果所研究的结构或构件具有特殊的几何形状，承受某种特殊的外力和几何约束，就可以对其进行简化，如简化为二维问题，这样可以大大减小大系统问题的求解量，又不失保留原问题的基本特征。二维问题分为平面应力问题、平面应变问题和轴对称问题。

如果面力平行地作用于等厚度均匀弹性薄板，体力也平行于板面且不沿厚度方向变化，可以认为应力沿厚度方向没有变化。记薄板的厚度为 t，薄板的中面为 xOy 面，垂直于中面的任一直线为 z 轴，有 $\sigma_z=\tau_{xz}=\tau_{yz}=0$，待定的应力分量只有同一平面内的 σ_x、σ_y、τ_{xy}，这类问题称为平面应力问题（见图 5-7a）。如果无限长等截面柱形体，柱面上承受平行于 x-y 横截面且不沿 z 轴方向变化的面力，体力也平行于 x-y 横截面且不沿 z 轴方向变化，有 $\varepsilon_z=\gamma_{yz}=\gamma_{zx}=0$，待定的应变分量只有同一平面内的 ε_x、ε_y、γ_{xy}，这类问题称为平面应变问题（见图 5-7b）。如果弹性体的几何形状、约束条件及载荷、边界条件都对称于 z 轴，弹性体

受载后产生的位移、应变和应力也对称于此轴，即结构虽处于三维应力状态，但任何一个包含 z 轴的截面内的变形是相同的，这类问题称为轴对称问题（见图 5-7c）。有限元分析时，将上述三类问题简化为二维线弹性问题，只考虑平行于某个平面的位移分量、应变分量与应力分量，且这些量只是坐标 x、y 的函数。

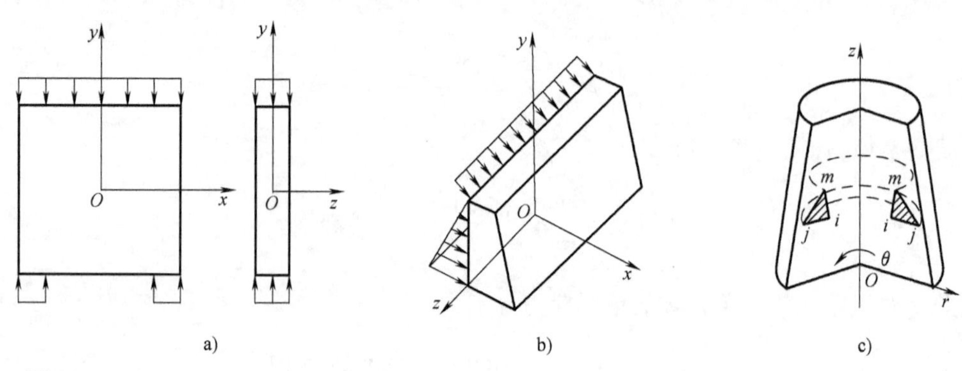

图 5-7

二维线弹性问题

a）平面应力问题 b）平面应变问题 c）轴对称问题

下面以 3 节点的三角形线性平面单元为例，分析二维线弹性问题的有限元求解过程。

（1）形函数及其插值函数 如图 5-8 所示，设 3 节点三角形线性面单元 e 的节点编码分别为 i、j、m（逆时针排序），节点坐标依次为（x_i，y_i）、（x_j，y_j）、（x_m，y_m），节点位移分量依次为 $(u_i,\ v_i)^{\mathrm{T}}$、$(u_j、v_j)^{\mathrm{T}}$、$(u_m、v_m)^{\mathrm{T}}$，则面单元 e 的位移列阵 $\boldsymbol{\delta}^{(e)}$ 包含六个自由度 $\delta^{(e)}=(u_i,\ v_i,\ u_j,\ v_j,\ u_m,\ v_m)^{\mathrm{T}}$。设单元内任意一点 $M(x,\ y)$ 的位移 $u(x,\ y)$、$v(x,\ y)$ 都是其坐标的线性函数。采用一次多项式对其进行插值，有

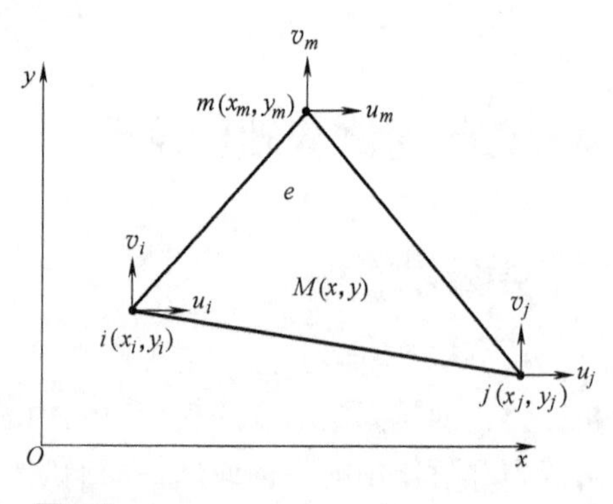

图 5-8

3 节点三角形线性平面单元

$$\left.\begin{aligned}u&=\beta_1+\beta_2x+\beta_3y\\v&=\beta_4+\beta_5x+\beta_6y\end{aligned}\right\}$$

式中，$\beta_1\sim\beta_6$ 是待定系数，由节点 i、j、m 的六个位移分量确定。

将面单元位移函数表示成节点位移的函数

$$\left.\begin{aligned}u&=N_iu_i+N_ju_j+N_mu_m\\v&=N_iv_i+N_jv_j+N_mv_m\end{aligned}\right\}\tag{5-6}$$

式中，

$$N_i=\frac{1}{2A}(a_i+b_ix+c_iy)\quad(i=i,\ j,\ m)$$

$$\left.\begin{aligned} a_i &= x_j y_m - x_m y_j \\ b_i &= y_j - y_m \\ c_i &= -x_j + x_m \end{aligned}\right\} \quad (i=i,\ j,\ m)$$

N_i、N_j、N_m 为面单元形函数，是坐标 x、y 的一次函数，单元上任一点的形函数之和为 1，即 $N_i+N_j+N_m=1$；A 为单元面积。

将式（5-6）写成矩阵形式，即可得到面单元内任一点的位移与节点位移的关系：

$$\boldsymbol{r}=\begin{pmatrix} u \\ v \end{pmatrix}=\boldsymbol{N}\boldsymbol{\delta}^{(e)} \tag{5-7}$$

式中，$\boldsymbol{N}$ 为形函数矩阵，其表达式为

$$\boldsymbol{N}=\begin{pmatrix} N_i & 0 & N_j & 0 & N_m & 0 \\ 0 & N_i & 0 & N_j & 0 & N_m \end{pmatrix}$$

（2）单元应变　二维问题的单元内有三个应变分量 ε_x、ε_y、γ_{xy}。考虑式（5-7），有

$$\boldsymbol{\varepsilon}=\begin{pmatrix} \varepsilon_x \\ \varepsilon_y \\ \gamma_{xy} \end{pmatrix}=\begin{pmatrix} \dfrac{\partial u}{\partial x} \\ \dfrac{\partial v}{\partial y} \\ \dfrac{\partial u}{\partial y}+\dfrac{\partial v}{\partial x} \end{pmatrix}=\frac{1}{2A}\begin{pmatrix} b_i & 0 & b_j & 0 & b_m & 0 \\ 0 & c_i & 0 & c_j & 0 & c_m \\ c_i & b_i & c_j & b_j & c_m & b_m \end{pmatrix}\boldsymbol{\delta}^{(e)}$$

简记

$$\boldsymbol{\varepsilon}=(B_i,\ B_j,\ B_m)\boldsymbol{\delta}^{(e)}=\boldsymbol{B}\boldsymbol{\delta}^{(e)} \tag{5-8}$$

式中，$\boldsymbol{B}$ 为应变矩阵或几何矩阵。图 5-8 所示的三角形线性面单元 e 代表的是平面应力或平面应变单元时，$\boldsymbol{B}$ 是常数矩阵，应变 $\boldsymbol{\varepsilon}$ 也是常值，即面单元 e 是一个常应变单元；图 5-8 所示的面单元 e 代表的是轴对称单元时，$\boldsymbol{B}$ 不是一个常数矩阵，应变 $\boldsymbol{\varepsilon}$ 也不是常值。

（3）单元应力　对平面应力问题，应变分量为

$$\boldsymbol{\varepsilon}=\begin{pmatrix} \varepsilon_x \\ \varepsilon_y \\ \gamma_{xy} \end{pmatrix}=\frac{1}{E}\begin{pmatrix} \sigma_x-\mu\sigma_y \\ \sigma_y-\mu\sigma_x \\ 2(1+\mu)\tau_{xy} \end{pmatrix}$$

则

$$\boldsymbol{\sigma}=\begin{pmatrix} \sigma_x \\ \sigma_y \\ \tau_{xy} \end{pmatrix}=\frac{E}{1-\mu^2}\begin{pmatrix} 1 & \mu & 0 \\ \mu & 1 & 0 \\ 0 & 0 & \dfrac{1-\mu}{2} \end{pmatrix}\boldsymbol{\varepsilon}=\boldsymbol{D}\boldsymbol{\varepsilon} \tag{5-9}$$

式中，$\boldsymbol{D}$ 为平面应力问题的弹性矩阵，为对称矩阵，且

$$\boldsymbol{D}=\frac{E}{1-\mu^2}\begin{pmatrix} 1 & \mu & 0 \\ \mu & 1 & 0 \\ 0 & 0 & \dfrac{1-\mu}{2} \end{pmatrix}$$

将式（5-8）代入式（5-9），得

$$\boldsymbol{\sigma}=\boldsymbol{DB\delta}^{(e)}=\boldsymbol{D}(B_i,\ B_j,\ B_m)\boldsymbol{\delta}^{(e)}=(S_i,\ S_j,\ S_m)\boldsymbol{\delta}^{(e)}=\boldsymbol{S\delta}^{(e)} \tag{5-10}$$

式中，$\boldsymbol{S}$ 为应力矩阵，反映了单元应力与单元节点位移之间的关系，各分量为

$$S_i=\frac{E}{2(1-\mu^2)A}\begin{pmatrix} b_i & \mu c_i \\ \mu b_i & c_i \\ \frac{1-\mu}{2}c_i & \frac{1-\mu}{2}b_i \end{pmatrix}\quad (i=i,j,m)$$

对平面应变问题，应变分量为

$$\boldsymbol{\varepsilon}=\begin{pmatrix}\varepsilon_x\\ \varepsilon_y\\ \gamma_{xy}\end{pmatrix}=\frac{1}{E}\begin{pmatrix}\sigma_x-\mu\sigma_y-\mu\sigma_z\\ \sigma_y-\mu\sigma_x-\mu\sigma_z\\ 2(1+\mu)\tau_{xy}\end{pmatrix}$$

此时，

$$\boldsymbol{D}=\frac{E(1-\mu)}{(1+\mu)(1-2\mu)}\begin{pmatrix}1 & \frac{\mu}{1-\mu} & 0\\ \frac{\mu}{1-\mu} & 1 & 0\\ 0 & 0 & \frac{1-2\mu}{2(1-\mu)}\end{pmatrix}$$

根据物理方程即可解出各应力分量。

对轴对称问题，在柱坐标系（r，θ，z）下，所有应力、应变和位移都与 θ 无关，只是 r 和 z 的函数。由于对称，任一点 θ 方向的环向位移等于0，只有沿 r 方向的径向位移 u 和沿 z 方向的轴向位移 w，应变分量为

$$\boldsymbol{\varepsilon}=\begin{pmatrix}\varepsilon_r\\ \varepsilon_\theta\\ \varepsilon_z\\ \gamma_{rz}\end{pmatrix}=\begin{pmatrix}\frac{\partial u}{\partial r}\\ \frac{u}{r}\\ \frac{\partial w}{\partial z}\\ \frac{\partial u}{\partial z}+\frac{\partial w}{\partial r}\end{pmatrix}$$

此时，

$$D=\frac{E(1-\mu)}{(1+\mu)(1-2\mu)}\begin{pmatrix}1 & \frac{\mu}{1-\mu} & \frac{\mu}{1-\mu} & 0\\ \frac{\mu}{1-\mu} & 1 & \frac{\mu}{1-\mu} & 0\\ \frac{\mu}{1-\mu} & \frac{\mu}{1-\mu} & 1 & 0\\ 0 & 0 & 0 & \frac{1-2\mu}{2(1-\mu)}\end{pmatrix}$$

（4）单元刚度矩阵与整体刚度矩阵　对平面应力问题，当厚度为 t 的平面单元 e 受到节

点力 $F^{(e)}$ 时，节点产生的虚位移为 $\boldsymbol{\delta}^{*(e)}$，节点的虚应变为 $\boldsymbol{\varepsilon}^{*(e)}$。应用虚功方程，建立节点力与单元内部应力之间的平衡方程为

$$(\boldsymbol{\delta}^{*(e)})^{\mathrm{T}}F^{(e)} = \iint_A (\boldsymbol{\varepsilon}^{*(e)})^{\mathrm{T}}\sigma t\mathrm{d}x\mathrm{d}y$$

将 $\boldsymbol{\varepsilon}^{*(e)}=\boldsymbol{B\delta}^{*(e)}$ 及式（5-8）、式（5-9)代入上式，整理得

$$F^{(e)} = (\iint_A \boldsymbol{B}^{\mathrm{T}}\boldsymbol{DB}t\mathrm{d}x\mathrm{d}y)\delta^{(e)}$$

可见，单元刚度矩阵 $\boldsymbol{K}^{(e)}$ 为

$$\boldsymbol{K}^{(e)} = \iint_A \boldsymbol{B}^{\mathrm{T}}\boldsymbol{DB}t\mathrm{d}x\mathrm{d}y$$

式中，由于弹性矩阵 $\boldsymbol{D}$ 是对称矩阵，因而单元刚度矩阵 $\boldsymbol{K}^{(e)}$ 也是对称矩阵。

对于面积为 A 的 3 节点三角形线性面单元，考虑式（5-10），单元刚度矩阵 $\boldsymbol{K}^{(e)}$ 为

$$\boldsymbol{K}^{(e)} = \begin{pmatrix} \boldsymbol{K}_{ii} & \boldsymbol{K}_{ij} & \boldsymbol{K}_{im} \\ \boldsymbol{K}_{ji} & \boldsymbol{K}_{jj} & \boldsymbol{K}_{jm} \\ \boldsymbol{K}_{mi} & \boldsymbol{K}_{mj} & \boldsymbol{K}_{mm} \end{pmatrix} = \boldsymbol{B}^{\mathrm{T}}\boldsymbol{S}tA$$

式中，

$$\boldsymbol{K}_{rs} = \frac{Et}{4(1-\mu^2)A}\begin{pmatrix} b_r b_s + \dfrac{1-\mu}{2}c_r c_s & \mu b_r c_s + \dfrac{1-\mu}{2}c_r b_s \\ \mu c_r b_s + \dfrac{1-\mu}{2}b_r c_s & c_r c_s + \dfrac{1-\mu}{2}b_r b_s \end{pmatrix} \quad (r,s=i,j,m)$$

对平面应变问题，将上式中的 E 换成$\dfrac{E}{1-\mu^2}$、μ 换成$\dfrac{\mu}{1-\mu}$，有

$$\boldsymbol{K}_{rs} = \frac{E(1-\mu)t}{4(1+\mu)(1-2\mu)A}\begin{pmatrix} b_r b_s + \dfrac{1-2\mu}{2(1-\mu)}c_r c_s & \dfrac{\mu}{1-\mu}b_r c_s + \dfrac{1-2\mu}{2(1-\mu)}c_r b_s \\ \dfrac{\mu}{1-\mu}c_r b_s + \dfrac{1-2\mu}{2(1-\mu)}b_r c_s & c_r c_s + \dfrac{1-2\mu}{2(1-\mu)}b_r b_s \end{pmatrix} \quad (r,s=i,j,m)$$

对轴对称问题，由虚位移方程，沿整个圆环求体积分，可得

$$\boldsymbol{K}^{(e)} = \iint_A \boldsymbol{B}^{\mathrm{T}}\boldsymbol{DB}2\pi r\mathrm{d}r\mathrm{d}z = 2\pi \iint_A \boldsymbol{B}^{\mathrm{T}}\boldsymbol{DB}r\mathrm{d}r\mathrm{d}z$$

单元刚度矩阵表达单元抵抗变形的能力。由于单元可有任意的刚体位移，给定的节点力不能唯一地确定节点位移。因此，单元刚度矩阵不可求逆，具有奇异性。

由最小势能原理，求得结构整体刚度矩阵 $\boldsymbol{K}$ 满足

$$\boldsymbol{K\delta}=\boldsymbol{P} \tag{5-11}$$

式中，$\boldsymbol{P}$ 为节点载荷矩阵。

（5）等效节点载荷　有限元法分析时，只考虑作用在节点上的载荷。所以，必须将作用于单元上的非节点载荷都移置为等效节点载荷 $\boldsymbol{P}^{(e)}$。

1）集中力的移置。图 5-8 中，若单元内任意一点 M（x，y）受到集中力载荷 $\boldsymbol{f}=(f_x, f_y)^{\mathrm{T}}$ 作用。假想单元整体发生了虚位移，其中点 M 的虚位移为 $\boldsymbol{r}^*=\boldsymbol{N}^{\mathrm{T}}\boldsymbol{\delta}^{*(e)}$。按照静力等效原则，即原载荷与等效节点载荷在虚位移上所做的虚功相等，有（$\boldsymbol{\delta}^{*(e)}$）$^{\mathrm{T}}\boldsymbol{P}^{(e)}=\boldsymbol{r}^{*\mathrm{T}}\boldsymbol{f}$，则 $\boldsymbol{P}^{(e)}=\boldsymbol{N}^{\mathrm{T}}\boldsymbol{f}$。

2）体力的移置。图 5-8 中，若单元内受到作用在单位体积上的体力 $\boldsymbol{q}=(q_x, q_y)^{\mathrm{T}}$，其等效节点载荷为 $\boldsymbol{P}^{(e)}=\iint_A \boldsymbol{N}^{\mathrm{T}}\boldsymbol{q}t\mathrm{d}x\mathrm{d}y$。如果该单元代表的是轴对称单元，节点载荷是作用在整个圆环体上的，当单位体积上的体力为 $\boldsymbol{q}=(q_r, q_z)^{\mathrm{T}}$ 时，等效节点载荷为 $\boldsymbol{P}^{(e)}=2\pi\iint_A \boldsymbol{N}^{\mathrm{T}}\boldsymbol{q}r\mathrm{d}r\mathrm{d}z$。

3）面力的移置。图 5-8 中，若单元的某个边界上作用有单位面积上的分布面力 $\boldsymbol{P}=(p_x, p_y)^{\mathrm{T}}$。对整个边界面积分，有 $\boldsymbol{P}^{(e)}=\int_l \boldsymbol{N}^{\mathrm{T}}\boldsymbol{p}t\mathrm{d}s$。

2. 空间问题有限元法

实际工程中，有些结构形状复杂，不满足平面问题或轴对称问题条件，必须按空间问题求解。空间问题中，最简单的单元是 4 节点四面体单元（见图 5-9）。以该体单元为例，分析空间问题的有限元法求解过程。

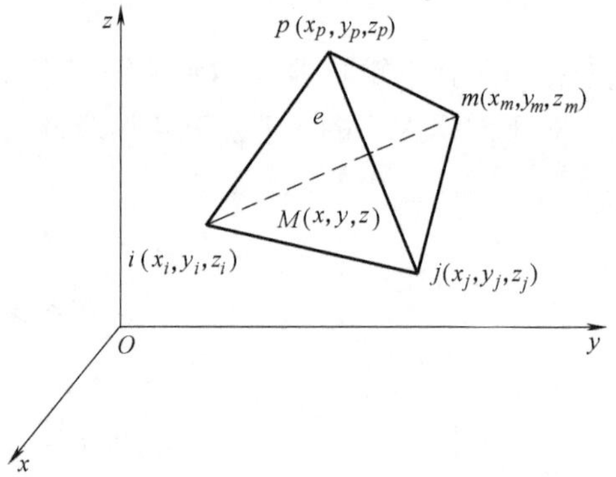

图 5-9

4 节点四面体单元

（1）形函数及其插值函数　如图 5-9 所示，体单元 e 的每个节点有三个位移分量：

$$\boldsymbol{\delta}_i=\begin{pmatrix}u_i\\v_i\\w_i\end{pmatrix}\quad (i=i,\ j,\ m,\ p)$$

因此，该体单元共有 12 个节点位移分量，写成列阵形式为 $\boldsymbol{\delta}^{(e)}=(\boldsymbol{\delta}_i, \boldsymbol{\delta}_j, \boldsymbol{\delta}_m, \boldsymbol{\delta}_p)^{\mathrm{T}}$。

设单元内任意一点 $M(x, y, z)$ 的位移 $u(x, y, z)$、$v(x, y, z)$、$w(x, y, z)$ 都是其坐标的线性函数。采用一次多项式对其进行插值，有

$$\left.\begin{aligned}u&=\beta_1+\beta_2x+\beta_3y+\beta_4z\\v&=\beta_5+\beta_6x+\beta_7y+\beta_8z\\w&=\beta_9+\beta_{10}x+\beta_{11}y+\beta_{12}z\end{aligned}\right\}$$

式中，待定系数 β_1、β_5、β_9 代表体单元的刚体移动；β_2、β_7、β_{12} 代表常量正应变；其余六个系数反映常量切应变和刚体转动。

以各节点的坐标和位移代入上式，求出待定系数的值，继而得到体单元 e 内任一点的位移

$$\boldsymbol{r}=\begin{pmatrix}u\\v\\w\end{pmatrix}=(N_i, N_j, N_m, N_p)\boldsymbol{\delta}^{(e)}=\boldsymbol{N}\boldsymbol{\delta}^{(e)} \tag{5-12}$$

式中，体单元 e 的形函数为

$$N_i=\frac{a_i+b_ix+c_iy+d_iz}{6V}\quad (i=i,\ j,\ m,\ p)$$

V 为体单元 e 的体积；a_i、b_i、c_i 和 d_i 分别为形函数的系数：

$$a_i=\begin{vmatrix} x_j & y_j & z_j \\ x_m & y_m & z_m \\ x_p & y_p & z_p \end{vmatrix}\quad (i,\ j,\ m,\ p),\quad b_i=-\begin{vmatrix} 1 & y_j & z_j \\ 1 & y_m & z_m \\ 1 & y_p & z_p \end{vmatrix}\quad (i,\ j,\ m,\ p)$$

$$c_i=-\begin{vmatrix} x_j & 1 & z_j \\ x_m & 1 & z_m \\ x_p & 1 & z_p \end{vmatrix}\quad (i,\ j,\ m,\ p),\quad d_i=-\begin{vmatrix} x_j & y_j & 1 \\ x_m & y_m & 1 \\ x_p & y_p & 1 \end{vmatrix}\quad (i,\ j,\ m,\ p)$$

（2）单元应变　图 5-9 所示的体单元 e 中，每个节点都具有六个应变分量：

$$\begin{aligned}\boldsymbol{\varepsilon} &= (\varepsilon_x,\ \varepsilon_y,\ \varepsilon_z,\ \gamma_{xy},\ \gamma_{yz},\ \gamma_{zx})^{\mathrm{T}} \\ &= \left(\frac{\partial u}{\partial x},\ \frac{\partial v}{\partial y},\ \frac{\partial w}{\partial z},\ \frac{\partial u}{\partial y}+\frac{\partial v}{\partial x},\ \frac{\partial v}{\partial z}+\frac{\partial w}{\partial y},\ \frac{\partial w}{\partial x}+\frac{\partial u}{\partial z}\right)^{\mathrm{T}}\end{aligned}$$

将式（5-12）代入上式，有

$$\boldsymbol{\varepsilon}=\boldsymbol{B}\boldsymbol{\delta}^{(e)}=(\boldsymbol{B}_i,-\boldsymbol{B}_j,\boldsymbol{B}_m,-\boldsymbol{B}_p)\boldsymbol{\delta}^{(e)} \tag{5-13}$$

式中，体单元应变矩阵 $\boldsymbol{B}$ 的子阵为

$$\boldsymbol{B}_i=\frac{1}{6V}\begin{pmatrix} b_i & 0 & 0 \\ 0 & c_i & 0 \\ 0 & 0 & d_i \\ c_i & b_i & 0 \\ 0 & d_i & c_i \\ d_i & 0 & b_i \end{pmatrix}\quad (i=i,\ j,\ m,\ p)$$

由于矩阵 $\boldsymbol{B}$ 中的各项元素都是由节点坐标决定的常量，因而体单元 e 内各点的应变分量也都是常量。

（3）单元应力　体单元 e 的单元应力可以用节点位移表示为

$$\boldsymbol{\sigma}=(\sigma_x,\ \sigma_y,\ \sigma_z,\ \tau_{xy},\ \tau_{yz},\ \tau_{zx})\boldsymbol{\delta}^{(e)}=\boldsymbol{D}\boldsymbol{B}\boldsymbol{\delta}^{(e)}=\boldsymbol{S}\boldsymbol{\delta}^{(e)} \tag{5-14}$$

式中，体单元的弹性矩阵 $\boldsymbol{D}$ 为

$$\boldsymbol{D}=\frac{E(1-\mu)}{(1+\mu)(1-2\mu)}\begin{pmatrix} 1 & \frac{\mu}{1-\mu} & \frac{\mu}{1-\mu} & 0 & 0 & 0 \\ & 1 & \frac{\mu}{1-\mu} & 0 & 0 & 0 \\ & & 1 & 0 & 0 & 0 \\ & & & \frac{1-2\mu}{2(1-\mu)} & 0 & 0 \\ & & & & \frac{1-2\mu}{2(1-\mu)} & 0 \\ & & & & & \frac{1-2\mu}{2(1-\mu)} \end{pmatrix}$$

由于应变是常量，所以应力也是常量。

（4）单元刚度矩阵与整体刚度矩阵　与二维线弹性问题求解类似，根据虚位移原理，可得体单元 e 的单元刚度矩阵为 $\boldsymbol{K}^{(e)}=\boldsymbol{B}^{\mathrm{T}}\boldsymbol{D}\boldsymbol{B}V$。由最小势能原理，结构整体刚度矩阵 $\boldsymbol{K}$ 也由

节点载荷矩阵和位移矩阵求解，即 $\boldsymbol{K\delta}=\boldsymbol{P}$。

（5）等效节点荷载　与二维线弹性问题求解类似，得到等效节点载荷计算公式。

1）集中力的移置。集中力 $\boldsymbol{f}=(f_x, f_y, f_z)^{\mathrm{T}}$ 移置为 $\boldsymbol{P}^e=\boldsymbol{N}^{\mathrm{T}}f$。

2）体力的移置。体力 $\boldsymbol{q}=(q_x, q_y, q_z)^{\mathrm{T}}$ 移置为 $\boldsymbol{P}^e=\iiint \boldsymbol{N}^{\mathrm{T}}\boldsymbol{q}\mathrm{d}V$。

3）面力的移置。面力 $\boldsymbol{p}=(p_x, p_x, p_z)^{\mathrm{T}}$ 移置为 $\boldsymbol{P}^{(e)}=\iint \boldsymbol{N}^{\mathrm{T}}\boldsymbol{q}\mathrm{d}A$。

5.2.2 结构动力分析

1940年11月7日上午11时，著名的塔科马海峡大桥刚建成四个月，受到约18.8m/s的平稳风载即被吹垮（图5-10），原因是气动弹性震颤引起桥身扭转和上下振动。2018年7月11日，四川境内持续强降雨，涪江绵阳段水位迅速上涨，对宝成铁路涪江大桥（图5-11）造成了严峻挑战，后采用压重的方法保证了大桥安全。

图 5-10

塔科马海峡大桥倒塌

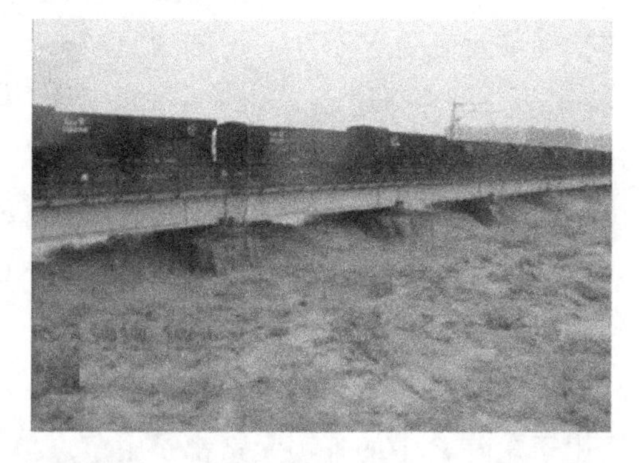

图 5-11

洪汛中的涪江大桥

旋转的电动机、离心压缩机、运行的飞行器、以及往复运动的冲压机床等，承受着惯性及与周围介质或结构相互作用的动力载荷；建于地面的高层建筑和厂房、石化厂的反应塔和管道、核电站的安全壳和热交换器、近海工程的海洋石油平台等，这些承受动力载荷的结构可能发生破裂、倾覆或垮塌等破坏事故。此外，在结构的抗震设计、人工地震勘探、无损探伤等过程中，即使是短暂作用于介质边界或内部的载荷也会引起结构位移和速度变化。上述结构均受到了随时间变化的载荷作用，此时对结构进行分析时，惯性力或阻尼力不可忽视。

结构动力分析就是用来确定惯性力和阻尼力不可忽略时的系统动力学特性，其有限元法的实质是将一个弹性连续体的振动问题，离散为一个以有限个节点位移为广义坐标的多自由度系统的振动问题。

结构动力分析包括以下内容：

1）模态分析：计算结构的固有频率和振型，使结构设计避免共振或以特定频率进行振动。

2）谐响应分析：确定结构随时间正弦变化的载荷作用下的响应，如旋转设备的支座、固定装置和部件、受涡流影响的结构等。谐响应分析不考虑激励开始时的瞬态振动，只考虑结构的稳态受迫振动。

3）瞬态动力学分析：计算结构在随时间任意变化的载荷作用下的响应，用于各种承受冲击载荷、撞击或颠簸的结构与设备的分析。

4）谱分析：计算由于响应谱或随机振动引起的响应，如计算地震位移响应谱作用下结构的位移和约束力、分析船舶装备的抗震性能等。

1. 动力方程

对运动中的结构进行离散后，各节点除有节点位移外，还有节点速度和加速度。根据达朗贝尔原理，建立结构体系的运动方程

$$\boldsymbol{M}\ddot{\boldsymbol{\delta}}(t)+\boldsymbol{C}\dot{\boldsymbol{\delta}}(t)+\boldsymbol{K}\boldsymbol{\delta}(t)=\boldsymbol{P}(t) \tag{5-15}$$

式中，$\boldsymbol{M}$、$\boldsymbol{C}$、$\boldsymbol{K}$ 分别为结构的质量矩阵、阻尼矩阵和刚度矩阵；$\boldsymbol{\delta}(t)$、$\dot{\boldsymbol{\delta}}(t)$、$\ddot{\boldsymbol{\delta}}(t)$ 分别为节点的位移列阵、速度列阵和加速度列阵；$\boldsymbol{P}(t)$ 为动力载荷列阵。

（1）质量矩阵　作用在单位体积上的惯性力为

$$q_i=-\rho\frac{\partial^2\boldsymbol{r}}{\partial t^2}$$

式中，ρ 为材料的密度。

将体单元的形函数，即式（5-12）代入上式，则

$$q_i=-\rho\boldsymbol{N}\frac{\partial^2\boldsymbol{\delta}^{(e)}}{\partial t^2}$$

利用实体单元内体力载荷移置的一般公式，求得作用于单元节点上的惯性力为

$$P_i^{(e)}=\iiint\boldsymbol{N}^{\mathrm{T}}q_i\mathrm{d}V=-\iiint\boldsymbol{N}^{\mathrm{T}}\rho\boldsymbol{N}\mathrm{d}V\frac{\partial^2\boldsymbol{\delta}^{(e)}}{\partial t^2}$$

可见

$$\boldsymbol{M}^{(e)}=\iiint\boldsymbol{N}^{\mathrm{T}}\rho\boldsymbol{N}\mathrm{d}V$$

式中，$\boldsymbol{M}^{(e)}$ 为单元质量矩阵或协调质量矩阵，是对称矩阵。

采用由单元刚度矩阵 $\boldsymbol{K}^{(e)}$ 求整体刚度矩阵 $\boldsymbol{K}$ 相似的方法，利用单元质量矩阵 $\boldsymbol{M}^{(e)}$ 求得结构整体质量矩阵 $\boldsymbol{M}$。

（2）阻尼矩阵　阻尼来源于固体材料变形时的内摩擦，或材料快速应变引起的热耗散。结构连接部位的摩擦、结构周围介质的影响也是引起阻尼的原因。阻尼是一种能量耗散机制，会使结构振幅逐渐变小。阻尼的数值取决于材料、运动速度和振动频率。

1）单自由度系统的阻尼。将动力学运动方程（5-15）描述成一个单自由度系统的自由振动方程，则

$$\boldsymbol{m}\ddot{\delta}+\boldsymbol{c}\dot{\delta}+\boldsymbol{k}\delta=\boldsymbol{0}$$

式中，$\boldsymbol{m}$、$\boldsymbol{c}$、$\boldsymbol{k}$ 分别是单自由度系统的质量矩阵、阻尼矩阵和刚度矩阵。

上式两边除以系统质量 m 后得到

$$\ddot{\delta}+2\zeta\omega\dot{\delta}+\omega^2\delta=0 \tag{5-16}$$

式中，ω 为系统的自振频率或角频率，$\omega=\sqrt{k/m}$，其振幅随着时间逐渐衰减；ζ 为系统的阻尼比，$\zeta=c/(2m\omega)$，随自振频率单调增大。

2）多自由度系统的阻尼。多自由度系统的阻尼矩阵 $\boldsymbol{C}$ 与质量矩阵 $\boldsymbol{M}$ 或刚度矩阵 $\boldsymbol{K}$ 成

正比。常用的阻尼矩阵有：质量比例阻尼矩阵（$\boldsymbol{C}=\alpha_1\boldsymbol{M}$）、刚度比例阻尼矩阵（$\boldsymbol{C}=\beta_1\boldsymbol{K}$）和瑞利（Rayleigh）阻尼矩阵三种形式。其中，以瑞利阻尼矩阵应用最广泛：

$$\boldsymbol{C}=\alpha\boldsymbol{M}+\beta\boldsymbol{K} \tag{5-17}$$

式中，系数 α 和 β 可根据系统的前几阶频率和实测的相应的阻尼比求得，是由振动过程中结构整体的能量消耗决定的近似值。

（3）刚度矩阵　根据 Leung 定理，多自由度系统的刚度矩阵 $\boldsymbol{K}$ 和质量矩阵 $\boldsymbol{M}$ 之间有如下关系：

$$\boldsymbol{M}=\frac{\partial\boldsymbol{K}}{\partial\omega^2} \tag{5-18}$$

动力刚度矩阵的求解方法与静力学问题的刚度矩阵求解过程相似，即首先利用单元节点力向量和节点位移向量获得单元动力刚度矩阵 $\boldsymbol{K}^{(e)}$，然后推导出结构动力刚度矩阵 $\boldsymbol{K}$。

2. 结构自振频率与振型

结构不承受外载荷时，令动力学运动方程（5-15）的 $P(t)=0$，忽略所有的非线性特性（如塑性、接触、阻尼等），得到结构的自由振动运动方程

$$\boldsymbol{M}\ddot{\delta}+\boldsymbol{K}\delta=\boldsymbol{0}$$

设结构做简谐运动 $\delta=\varphi\cos\omega t$，代入上式，有

$$(\boldsymbol{K}-\omega^2\boldsymbol{M})\varphi=0$$

结构自由振动时，各节点的振幅 φ 不全为零。因此，结构自振频率方程为

$$|\boldsymbol{K}-\omega^2\boldsymbol{M}|=0 \tag{5-19}$$

结构的刚度矩阵 $\boldsymbol{K}$ 和质量矩阵 $\boldsymbol{M}$ 都是 n 阶方阵，所以式（5-19）是关于 ω^2 的 n 次代数方程。对于结构的每个自振频率，令结构自振频率 $\omega_1\leqslant\omega_2\leqslant\cdots\leqslant\omega_n$，各节点的振幅值之间保持固定的比值，它们构成一个列阵，称为特征向量，工程上通常称为结构的振型。振型是不随时间变化的，表明某阶自振模态下系统振动的形状。系统振动时的总响应可以看成是由不同振型组合或叠加而成，即结构的自振频率和模态振型取决于质量和刚度分布，与几何模型的细节无关。

在结构的自振频率 ω_1、ω_2、…、ω_n 上，输入一个很小的激励就可以引起很大幅度的振动，此时称为共振；而在其他频率或高频段，激励经过系统的传递是减小的，甚至可以忽略。

5.2.3　结构非线性分析

固体力学中的所有现象本质上都是非线性的，线性假设仅是实际问题的一种简化。结构非线性问题的有限元法是许多子步反复迭代的过程。每个子步的具体求解过程与结构静力学问题求解的步骤相同。但是，结构非线性求解时，结构的刚度矩阵是变化的，因而求解的方程是非线性的。非线性有限元法求解不总有一致解，有时甚至没有解。结构非线性有限元法分为材料非线性问题、几何非线性问题和状态非线性问题。

1. 结构非线性行为

（1）材料非线性　许多因素都会影响材料的应力-应变关系，如加载历史、环境温度等。当材料的应力-应变关系为非线性时，这种特性称为材料非线性，如金属变形的弹塑性行为、橡胶的超弹性行为、与温度相关的砂土特性等（分别见图 5-12a、b、c）。非线性材

料本构模型包括弹性（超弹性和多线性弹性）、黏弹性和非弹性材料模型，非弹性材料模型中又包括率无关、率相关、非金属、铸铁、形状记忆合金等材料。

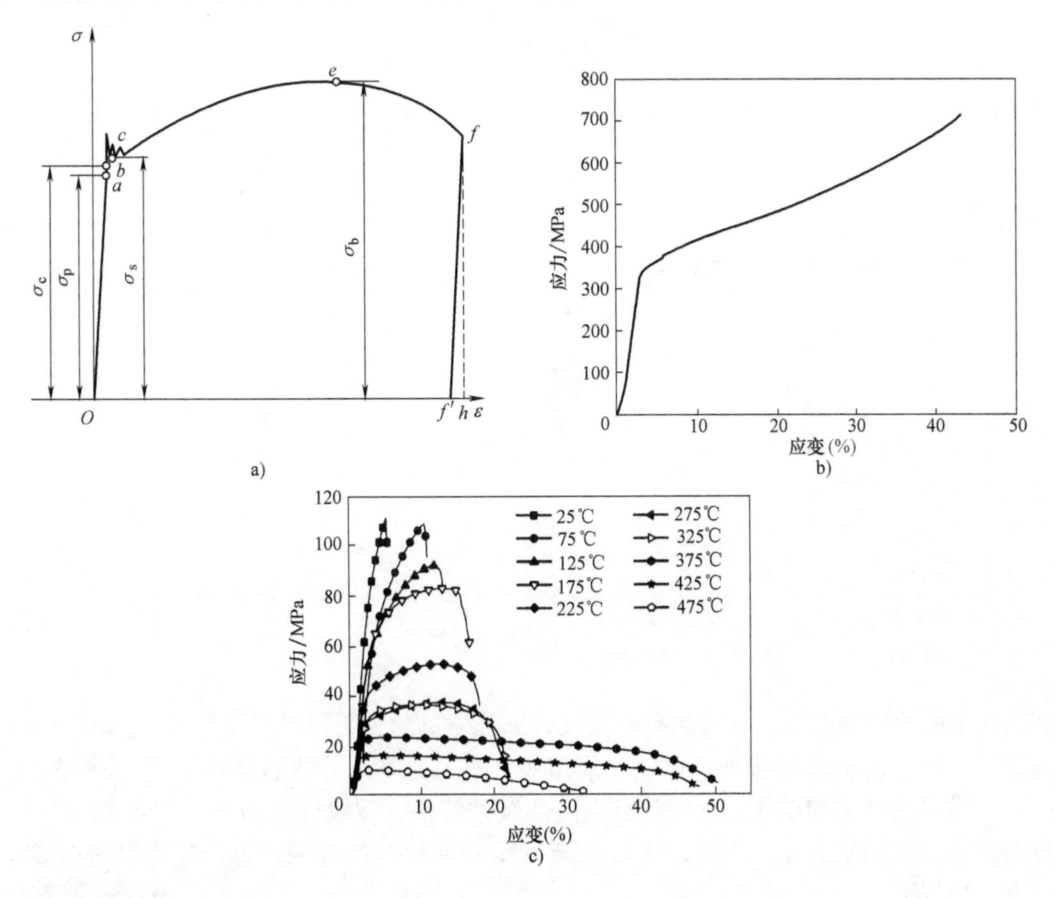

图 5-12

材料的应力-应变特性曲线

a）金属材料　b）橡胶材料　c）−6℃冻结砂土

材料应力与应变之间的非线性关系一般基于试验数据而得。采用非线性材料本构模型进行有限元分析时，必须同时考虑单元体的变化。

（2）几何非线性　当结构的位移使体系的受力状态发生了显著变化，虽然材料的应力-应变关系保持为线性的，但应变-位移关系是非线性的，此时称为几何非线性。由于结构的变形大，影响了载荷的作用方向，因此平衡方程必须建立在变形后的几何位置上。计算应变矩阵 $\boldsymbol{B}$ 时，应考虑位移高阶导数项的效应，同时也要考虑单元体的变化。

几何非线性问题包括大应变、大位移、大转角以及屈曲问题。大应变是指应变是有限或无限大的，如图 5-13a 所示的圆钢压力加工过程。图 5-13b 所示的钓鱼竿前梢承受较小的横向载荷后，随即产生了很大的弯曲变形。随着垂向载荷增加，钓鱼竿的变形继续增大，以至于动力臂明显减小、结构刚度增加，此时称为大位移小应变问题。细长杆零件或薄板类零件，随着面内载荷增加，结构变得不稳定、发生屈曲响应（见图 5-13c）。

（3）状态非线性　当系统表现出一种与状态相关的非线性行为时，其刚度由于状态的

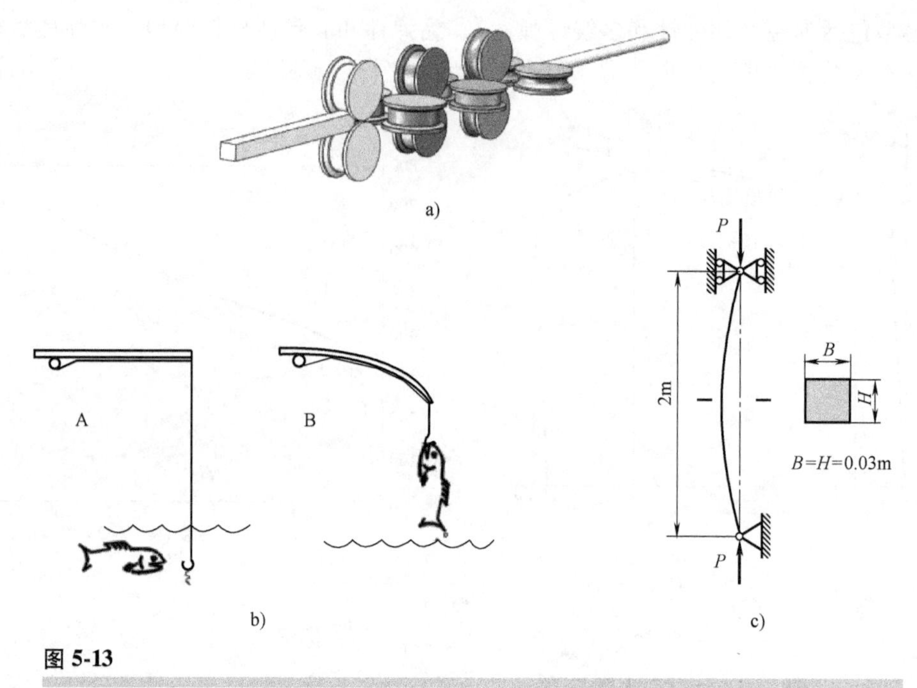

图 5-13

几何非线性

a）圆钢轧制 b）钓鱼竿 c）细长杆屈曲

改变而在不同值之间变化，称为状态非线性，如缆索的松弛与张紧、滚轮与支撑之间的接触与脱开、冻土的冻结与解冻，以及金属成型、跌落试验、多零件装配体等。接触非线性是一种常见的状态非线性行为，具有高度非线性特性，接触区域的大小随载荷、材料、边界条件或其他因素变化，接触的状态改变可能和载荷直接有关，也可能由某种外部原因引起。

2. 恒定力和跟随力

无论结构如何变形，施加在结构上的重力加速度和集中载荷方向保持恒定，这种力称为恒定力（见图 5-14a、b）；施加在结构上的面载荷会随单元方向的改变而变化，这种力称为跟随力或随动载荷（见图 5-14c）。有限元计算时，不会修正节点坐标系方向，所以得到的位移是最初方向上输出的。

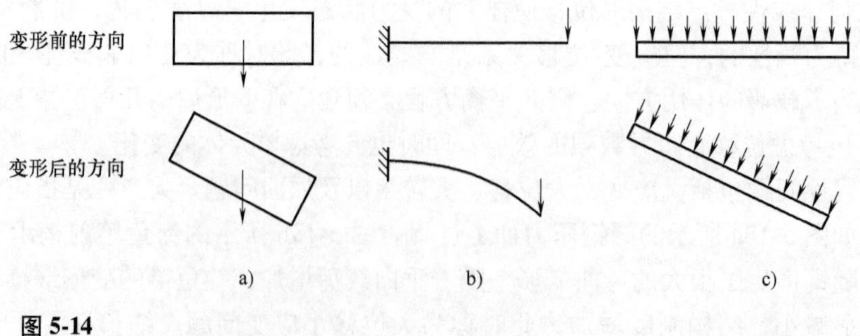

图 5-14

变形前后的载荷方向

a）重力加速度 b）节点力 c）面载荷

3. 非线性求解的组织级别

非线性求解被分成三个操作级别：载荷步、载荷子步和平衡迭代。假定载荷在载荷步内是线性变化的；每个载荷步内，为了逐步加载，可执行多次载荷子步或时间步（见图 5-15）；每个载荷子步或时间步内，运行足够多的平衡迭代数，以保证计算收敛。载荷子步越多或时间步越小，计算精度越好。但是，过多的载荷子步或过小的时间步会增加计算时间。因此，载荷子步或时间步的设置要考虑计算精度和计算时间之间的平衡。

4. 平衡迭代

非线性问题需要用一系列的、带校正的线性方程组来求解。每个增量载荷求解结束后，以当前结构响应调整刚度矩阵反映结构刚度的非线性变化。

传统的牛顿-拉弗森迭代法采用两个载荷增量，迫使每个载荷增量的末端，在容差范围内达到平衡收敛（见图 5-16a）。弧长法使平衡迭代沿弧段收敛，即使当正切刚度矩阵的斜率为零或负值时，也可以阻止分散，使非线性求解结果稳定（见图 5-16b）。

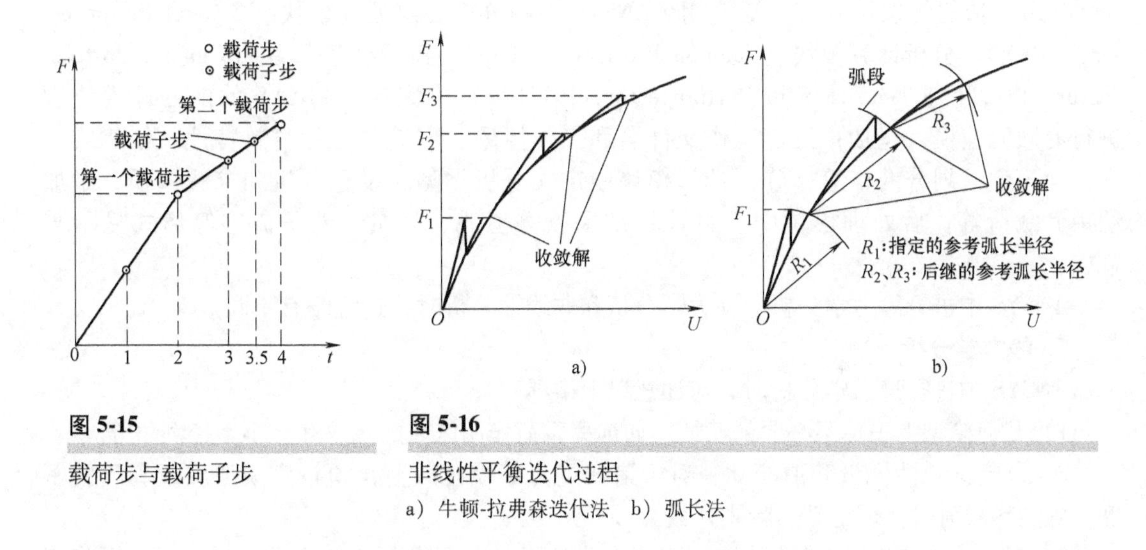

图 5-15

载荷步与载荷子步

图 5-16

非线性平衡迭代过程

a）牛顿-拉弗森迭代法　b）弧长法

5.3　有限元软件及其应用

5.3.1　有限元软件的发展

1963 年，Richard MacNeal 博士和 Robert Schwendle 先生成立 MSC 公司，开发了第一个有限元结构分析程序 MSC. NASTRAN，现已成为全球计算机辅助工程（Computer Aided Engineering，CAE）工业标准源代码程序、航空航天领域的标准化结构分析软件。1970 年，John Swanson 博士在美国匹兹堡成立 Swanson 公司，重组后改称 ANSYS 公司，开发了 ANSYS 软件，融结构、流体、电场、磁场、声场分析于一体。1978 年，David Hibbitt、Bengt Karlsson 和 Paul Sorensen 成立 HKS 公司（2002 年更名为 ABAQUS 公司），其 ABAQUS 软件主要应用于结构非线性分析。法国飞机制造公司 Dassault Systemes 开发的 CATIA 软件，现已发展成为汽车工业事实标准、航空航天业主流软件。1986 年，K. J. Bathe 博士成立 ADINA R&D 公司，将多物理场工程仿真分析软件 ADINA 推向商业化发展的历程。1988 年，J. O. Hallquist 博士创立 LSTC 公司，其产品 LS-DYNA 擅长金属成型、液态成形以及汽车、航天领域的高速碰撞、爆炸等大变形分析。

20 世纪 90 年代起，随着计算机技术的发展和应用，有限元软件得到了极大推广，架起了有限元法、计算机图形学、优化技术等学科之间的桥梁，提高了产品设计性能，增强了产品市场竞争力，已逐渐成为工程师实现工程创新、产品创新的得力助手和有效工具。

5.3.2 ANSYS 分析流程

ANSYS 软件是目前最通用、最著名、最具权威性的有限元分析软件，适用于微机平台或大型计算机设备，是第一个通过 ISO9001 质量体系认证的工程分析软件，具有强大的前、后处理功能，在核工业、铁路、航空航天、机械制造、能源、汽车交通、国防军工、电子、土木工程、造船等领域有着广泛应用。ANSYS 中的分析在前处理模块（General Preprocessor，PREP）、分析计算模块（Solution Processor，SOLU）和后处理模块（General Postprocessor，POST1 或 Time Domain Postprocessor，POST26）中完成。ANSYS 的前处理模块中进行有限元建模，包括：指定工作文件名和工作标题、定义单元和材料特性、创建或导入几何模型、划分网格等；分析计算模块中定义分析类型、设置分析和求解选项、添加约束和载荷等；后处理模块中可将计算结果以等值线、矢量、粒子流迹等形式显示与输出。

ANSYS 中进行静力学分析、动力学分析和非线性分析时，过程略有不同。

1. 静力学分析

ANSYS 中进行静力学分析时，应注意以下事项：

1）几何模型上去掉不必要的特征，如远离载荷作用区域的螺纹孔、小半径倒角等。

2）须定义弹性模量和泊松比；对于诸如重力等惯性载荷，须指定模型质量和材料密度；施加热载荷时，须定义热膨胀系数。

3）对应力、应变敏感的区域，网格要细化划分；如果分析中包含非线性因素，网格应划分到能捕捉非线性因素影响的程度。

4）只有在不关心集中载荷作用的区域时才使用集中载荷；否则，集中载荷应分布作用于一定范围的区域上。

5）可以在大型结构件的应力分析中使用子模型法。

2. 动力学分析

动力学分析是线性分析，任何非线性特性，如塑性、接触等，都被忽略。动力学分析包括模态分析、谐响应分析和瞬态动力学分析等，每一种分析的选项基本相同。

（1）模态分析　模态分析中，唯一有效的“载荷”是零位移约束。其他类型的载荷，如力、压强、温度和加速度等，可在模态分析中指定，但在模态提取时将被忽略。

1）有预应力的模态分析，须打开预应力开关（Pstress = Yes）。为观察结果，须指定扩展模态阶数（NMode），并将振型写入结果文件。

2）模态求解方法（Modopt）有：Block Lanczos 法、Subspace 法、PowerDynamics 法、Unsymmetric 法和 Damped 法。一旦选用某种模态提取方法，ANSYS 程序自动选择对应的求

解器。

（2）谐响应分析

1）只计算结构的稳态受迫振动。

2）所有载荷须随时间按正弦规律变化。需设置频率范围（HARFRQ）、载荷步结束时间（Time）、载荷子步或载荷子步数（NSubst）、载荷类型（KBC/ DELTIM）等。

3）谐响应分析方法有：Full 法、Reduced 法和 Mode SuperPosition 法。

（3）瞬态动力学分析

1）瞬态动力学分析方法有：Full 法、Reduced 法和 Mode SuperPosition 法。

2）每一个力的突变点都需设置一个载荷步，使用载荷子步满足瞬态时间积分法则。

3）时间积分步长（ITs 或 ΔT）要足够小。

3. 非线性分析

ANSYS 非线性分析的求解选项中添加了非线性特性设置。

1）须激活大变形选项（NLgeom = On），应力刚化项（SSTIF）随之自动打开。

2）打开自动时间步长（Autots = On），以保证收敛。

3）设置线性搜索选项（LNSRCH = Prog Chosen），有助于收敛振荡。

4）大应变分析时，须打开自由度位移预测选项（Predictor = Program Chosen），以预测网格的扭曲程度。

5）大转角分析时，每个子步须小于 5°或 10°，且关闭自由度位移预测（Predictor = Off）。

6）避免使用带中间节点的单元，避免过分约束边界处的变形，以免产生应力奇异。

5.3.3 ANSYS 实例

本节第一个示例用 GUI 方式、其余两例用命令流方式演示 ANSYS 中有限元分析过程。

1. 支架静力学分析

如图 5-17 所示的支架，其上表面固定于墙体，右侧端面承受垂直向下的剪力 1500N。支架材料的弹性模量 $E=1.9\times10^5$MPa（AISI 304 不锈钢，屈服极限 $\sigma_s=206.870$MPa），泊松比 $\nu=0.29$。求支架上的 Von Mises 应力分布。

（1）设置工作路径、定义工作文件名

1）ANSYS 16.0>Mechanical APDL Product Launcher 16.0。

2）在图 5-18 所示的启动界面的 Working directory 中输入工作目录：G:\EXE_1，Job Name 中输入初始工作文件名为：bracket，单击 Run，进入如图 5-19 所示的工作界面。

3）工作界面主要由 8 个部分组成，包括主窗口上的主菜单、工具条、标准工具栏、实用菜单、命令输入窗口、图形窗口和状态栏，以及隐藏在主窗口后面的输出窗口。

（2）定义单元类型

- MainMenu>Preprocessor>ElementType>Add/Edit/Delete，选择单元类型为 Solid 185 单元（见图 5-20）。

（3）定义材料属性

- MainMenu>Preprocessor>MaterialProps>MaterialModels，选择弹性各向同性材料 Structural>Linear>Elastic>Isotropic，设置材料参数（见图 5-21）。

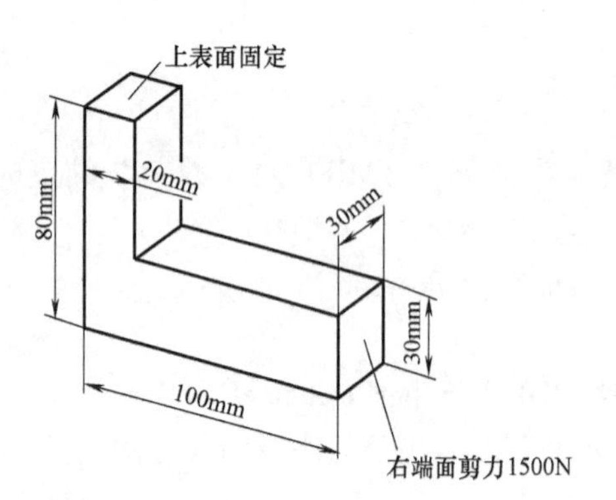

图 5-17

支架

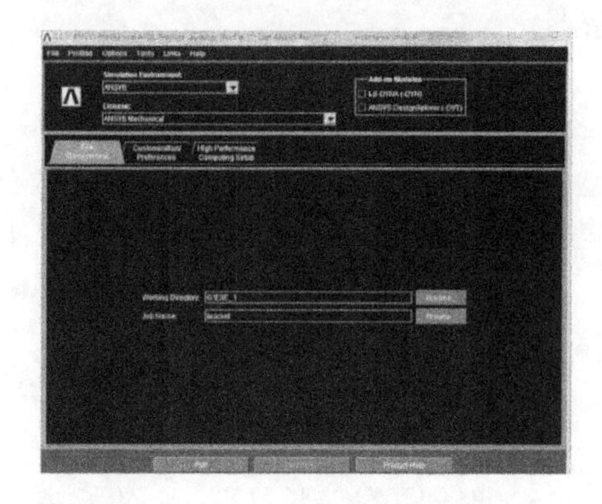

图 5-18

启动界面

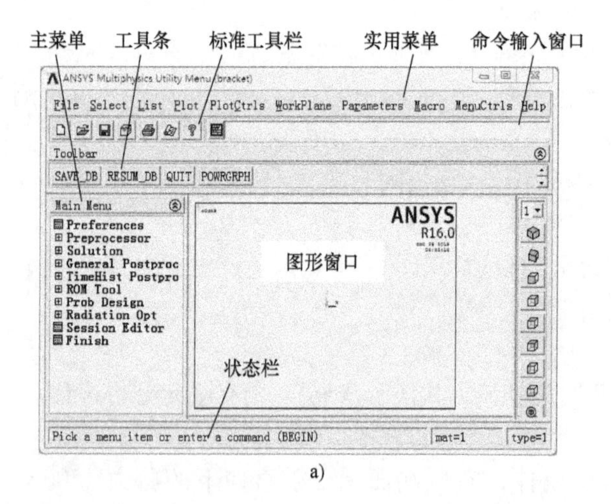

a)

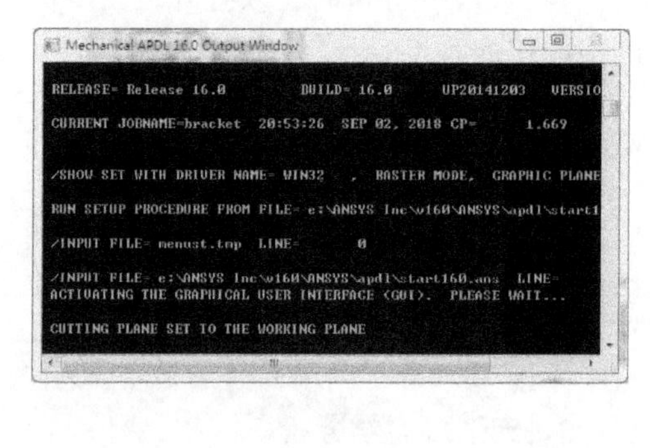

b)

图 5-19

工作界面

a）主窗口 b）输出窗口

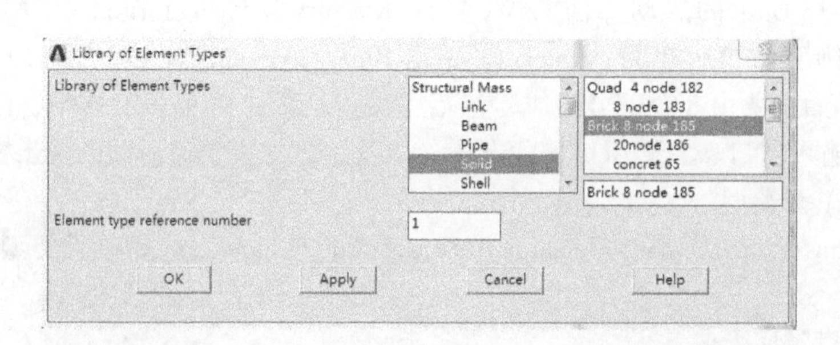

图 5-20

单元类型

（4）建立几何模型

• MainMenu>Preprocessor>Modeling>Create，完成几何建模（见图5-22a）。

（5）划分网格

• 设置模型各边的网格密度。网格划分结果如图5-22b所示。

（6）施加载荷、约束

• MainMenu>Solution>Define Loads>Apply>Structural>Displacement，选择支架左侧上表面，设置全约束；MainMenu>Solution>Define Loads>Apply>Structural>Force，在支架右侧端面的所有节点上作用垂直向下的载荷1500N（见图5-22c）。

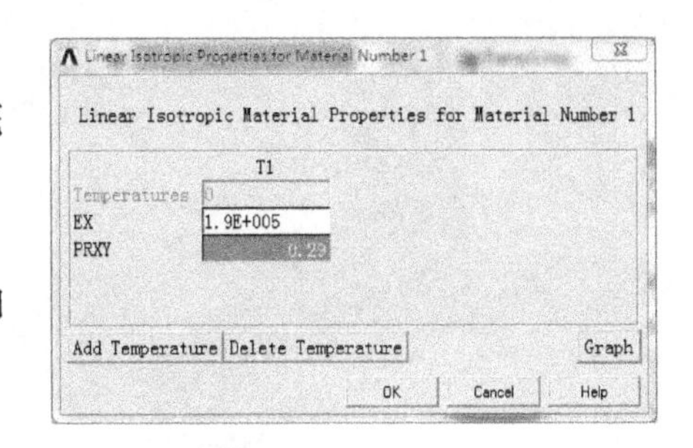

图5-21

材料参数

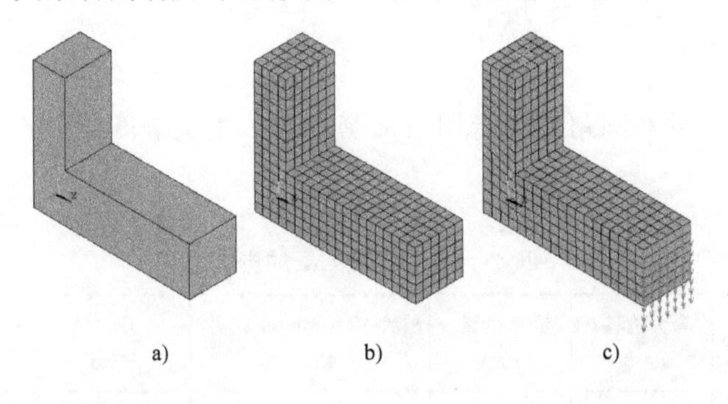

图5-22

支架模型

a）几何模型 b）网格模型 c）约束与载荷

（7）求解

• MainMenu>Solution>Solve>Current LS，弹出如图5-23所示的窗口，求解结束。

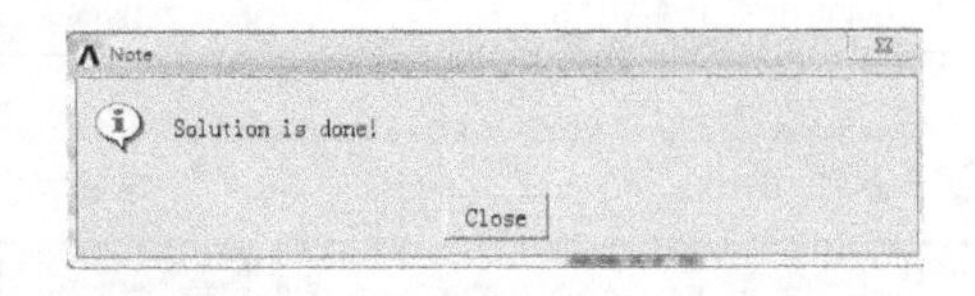

图5-23

求解结束窗口

（8）显示计算结果

• MainMenu>General Postproc>Plot Results>Contour Plot>Nodal Solu>DOF Solution>Displacement vector sum，显示节点合位移分布图，如图5-24a所示。

• MainMenu>General Postproc>Plot Results>Contour Plot>Nodal Solu>Stress>von Mises stress，显示节点合应力分布图，如图5-24b所示。

（9）讨论与分析 图5-24所示的计算结果表明，最大应力发生在支架的内转角处。调整网格密度，比较网格大小对计算结果的影响，如表5-1所示。

表5-1表明，随着网格密度的增加，最大位移和最大Von Mises应力都有所增加，其中最大位移增量较小，但最大Von Mises应力增加较大，呈发散趋势。究其原因是有限元计算结果基于了如图5-22a所示的错误的几何模型基础上。图5-22a中，支架内转角处有一个尖角特征。根据弹性力学理论，尖角处的应力无穷大。因此，在模型的内转角处添加一个

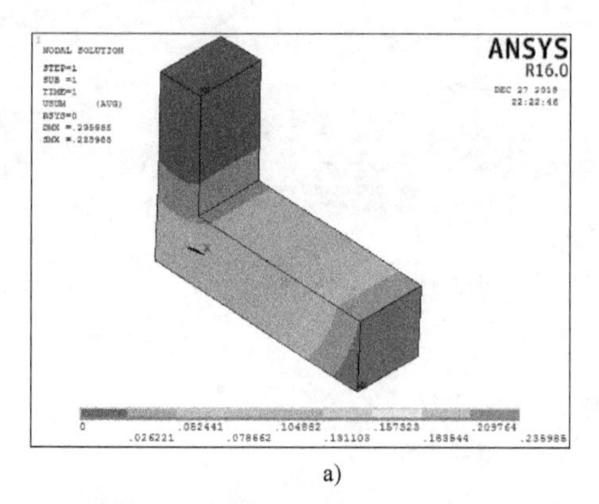

a)

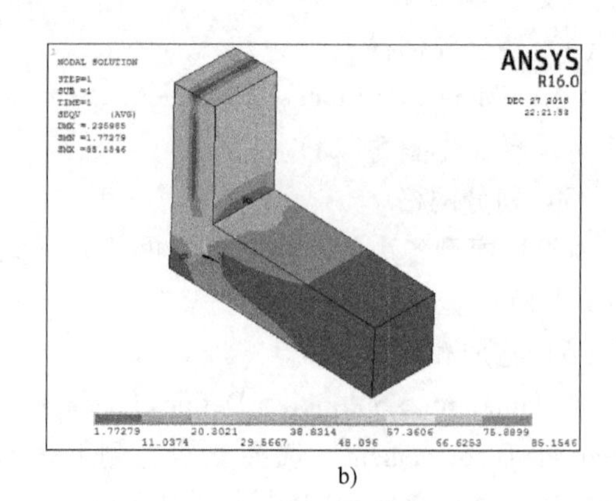

b)

图 5-24

支架受力结果云图

a）合位移 b）合应力

半径为 2mm 的圆角，并对圆角处进行网格加密处理。重复表 5-1 中的工作，计算结果如表 5-2 所示。

表 5-1 网格大小对计算结果的影响

支架模型网格密度	最大位移/mm	位移增量/mm	最大 Von Mises 应力/MPa	应力增量/MPa	单元数	节点数
默认网格（网格边长 5mm）	0.2359	—	85.1546	—	900	1295
中等网格（网格边长 3mm）	0.2394	0.0035（1.48%）	107.136	21.9814（25.81%）	4590	5731
精细网格（网格边长 1.5mm）	0.2408	0.0049（2.08%）	141.107	55.9524（65.71%）	36720	41139

表 5-2 带内圆角的支架模型计算结果

带内圆角的支架模型网格密度	最大位移/mm	位移增量/mm	最大 Von Mises 应力/MPa	应力增量/MPa	单元数	节点数
默认网格（网格边长 5mm）	0.2377	—	146.380	—	4732	7448
中等网格（网格边长 3mm）	0.2384	0.0007（0.29%）	144.239	-2.141（-1.46%）	19715	29539
精细网格（网格边长 1.5mm）	0.2385	0.0008（0.34%）	147.475	1.095（0.75%）	51034	74340

表 5-2 表明，随着网格密度的增加，带内圆角的支架最大位移和最大 Von Mises 应力值均趋于有限值，说明几何模型经合理化处理后，采用较粗糙的网格即可获得较为稳定的有限元解。

2. 钢丝绳动力学分析

一金属薄片，沿水平方向作用了载荷 F_1 后被张紧。在金属薄片的 3/4 处，以简谐力 F_2

撞击。已知：金属薄片长度 $L=200\text{mm}$，宽度 $W=2\text{mm}$，厚度 $H=0.5\text{mm}$；金属薄片材料的弹性模量 $E=73.1\text{GPa}$，泊松比 $\nu=0.35$，密度 $\rho=2790\text{kg/m}^3$；载荷 $F_1=30\text{N}$，$F_2=500\text{N}$。金属薄片的受力状态如图 5-25 所示。求金属薄片的一阶固有频率 f_1，并验证仅当撞击力的频率为金属薄片的某几阶固有频率时，金属薄片的中点才会产生谐响应。

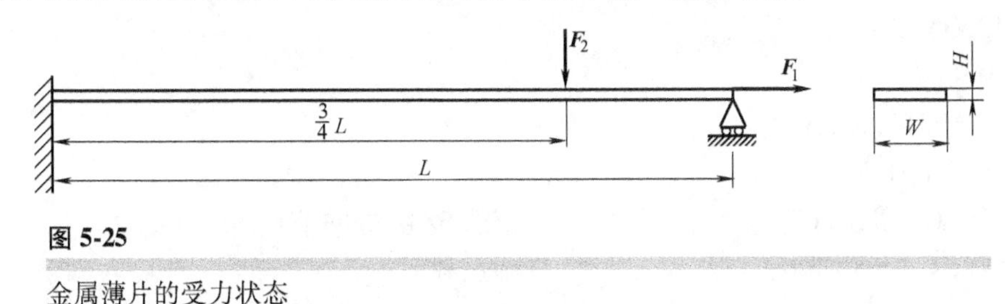

图 5-25

金属薄片的受力状态

该问题属于结构的模态和谐响应分析。命令流如下：

```
/FILNAME,EXE_2                          ! 定义工作文件名
/PREP7                                  ! 进入前处理器
ET,1,SOLID185                           ! 设置网格类型
MPTEMP,,,,,,,,                          ! 设置材料参数
MPTEMP,1,0
MPDATA,EX,1,,73.1e9
MPDATA,PRXY,1,,0.35
MPTEMP,,,,,,,,
MPTEMP,1,0
MPDATA,DENS,1,,2790
BLOCK,,0.2,,0.5e-3,,2e-3                ! 建立几何模型
LESIZE,_Y1,,,200,,,,,1                  ! 设定水平方向网格份数
LESIZE,_Y1,,,2,,,,,1                    ! 设定高度方向网格份数
LESIZE,_Y1,,,20,,,,,1                   ! 设定宽度方向网格份数
DA,P51X,ALL,                            ! 固定左端面
DL,P51X,,UY,                            ! 右端面只允许水平方向平移
F,P51X,FX,30/63                         ! 施加载荷 F1
ANTYPE,0                                ! 选定分析类型为静力分析
PSTRES,1                                ! 带预应力的静力分析选项
SOLVE                                   ! 静力求解
ANTYPE,2                                ! 有预应力的模态分析
MODOPT,LANB,10                          ! 模态分析选项设置
EQSLV,SPAR
MXPAND,10,,,0
LUMPM,0 PSTRES,1                        ! 打开预应力开关
ASEL,S,LOC,X,0.2                        ! 筛选右端面上所有节点
NSLA,R,1
```

```
FDELE,P51X,FX                    ! 删除载荷 F1
SOLVE                            ! 有预应力的模态求解
ANTYPE,3                         ! 指定分析类型为谐响应分析
HROPT,MSUP,,,0                   ! 谐响应分析选项设置
HROUT,ON
LUMPM,0
HROPT,MSUP,10,,0
HROUT,ON,OFF,0
NSEL,S,LOC,X,0.15                ! 筛选 3/4L 处的节点
F,P51X,FY,-500/126,              ! 施加载荷 F2
HARFRQ,0,2000,                   ! 设定谐响应分析的频率范围
NSUBST,100,                      ! 设定谐响应分析的求解选项
KBC,1
OUTPR,BASIC ,ALL,
OUTRES,ALL,ALL,
SOLVE                            ! 模态叠加法谐响应计算
```

图 5-26 显示的是考虑预应力 F_1 效果的系统前十阶固有频率，其中金属薄片的第一阶固有频率 f_1 是 140.63Hz，第三阶固有频率 f_3 是 439.68Hz。图 5-27 显示，仅当撞击力 F_2 的频率恰巧为金属薄片的第一阶和第三阶固有频率时，金属薄片的中点才产生 y 向谐响应。

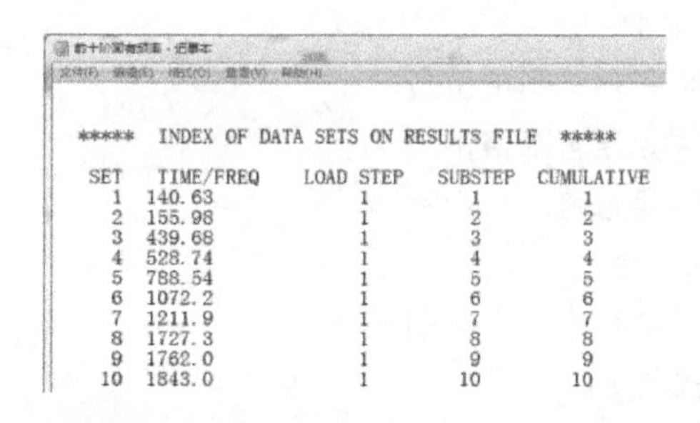

***** INDEX OF DATA SETS ON RESULTS FILE *****

SET	TIME/FREQ	LOAD STEP	SUBSTEP	CUMULATIVE
1	140.63	1	1	1
2	155.98	1	2	2
3	439.68	1	3	3
4	528.74	1	4	4
5	788.54	1	5	5
6	1072.2	1	6	6
7	1211.9	1	7	7
8	1727.3	1	8	8
9	1762.0	1	9	9
10	1843.0	1	10	10

图 5-26

系统前十阶固有频率

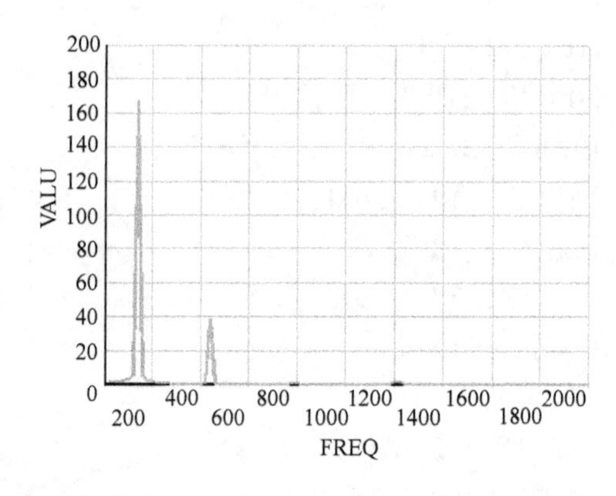

图 5-27

金属薄片中点处的 y 向谐响应

3. 坯料挤压成形

图 5-28a 所示为坯料在模具中的挤压成型示意图。坯料的泊松比 $\nu_1=0.26$，其应力-应变曲线如图 5-28b 所示；模具的弹性模量 $E_2=2.2\times10^{11}\mathrm{Pa}$，$\nu_2=0.3$；坯料与模具之间的摩擦系数为 0.1。求坯料向下挤压 50mm 后，坯料表面的接触应力分布。

该问题属于接触非线性大变形问题。建立几何模型时，根据坯料和模具的轴对称性，选择模型剖面的 1/2，然后旋转成体。命令流如下：

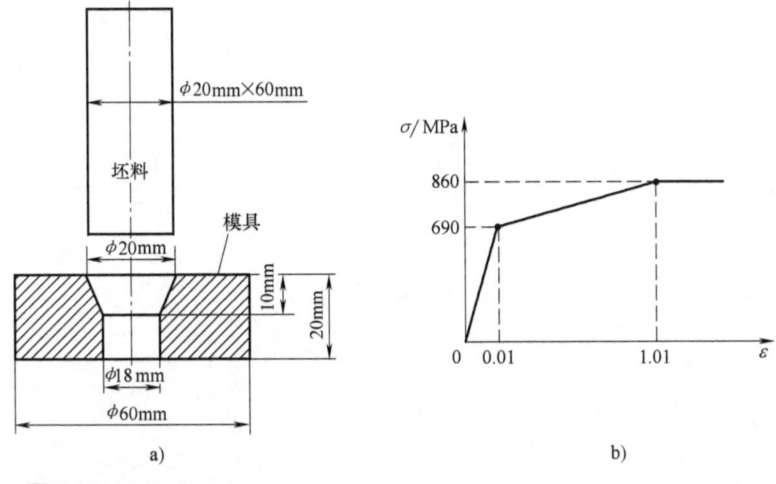

图 5-28

坯料挤压成型示意图

a）坯料与模具的尺寸　b）坯料应力-应变曲线图

```
/FILNAME,EXE_3                    ! 定义工作文件名
/PREP7                            ! 进入前处理器
ET,1,SOLID185                     ! 定义体单元
MP,EX,1,690e6                     ! 设置坯料材料参数
MPDATA,PRXY,1,,.26
TB,MISO,1,1,2,0
TBTEMP,0
TBPT,,.01,690e6
TBPT,,1.01,860e6
MPDATA,EX,2,,2.2e11               ! 设置模具材料参数
MPDATA,PRXY,2,,.3
K,,0.009,0,0,                     ! 定义关键点
K,,0.03,0,0,
K,,0.03,0.02,0,
K,,0.01,0.02,0,
K,,0,0.02,0,
K,,0.009,0.01,0,
K,,0,0.03,0,
K,,0.01,0.03,0,
K,,0.01,0.09,0,
K,,0,0.09,0,
LSTR,2,3                          ! 由关键点生成线段
LSTR,3,4
LSTR,4,5
```

```
LSTR,5,7
LSTR,7,2
LSTR,8,11
LSTR,11,10
LSTR,10,9
LSTR,9,8
LSTR,1,6
FLST,2,4,4                    ! 由线段生成面
FITEM,2,1
FITEM,2,4
FITEM,2,3
FITEM,2,2
AL,P51X
FLST,2,5,4
FITEM,2,5
FITEM,2,9
FITEM,2,8
FITEM,2,7
FITEM,2,6
AL,P51X
TYPE,1                        ! 选择坯料的单元号
MAT,1                         ! 选择坯料的材料号
EXTOPT,ESIZE,5,0,             ! 设置坯料由平面旋转成体的参数
EXTOPT,ACLEAR,1
VROTAT,P51X,,,,,,P51X,,90,
LESIZE,_Y1,,,5,,,,,1          ! 设置坯料的网格划分参数
LESIZE,_Y1,,,20,,,,,1
VSWEEP,_Y1                    ! 对坯料进行扫掠网格划分
TYPE,   1                     ! 选择模具的单元号
MAT,2                         ! 选择模具的材料号
EXTOPT,ESIZE,5,0,             ! 设置模具由平面旋转成体的参数
EXTOPT,ACLEAR,1
VROTAT,P51X,,,,,,P51X,,90,
LESIZE,_Y1,,,5,,,,,1          ! 设置模具的网格划分参数
VSWEEP,_Y1                    ! 对模具进行扫掠网格划分
MP,MU,1,.1                    ! 设置接触参数
MAT,1
MP,EMIS,1,7.88860905221e-031
R,3
```

```
REAL,3
ET,2,170                          ! 生成目标面
ET,3,174                          ! 生成接触面
/SOLU                             ! 进入求解器
ANTYPE,STATIC                     ! 定义求解类型
NLGEOM,ON                         ! 打开大应变选项
AUTOT,ON                          ! 启动自动时间步长选项
TIME,1                            ! 设置迭代终止时间
NSUB,25,200,25                    ! 设置求解步数
DA,P51X,UY,-0.05                  ! 设置坯料上表面 Y 向位移
DA,P51X,UY,0.0                    ! 设置模具下表面 Y 向约束
FITEM,2,1                         ! 设置坯料和模具的对称约束
FITEM,2,-2
FITEM,2,6
FITEM,2,12
DA,P51X,SYMM
SOLVE                             ! 求解
FINISH
```

图 5-29a 显示的是坯料向下挤压 50mm 后，坯料和模具的节点合应力分布图；图 5-29b 显示的是位移终了时刻，坯料表面的摩擦应力分布图。

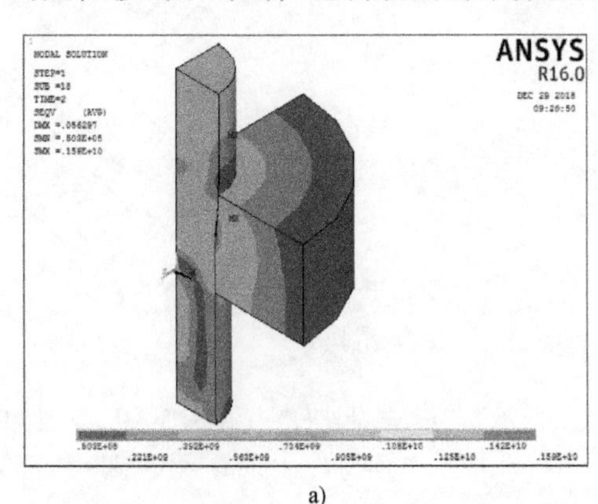

a)

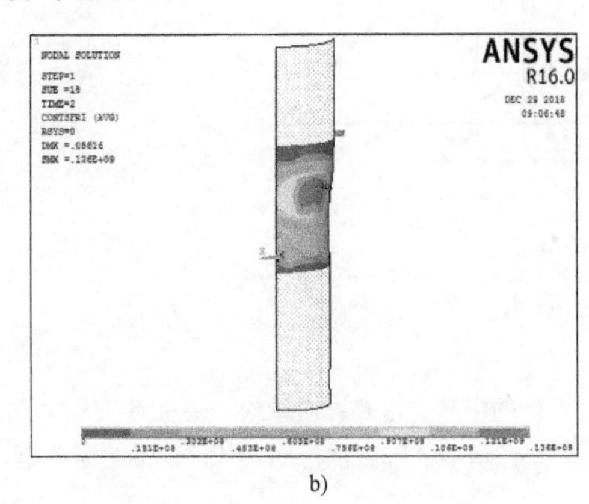

b)

图 5-29

材料挤压结果云图

a）合应力　b）坯料表面的摩擦应力

习题

5-1　有限元法的力学基础、求解方程的原理、实现的方法、技术载体，分别是什么？有限元技术要在设计中发挥作用，与哪些因素有关？

5-2 选择适当的材料定义杆的截面尺寸，设计如图5-30所示的桁架，要求桁架端点的合位移控制在0.025~0.038m。

5-3 图5-31中，带孔平板ABC的点A处作用了一个集中力载荷$P=500\text{N}$，载荷方向与平板垂直。平板弹性模量$E=2.1\times10^{11}\text{Pa}$，泊松比$\nu=0.28$，厚度为0.01m。求带孔平板ABC的变形及应力。

5-4 图5-32中，两段梁以135°夹角固定连接。矩形截面梁的材料参数、截面尺寸以及滑块的质量自行定义。按点B处（梁与滑块的连接点）为固结与铰接两种情况，分别求系统的最低五阶固有频率。

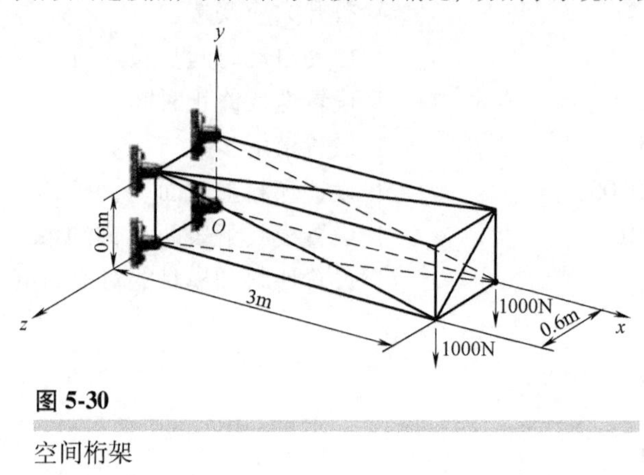

图5-30

空间桁架

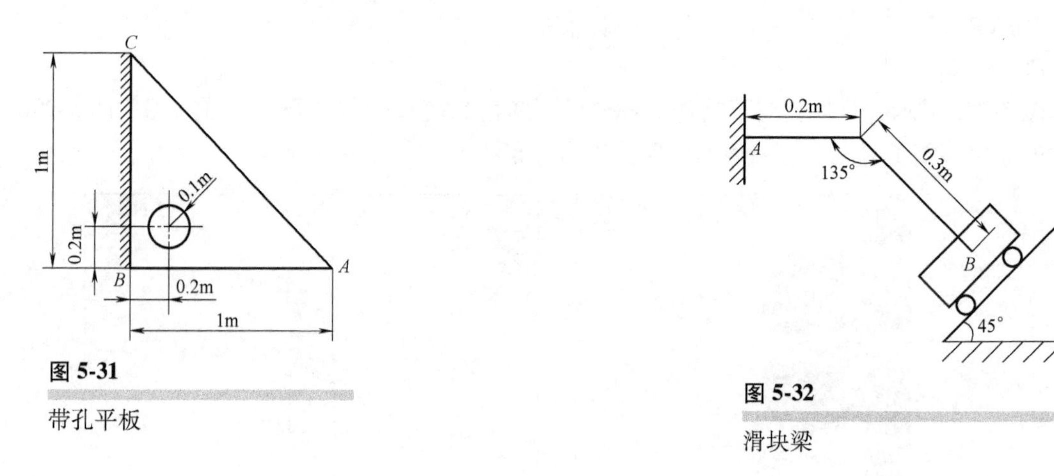

图5-31

带孔平板

图5-32

滑块梁

5-5 梁的中间支撑着一质量块（见图5-33a），质量块上承受动力载荷$F(t)$（见图5-33b）。已知梁的弹性模量$E=2.5\times10^{8}\text{Pa}$，泊松比$\nu=0.3$；梁的惯性矩$I=800.6\text{mm}^4$，截面高$h=18\text{mm}$；梁的长度$l=450\text{mm}$；

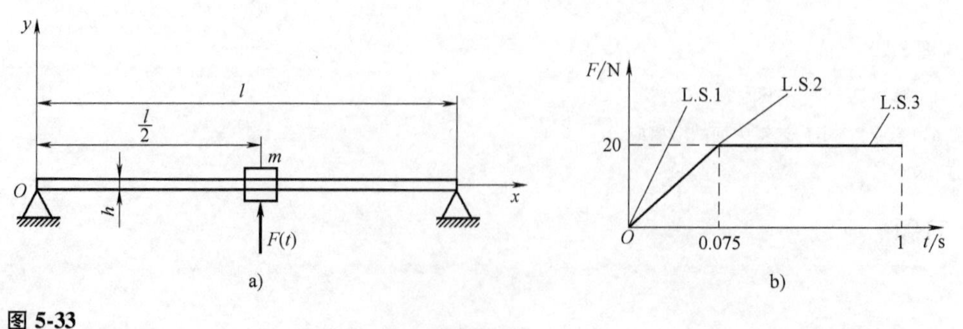

图5-33

梁-质量块系统

a）系统示意图 b）动力载荷

质量块的质量 $m=21.5\text{kg}$，质量阻尼 $\lambda=8$；梁的自重忽略不计。确定最大位移响应时间 $t_{\max}$ 和响应 $y_{\max}$，以及梁的最大弯曲应力。

5-6　一零件，锻造前后的尺寸和外形如图 5-34 所示。已知锻件的弹性模量 $E=9.0\times10^{10}\text{Pa}$，泊松比 $\nu=0.34$；锻件的屈服极限 $\sigma_s=1.8\times10^8\text{Pa}$，切线模量 Tang Mod = 3GPa。为完成锻造任务，确定锻造力。

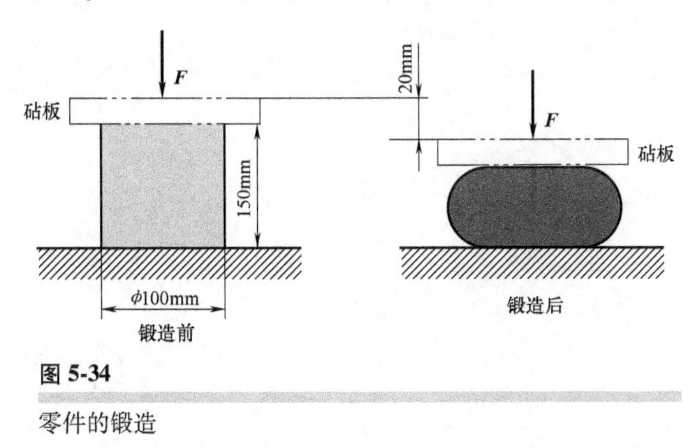

图 5-34

零件的锻造

参考文献

[1]　赵松年，佟杰新，卢秀春．现代设计方法 [M]．北京：机械工业出版社，2007.

[2]　尹飞鸿．有限元法基本原理及应用 [M]．北京：高等教育出版社，2011.

[3]　江见鲸，何放龙，何益斌．有限元法及其应用 [M]．北京：机械工业出版社，2007.

[4]　张洪信，管殿柱．有限元基础理论与 ANSYS 14.0 应用 [M]．北京：机械工业出版社，2014.

[5]　王新敏．ANSYS 结构动力分析与应用 [M]．北京：人民交通出版社，2016.

[6]　刘相新．ANSYS 基础与应用教程 [M]．北京：科学出版社，2006.

[7]　盛和太，喻海良，范训益．ANSYS 有限元原理与工程应用实例大全 [M]．北京：清华大学出版社，2006.

[8]　张朝晖．ANSYS 12.0 结构分析工程应用实例解析 [M]．北京：机械工业出版社，2010.

第6章 机械动态设计

6.1 概述

长期以来普遍采用静态设计方法，所谓静态设计，是指设计机械时，只考虑静载荷和静特性，待产品试制出来以后再做动载荷和动特性测试，发现有不合要求之处，再采取补救措施。这种设计方法可以简称为“静态设计、动态校核”。这种方法对一些局部的枝节问题可能有效，但对于一些涉及全局性的重大问题，即使能补救，也是少慢差费，甚至无法补救，最终造成重大返工事故。

现代机械与设备日益向高效率、高速度、高精度、高承载能力及高度自动化方向发展，而工程结构却向着轻型、精巧方向发展，使得机械动力学问题日益突出并得到迅猛发展；另一方面计算机技术与现代测试、分析设备的迅速发展与完善，也为动力学的发展提供了良好的条件。动力学分析方法也从静力分析发展到动态静力分析，又发展到动力分析和弹性动力分析，考虑的因素越来越多，越来越符合真实客观情况。

对于动态特性起决定性作用的机械，必须在设计、制造、管理各个阶段，采取综合性技术和措施，进行动态特性分析。所谓机械动态特性，是指机械的固有频率、阻尼特性和对应于各阶固有频率的振型，以及机械在动载荷作用下的响应。前者是机械设备在工作条件下振动情况分析的基本要素，后者为机械设备动强度分析提供必要的条件。

动态设计方法已经广泛应用于飞机、汽车和机床等设计中。自从飞机颤振失事引起人们注意之后，避免颤振便成为设计阶段的必要指标。在设计阶段就要包括被动减振措施和主动控振系统的设计。对于汽车、火车，特别是高铁动车，若振动和噪声过大，会影响舒适性并污染环境，因此在设计阶段就要分析车辆的振动情况，即采用动态设计方法。又如，由于弹性的存在，连杆机构实现的运动轨迹会不同于刚体运动学设计的轨迹。这种误差在连杆机构制造完成后就难以消除了，也即静态设计加动态校核也无法解决，若采用弹性动力综合方法设计连杆机构，则可以使考虑弹性变形的连杆曲线逼近期望的轨迹，满足高精度的要求。

动态设计的方法需要对满足传统工作性能要求的初步设计图样或实物进行动力学建模，按此模型得到机械的动态特性，然后对初步设计进行审核；或按给定的动态特性对原设计进行修改；或预测机械结构的改变引起的机械动态特性的变化；这一再设计过程有时需要反复进行，直至最后设计出满意的机械设备。

动态设计的建模方法大体分为两大类，理论建模与试验建模，如图 6-1 所示。前者按机械结构形状不同可采用不同的技巧，因而有多种方法；后者是针对机械实物或模型进行模态试验、分析、建立模态模型。由于篇幅限制，本章仅介绍具有代表意义且应用较多的有限元法和试验建模方法。

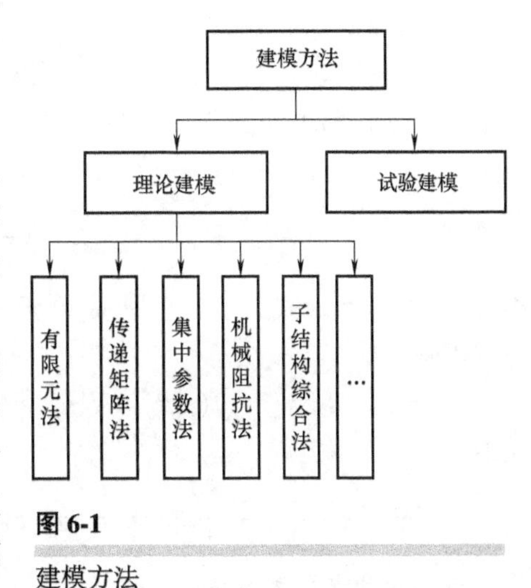

图 6-1
建模方法

6.2 理论建模方法

理论建模方法按照动力学及能量守恒基本原理建立机械设备的理论（或数学）模型，由于篇幅限制，这里仅介绍具有代表意义且应用较多的有限元法。有限元法是一种采用计算机求解数学物理问题的数值解法，在机械结构动力分析中，利用弹性力学有限元法建立结构的动力学模型，进而求出结构的固有频率、相应振型等模态参数及动力响应，在此基础上根据不同需要对机械结构进行动态设计，是目前机械结构动态设计的主要方法。

由于机械系统的精确解仅限于简单的构件形状和边界条件，因此对于大多数实际的工程问题，必须利用近似方法进行求解。各种近似方法求解的共同点是将连续系统用一个有限自由度的系统近似代替。离散后的自由度数目取决于所要求的精度。连续系统的离散化方法大致可分为两类：集中质量法和假设模态法。前者是将连续系统的质量集中到有限个点或截面上；后者是用已知的有限个函数的线性组合来构造连续系统的解。有限元法汲取了集中质量法与假设模态法的优点，将复杂机构分割为有限个单元，其端点为节点，节点的位移为广义坐标，并将单元的质量、刚度集中到节点上。每个单元为弹性体，单元内部各点的位移用节点位移的插值函数表示，这种插值函数实际上就是单元的假设模态，有限元中称为形函数，由于是仅对单元而非整体结构取假设模态，因此其模态函数可取得非常简单，且令各单元模态相同。

6.2.1 单元的运动方程

1. 杆单元

以杆的纵向振动为例，进行分析。

（1）单元质量矩阵与刚度矩阵　将杆划分为多个单元，取出其中一个长度为 l 的单元进行分析，如图 6-2 所示。

以单元两端节点的位移 $u_1(t)$、$u_2(t)$ 为节点坐标，假设 $u(x,\ t)$ 与 $u_1(t)$、$u_2(t)$ 具有简单的线性关系，则位移可表示为

$$u(x,t)=a_0+a_1x=\sum_{i=1}^{2}N_i(x)u_i(t) \tag{6-1}$$

式中，$N_i(x)$ 即单元的假设模态，称为形函数。考虑两个边界条件，$u(0,\ t)=u_1(t)$，$u(l,\ t)=u_2(t)$，可得

$$N_1(x)=1-\frac{x}{l},\ N_2(x)=\frac{x}{l} \tag{6-2}$$

将式（6-2）代入式（6-1），构成单元内部的连续位移场，写成矩阵形式

$$u(x,t)=\boldsymbol{N}^{\mathrm{T}}\boldsymbol{u}_e \tag{6-3}$$

式中，

$$\boldsymbol{N}=\left(1-\frac{x}{l},\ \frac{x}{l}\right)^{\mathrm{T}},\quad \boldsymbol{u}_e=(u_1(t)\ ,u_2(t))^{\mathrm{T}} \tag{6-4}$$

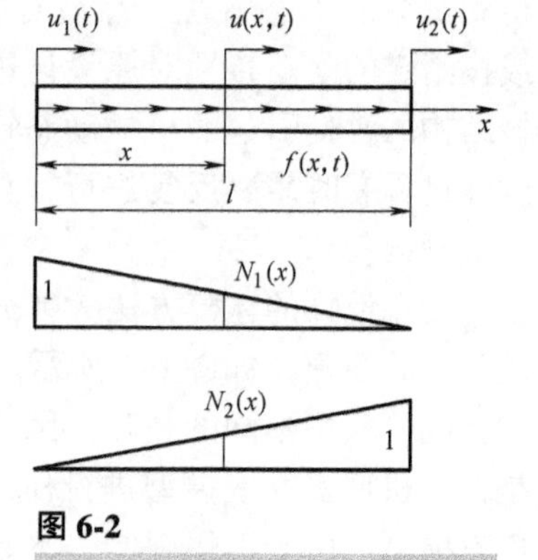

图6-2

杆单元的形函数

单元的动能可表示为

$$T_e=\frac{1}{2}\int_0^l\rho_l\left[\frac{\partial u(x,t)}{\partial t}\right]^2\mathrm{d}x=\frac{1}{2}\dot{\boldsymbol{u}}_e^{\mathrm{T}}\boldsymbol{m}_e\dot{\boldsymbol{u}}_e \tag{6-5}$$

式中，$\boldsymbol{m}_e$ 为单元质量矩阵，且

$$\boldsymbol{m}_e=\int_0^l\rho_l\boldsymbol{N}\boldsymbol{N}^{\mathrm{T}}\mathrm{d}x \tag{6-6}$$

若 ρ_l 为常数，则有

$$\boldsymbol{m}_e=\frac{\rho_l l}{6}\begin{pmatrix}2 & 1\\ 1 & 2\end{pmatrix} \tag{6-7}$$

单元的势能可表示为

$$V_e=\frac{1}{2}\int_0^l ES\left[\frac{\partial u(x,\ t)}{\partial x}\right]^2\mathrm{d}x=\frac{1}{2}\boldsymbol{u}_e^{\mathrm{T}}\boldsymbol{k}_e\boldsymbol{u}_e \tag{6-8}$$

式中，$\boldsymbol{k}_e$ 为单元刚度矩阵，且

$$\boldsymbol{k}_e=\int_0^l ES\boldsymbol{N}'\boldsymbol{N}'^{\mathrm{T}}\mathrm{d}x,\quad \boldsymbol{N}'=\left(-\frac{1}{l},\ \frac{1}{l}\right)^{\mathrm{T}} \tag{6-9}$$

若 ES 为常数，则有

$$\boldsymbol{k}_e=\frac{ES}{l}\begin{pmatrix}1 & -1\\ -1 & 1\end{pmatrix} \tag{6-10}$$

设单元上作用有分布的轴向力 $f(x,\ t)$，计算其虚位移 $\delta u(x,\ t)$ 的虚功，化为作用于节点的集中力

$$\delta W=\int_0^l f(x,\ t)\delta u(x,\ t)\mathrm{d}x=\boldsymbol{F}_e^{\mathrm{T}}\delta\boldsymbol{u}_e \tag{6-11}$$

式中，$\boldsymbol{F}_e$ 为与节点坐标 $\boldsymbol{u}_e$ 对应的单元广义力列阵

$$\boldsymbol{F}_e=\int_0^l f(x,\ t)\boldsymbol{N}\mathrm{d}x \tag{6-12}$$

若轴向力 f 为常数，则有

$$\boldsymbol{F}_e=\frac{fl}{2}(1,\ 1)^{\mathrm{T}} \tag{6-13}$$

（2）全系统的动力学方程　对单元所做的分析结果拓展到总体结构，以变截面杆的纵向振动为例，说明其一般规律，如图 6-3 所示，图 6-4 所示为变截面杆的单元划分。

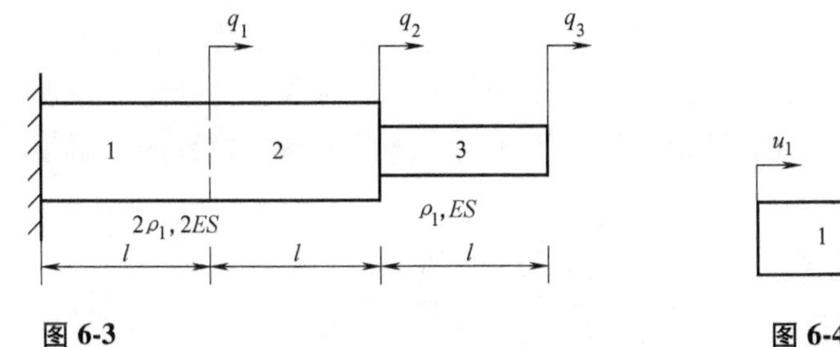

图 6-3

一端固定的变截面杆

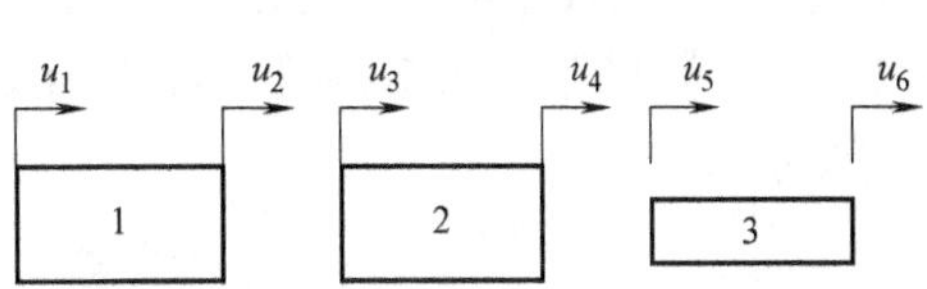

图 6-4

变截面杆单元划分

将杆分为三个单元

$$\boldsymbol{m}_{e1}=\boldsymbol{m}_{e2}=\frac{\rho_l l}{3}\begin{pmatrix}2 & 1\\1 & 2\end{pmatrix},\quad \boldsymbol{m}_{e3}=\frac{\rho_l l}{6}\begin{pmatrix}2 & 1\\1 & 2\end{pmatrix} \tag{6-14}$$

$$\boldsymbol{k}_{e1}=\boldsymbol{k}_{e2}=\frac{2ES}{l}\begin{pmatrix}1 & -1\\-1 & 1\end{pmatrix},\quad \boldsymbol{k}_{e3}=\frac{ES}{l}\begin{pmatrix}1 & -1\\-1 & 1\end{pmatrix} \tag{6-15}$$

各单元节点坐标分别为

$$\boldsymbol{u}_{e1}=(u_1,\ u_2)^{\mathrm{T}},\quad \boldsymbol{u}_{e2}=(u_3,\ u_4)^{\mathrm{T}},\quad \boldsymbol{u}_{e3}=(u_5,\ u_6)^{\mathrm{T}} \tag{6-16}$$

表示为全体节点的坐标列阵

$$\boldsymbol{U}=(\boldsymbol{u}_{e1}^{\mathrm{T}},\ \boldsymbol{u}_{e2}^{\mathrm{T}},\ \boldsymbol{u}_{e3}^{\mathrm{T}})^{\mathrm{T}}=(u_1,\ u_2,\ u_3,\ u_4,\ u_5,\ u_6)^{\mathrm{T}} \tag{6-17}$$

各节点坐标之间存在如下约束条件：

$$u_1=0,\quad u_2=u_3,\quad u_4=u_5 \tag{6-18}$$

因此，六个节点坐标仅有三个独立变量。定义独立节点坐标为广义坐标，记为 q_i（i=1，2，3），且

$$q_1=u_2=u_3,\quad q_2=u_4=u_5,\quad q_3=u_6 \tag{6-19}$$

令

$$\boldsymbol{q}=(q_1,\ q_2,\ q_3)^{\mathrm{T}} \tag{6-20}$$

则节点坐标与广义坐标之间的关系为

$$\boldsymbol{U}=\boldsymbol{\beta}\boldsymbol{q},\quad \boldsymbol{\beta}=\begin{pmatrix}0 & 1 & 1 & 0 & 0 & 0\\0 & 0 & 0 & 1 & 1 & 0\\0 & 0 & 0 & 0 & 0 & 1\end{pmatrix}^{\mathrm{T}} \tag{6-21}$$

利用式（6-14）和式（6-17），将动能表示为广义速度的形式

$$T=\frac{1}{2}\sum_{i=1}^{3}\dot{\boldsymbol{u}}_{ei}^{\mathrm{T}}\boldsymbol{m}_{ei}\dot{\boldsymbol{u}}_{ei}=\frac{1}{2}\dot{\boldsymbol{U}}^{\mathrm{T}}\widetilde{\boldsymbol{M}}\dot{\boldsymbol{U}} \tag{6-22}$$

式中，

$$\widetilde{\boldsymbol{M}}=\begin{pmatrix}\boldsymbol{m}_{e1} & 0 & 0\\0 & \boldsymbol{m}_{e2} & 0\\0 & 0 & \boldsymbol{m}_{e3}\end{pmatrix} \tag{6-23}$$

利用式（6-21）将动能变换为

$$T=\frac{1}{2}\dot{\boldsymbol{q}}^{\mathrm{T}}\boldsymbol{M}\dot{\boldsymbol{q}} \tag{6-24}$$

式中，$\boldsymbol{M}=\boldsymbol{\beta}^{\mathrm{T}}\widetilde{\boldsymbol{M}}\boldsymbol{\beta}$ 为全系统质量矩阵。实际计算时 $\boldsymbol{M}$ 可直接由单元质量矩阵组合而成，而不必利用 β 做低效率的矩阵运算。组合的方法是将 $\boldsymbol{m}_{e1}$、$\boldsymbol{m}_{e2}$ 和 $\boldsymbol{m}_{e3}$ 的各个元素统一按照 q_i（$i=1, 2, 3$）的下标重新编号，放入与编号相对应的行和列。然后将各个位置的元素相加即可得到矩阵 M。

$$\boldsymbol{M}=\frac{\rho_l l}{6}\begin{pmatrix}4+4 & 2 & 0\\ 2 & 4+2 & 1\\ 0 & 1 & 2\end{pmatrix}=\frac{\rho_l l}{6}\begin{pmatrix}8 & 2 & 0\\ 2 & 6 & 1\\ 0 & 1 & 2\end{pmatrix} \tag{6-25}$$

类似地，导出全系统的势能公式

$$V=\frac{1}{2}\sum_{i=1}^{3}\boldsymbol{V}_{ei}=\frac{1}{2}\sum_{i=1}^{3}\boldsymbol{u}_{ei}^{\mathrm{T}}\boldsymbol{k}_{ei}\boldsymbol{u}_{ei}=\frac{1}{2}\boldsymbol{U}^{\mathrm{T}}\widetilde{\boldsymbol{K}}\boldsymbol{U} \tag{6-26}$$

式中，

$$\widetilde{\boldsymbol{K}}=\begin{pmatrix}\boldsymbol{k}_{e1} & 0 & 0\\ 0 & \boldsymbol{k}_{e2} & 0\\ 0 & 0 & \boldsymbol{k}_{e3}\end{pmatrix} \tag{6-27}$$

用广义坐标表示为

$$V=\frac{1}{2}\boldsymbol{q}^{\mathrm{T}}\boldsymbol{K}\boldsymbol{q} \tag{6-28}$$

式中，$\boldsymbol{K}=\boldsymbol{\beta}^{\mathrm{T}}\widetilde{\boldsymbol{K}}\boldsymbol{\beta}$ 为全系统刚度矩阵，其计算方法与矩阵 $\boldsymbol{M}$ 类似，直接从单元刚度阵 $\boldsymbol{k}_{ei}$（$i=1, 2, 3$）组合而成。

$$\boldsymbol{K}=\frac{ES}{l}\begin{pmatrix}2+2 & -2 & 0\\ -2 & 2+1 & -1\\ 0 & -1 & 1\end{pmatrix}=\frac{ES}{l}\begin{pmatrix}4 & -2 & 0\\ -2 & 3 & -1\\ 0 & -1 & 1\end{pmatrix} \tag{6-29}$$

当杆上作用常力 f 时，利用式（6-13）计算广义力

$$\boldsymbol{F}=(\boldsymbol{F}_{e1}^{\mathrm{T}}, \boldsymbol{F}_{e2}^{\mathrm{T}}, \boldsymbol{F}_{e3}^{\mathrm{T}})^{\mathrm{T}},\quad \boldsymbol{F}_{e1}^{\mathrm{T}}=\boldsymbol{F}_{e2}^{\mathrm{T}}=\boldsymbol{F}_{e3}^{\mathrm{T}}=\frac{fl}{2}(1,1)^{\mathrm{T}} \tag{6-30}$$

作用力的总虚功为

$$\delta W=\boldsymbol{F}^{\mathrm{T}}\delta\boldsymbol{U}=\boldsymbol{Q}^{\mathrm{T}}\delta\boldsymbol{q} \tag{6-31}$$

式中，$\boldsymbol{Q}$ 为与广义坐标 $\boldsymbol{q}$ 对应的广义力

$$\boldsymbol{Q}=\boldsymbol{\beta}^{\mathrm{T}}\boldsymbol{F} \tag{6-32}$$

实际计算时，也可将广义力按坐标重新组合成矩阵

$$\boldsymbol{Q}=\frac{fl}{2}(1+1,\ 1+1,\ 1)^{\mathrm{T}}=\frac{fl}{2}(2,\ 2,\ 1)^{\mathrm{T}} \tag{6-33}$$

将式（6-24）、式（6-28）和式（6-33）代入拉格朗日方程，得到广义坐标表示的全动力学方程

$$\boldsymbol{M}\ddot{\boldsymbol{q}}+\boldsymbol{K}\boldsymbol{q}=\boldsymbol{Q} \tag{6-34}$$

2. 梁单元

以梁的横向振动为例，进行分析。

（1）单元质量矩阵与刚度矩阵　将梁划分为多个单元，取出其中一个长度为 l 的单元进行分析，如图 6-5 所示。

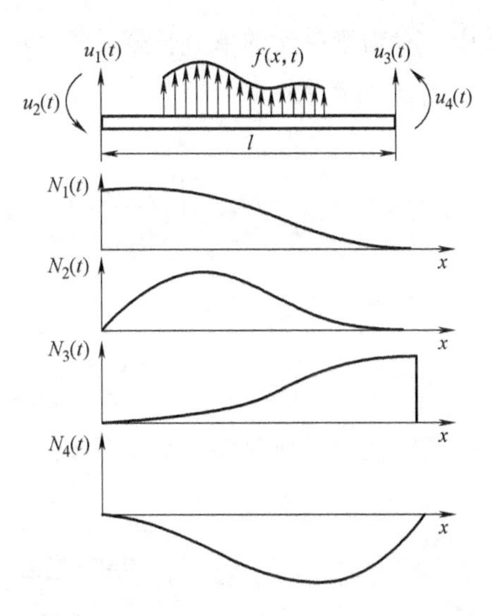

图 6-5

梁单元的形函数

以单元两端节点的横向位移 $u_1(t)$、$u_3(t)$ 和转角 $u_2(t)$、$u_4(t)$ 为节点坐标，令

$$\boldsymbol{u}_e=(u_1,\ u_2,\ u_3,\ u_4)^{\mathrm{T}} \tag{6-35}$$

将横向位移写作

$$y(x,\ t)=\sum_{i=1}^{4}N_i(x)u_i(t) \tag{6-36}$$

式中，$N_i(x)$（$i=1,\ 2,\ 3,\ 4$）为梁单元的形函数，梁在静态下受集中载荷作用时的挠度曲线为三次曲线，因而横向振动梁单元的形函数至少取三次多项式，其有四个待定系数，可由四个边界条件得出。

$$u(x,\ t)=a_0+a_1x+a_2x^2+a_3x^3(i=1,\ 2,\ 3,\ 4) \tag{6-37}$$

形函数应该满足以下边界条件：

$$\begin{cases} u(0,\ t)=u_1(t) \\ \dfrac{\partial u}{\partial x}(0,\ t)=u_2(t) \\ u(l,\ t)=u_3(t) \\ \dfrac{\partial u}{\partial x}(l,\ t)=u_4(t) \end{cases} \tag{6-38}$$

考虑式（6-36），可得形函数为

$$\begin{cases} N_1(x)=1-\dfrac{3x^2}{l^2}+\dfrac{2x^3}{l^3} \\ N_2(x)=x-\dfrac{2x^2}{l}+\dfrac{x^3}{l^2} \\ N_3(x)=\dfrac{3x^2}{l^2}-\dfrac{2x^3}{l^3} \\ N_4(x)=-\dfrac{x^2}{l}+\dfrac{x^3}{l^2} \end{cases} \tag{6-39}$$

将式（6-39）代入式（6-36），引入列阵 $\boldsymbol{N}=(N_i)$ 得

$$y(x,\ t)=\boldsymbol{N}^{\mathrm{T}}\boldsymbol{u}_e \tag{6-40}$$

计算梁单元的动能

$$T_e=\frac{1}{2}\int_0^l\rho_l\left[\frac{\partial y(x,\ t)}{\partial t}\right]^2\mathrm{d}x=\frac{1}{2}\dot{\boldsymbol{u}}_e^{\mathrm{T}}\boldsymbol{m}_e\dot{\boldsymbol{u}}_e \tag{6-41}$$

式中，ρ_l 为梁单元的单位长度质量；$\boldsymbol{m}_e$ 为单元质量矩阵。

当 ρ_l 为常数时，

$$\boldsymbol{m}_e=\int_0^l \rho_l \boldsymbol{N}\boldsymbol{N}^{\mathrm{T}}\mathrm{d}x=\frac{\rho_l l}{420}\begin{pmatrix}156 & 22l & 54 & -13l\\ 22l & 4l^2 & 13l & -3l^2\\ 54 & 13l & 156 & -22l\\ -13l & -3l^2 & -22l & 4l^2\end{pmatrix} \tag{6-42}$$

计算梁的势能

$$V_e=\frac{1}{2}\int_0^l EI\left(\frac{\partial^2 y}{\partial x^2}\right)^2\mathrm{d}x=\frac{1}{2}\boldsymbol{u}_e^{\mathrm{T}}\boldsymbol{k}_e\boldsymbol{u}_e \tag{6-43}$$

式中，$\boldsymbol{k}_e$ 为单元刚度矩阵。EI 为梁的抗弯刚度，若 EI 为常数，则

$$\boldsymbol{k}_e=\int_0^l EI\boldsymbol{N}''\boldsymbol{N}''^{\mathrm{T}}\mathrm{d}x=\frac{2EI}{l^3}\begin{pmatrix}6 & 3l & -6 & 3l\\ 3l & 2l^2 & -3l & l^2\\ -6 & -3l & 6 & -3l\\ 3l & l^2 & -3l & 2l^2\end{pmatrix} \tag{6-44}$$

设梁上作用有横向分布力，则虚功为

$$\delta W=\int_0^l f(x,\ t)\delta y(x,\ t)\mathrm{d}x=\boldsymbol{F}_e^{\mathrm{T}}\delta\boldsymbol{u}_e \tag{6-45}$$

式中，$\boldsymbol{F}_e$ 为与节点坐标$\boldsymbol{u}_e$ 对应的单元广义力列阵，且

$$\boldsymbol{F}_e=\int_0^l f(x,\ t)\boldsymbol{N}(x)\mathrm{d}x \tag{6-46}$$

对于均布载荷，则有

$$\boldsymbol{F}_e=\frac{fl}{2}\left(1,\ \frac{l}{6},\ 1,\ -\frac{l}{6}\right)^{\mathrm{T}} \tag{6-47}$$

（2）全系统的动力学方程　对单元所做的分析结果拓展到总体结构，以变截面悬臂梁的横向振动为例，说明其一般规律。将梁按不同截面划分为两个单元，如图 6-6 和图 6-7 所示。则单元的质量矩阵和刚度矩阵分别为

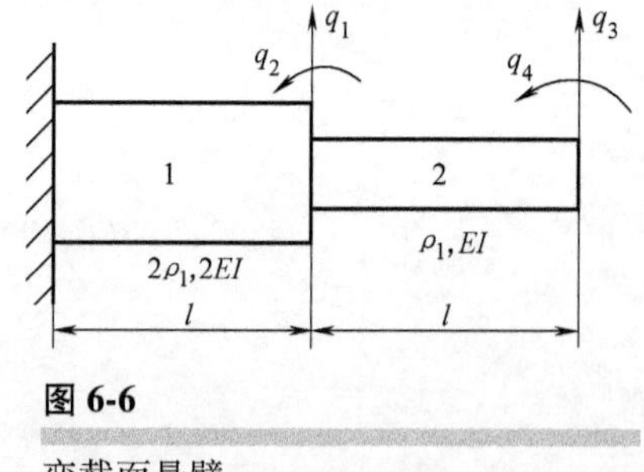

图 6-6

变截面悬臂

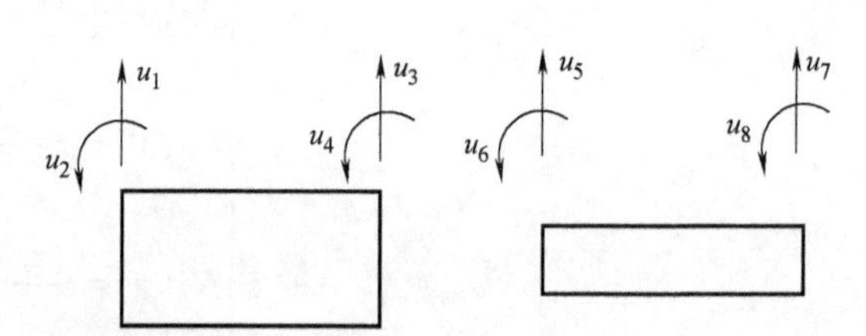

图 6-7

变截面梁的单元划分图

$$\boldsymbol{m}_{e1}=2\boldsymbol{m}_{e2}=\frac{\rho_l l}{210}\begin{pmatrix}156 & 22l & 54 & -13l\\ 22l & 4l^2 & 13l & -3l^2\\ 54 & 13l & 156 & -22l\\ -13l & -3l^2 & -22l & 4l^2\end{pmatrix} \tag{6-48}$$

$$\boldsymbol{k}_{e1}=2\boldsymbol{k}_{e2}=\frac{4EI}{l^3}\begin{pmatrix}6 & 3l & -6 & 3l\\ 3l & 2l^2 & -3l & l^2\\ -6 & -3l & 6 & -3l\\ 3l & l^2 & -3l & 2l^2\end{pmatrix} \tag{6-49}$$

全部节点的坐标列阵 $\boldsymbol{U}$ 由各单元的节点坐标$\boldsymbol{u}_{e1}$ 和$\boldsymbol{u}_{e2}$ 组成

$$\boldsymbol{U}=(\boldsymbol{u}_{e1}^{\mathrm{T}},\ \boldsymbol{u}_{e2}^{\mathrm{T}})^{\mathrm{T}}=(u_1,\ u_2,\ \cdots,\ u_8)^{\mathrm{T}} \tag{6-50}$$

各节点坐标之间存在如下约束条件：

$$u_1=u_2=0,\quad u_3=u_5,\quad u_4=u_6 \tag{6-51}$$

因此，八个节点坐标仅有四个独立变量。定义独立节点坐标为广义坐标，记为 q_i（$i=1,2,3,4$）。

$$q_1=u_3=u_5,\quad q_2=u_4=u_6,\quad q_3=u_7,\quad q_4=u_8 \tag{6-52}$$

全系统质量矩阵 $\boldsymbol{M}$ 和全系统刚度矩阵 $\boldsymbol{K}$ 分别为

$$\boldsymbol{M}=\frac{\rho_l l}{420}\begin{pmatrix}312+156 & -44l+22l & 54 & -13l\\ -44l+22l & 8l^2+4l^2 & 13l & -3l^2\\ 54 & 13l & 156 & -22l\\ -13l & -3l^2 & -22l & 4l^2\end{pmatrix}=\frac{\rho_l l}{420}\begin{pmatrix}468 & -22l & 54 & -13l\\ -22l & 12l^2 & 13l & -3l^2\\ 54 & 13l & 156 & -22l\\ -13l & -3l^2 & -22l & 4l^2\end{pmatrix} \tag{6-53}$$

$$\boldsymbol{K}=\frac{2EI}{l^3}\begin{pmatrix}12+6 & -6l+3l & -6 & 3l\\ -6l+3l & 4l^2+2l^2 & -3l & l^2\\ -6 & -3l & 6 & -3l\\ 3l & l^2 & -3l & 2l^2\end{pmatrix}=\frac{2EI}{l^3}\begin{pmatrix}18 & -3l & -6 & 3l\\ -3l & 6l^2 & -3l & l^2\\ -6 & -3l & 6 & -3l\\ 3l & l^2 & -3l & 2l^2\end{pmatrix} \tag{6-54}$$

设梁上作用有简谐变化的均匀载荷 $f(x,\ t)=f_0\sin\omega t$，可利用式（6-47）将两个梁单元的广义力组合为系统的广义力，得

$$\boldsymbol{F}=(\boldsymbol{F}_{e1}^{\mathrm{T}},\ \boldsymbol{F}_{e2}^{\mathrm{T}})^{\mathrm{T}},\quad \boldsymbol{F}_{e1}=\boldsymbol{F}_{e2}=\left(1,\ \frac{l}{6},\ 1,\ -\frac{l}{6}\right)^{\mathrm{T}}\frac{f_0 l}{2}\sin\omega t \tag{6-55}$$

作用力的总虚功为

$$\delta W=\boldsymbol{F}^{\mathrm{T}}\delta\boldsymbol{U}=\boldsymbol{Q}^{\mathrm{T}}\delta\boldsymbol{q} \tag{6-56}$$

$$\boldsymbol{Q}=\left(1+1,\ -\frac{l}{6}+\frac{l}{6},\ 1,\ -\frac{l}{6}\right)^{\mathrm{T}}\frac{f_0 l}{2}\sin\omega t=\left(2,\ 0,\ 1,\ -\frac{l}{6}\right)^{\mathrm{T}}\frac{f_0 l}{2}\sin\omega t \tag{6-57}$$

得到广义坐标表示的全动力学方程

$$\boldsymbol{M}\ddot{\boldsymbol{q}}+\boldsymbol{K}\boldsymbol{q}=\boldsymbol{Q} \tag{6-58}$$

6.2.2 坐标系与坐标变换

前文全动力学方程建立过程中，整体坐标系与单元的局部坐标一致，因此不涉及坐标方向问题。事实上，局部坐标系往往与整体坐标系不同，如图 6-8 杆③和杆⑦，因此在组集之前必须将各单元在局部坐标系下的动力学方程，经坐标变换转变成在整体坐标系下的动力学方程。

图中 OXY 为整体坐标系，oxy 为局部坐标系，夹角为 α，两个坐标系的变换关系为

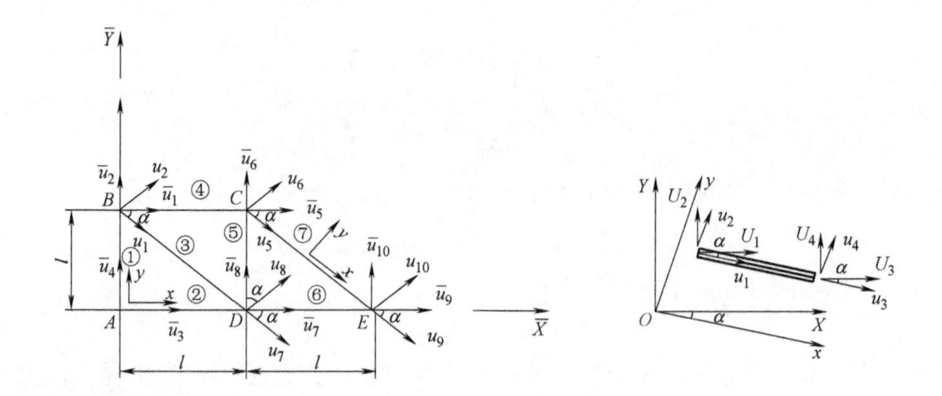

图 6-8

坐标变换

$$\begin{pmatrix} x \\ y \end{pmatrix} = \begin{pmatrix} \cos\alpha & -\sin\alpha \\ \sin\alpha & \cos\alpha \end{pmatrix} \begin{pmatrix} X \\ Y \end{pmatrix} \tag{6-59}$$

式中，$\boldsymbol{\phi}=\begin{pmatrix} \cos\alpha & -\sin\alpha \\ \sin\alpha & \cos\alpha \end{pmatrix}$为坐标变换矩阵。

同理，节点位移可以表示为

$$\begin{pmatrix} u_1 \\ u_2 \end{pmatrix} = \boldsymbol{\phi} \begin{pmatrix} U_1 \\ U_2 \end{pmatrix}, \quad \begin{pmatrix} u_3 \\ u_4 \end{pmatrix} = \boldsymbol{\phi} \begin{pmatrix} U_3 \\ U_4 \end{pmatrix} \tag{6-60}$$

合并表达为

$$\begin{pmatrix} u_1 \\ u_2 \\ u_3 \\ u_4 \end{pmatrix} = \begin{pmatrix} \boldsymbol{\phi} & 0 \\ 0 & \boldsymbol{\phi} \end{pmatrix} \begin{pmatrix} U_1 \\ U_2 \\ U_3 \\ U_4 \end{pmatrix} \tag{6-61}$$

式中，$\boldsymbol{\Phi}=\begin{pmatrix} \boldsymbol{\phi} & 0 \\ 0 & \boldsymbol{\phi} \end{pmatrix}$为单元全部节点位移的变换矩阵，为一正规正交矩阵，有 $\boldsymbol{\Phi}^{-1}=\boldsymbol{\Phi}^{\mathrm{T}}$，可将式（6-61）整理为

$$\boldsymbol{u}_e=\boldsymbol{\Phi}\boldsymbol{U}_e \tag{6-62}$$

由式（6-5）、式（6-8）和式（6-11），局部坐标系的动能、势能和虚功表达式分别为

$$\boldsymbol{T}_e=\frac{1}{2}\dot{\boldsymbol{u}}_e^{\mathrm{T}}\boldsymbol{m}_e\dot{\boldsymbol{u}}_e,\ \boldsymbol{V}_e=\frac{1}{2}\boldsymbol{u}_e^{\mathrm{T}}\boldsymbol{k}_e\boldsymbol{u}_e,\ \delta W=\boldsymbol{F}_e^{\mathrm{T}}\delta\boldsymbol{u}_e \tag{6-63}$$

将式（6-62）代入式（6-63），可得

$$\boldsymbol{T}_{\mathrm{e}}=\frac{1}{2}\dot{\boldsymbol{U}}_e^{\mathrm{T}}\boldsymbol{\Phi}^{\mathrm{T}}\boldsymbol{m}_e\boldsymbol{\Phi}\dot{\boldsymbol{U}}_e,\quad \boldsymbol{V}_e=\frac{1}{2}\boldsymbol{U}_e^{\mathrm{T}}\boldsymbol{\Phi}^{\mathrm{T}}\boldsymbol{k}_e\boldsymbol{\Phi}\boldsymbol{U}_e,\quad \delta W=\boldsymbol{F}_e^{\mathrm{T}}\boldsymbol{\Phi}\delta\boldsymbol{U}_e \tag{6-64}$$

令

$$\boldsymbol{M}_e=\boldsymbol{\Phi}^{\mathrm{T}}\boldsymbol{m}_e\boldsymbol{\Phi},\quad \boldsymbol{K}_e=\boldsymbol{\Phi}^{\mathrm{T}}\boldsymbol{k}_e\boldsymbol{\Phi},\quad \boldsymbol{P}_e^{\mathrm{T}}=\boldsymbol{F}_e^{\mathrm{T}}\boldsymbol{\Phi} \tag{6-65}$$

则

$$\boldsymbol{T}_e=\frac{1}{2}\dot{\boldsymbol{U}}_e^{\mathrm{T}}\boldsymbol{M}_e\dot{\boldsymbol{U}}_e,\quad \boldsymbol{V}_e=\frac{1}{2}\boldsymbol{U}_e^{\mathrm{T}}\boldsymbol{K}_e\boldsymbol{U}_e,\quad \delta W=\boldsymbol{P}_e^{\mathrm{T}}\delta\boldsymbol{U}_e \tag{6-66}$$

6.2.3　特征值问题的求解

有限元动力学方程的特征值问题与多自由度振动系统动力学方程的特征值问题是一样的。一般来说，求解机械结构的固有频率和振型时可不计阻尼的作用。在无外载荷作用下，经边界约束处理后的动力学方程具有如下形式：

$$\boldsymbol{M}\ddot{\boldsymbol{U}}+\boldsymbol{K}\boldsymbol{U}=\boldsymbol{0} \tag{6-67}$$

式中，$\boldsymbol{M}$、$\boldsymbol{K}$ 为结构有限元模型的总体质量矩阵和刚度矩阵；$\boldsymbol{U}$、$\ddot{\boldsymbol{U}}$ 为节点位移和加速度。对于无阻尼自由振动方程，可设其具有简谐形式的解，即

$$\boldsymbol{U}=\boldsymbol{\Psi}\sin(\omega t+\alpha) \tag{6-68}$$

式中，ω 为圆频率；α 为初相角；$\boldsymbol{\Psi}$ 为与时间无关的非零位移矢量。将式（6-68）代入式（6-67），经整理得

$$(\boldsymbol{K}-\lambda\boldsymbol{M})\boldsymbol{\Psi}=\boldsymbol{0} \tag{6-69}$$

式中，$\lambda=\omega^2$。式（6-69）就是结构动力分析中广义特征值问题。

对于一个经有限元离散后的具有 n 个自由度的机械结构来说，满足式（6-69）的一组解称为结构的一个特征对（λ_i，$\boldsymbol{\Psi}_i$），其中 λ_i 称为结构的特征值，$\omega_i=\sqrt{\lambda_i}$ 称为固有频率，与 λ_i 对应的非零位移矢量称为特征矢量 $\boldsymbol{\Psi}_i$，其物理意义反映了结构在按固有频率 ω_i 做振动时的空间形态，故又称为振型矢量或模态。不难看出，结构的固有频率与振型仅取决于其质量和刚度分布，而与外载荷无关，因此可以用来表征结构的固有动态特性。

研究结构特征值问题的核心就是求解满足式（6-69）的全部或部分特征对，以确定结构的频率和振型。求解方法可大致分两类：一类是矢量迭代法，包括逐阶矢量正迭代法、逆迭代法、同时迭代法、子空间迭代法；另一类是用矩阵变换技术求解，包括雅可比法、广义雅可比法。前一类用于求解大型稀疏矩阵的部分低阶特征值问题，后一类用于求解中、小型稠密矩阵的完全特征值问题。

求解结构在给定动载荷下的动态响应时，可用将时间离散后直接逐步数值积分的数值解法、也可用振型矩阵作为变换矩阵进行模态分解，在模态空间中原方程转化为非耦合的单自由度振动方程，求解后经叠加并返回到物理空间得到动态响应。

6.2.4　应用实例

1. 实例

图 6-9 所示为一做扭转振动的轴单元，求质量矩阵和刚度矩阵。

两端面的扭转角分别为 u_1、u_2，两端面转矩分别为 f_1、f_2，J_l 为单位长度的转动惯量，G、I_0 分别为切变模量与截面极惯性矩。以 $u(x,t)$ 表示在截面 x 处的扭转角。

与杆单元类似，以单元两端节点的位移 $u_1(t)$、$u_2(t)$ 为节点坐标，假设 $u(x,t)$ 与 $u_1(t)$、$u_2(t)$ 具有简单的线性关系，则位移可表示为

$$u(x,t)=a_0+a_1x=\sum_{i=1}^{2}N_i(x)u_i(t) \tag{6-70}$$

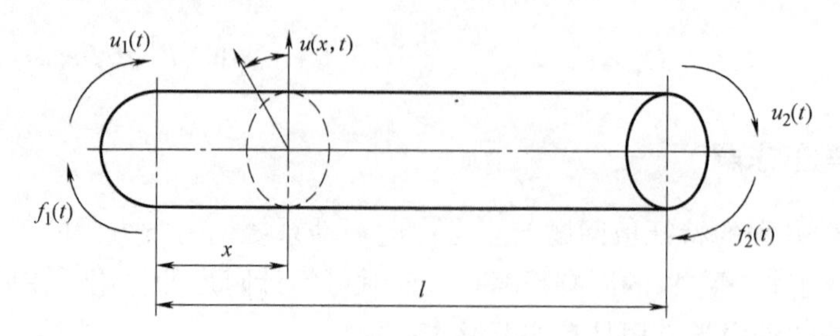

图 6-9

扭振的轴单元

式中，$N_i(x)$ 为形函数。考虑两个边界条件，$u(0,\ t)=u_1(t)$，$u(l,\ t)=u_2(t)$，可得

$$N_1(x)=1-\frac{x}{l},\ N_2(x)=\frac{x}{l} \tag{6-71}$$

将式（6-71）代入式（6-70），构成单元内部的连续位移场，写成矩阵形式

$$u(x,\ t)=\boldsymbol{N}^{\mathrm{T}}\boldsymbol{u}_e \tag{6-72}$$

式中，

$$\boldsymbol{N}=\left(1-\frac{x}{l},\ \frac{x}{l}\right)^{\mathrm{T}},\ \boldsymbol{u}_e=[u_1(t),u_2(t)]^{\mathrm{T}} \tag{6-73}$$

单元的动能可表示为

$$\boldsymbol{T}_e=\frac{1}{2}\int_0^l J_l\left[\frac{\partial u(x,\ t)}{\partial t}\right]^2\mathrm{d}x=\frac{1}{2}\dot{\boldsymbol{u}}_e^{\mathrm{T}}\boldsymbol{J}_e\dot{\boldsymbol{u}}_e \tag{6-74}$$

式中，$\boldsymbol{J}_e$ 为单元质量矩阵，且

$$\boldsymbol{J}_e=\int_0^l J_l\boldsymbol{N}\boldsymbol{N}^{\mathrm{T}}\mathrm{d}x \tag{6-75}$$

若 J_l 为常数，则有

$$\boldsymbol{J}_e=\frac{J_l l}{6}\begin{pmatrix}2 & 1\\ 1 & 2\end{pmatrix} \tag{6-76}$$

单元的势能可表示为

$$\boldsymbol{V}_e=\frac{1}{2}\int_0^l GI_0\left[\frac{\partial u(x,\ t)}{\partial x}\right]^2\mathrm{d}x=\frac{1}{2}\boldsymbol{u}_e^{\mathrm{T}}\boldsymbol{k}_e\boldsymbol{u}_e \tag{6-77}$$

式中，$\boldsymbol{k}_e$ 为单元刚度矩阵，且

$$\boldsymbol{k}_e=\int_0^l GI_0\boldsymbol{N}'\boldsymbol{N}'^{\mathrm{T}}\mathrm{d}x,\qquad \boldsymbol{N}'=\left(-\frac{1}{l},\ \frac{1}{l}\right)^{\mathrm{T}} \tag{6-78}$$

若 GI_0 为常数，则有

$$\boldsymbol{k}_e=\frac{GI_0}{l}\begin{pmatrix}1 & -1\\ -1 & 1\end{pmatrix} \tag{6-79}$$

求得刚度矩阵$\boldsymbol{k}_e$ 和质量矩阵$\boldsymbol{J}_e$ 之后，可利用式（6-67）和式（6-69）计算出固有频率及振型。

2. 标准直齿轮轮齿固有频率分析

对不同材料制造的齿轮轮齿的固有频率进行比较，并对不同模数的轮齿的固有频率进行比较。

因渐开线直齿轮轮齿的齿形沿齿宽方向不变，且齿形自身具有对称的特点，可将齿轮按平面应力问题进行分析。

齿轮如图 6-10 所示，齿廓的 *AB*、*JK* 段为渐开线，*BC*、*IJ* 为齿根过渡曲线，对滚刀加工的齿轮为延伸渐开线的等距线，齿顶 *AK* 距齿根 *CD*、*HI* 的距离为一个标准齿高。由于相邻轮齿的变形对轮齿啮合接触状态具有一定影响，将齿轮模型的固定边界取为 *DEFGH*，模型具体尺寸为 $DE=GH=1.5m$，$EF=FG=2.2m$，其中 m 为齿轮的模数。

轮齿模型单元网格划分如图 6-11 所示，节点总数为 493，单元总数为 465，采用曲线边界的等参单元。

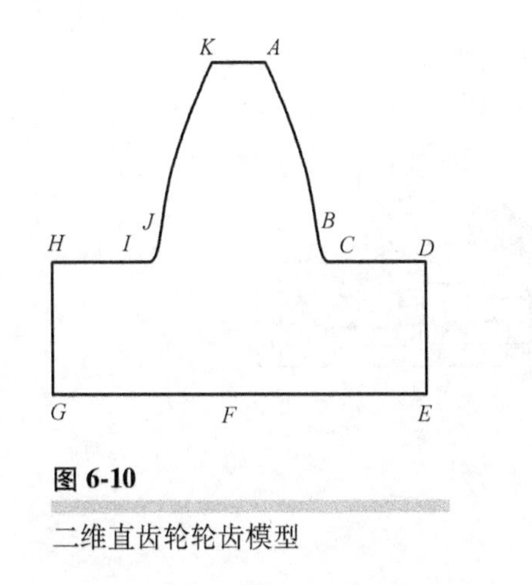

图 6-10

二维直齿轮轮齿模型

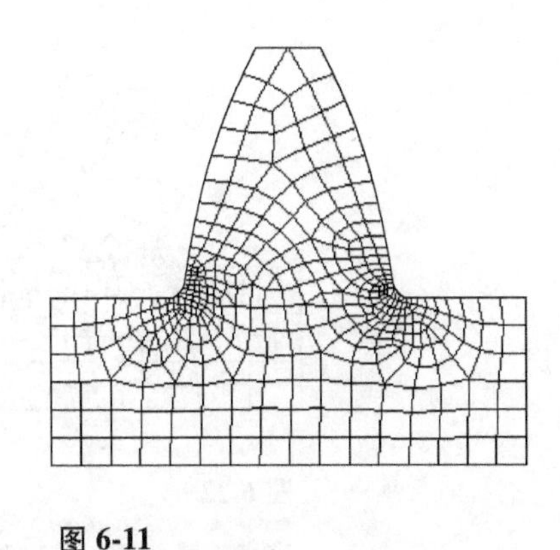

图 6-11

直齿轮的有限元网格划分

采用 ANSYS 软件，计算了齿轮 $z=30$，模数 $m=2.5$mm 的钢制齿轮和涤纶制造的齿轮的最低四阶固有频率，齿轮参数如表 6-1 所示。

表 6-1　**齿轮参数**

材料	齿数	模数/mm	弹性模量 E/GPa	材料密度 ρ/(N/m³)	泊松比
钢制齿轮	30	2.5	195	75 244	0.3
涤纶 500			2.41	13 818	0.38

计算出的各阶固有频率如表 6-2 所示。

表 6-2　**不同材料齿轮轮齿的各阶固有频率**　（单位：Hz）

	振型阶次			
	1	2	3	4
钢制齿轮	0.781×10^5	1.631×10^5	2.023×10^5	3.401×10^5
涤纶 500	0.2410×10^5	0.4428×10^5	0.5198×10^5	0.8585×10^5

各阶固有频率对应的阵型如图 6-12 所示，其中第一、三、四阶阵型是轮齿的横向振动，第二阶阵型是轮齿的纵向振动。

表 6-3 是齿数 $z=30$ 的不同模数的钢制轮齿的最低阶固有频率，由表可以看出，轮齿的

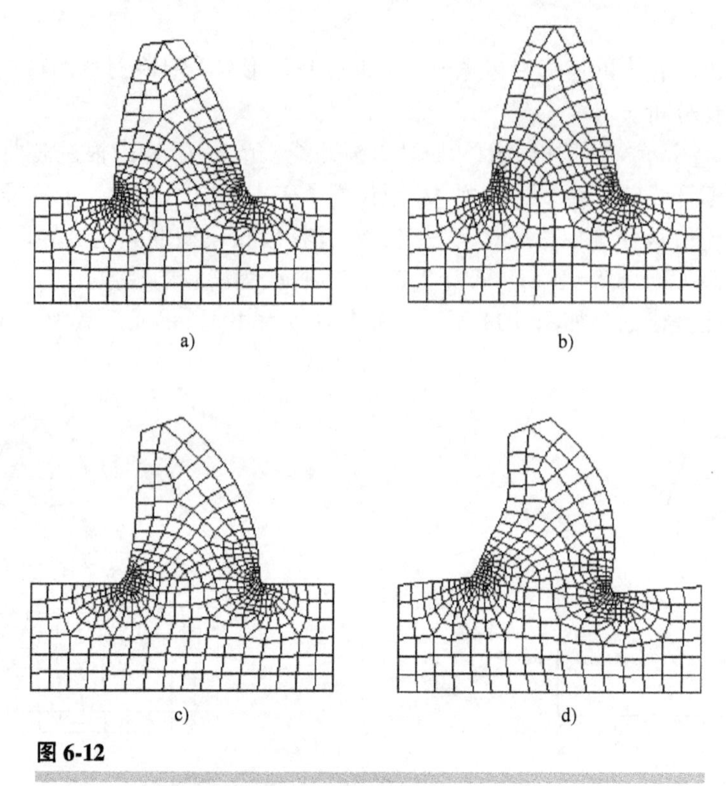

图 6-12

直齿轮最低四阶固有频率的模态分析

a）振型1 b）振型2 c）振型3 d）振型4

固有频率随轮齿模数的增加而减少。

表 6-3 不同模数的钢制轮齿的最低阶固有频率

齿轮模数/mm	1	2.5	3	5
一阶固有频率/Hz	1.97×10^5	7.81×10^4	6.51×10^4	3.94×10^4

6.3 试验建模方法

建立一个与实际结构动力特性完全符合的数学模型是很困难的。由于实际工程问题极其复杂，结构系统往往由众多零部件装配而成，存在着各种结合面如螺栓连接和滑动面连接，其边界条件及刚度和阻尼特性在计算时往往难于预先确定，以致建立的模型与实际状态差异甚大。为此，发展了试验建模方法。这一方法在结构上或模型上选择有限个试验点，在一点或多点进行激励，在所有试验点测量输出响应，得到由全部试验点组成的试验结构的传递函数（频率响应函数），经过对测量数据的分析和处理，得到结构的模型参数，建成代表结构动态特性的离散数学模型。这种模型能较准确地描述实际系统，分析结果也较可靠，因而在工程界得到了广泛的应用。

试验模态分析建模技术起源于“共振试验和机械阻抗法”，曾用来测量航空结构的固有频率和阻尼值。随着振动测试和信号分析技术的发展，特别是传递函数分析仪的问世，机械阻抗技术被引用到工程实际中来。由于计算机的飞速发展，使快速傅里叶变换（FFT）得以实现，出现了模态分析仪器设备，促进了模态分析技术的迅速发展。试验模态分析涉及众多的学科知识，如振动理论、测试技术、信号的采集和处理，以及特定机械结构的动力学知识等。

6.3.1 机械阻抗与频响函数

任何线性振动系统在确定的激励（输入）作用下，就有确定的振动响应（输出）。这种关系可用机械阻抗的概念来描述。如图 6-13 所示，一个稳定的、定常的线性系统，在简谐力 $f(t)$ 的作用下，其稳态响应 $x(t)$ 必定也是同频率的简谐振动，若 $f(t)=F_0\sin(\omega t+\alpha_1)$，$x(t)=X_0\sin(\omega t+\alpha_2)$，于是幅值比$\dfrac{F_0}{X_0}$和相位差（$\alpha_1-\alpha_2$）两个量确定了系统的动态特性，称为机械阻抗数据或频率响应数据。

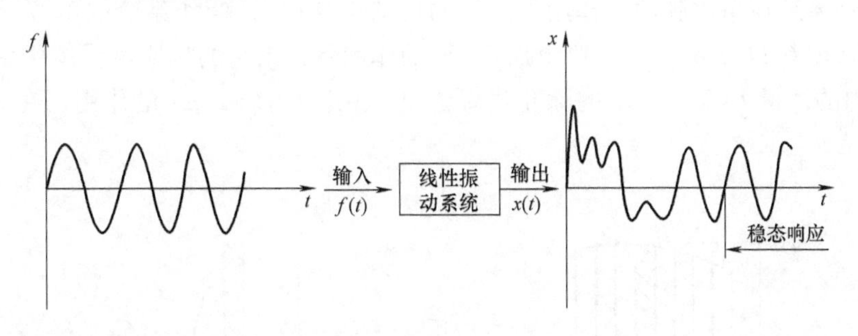

图 6-13

线性振动系统在简谐力作用下的响应

机械阻抗等于简谐激振力与其引起的稳态响应的复数比，以 Z 表示，即

$$Z=\frac{f(t)}{x(t)}=\frac{F_0e^{i(\omega t+\alpha_1)}}{X_0e^{i(\omega t+\alpha_2)}}=\frac{F_0}{X_0}e^{i(\alpha_1-\alpha_2)} \tag{6-80}$$

这里简谐函数用指数函数表示，其中

$$|Z|=\frac{F_0}{X_0},\ \angle Z=\alpha_1-\alpha_2 \tag{6-81}$$

式中，$|Z|$为幅值的绝对值；$\angle Z$ 为相角。

机械阻抗的倒数为传递函数，即

$$H=\frac{x(t)}{f(t)}=\frac{X_0}{F_0}e^{i(\alpha_2-\alpha_1)}$$

$$|H|=\frac{X_0}{F_0},\ \angle H=\alpha_2-\alpha_1 \tag{6-82}$$

式中，$|H|$为幅值绝对值；$\angle H$ 为相角。

若输入的激励为时间 t 的非周期函数，可对时间域的激励和响应分别进行拉普拉斯变换和傅里叶变换，称为广义机械阻抗，且

$$Z(s)=\frac{L[f(t)]}{L[x(t)]}=\frac{F(s)}{X(s)} \tag{6-83}$$

广义导纳（传递函数）

$$H(s)=\frac{X(s)}{F(s)} \tag{6-84}$$

当拉普拉斯算子 $s=\sigma+\mathrm{i}\omega$ 中 $\sigma=0$，$s=\mathrm{i}\omega$ 时，便成为傅里叶变换

$$Z(\mathrm{i}\omega)=\frac{F[f(t)]}{F[x(t)]}=\frac{F(\mathrm{i}\omega)}{X(\mathrm{i}\omega)} \tag{6-85}$$

$$H(\mathrm{i}\omega)=\frac{X(\mathrm{i}\omega)}{F(\mathrm{i}\omega)} \tag{6-86}$$

式（6-86）是式（6-84）传递函数的特例，称为频率响应函数。为表示方便 $H(\mathrm{i}\omega)$，常写成 $H(\omega)$。

线性振动系统在单位脉冲力作用下产生的瞬态响应 $h(t)$ 叫作系统的单位脉冲响应或称为权函数。如图6-14所示，在一般激励 $f(\tau)$ 的作用下，系统的响应可看作一系列作用在时间间隔 $\Delta\tau$ 内的冲量 $I=f(\tau)\Delta\tau$ 的脉冲载荷叠加。由于 $I=f(\tau)\Delta\tau$ 的作用，在时刻 t（$t>\tau$）引起的响应为

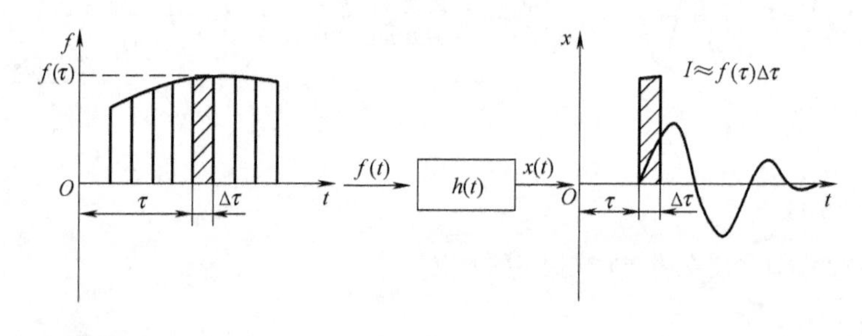

图 6-14

系统对任意激励的响应

$$\Delta x(t)=f(\tau)\Delta\tau h(t-\tau) \tag{6-87}$$

由于系统是线性的，叠加原理成立，即

$$x(t)=\sum f(\tau)\Delta\tau h(t-\tau) \tag{6-88}$$

当 $\Delta\tau\to 0$ 时，脉冲载荷系列变为一般激振力，于是有

$$x(t)=\int_0^t f(\tau)h(t-\tau)\mathrm{d}\tau \tag{6-89}$$

令 $\tau'=t-\tau$，则式（6-89）可改写为

$$x(t)=\int_0^t f(t-\tau')h(\tau')\mathrm{d}\tau' \tag{6-90}$$

或写成

$$x(t)=h(t)*f(t) \tag{6-91}$$

已知

$$H(s)=\frac{X(s)}{F(s)} \tag{6-92a}$$

当 $$f(t)=\delta(t)$$

时，式（6-91）中的响应 $x(t)$ 就是该系统的权函数 $h(t)$，因此相对于式（6-92a）有

$$H(s)=\frac{L[h(t)]}{L[\delta(t)]}=L[h(t)] \tag{6-92b}$$

由式（6-92b），得 $$h(t)=L^{-1}[H(s)]$$

用 LT 表示拉普拉斯变换，ILT 表示拉普拉斯逆变换，则

$$H(s)\underset{\text{ILT}}{\overset{\text{LT}}{\rightleftarrows}}h(t)$$

系统的权函数、机械阻抗和广义机械阻抗（频率响应函数）在数学上是等价的，可相互转化，三种函数分别在时间域、频率域和拉普拉斯域描述了三种不同形式的输入、输出关系，它们所包含的系统有关的信息，如 m、k 和 c 也相同。因此，可根据具体情况，为试验模态分析提供各种可能的试验测量方法。

6.3.2　振动系统频率响应函数图示法

实际上，较为广泛地用频率响应函数描述振动系统的特性，为了直观和试验模态分析建模的方便，常用图示法表示频率响应函数。现以单自由度振动系统加以说明，其振动方程经拉普拉斯变换后为

$$(ms^2+cs+k)X(s)=F(s) \tag{6-93}$$

并有传递函数

$$H(s)=\frac{X(s)}{F(s)}=\frac{1}{ms^2+cs+k} \tag{6-94}$$

对于稳态振动用 $s=\mathrm{i}\omega$ 代入式（6-91），有

$$H(\omega)=\frac{1}{-\omega^2 m+\mathrm{i}\omega c+k} \tag{6-95}$$

图示方法有以下三种形式：

（1）幅频和相频特性曲线　对于多自由度系统，有多个固有频率，故横坐标不宜再用频率比 λ。由式（6-95）重新写出其绝对值。

$$|H(\omega)|=\frac{1}{k}\frac{1}{\sqrt{\left[1-\left(\frac{\omega}{\omega_\mathrm{n}}\right)^2\right]^2+\left(\frac{2\xi\omega}{\omega_\mathrm{n}}\right)^2}} \tag{6-96}$$

阻尼比

$$\xi=\frac{c}{2\sqrt{mk}} \tag{6-97}$$

当 $\omega=\omega_\mathrm{n}\sqrt{1-2\xi^2}$ 时有最大幅值

$$|H(\omega)|_{\max}=\frac{1}{2k\xi\sqrt{1-\xi^2}} \tag{6-98}$$

相角的表达式

$$\alpha(\omega)=\angle H(\omega)=\arctan\frac{\omega c}{-\omega^2 m+k}=\arctan\frac{2\xi\omega_\mathrm{n}\omega}{\omega_\mathrm{n}^2-\omega^2} \tag{6-99}$$

式中，$\omega_{\mathrm{n}}^{2}=\frac{k}{m}$。幅频和相频特性曲线合在一组图中如图 6-15 所示。

（2）实频和虚频曲线　在稳态振动中，可将频率响应函数转化为频率响应函数的实部和虚部。

由式（6-95）得频率响应函数的实部和虚部分别为

$$\begin{aligned}\mathrm{Re}[H(\omega)]&=\frac{-m\omega^{2}+k}{(-m\omega^{2}+k)^{2}+(\omega c)^{2}}=\frac{1}{m}\frac{\omega_{\mathrm{n}}^{2}-\omega^{2}}{(\omega_{\mathrm{n}}^{2}-\omega^{2})^{2}+4\xi^{2}\omega_{\mathrm{n}}^{2}\omega^{2}}\\&=\frac{1}{k}\frac{\omega_{\mathrm{n}}^{2}(\omega_{\mathrm{n}}^{2}-\omega^{2})}{(\omega_{\mathrm{n}}^{2}-\omega^{2})^{2}+4\xi^{2}\omega_{\mathrm{n}}^{2}\omega^{2}}\end{aligned}\tag{6-100}$$

$$\begin{aligned}\mathrm{Im}[H(\omega)]&=\frac{-\omega c}{(-m\omega^{2}+k)^{2}+(\omega c)^{2}}=\frac{1}{m}\frac{-2\xi\omega_{\mathrm{n}}\omega}{(\omega_{\mathrm{n}}^{2}-\omega^{2})^{2}+4\xi^{2}\omega_{\mathrm{n}}^{2}\omega^{2}}\\&=\frac{1}{k}\frac{-2\xi\omega_{\mathrm{n}}^{2}\omega}{(\omega_{\mathrm{n}}^{2}-\omega^{2})^{2}+4\xi^{2}\omega_{\mathrm{n}}^{2}\omega^{2}}\end{aligned}\tag{6-101}$$

图 6-16 所示为实频和虚频曲线，图中标出了曲线的极值频率及其相应的实部和虚部幅值。

（3）奈奎斯特图（或矢量图）　把图 6-15 的幅频和相频曲线或图 6-16 的实频和虚频曲

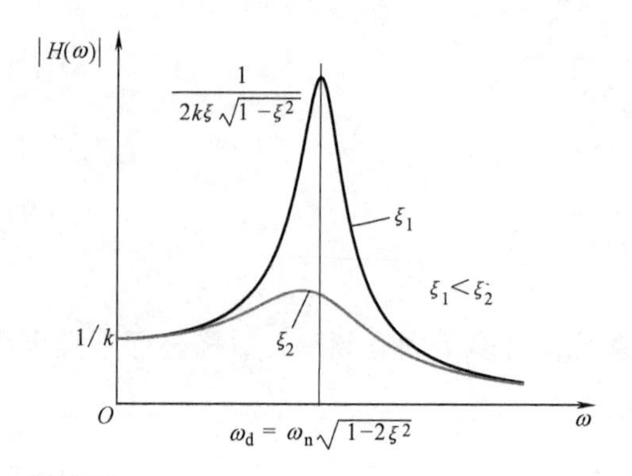

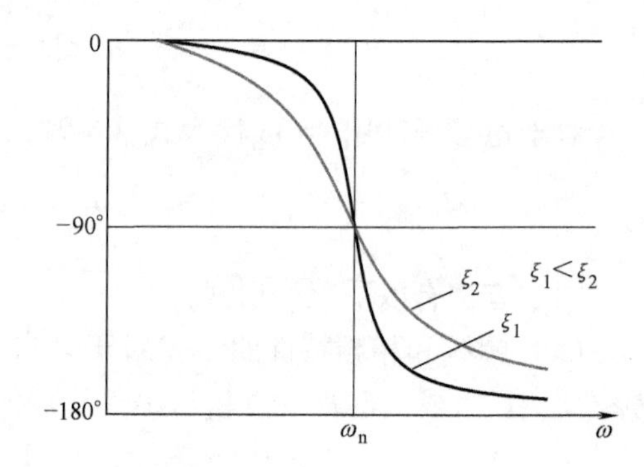

图 6-15

单自由度幅频和相频特性曲线

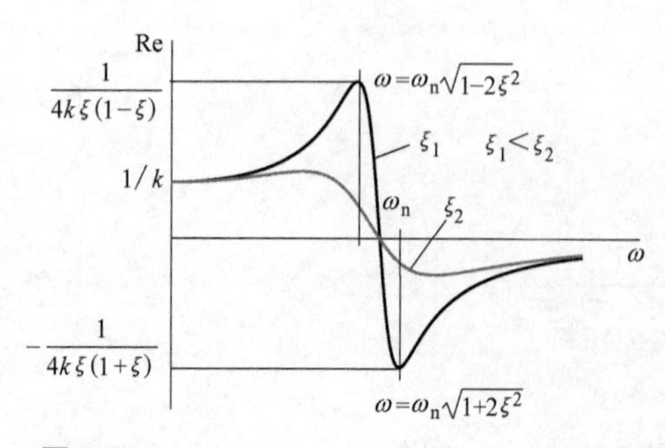

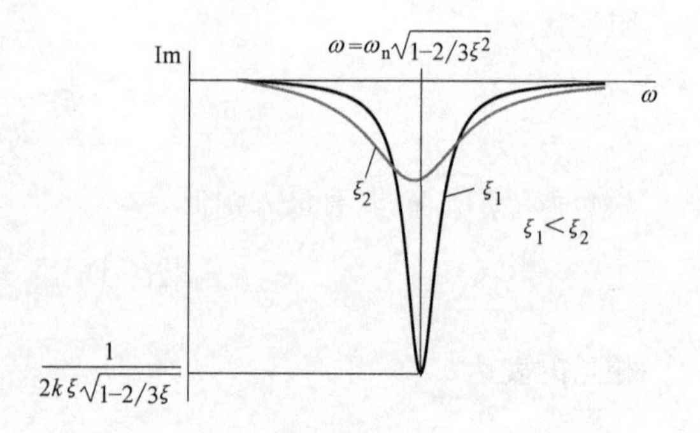

图 6-16

实频和虚频曲线

线合起来，在复平面上用图 6-17 所示的幅相频率曲线，即奈奎斯特图表示，对应于一个阻尼比 ξ，就有一条形状近似为圆的曲线，ξ 越小，曲线越接近于圆。

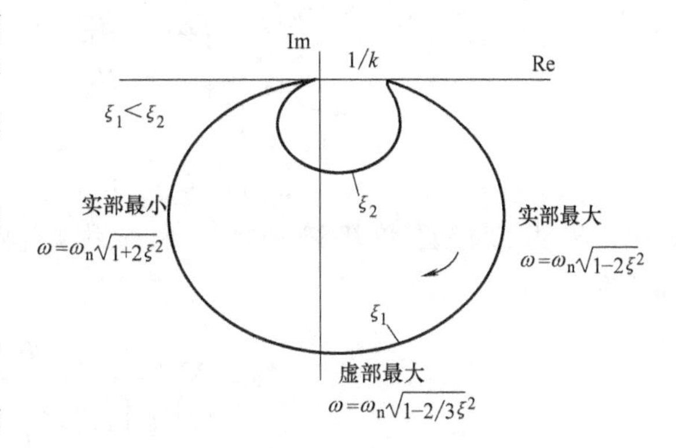

图 6-17
奈奎斯特图

以上三种曲线，都可从图上求得阻尼比的近似值为

$$\xi=\frac{\omega_2-\omega_1}{2\omega_n} \tag{6-102}$$

上面所介绍的是已知单自由度系统的质量 m、刚度 k 和阻尼 c，求系统的频率响应函数 $H(\omega)$，自然可以想到，当用试验的方法测量出如图 6-15 和图 6-16 所示的曲线，便可得到系统如式（6-96）~式（6-101）的数学模型。

6.3.3 传递函数测量的模态分析

机械结构上各点对外力的响应都可表示由固有频率和振动模态等模态参数组成的各阶振动模态的叠加，所以，求出系统的各阶模态参数，其数学模型就确定了。

考虑比例阻尼的情况，其动力学方程为

$$\boldsymbol{m}\ddot{\boldsymbol{x}}+\boldsymbol{c}\dot{\boldsymbol{x}}+\boldsymbol{k}\boldsymbol{x}=\boldsymbol{f} \tag{6-103}$$

式中，阻尼矩阵 $\boldsymbol{c}=\alpha\boldsymbol{m}+\beta\boldsymbol{k}$，$\alpha$、$\beta$ 为比例常数。

$$\boldsymbol{X}=\sum_{r=1}^{n}\frac{\boldsymbol{\Psi}_r\boldsymbol{\Psi}_r^{\mathrm{T}}\boldsymbol{F}}{k_r\left[1-\left(\dfrac{\omega}{\omega_r}\right)^2+\mathrm{i}2\xi_r\dfrac{\omega}{\omega_r}\right]} \tag{6-104}$$

式（6-104）是物理坐标系和振动模态坐标系变换的重要关系式，即结构上各点的振动 $\boldsymbol{X}$ 可表示为各振动模态 m_r、k_r、ω_r、ξ_r 和 $\boldsymbol{\Psi}_r$ 的组合，这就是模态叠加原理，这些参数称为模态参数。

把式（6-104）改写为 p 点激励，l 点测量响应的传递函数形式

$$H_{\alpha\beta}=\frac{X_l}{F_p}=\sum_{r=1}^{n}\frac{\Psi_{pr}\Psi_{lr}}{k_r\left[1-\left(\dfrac{\omega}{\omega_r}\right)^2+\mathrm{i}2\xi_r\dfrac{\omega}{\omega_r}\right]} \tag{6-105}$$

若外力 $\boldsymbol{F}=(F_1,\ F_2,\ \cdots,\ F_n)^{\mathrm{T}}$ 激励，对每两个 X_i（$i=1,\ 2,\ \cdots,\ n$）有 $X_i=H_{ij}(\omega)F_i$，根据线性叠加原理，在 n 个外力作用下 i 点的响应（简记 $H_{ij}(\omega)=H_{ij}$）

$$X_i=H_{i1}F_1+H_{i2}F_2+\cdots+H_{in}F_n=(H_{i1},\ H_{i2},\ \cdots,\ H_{in})\begin{pmatrix}F_1\\F_2\\\vdots\\F_n\end{pmatrix} \tag{6-106}$$

于是

$$\boldsymbol{x}=\begin{pmatrix}x_1\\x_2\\\vdots\\x_n\end{pmatrix}=\begin{pmatrix}H_{11}&H_{12}&\cdots&H_{1n}\\H_{21}&H_{22}&\cdots&H_{2n}\\\vdots&\vdots&&\vdots\\H_{n1}&H_{n2}&\cdots&H_{nn}\end{pmatrix}\begin{pmatrix}F_1\\F_2\\\vdots\\F_n\end{pmatrix}=\boldsymbol{HF} \tag{6-107}$$

式中，$\boldsymbol{H}$ 为传递函数矩阵，是一个对称矩阵，即 $H_{ij}=H_{ji}$。对比式（6-104）和式（6-105），有

$$\boldsymbol{H}=\sum_{r=1}^{n}\frac{\boldsymbol{\Psi}_r\boldsymbol{\Psi}_r^{\mathrm{T}}}{k_r\left[1-\left(\frac{\omega}{\omega_r}\right)^2+\mathrm{i}2\xi_r\left(\frac{\omega}{\omega_r}\right)\right]} \tag{6-108}$$

式（6-108）清楚地表示出传递函数矩阵和各模态参数之间的关系。从中观察传递函数矩阵中任一列或任一行，均包含了相同的各阶模态参数。任一行传递函数的表达式为

$$(H_{i1},\ H_{i2},\ \cdots,\ H_{in})=\sum_{r=1}^{n}\frac{\Psi_{ir}}{k_r\left[1-\left(\frac{\omega}{\omega_r}\right)^2+\mathrm{i}2\xi_r\left(\frac{\omega}{\omega_r}\right)\right]}(\Psi_{1r},\ \Psi_{2r},\ \cdots,\ \Psi_{nr}) \tag{6-109}$$

由式（6-109）可见，用任一行（或任一列）传递函数能得到全部模态参数信息。对于任一行传递函数，可在各个点激励，并在任一点测量其响应来得到；而对任一列传递函数，可在任一点激励，分别在各点测量其响应。这就给试验带来极大方便，根据实际情况，测取任一行（或任一列）传递函数，便可求解出所需的全部模态参数。

6.3.4　不同激励方式的选用

1）激励点固定，响应测点移动，测量 $\boldsymbol{H}$ 中的一列，适用于应用电动振动台进行各种类型信号输入激励，如图6-18所示。

2）激励点移动，响应测点固定，测量 $\boldsymbol{H}$ 中的一行，适用于应用冲击力锤进行脉冲瞬态激励，如图6-19所示。

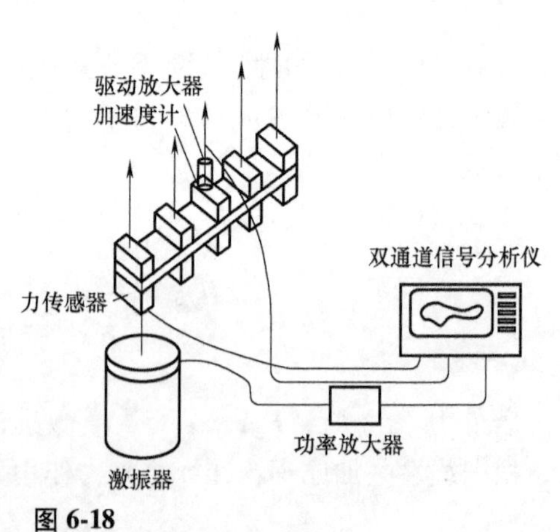

图6-18

激励点固定，响应测点移动

6.3.5　实模态和复模态的参数识别

实模态假定结构的阻尼为零，或假定阻尼矩阵与质量矩阵或刚度矩阵成比例。复模态指阻尼较大且不与质量或刚度矩阵成比例，或模态密集。在工程中选用实模态有一定的精度。

（1）曲线拟合　用传递函数矩阵 $\boldsymbol{H}$ 的理论表达式去拟合实验得到的 $\boldsymbol{H}$，可以针对某单个测量进行拟合，识别其频率、阻尼等参数，也可针对全部测量进行整体拟合，后者拟合效果好。

（2）参数识别　直接读数法是利用图6-15，振幅最大时固有频率 ω_{n}，取最大振幅 $H_{\max}$ 的 $1/\sqrt{2}$ 作频率坐标轴的平行线，令其与幅频曲线的交点为 ω_1 和 ω_2，则由

$$\xi=\frac{\omega_2-\omega_1}{2\omega_n} \tag{6-110}$$

和

$$|H|_{max}=\frac{1}{2k\xi} \tag{6-111}$$

求出 ξ 和 k，再由 ω_n 和 k 求出 m。在幅频特性曲线上，共振峰值变化较为平缓，难以精确地测定 ω_n，故求出的模态参数精度较差。

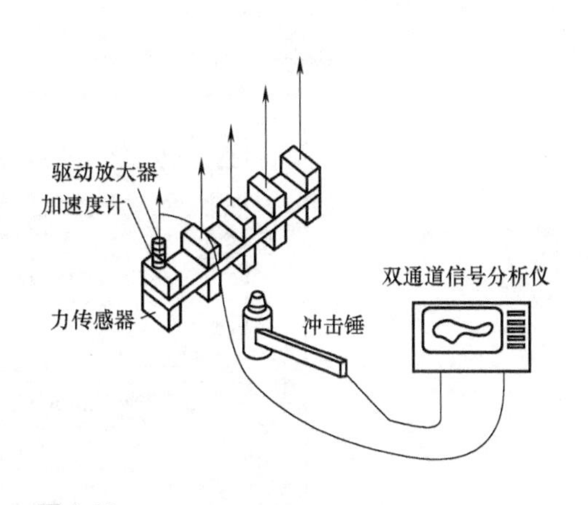

图 6-19

激励点移动，响应测点固定

6.3.6　应用实例

如图 6-20 所示，分析对象为一钢板，尺寸为 1000mm × 347mm × 5mm，弹性模量 $E=2\times10^{11}$ Pa，密度 $\rho=7850\text{kg/m}^3$，要求通过试验模态分析获得构件的模态参数，试验系统工作原理如图 6-21 所示。

图 6-20

试验系统图

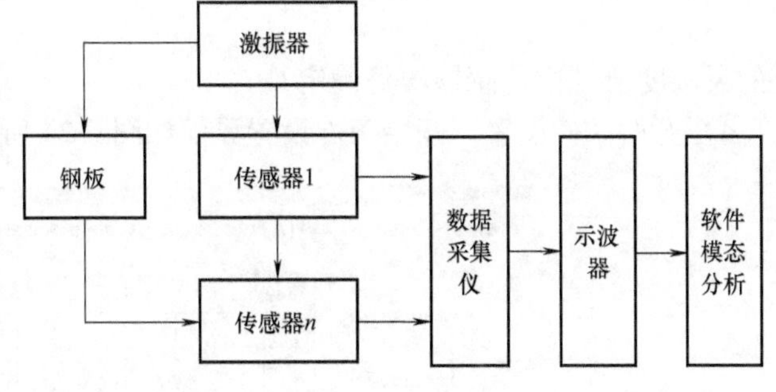

图 6-21

试验系统工作原理

测试步骤如下：

1）布置测点。钢板上有 15 个测点，在第 1、5、8、11 和 15 五个位置（四个角和中心）各布置了一个加速度传感器，分别按顺序连接到采集仪的二、三、四、五和六通道上，其中第一通道连接的是力锤。

2）基本参数设置。打开与采集仪配套的数据采集软件，进行参数设置，如图 6-22 所示，采样频率由测试关心的频带范围决定并要符合采样定理。选择六通道采样，起始通道为一。

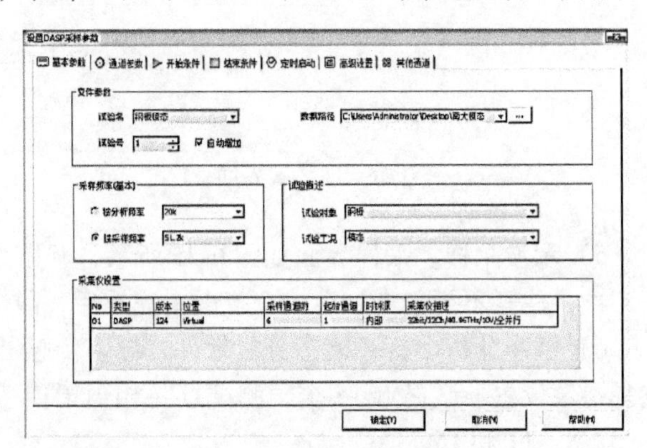

图 6-22

基本参数设置界面

3）通道参数设置。界面如图 6-23 所示：其中第一通道接力锤，其他五个通道接加速度传感器，分别输入相

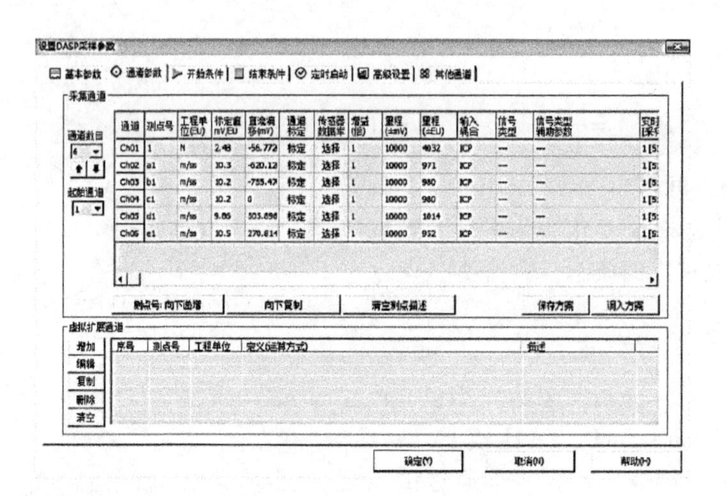

图 6-23

通道参数设置界面

应的灵敏度值（由传感器本身确定）。

4）开始条件设置。开始条件设置界面如图 6-24 所示，设置采样点数等。

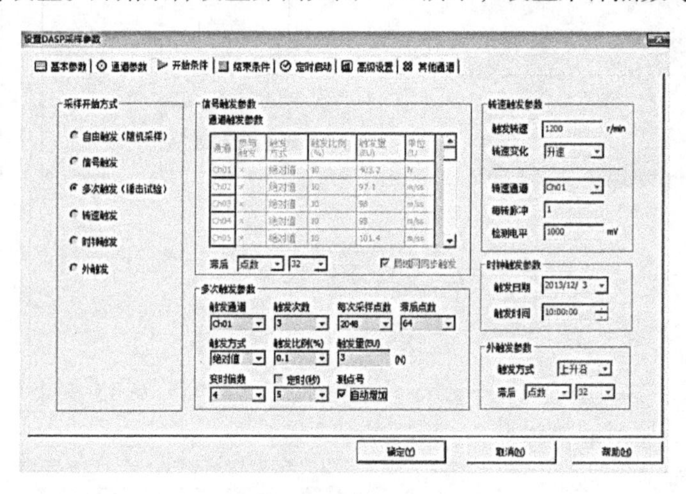

图 6-24

开始条件设置界面

5）示波采样。采样界面如图 6-25 所示，开始敲击第一个点（一共 15 个点），每个点敲击三次，注意不要连击。第一个点敲击完成后，敲击第二个点，直到把 15 个点全部敲击完。

6）模态分析。打开模态分析软件，导入传感器测试数据。单击菜单栏“MIMO（M）”选择参数设置。激振点 15 个，测试点（相当于传感器个数）是 5 个，对应测点位置分别是 1、5、8、11 和 15。

7）频响函数计算。单击“FRF 计算”，选择“频响函数计算”，软件自动进行频响函数计算。

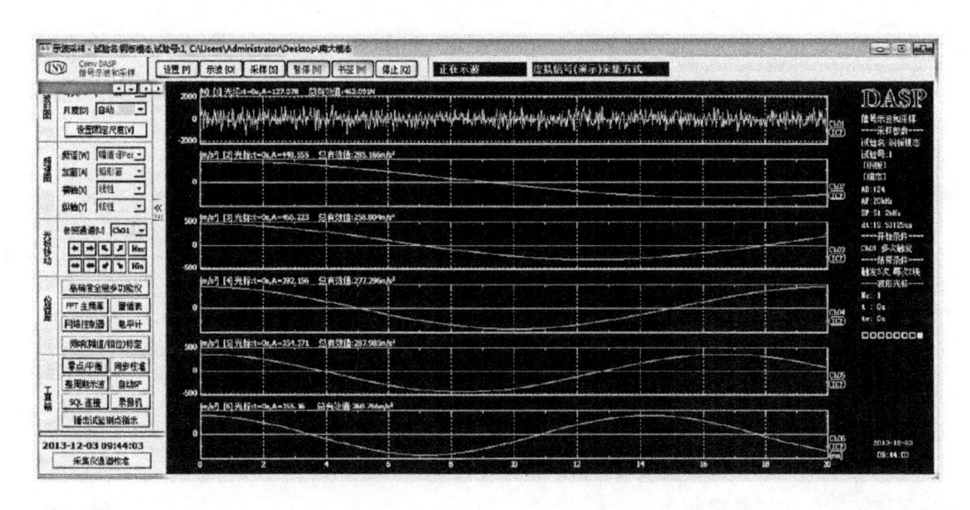

图 6-25

采样界面

8）模型构建。选择“结构生成”，生成如图 6-26 所示平板模型。

9）脉冲响应函数计算。单击“MIMO”选择“模态拟合”，再选择“求脉冲响应函数”。

10）获得稳定图并收模态。单击“MIMO”选择“模态拟合”，再选择“特征系统实现算法 ERA”，软件自动进行模态计算，得到系统稳定图。计算结束后，开始收模态如图 6-27 所示，选择“振型动画”就可以观察相应阶次的振型，如图 6-28 所示。

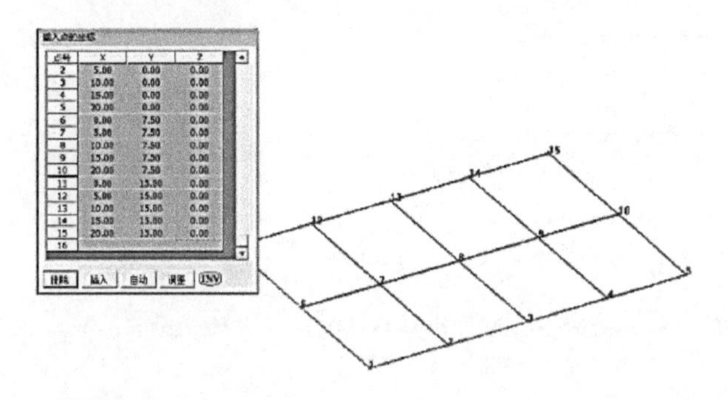

图 6-26

模型结构生成

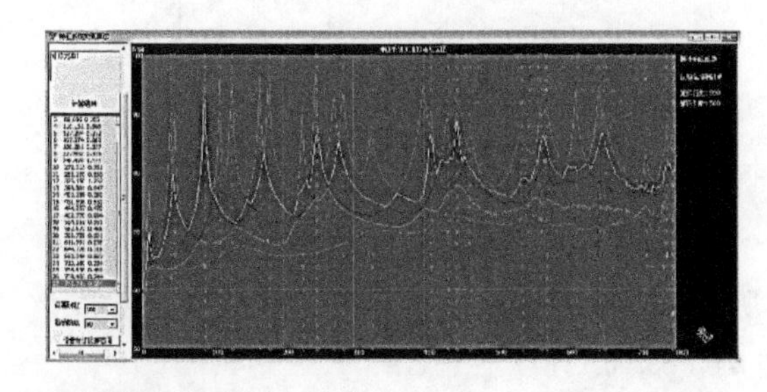

图 6-27

模态结果

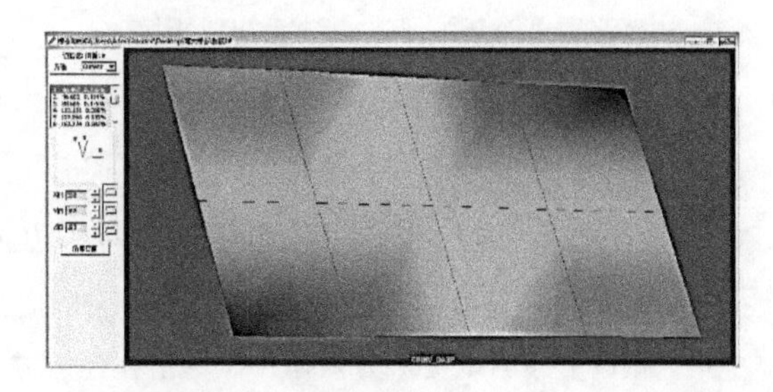

图 6-28

振型动画

习题

6-1 设有一均匀等直梁，长度为l，抗弯刚度为EI，单位体积质量为ρ，截面积为A，两端固定，如图6-29所示，用有限元法计算梁的弯曲振动的固有圆频率。

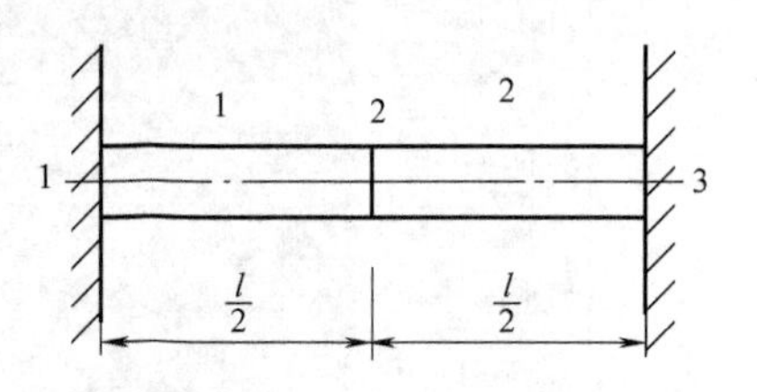

图 6-29

习题6-1图

6-2 试建立考虑梁截面转动惯量和轴向载荷时的梁自由横向振动的动力学方程。

6-3 变截面圆轴的切变模量为G，轴横截面二次极矩为$I_p(x)$，密度为$\rho(x)$。求该变截面圆轴扭振的动力学方程。

6-4 长度为l，密度和弹性模量为ρ、E的等截面直杆两端固定，如图6-30所示。将杆分成三段长为$l/3$的单元，用有限元法计算杆纵向振动的前两阶固有频率。

6-5 将均匀简支梁分成两个相同的单元，以有限元法求其固有频率的近似值，并与精确值比较。

6-6 将均匀悬臂梁分成两相同的单元来求梁的固有频率的近似值，并与精确值相比较。

6-7 试推导图6-31所示结构的运动方程，将之分成两个单元，并同时考虑纵向振动与弯曲振动，整体坐标X、Y如图中所示。

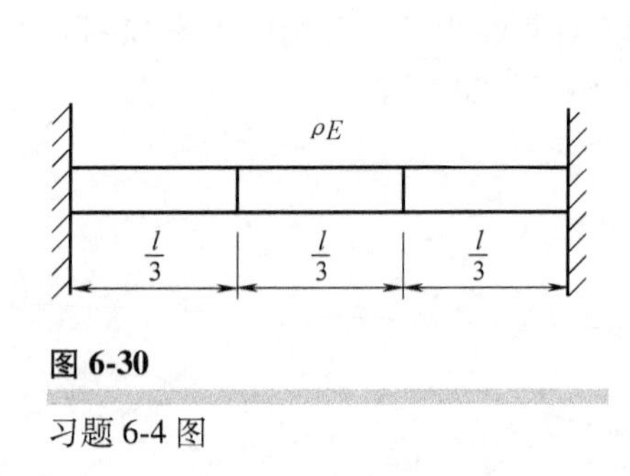

图 6-30

习题6-4图

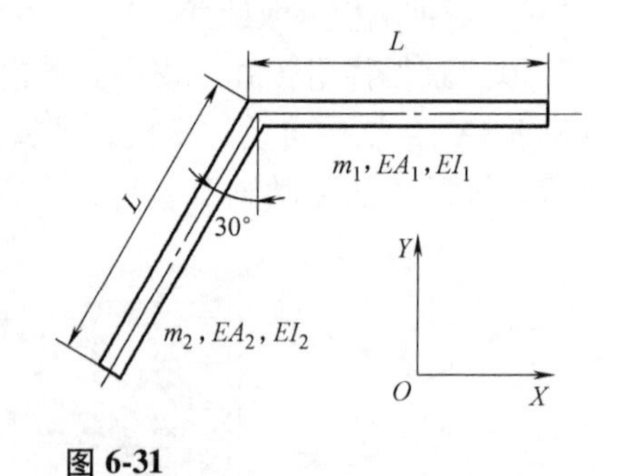

图 6-31

习题6-7图

6-8 将习题6-7中的结构两端固支，试导出全系统的运动方程。设$m_1=m_2=m$，$EI_1=EI_2=EI$及$EA_1=EA_2=EA$。

6-9 图6-32所示为一立式铣头，其上装有模拟铣刀，后者实际上是一衔铁，为测定该立式铣头的动态特性，以三向电磁激振器对衔铁分别在x、y、z三个方向进行激励；在每一个方向激励下，又在x、y、z三个不同的方向上测定响应，从而测得九个频响函数，继而构成矩阵

$$\boldsymbol{H}(\omega)=\begin{pmatrix} H_{xx}(\omega) & H_{xy}(\omega) & H_{xz}(\omega) \\ H_{yx}(\omega) & H_{yy}(\omega) & H_{yz}(\omega) \\ H_{zx}(\omega) & H_{zy}(\omega) & H_{zz}(\omega) \end{pmatrix}$$

式中，$H_{xy}(\omega)$是在y方向激励而在x方向测量响应，所得到的频响函数，以此类推。试以上述测试资料为依据，计算出在任意方向$\boldsymbol{q}=(q_x,\ q_y,\ q_z)^{\mathrm{T}}$激振，而在任意方向$\boldsymbol{u}=(u_x,\ u_y,\ u_z)$测振，所得到的频响函数。设$\boldsymbol{q}$与$\boldsymbol{u}$均为单位长度的向量，而系统为线性的。

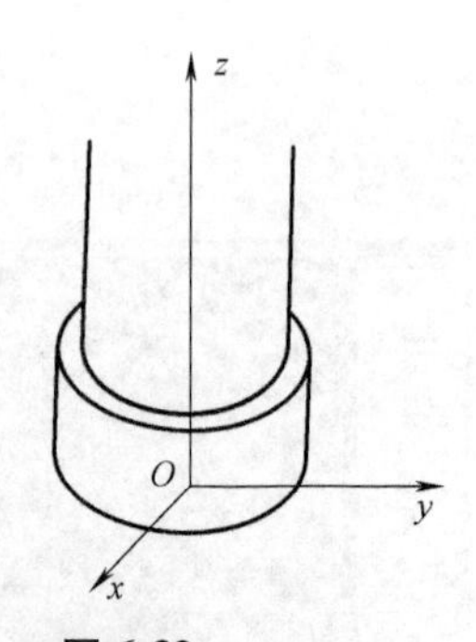

图 6-32

习题6-9图

6-10 一工程结构，利用单点激振进行振动试验，由频谱分析仪给出频率响应函数数据，如表 6-4 所示。试用导纳圆分析法对该结构的第一、第二阶模态分别拟合导纳圆并识别模态参数。

表 6-4 结构在其第一、第二阶模态邻域内的频响函数数据

第一阶模态邻域			第二阶模态邻域		
频率/Hz	$H^R(\omega)$/(cm/9.8N)	$H^I(\omega)$/(cm/9.8N)	频率/Hz	$H^R(\omega)$/(cm/9.8N)	$H^I(\omega)$/(cm/9.8N)
10.50	46.15×10^{-3}	-2.31×10^{-3}	52.50	12.76×10^{-4}	-1.08×10^{-4}
10.60	55.52×10^{-3}	-7.26×10^{-3}	53.00	18.57×10^{-4}	-2.66×10^{-4}
10.70	70.73×10^{-3}	-14.28×10^{-3}	53.10	21.55×10^{-4}	-3.39×10^{-4}
10.80	104.26×10^{-3}	-33.80×10^{-3}	53.20	25.90×10^{-4}	-5.76×10^{-4}
10.82	116.10×10^{-3}	-41.38×10^{-3}	53.30	38.87×10^{-4}	-22.12×10^{-4}
10.85	140.44×10^{-3}	-58.41×10^{-3}	53.35	46.12×10^{-4}	-42.65×10^{-4}
10.88	185.27×10^{-3}	-99.80×10^{-3}	53.40	42.27×10^{-4}	-67.42×10^{-4}
10.90	187.05×10^{-3}	-167.28×10^{-3}	53.43	38.48×10^{-4}	-74.43×10^{-4}
10.92	162.21×10^{-3}	-257.87×10^{-3}	53.45	-0.33×10^{-4}	-95.36×10^{-4}
10.94	65.78×10^{-3}	-344.87×10^{-3}	53.50	-16.50×10^{-4}	-94.71×10^{-4}
10.96	-19.14×10^{-3}	-365.10×10^{-3}	53.55	-32.51×10^{-4}	-77.33×10^{-4}
10.98	-74.38×10^{-3}	-362.01×10^{-3}	53.60	-42.35×10^{-4}	-74.54×10^{-4}
11.00	-140.01×10^{-3}	-329.59×10^{-3}	53.70	-49.28×10^{-4}	-53.97×10^{-4}
11.05	-217.48×10^{-3}	-218.74×10^{-3}	53.80	-49.55×10^{-4}	-39.05×10^{-4}
11.10	-240.56×10^{-3}	-120.95×10^{-3}	53.90	-45.49×10^{-4}	-29.07×10^{-4}
11.15	-197.44×10^{-3}	-72.66×10^{-3}	54.00	-42.61×10^{-4}	-22.25×10^{-4}
11.20	-163.63×10^{-3}	-48.37×10^{-3}	54.20	-34.72×10^{-4}	-13.21×10^{-4}
11.30	-117.48×10^{-3}	-24.79×10^{-3}	54.40	-29.73×10^{-4}	-8.01×10^{-4}
11.40	-92.50×10^{-3}	-14.82×10^{-3}			
11.50	-75.74×10^{-3}	-8.88×10^{-3}			
11.80	-46.66×10^{-3}	-2.60×10^{-3}			

参考文献

[1] 赵松年，佟杰新，卢秀春. 现代设计方法 [M]. 北京：机械工业出版社，1996.
[2] 刘延柱，陈立群. 振动力学 [M]. 2 版. 北京：高等教育出版社，2011.
[3] 师汉民，黄其柏. 机械振动系统 [M]. 3 版. 武汉：华中科技大学出版社，2013.
[4] 张策. 机械动力学 [M] 2 版. 北京：高等教育出版社，2008.
[5] 张义民. 机械振动学基础 [M]. 北京：高等教育出版社，2010.
[6] 刘习军. 振动理论及工程应用 [M]. 北京：机械工业出版社，2018.
[7] 张大可. 现代设计方法 [M]. 北京：机械工业出版社，2014.
[8] 曹树谦，张文德. 振动结构模态分析 [M]. 2 版. 天津：天津大学出版社，2014.
[9] 张力，刘斌. 机械振动实验与分析 [M]. 北京：北京交通大学出版社，2013.
[10] 张力. 模态分析与实验 [M]. 北京：清华大学出版社，2011.
[11] 顾培英，邓昌. 结构模态分析及其损伤诊断 [M]. 南京：东南大学出版社，2008.

第 7 章 机械创新设计

7.1 概述

创新是人类的一种思维和实践方式。在人类的各种实践活动中，创新实践活动是最复杂、最高级的，同时也是人类智力水平高度发展的表现。在创新实践的过程中碰到的新事物和新问题，人类往往会结合已有的知识、经验、技能对此加以研究、解决，从而产生新的思想及物质成果来满足人类物质及精神生活的需要。

回顾漫长的人类发展史，曾出现过无数的创新发明和创新技术，诞生过无数的科学家和发明家。他们的创新实践、创新经验和取得的丰硕成果，对于我们后来的创新者们具有十分重要的借鉴意义，而创新方法正是从前人的创新经验中总结出来的，并被用于实践而得到证实的方法。

7.2 传统创新方法

7.2.1 试错法

试错法作为人类应用最早的一种发明技法，它是一种通过反复尝试使问题得到解决的创新方法。显而易见，在这一方法的使用过程中，错误的尝试是经常且必然的，要想得到正确的结果，就得在多次错误后获得。在方案选择时，原始的试错法凭借的是对各种可能解决方案的猜想，经过漫长的岁月，人们逐渐积累了许多发明创造经验以及与有关物质特性相关的知识。人们运用这些经验与知识，不仅提高了探求的方向性，而且使得解决发明课题的过程从无序向有序进化发展。可以这么说，在当今这个时代，我们仍然可以在创新活动中经常使用试错法——为找到一个需要和有效的解决方案，做大量的无效尝试。

例 7-1

在人类利用试错法去解决技术难题的无数个案例中，最著名的莫过于美国发明家爱迪生发明电灯泡的故事了。在寻找能作为灯丝的物质时，爱迪生先是用炭化物质做试验，失败后又以金属铂与铱高熔点合金做灯丝试验，还做过各种矿石和矿苗共 1600 多种不同的试验，结果都失败了。通过这些失败，他和他的助手们知道了白热灯丝必须密封在一个高度真空的玻璃壳体内，爱迪生的试验又回到炭质灯丝上，最终发明了白热电灯——竹丝电灯。这种竹丝电灯使用了好多年，直到 1908 年发明了钨丝灯泡。在电灯泡的发明过程中，爱迪生试验过 1600 多种金属材料和 6000 多种非金属材料，而搜集过的各种材料更多达 14000 多种。他的试验笔记多达 200 多本，共计 40000 多页。他每天工作十八九个小时，躺在实验用的桌子下面睡觉，有时一天在凳子上睡三四次，每次只睡半个小时。这就是爱迪生当时的生活。

由于试错法（见图 7-1）在创新发明中的重要地位以及其所取得的成绩，坊间形成了与发明创造活动有关的一些习惯性说法。如有人说："一切出于偶然"；也有人认为："一切取决于勤奋，应该坚定不移地尝试各种解决方案"；还有人断言："一切归功于天赋"等。这些说法有其存在的道理，但这样去理解试错法未免有些肤浅，因为我们不得不承认试错法并不是一种高效的方法。

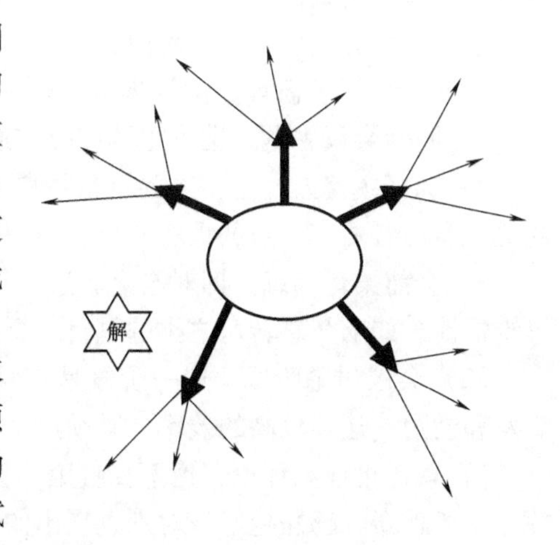

图 7-1

试错法

为了提高试错法的效率，爱迪生在 19 世纪末对试错法进行了改进：把一个技术问题分为几项子问题，由工作人员分组对各项子问题按选定的解决方案同时进行尝试，从而大大地缩减了尝试时间，增加了尝试的有效性与成功的可能性。所以，有人说爱迪生最伟大的发明是他发明了上述类型的科学研究方法。那么问题来了，我们都知道让 1000 个工人去掘土，无论从数量和质量上来讲绝对优于一个工人的，但是掘土的方法本身并没有发生改变。在现代，需要解决的问题越来越难，越来越复杂，如仍按照爱迪生的原则组织，则根本无法具体实施。

综上所述，试错法以及在这一基础上建立起来的创造性劳动组织，是与现代科学技术革命的要求不相适应的。需要新的方法来控制创造过程，从根本上减少无效尝试的次数，也需要重新组织创造过程，以便更有效地利用新的方法。为此，必须有一套科学依据并行之有效的解决发明课题的理论。

7.2.2　头脑风暴法

头脑风暴法源自"头脑风暴"一词，又叫作智力激励法、BS 法、自由思考法，是由美国创造学家 A. F. 奥斯本发明的一种激发思维的方法。它是一种通过小型会议的组织形式，让所有参与者在自由、愉快、畅所欲言的气氛中，自由交换想法或点子，解除与会者的思维约束并以此激发与会者的创意及灵感，使各种设想在相互碰撞中激发起他们脑海的创造性"风暴"，从而获取尽可能多的想法，达到以量保质的目的。

头脑风暴法又可分为直接头脑风暴法（通常称为头脑风暴法）和质疑头脑风暴法（也称反头脑风暴法），前者是在专家群体决策时尽可能激发创造性，产生尽可能多的设想的方法；后者则是对前者提出的设想、方案逐一质疑，分析其现实可行性的方法。

头脑风暴法的参加人数以5~10人为宜，而且参与者最好由不同专业或不同岗位的人员组成，会议时间控制在1单元时间内（1h，或半天等）。设会议主持人1名、记录员1名或2名，其中主持人只主持会议，对设想不做评论；记录员的任务是认真地将参与者的每一设想（不论好坏）都完整地记录下来。会议类型可分为设想开发型和设想论证型两类。

（1）设想开发型　即为课题获取大量的设想，寻找多种解题思路而召开的会议，要求参与者要善于想象，语言表达能力要强。

（2）设想论证型　即将众多的设想归纳转换成实用型方案而召开的会议。要求与会者善于归纳和分析判断。

会议一般分为以下三个阶段：

（1）会前准备阶段　会议准备阶段一般包括以下几部分的内容：

1）明确会议主题。会议主题应提前通报给与会人员，让与会者有一定准备。

2）选好主持人。主持人要熟悉并掌握该技法的要点和操作要素，摸清主题现状和发展趋势；参与者要有一定的训练基础，懂得该会议提倡的原则和方法。

3）会前柔化训练。即对与会者进行打破常规思考、转变思维角度的训练活动，以减少思维惯性。如脑筋急转弯之类的题目，看一些创新图片等。

（2）会议讨论阶段　这一阶段是头脑风暴法实施的关键，为使与会者畅所欲言，互相启发和激励，达到较高的效率，必须严格遵守下列原则：

1）禁止批评和评论，也不要自谦。会议提倡自由奔放、随意思考、任意想象、尽量发挥，主意越新、越怪越好。对别人提出的任何想法，即使是幼稚的、错误的，甚至是荒诞离奇的，也不得予以驳斥；同时也不允许自我批判。彻底防止"扼杀"现象。例如，"这肯定不行""我有一个不成熟的想法"等。但也要注意"捧杀"现象的发生，可以鼓励，但不能下结论。

2）主张独立思考。会议不允许私下交谈，以免干扰别人思维。

3）鼓励巧妙利用和改善他人的设想。这是激励的关键所在，每个与会者都要从他人的设想中激励自己，从中得到启示，或补充他人的设想，或将他人的若干设想综合起来提出新的设想等。

4）以小组的整体利益为重，不强调个人的成绩。参会者应该注意和理解别人的贡献，创造民主环境，不以多数人的意见阻碍新的观点产生，激发个人追求更多、更好的主意。

5）目标集中，追求设想数量。如发现离题，主持人应该给以适当的引导，以谋取更多的设想。

6）与会人员一律平等。与会人员，不论是专家、学者，还是一般人员或者外行人员，一律平等。记录人员要将各种设想，不论大小、荒诞与否，都认真、完整地记录下来。

（3）方案批判和设想处理阶段　对各种意见、方案的批判必须放到最后阶段，此前不能对别人的意见提出批评和评价。认真对待任何一种设想，而不管其是否适当和可行。

例7-2

用"头脑风暴法"解决砸核桃问题。

主持人：我们的任务是砸核桃，要求砸得多、快、好，大家有什么好办法？

甲：平常在家里是用牙嗑，用手掰，用门掩，用榔头砸，用钳子夹。

主持人：大家再想一想，用什么样的力才能把核桃砸开，用什么办法才能得到这些力？

甲：需要加一个集中挤压力，用某种东西冲击核桃，就能产生这种力，或者相反用核桃冲击某种东西！

乙：可用气动机枪往墙上射核桃，比如说可以用装泡沫塑料弹的儿童气枪射。

丙：当核桃落地时，可以利用重力。

丁：核桃壳很硬，应该先用溶剂加工，使它们软化、溶解，或者使它们变得比较脆，要使核桃变脆。可以冷冻。

丙：鸟儿用嘴啄，或者飞得高高的，把核桃扔到硬地上。我们应该将核桃装在袋子里，从高处（如：气球上、直升机上、电梯上等）往硬的物体（如水泥板）上扔，然后把摔碎的核桃拾起来。

主持人：如果我们运用逆反思维来解决问题，又会怎么样？

丁：可以把核桃放在空气室里，往里加高压打气，然后再使空气室里压强锐减，因为内部压强不能立即降低，这时，内部气压使核桃破裂。或者使空气里的应力交替地剧增与锐减，使核桃壳处于变负荷状态下。

在头脑风暴法会议进程中，只用十几分钟的时间就得到了 40 个设想。其中一个方案：在空气压强超过大气压强并随即降到大气压强以下时，核桃壳破裂，核桃仁保持完好，获得了发明专利。

例 7-3

“头脑风暴法”清除电线积雪问题。

美国的北方冬季十分寒冷，大雪纷飞。由于电线上堆满积雪，电线常常被压断，容易造成事故。很多人都曾尝试去解决这一问题，但最后都以失败告终。后来，某公司的经理决定采用头脑风暴法来寻求解决这一问题的办法，他召开了这一次会议，让与会者畅所欲言。

A：可以设计一种专用的电线清雪机来。

B：用电热来融化冰雪。

C：建议用振荡技术来清除冰雪。

D：清洁工人带上大扫帚，乘坐直升机去电线上方扫雪。

“乘坐直升机扫雪”的想法虽然听起来荒诞，却给了一位工程师灵感。他想到，每逢大雪后，沿供电线路飞行的直升机依靠高速旋转的螺旋桨气流能让电线上的积雪迅速掉落。于是，他提出了“直升机清雪”的新设想。他的想法一提出，其他与会者马上又联想到了有关“除雪飞机”“特种螺旋桨”等更多的创意。

会后，公司组织专家对所提的设想进行了分类论证。专家组从技术经济方面进行了比较分析，最终选择了改进后的直升机除雪方案。经实践验证，这一方法实用有效。在此基础上，一种专门用于电线清雪的小型直升机也应运而生。

随着现代发明创新活动的复杂化和课题涉及技术内容的多元化，试图靠个别发明家单枪匹马式的苦思冥想来求得创新的活动将变得软弱无力。相比之下，类似头脑风暴这种群组式的发明战术则显得效果好一些。但总体上说，头脑风暴法适合于解决那些相对比较简单、严格确定的问题，比如研究产品名称、广告口号、销售方法、产品的多样化研究等。在更加复杂的发明问题中，实际上，采用这种方法不可能立即得到解决方案，不是一种能快速“收敛”到发明结果的方法。

优点：

1）激发了想象力，有助于发现新的风险和全新的解决方案。

2）让主要的利益相关者参与其中，有助于进行全面沟通。

3）速度较快并易于开展。

缺点：

1）参与者可能缺乏必要的技术及知识，无法提出有效的建议。

2）由于头脑风暴法相对发散，因此较难保证思考问题的全面性。

3）可能会出现特殊的小组状况，导致某些有重要观点的人保持沉默而其他人成为讨论的主角。

7.2.3 奥斯本检核表法

善于提问本身就是一种创造。检核表法的实质是根据研究对象的特点列出有关问题，形成检核表，然后一一地进行核对讨论、提问，从而发掘出解决问题的大量设想。

在研究和总结了大量近现代科学的发现、发明、创造事例以后，美国创造学家 A. F. 奥斯本利用检核表的众多信息提出了很多创意技巧。美国创造工程研究所对这些技巧进行了归纳总结，编制了《新创意检核表》。这种建立在奥斯本创意检核表基础上的创造技法，被称为奥斯本检核表法，分为 9 大类 75 个提问，奥斯本检核表法如表 7-1 所示。

表 7-1 奥斯本检核表法

编号	检核项目	检核内容
1	能否另用	1. 有无新的用途？2. 是否有新的使用方法？3. 可否改变现有的使用方法？
2	能否借用	4. 有无类似的东西？5. 利用类比能否产生新的观念？6. 过去有无类似的问题？7. 可否模仿？8. 能否超过？
3	能否扩大	可否(9. 增加？10. 附加？11. 增加使用时间？12. 增加频率？13. 增加尺寸？14. 增加强度？15. 提高性能？16. 增加新成分？17. 加倍？18. 扩大若干倍？19. 放大？20. 夸大？)
4	能否缩小	能否(21. 减少？22. 密集？23. 压缩？24. 浓缩？25. 聚合？26. 微型化？27. 缩短？28. 变窄？29. 去掉？30. 分割？31. 减轻？32. 变成流线型？)
5	能否改变	可否改变(33. 功能？34. 颜色？35. 形状？36. 运动？37. 气味？38. 音响？39. 外形？40. 其他？)
6	能否代用	41. 可否代替？42. 用什么代替？可否采用别的(43. 排列？44. 成分？45. 材料？46. 过程？47. 能源？48. 颜色？49. 音响？50. 照明？)
7	能否调整	51. 可否变换？（52. 成分？53. 模式？54. 布置顺序？55. 操作工序？56. 因果关系？57. 速度或者频率？58. 工作规范？)
8	能否颠倒	59. 可否颠倒？（60. 正负？61. 正反？62. 头尾？63. 上下？64. 位置？65. 作用？)
9	能否组合	可否重新(66. 组合？67. 混合？68. 合成？69. 配合？70. 协调？71. 配套？)，可否重新组合(72. 物体？73. 目的？74. 特性？75. 观念？)

奥斯本检核表法适用于任何领域问题的创造性解决。作为产生创意的方法，奥斯本检核

表法是一种效果比较理想的技法。由于它突出的效果，被誉为创造之母。人们运用这种方法，产生了很多杰出的创意以及大量的发明创造。

1. 应用奥斯本检核表法的基本步骤

1）选择应用对象。在更多的情况下，奥斯本检核表法属于改进型，而不是原创型的创意产生方法，所以必须首先选定一个待改进的对象，然后在此基础上加以改进。

2）分析检核对象。分析检核对象是检核创造的基础，通过分析产品的功能、性能、市场环境、产品的现状和发展趋势、消费者的愿望、同类产品的竞争情况等，做到心中有数，避免闭门造车式的检核思考。

3）运用检核思考。如何利用检核表进行思考是利用检核表法进行发明创造的核心，运用检核表思考时应注意以下几点：①检核表中的任何一条检核项目均提供了一个思考方向，应该将它们视为各自独立的方法，逐条进行广思和深思；②注意与其他创造技法的结合，有效地利用各种创新技法各自的特点；③要同时进行可行性思考检核。

2. 奥斯本检核表法注意事项

在运用奥斯本检核表法时要注意以下几个问题：

1）要和具体的知识经验相结合，奥斯本只是提示了思考的一般角度和思路，而思路的发展还要依赖于人们的具体思考。

2）应该结合改进对象（方案或产品）来进行思考。

3）可以自行设计更大量的问题进行提问。提出的问题越新颖，得到的主意将越有创意。

例 7-4

开发新型玻璃杯的奥斯本检核表（见表 7-2）。

表 7-2　新型玻璃杯的奥斯本检核表

检核项目	新设想概述	开发新产品名称
能否另用	作灯罩、可食用、当量具、作装饰、拔火罐、保健	磁化杯、消毒杯
能否借用	自热杯、磁疗杯、保温杯、电热杯、音乐杯、防爆杯	自热磁疗杯
能否改变	塔形杯、动物杯、防溢杯、自洁杯、密码杯、幻影杯	自洁幻影杯
能否扩大	不倒杯、过滤杯、防碎杯、消防杯、多层杯	多层杯
能否缩小	微型杯、超薄杯、可伸缩杯、扁形杯、匀称杯	可伸缩杯
能否代用	纸杯、一次性杯、竹木制杯、可食纸杯、塑料杯	可食纸杯
能否调整	系列装饰杯、系列高脚杯、系列口杯、酒杯、咖啡杯	系列高脚杯
能否颠倒	倒置不漏水、彩色非彩色、雕花非雕花、有嘴无嘴	旅行杯
能否组合	与温度计组合、与香料组合、与中草药组合、与加热器组合	中草药组合杯

优点：检核表以直观、直接的方式激发思维活动，使思考问题的角度具体化，使人们学会多角度、多渠道、多侧面地看问题，突破各种框框的约束，促进了创意的产生。

局限性：此方法是改进型的创意产生方法，必须先选定一个有待改进的对象，然后在此基础上设法加以改进。

7.2.4 形态分析法

形态分析法（Morphological Analysis，MA）是美国加利福尼亚州理工学院教授兹维基与美籍瑞士矿物学家里哥尼合作创建的一种从系统的观点看待事物的创新思维方法。它对搜索问题的解决方案所设置的限制很有用处，利用它可以系统地分析解决方案的可能前景。

兹维基是一位天体物理学家，对形态学也有精湛的研究。由于试错法、头脑风暴法、集思广益法和聚焦对象法等方法无法有效地解决十分复杂的发明问题，因此，兹维基提出了基于系统式查找可能解决方案的方法。

在第二次世界大战时，兹维基参加了美国火箭研制小组。令人惊奇的是，他在一周之内交出了576种不同的火箭设计方案，这些方案几乎包括了当时所有可能制造出的火箭的设计方案。后来才知道，就连美国情报局挖空心思都没能弄到手的德国巡航导弹F-1和F-2的设计方案，也包括在其中了。于是兹维基的天才受到了人们的关注。后来，兹维基发表了他的构思技巧——形态分析法。

形态分析法的特点是首先把研究的对象或问题分为一些基本组成部分，然后把每一个基本组成部分都单独地进行处理，分别提供各种解决问题的办法或方案，最后综合形成解决整个问题的总体方案。这时，会有若干个总方案出现。这是因为，我们是通过不同的组合关系，而得到不同的总方案的缘故。所有总体方案中的每一个是否可行，需采用形态学方法进行分析，如图7-2所示。

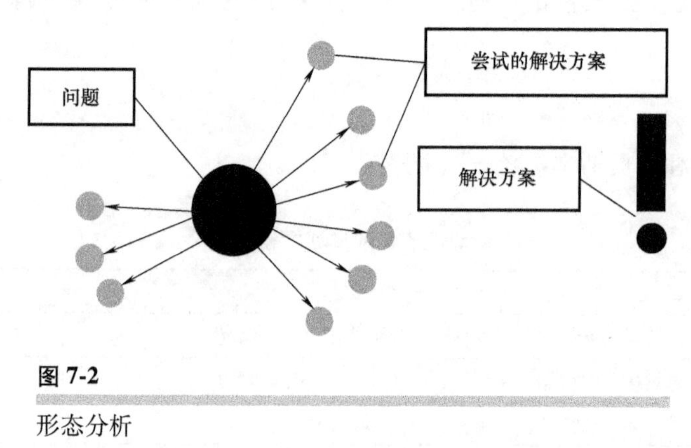

图7-2

形态分析

在形态分析法中，因素和形态是两个非常重要的基本概念。所谓因素，是指构成某种事物各种功能的特性因子；所谓形态，是指实现事物各种功能的技术手段。以某种工业产品为例，反映该产品特定用途或特定功能的性能指标可作为其基本因素，而实现该产品特定用途或特定功能的技术手段可作为其基本形态。例如，若将某产品“时间控制”功能作为其基本因素，那么“手工控制”“机械控制”“计算机控制”“智能控制”等技术手段，都可视为该基本因素所对应的基本形态。形态分析法分为以下五个步骤：

1）明确地提出问题，并加以解释。

2）把问题分解成若干个基本组成部分，每个部分都有明确的定义，并且有其特性。

3）建立一个包含所有基本组成部分的形态模型——多维矩阵，在这个多维矩阵中，应当包含所有可能的总体解决方案。

4）检查这个多维矩阵中所有的总体方案是否可行，同时加以分析和评价。

5）对所有可行的总体方案进行比较，从中选出一个最佳的总体方案。

形态分析法最大的优点是对每一项“未来技术”（即形态模型中的每一个总体方案）都要进行可行性分析。

优越性：能够针对问题，全面具体地给出多种可能的解决方案。

局限性：使用不便，对于复杂系统的形态分析，需要分析的信息量太大（如果系统由 10 个部件组成，而每个部件又有 10 种不同的制造方法，那么，组合的数目就会达到 100）。

例 7-5

运用“形态分析法”的一个实际案例——设计太阳能热水器。

有一种太阳能热水器，它的主要结构是一个有玻璃盖的矩形箱子。人们把它放在屋顶上，让阳光透过盖在矩形箱子上的玻璃盖子，照在箱底上。阳光由箱底经反射、吸收或散热后，加热箱子里的水，供人们使用。在使用时，人们抽进冷水，让水流过箱子后变热然后流进室内暖气片内，进行循环。

经专家们的研究表明，影响太阳能热水器性能最重要的变量是箱底的颜色、质地和箱子的深度。那么，我们怎样才能设计出一台性能更优越的太阳能热水器呢？首先，我们列出箱底颜色、质地和箱子深度三个因素；然后，找出影响每个因素变化的可能方案；最后，列出形态表，如表 7-3 所示。

表 7-3 形态表

形态	箱底颜色	箱底质地	箱子深度
1 2 3 4	白色、银白色、灰色、黑色	有光泽、粗糙	深、适中、浅

根据上面的形态表，我们可以组合各种可能性，得到 $4\times2\times3=24$ 种组合设计方案。然后，对这些方案分别进行试验，从中选出最优方案。

7.3 创新思维与方法

习惯于发散思维、逆向思维、联想思维等创意思维的大脑，往往会成为创新的源头。创新思维的目的就是克服思维定式，打破技术系统旧的阻碍模式，得到新奇却有效的答案。但是，发散思维不同于效率极低的胡思乱想，有效的发散思维能有效地帮助我们的思绪在快速发散的同时进行快速的收敛，获取答案。这里我们将介绍五种创新思维方法及其综合应用技巧。

7.3.1 最终理想解

最终理想解（IFR）就是使产品处于理想状态的解。

为了避免试错法、头脑风暴法等传统创新方法中思维过于发散、创新效率较低的不足，IFR 要求我们在解决问题之前，首先抛开各种客观限制条件，设立各种理想模型来分析问题解决的可能方向和位置，并以取得最终理想解为终极目标，从而避免了传统创新设计方法中缺乏明确目标的弊端，提升了创新设计的效率。

最终理想解的确定是问题解决的关键所在，很多问题的最终理想解被正确理解并描述出来，问题就直接得到了解决。IFR可以帮助设计者跳出传统设计的思维约束，以IFR的角度重新定义问题，从而得到与传统方法完全不同的解决问题的新思路。使用最终理想解解决问题的步骤如下：

1）设计的目的是什么？

2）理想解是什么？

3）达到理想解的障碍是什么？

4）如何消除这些障碍？有什么资源可以利用？

5）其他领域有类似的问题及解决办法吗？

例7-6

割草机的改进。

割草机在工作的过程中会产生很大的噪声，这个难题该怎样解决？

应用上述的五个步骤，分析并提出最终理想解：

第一步：设计的最终目的是什么？——获得平整的草坪。

第二步：最终理想解是什么？——草坪自动修整。

第三步：达到理想解的障碍是什么？——草会不断生长。

第四步：如何消除这些障碍？有什么资源可以利用？——草的生长可以控制；草本身就是可以利用的资源。

第五步：其他领域中有类似的问题和解决办法吗？——农业领域中农作物的生长高度的控制。

获得解决方案：培育能够控制生长高度的草种，从而使草坪能够保持平整美观，不再需要产生大量噪声的割草机。

7.3.2 九屏幕法

九屏幕法作为系统思维的方法之一，拥有良好的操作性和实用性。九屏幕法是一种思考问题的方法，是指在分析和解决问题的时候，不仅要考虑当前的系统，还要考虑它的超系统和子系统；不仅要考虑当前系统的过去和未来，还要考虑超系统和子系统的过去和未来。也就是说，如果我们从时间和空间的二维角度去思考问题，就能得到如图7-3所示的九个屏幕，因而称为“九屏幕法”。

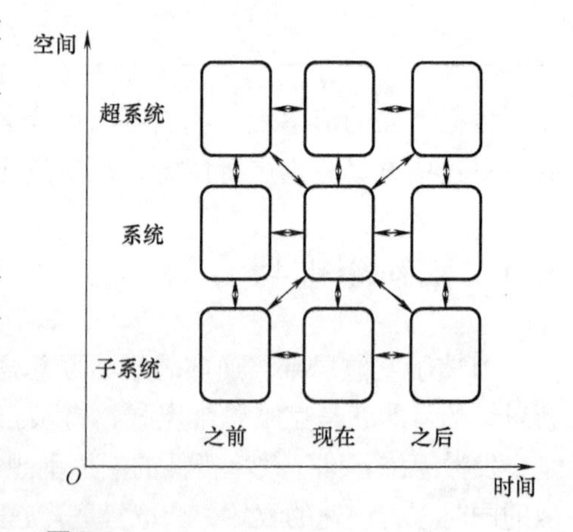

图7-3

九屏幕法

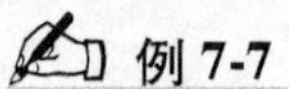

例7-7

汽车爆胎的九屏幕。

如果汽车出现了故障，比如在行驶的过程中发生了爆胎，需要检查出现故障的原因并寻求解决方案，就可以从时间和空间的二维角度，打开汽车爆胎的九屏幕来进行思考，如图 7-4 所示。

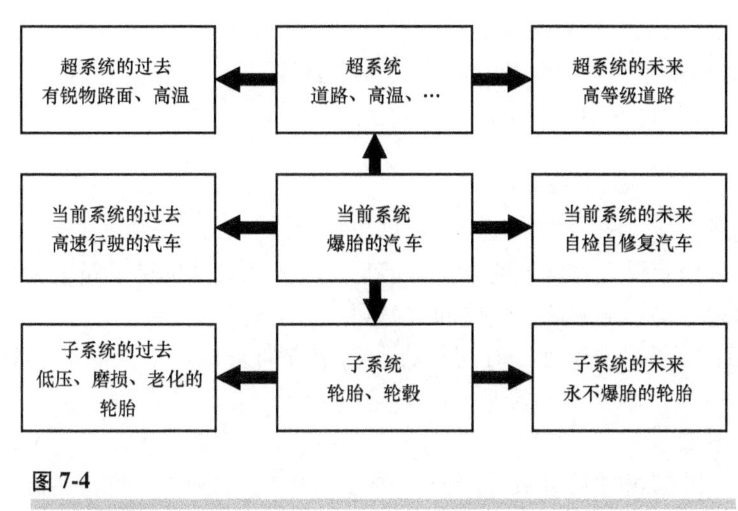

图 7-4

汽车爆胎的九屏幕法

九屏幕法又形象地被称为“资源检索仪”，这是因为它主要是用来帮助我们查找解决问题所需要的资源。常言道“巧妇难为无米之炊”，解决任何问题都需要资源。使用“九屏幕法”能帮助人们从多角度看待问题，进行超常规思维，克服思维惯性，从多个方面寻找可利用的资源，以便更好地解决问题。

九屏幕法的使用步骤如下：

第一步：先从技术系统本身出发，考虑可利用的资源。

第二步：考虑技术系统中的子系统和系统所在的超系统中的资源。

第三步：考虑系统的过去和未来，从中寻找可利用的资源。

第四步：考虑超系统和子系统的过去和未来。

7.3.3 尺寸-时间-成本分析（STC 算子）

从系统的尺寸（Size）、作用时间（Time）和成本（Cost）三个方面来做六个智力测试，重新思考问题，以打破固有的对物体的尺寸、时间和成本的认识，称为 STC 算子。它是一种能让我们的大脑进行有规律的、多维度思维的发散方法。相比于一般的发散思维和头脑风暴，它能更快地得到我们所需要的结果。

STC 算子的使用步骤如下：

第一步：明确研究对象现有的尺寸、时间和成本。

第二步：想象其尺寸逐渐变大以至于无穷大时会怎样？

第三步：想象其尺寸逐渐变小以至于无穷小时会怎样？

第四步：想象其作用时间或运动速度逐渐变大以至于无穷大时会怎样？

第五步：想象其作用时间或运动速度逐渐变小以至于无穷小时会怎样？

第六步：想象其成本逐渐变大以至于无穷大时会怎样？

第七步：想象其成本逐渐变小以至于无穷小时会怎样?

使用STC算子时应注意以下几点：

1）每个想象实验要分步递增、递减，直到进行到物体新的特性出现。

2）不可以在还没完成所有想象实验或担心系统变得复杂时而提前终止。

3）使用成效取决于主观想象力、问题特点等情况。

4）不要在试验的过程中尝试猜测问题的最终答案。

例7-8

采摘苹果问题。

使用梯子来采摘苹果是最常见的方法，但是这种采摘方法的劳动量极大且效率较低。怎样才能让采摘苹果变得更加方便、快捷和省力呢?

这里应用STC算子沿着尺寸、时间和成本三个方向来做六个维度的发散思维尝试。如图7-5所示。

可能改进方案如下：

1）假设苹果树的尺寸趋于零高度——种植低矮苹果树。

2）假设苹果树的尺寸趋于无穷高——整形成梯子形树冠。

3）如果要求收获的时间趋于零——轻微爆破。

4）假设收获的时间是不受限制的——让苹果自然掉落。

5）假设收获的成本费用要求很低——让苹果自然掉落。

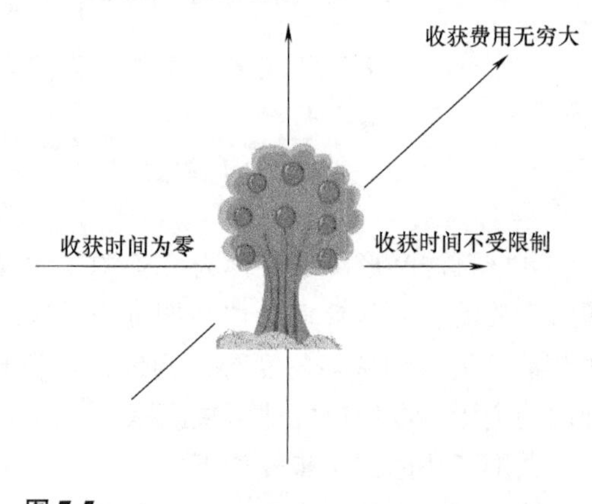

图7-5

苹果采摘问题的STC算子

7.3.4 金鱼法

金鱼法是一个反复迭代的分解过程。金鱼法的本质，是将幻想的、不现实的问题求解构想，变为可行的解决方案。它的解决流程如图7-6所示。

具体做法是先将幻想的问题构思，分解为现实构想和幻想构思两部分；再利用系统资源，找出幻想构思可以变成现实构思的条件，并提出可能的解决方案。如果这个方案不可行，再将幻想构思部分进一步分解为现实的和幻想的两种。这样反复进行，直至得到完全的、能实现的解决方案。

例7-9

训练长距离游泳的游泳池。

运动员在普通游泳池进行游泳训练需要反复掉头转弯，若能单向、长距离游泳会提高训练效果，但是这样就需要建造像河流一样的超大型游泳池，不仅造价高，占地面积也不允许。若能在造价低廉的小型游泳池里进行单向、长距离游泳训练就好了，但这显然不切实际，属于幻想式的解决构想，如图7-7所示。

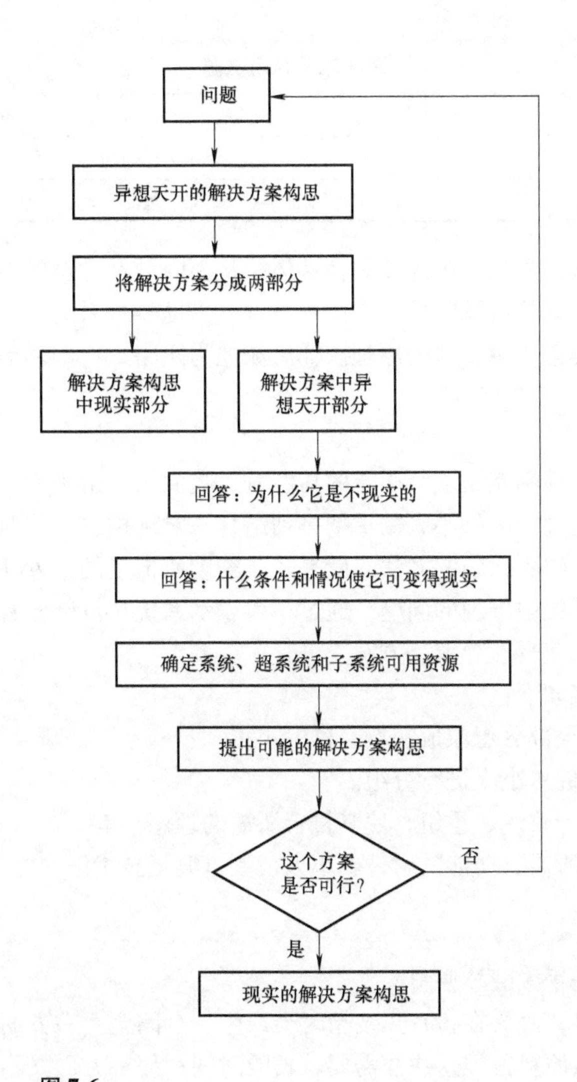

图 7-6

金鱼法流程

用金鱼法分析如下：

1）将问题分为现实和幻想两部分。

2）幻想部分为什么不能实现?

因为运动员在小型游泳池内很快就能游到对岸，需要掉头。

3）在什么情况下，幻想部分可以变为现实?

运动员体型较小，其游泳速度极慢，运动员在游泳时一直停留在同一位置。

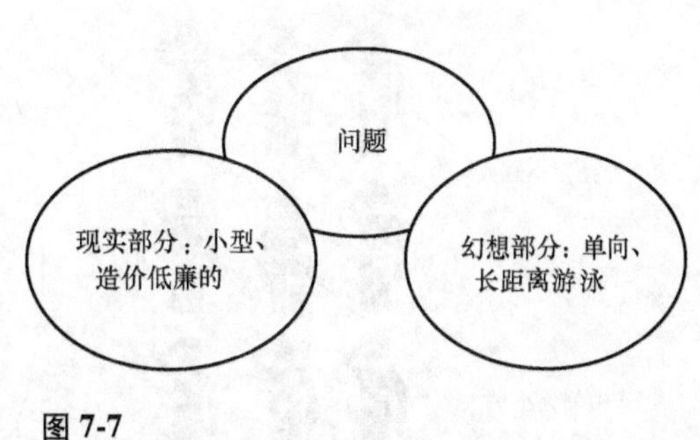

图 7-7

游泳池问题金鱼法

4）列出所有可利用资源，如表 7-4 所示。

5）利用已有资源，基于之前的构思考虑可能的方案：

表 7-4 游泳池可利用资源

超系统	天花板、空气、墙壁、游泳池供排水系统
系统	游泳池面积、体积、形状
子系统	池底、池壁、水

①运动员游速极慢：游泳池内灌注黏性液体，从而降低运动员的游动速度，增加负荷使其不能向前游动。②运动员游泳时停留在同一位置：借助供水系统的水泵，在游泳池内形成反方向流动的水道，类似于跑步机的原理。③游泳池为闭路式：即环形泳道。

7.3.5 小人法

当系统内的某些部件不能完成其必要的功能时，我们用一组小人来代表这些不能完成特定功能的部件，然后通过能动的小人的重新排列组合，对结构进行重新设计，从而实现预期功能。这种分析问题、解决问题的办法，就是阿奇舒勒所推崇的“小人法”。小人法能够更生动形象地描述技术系统中出现的问题，通过小人表示系统，打破原有对技术系统的思维定式，更容易解决问题，获得理想解决方案。

小人法的使用步骤如下：

1）把对象中的各个部分想象成一群一群的小人。

2）根据问题的条件对小人进行分组。

3）对小人模型进行改造、重组，使其符合所需的理想功能。

4）将小人固化成所需要功能的组件，小人模型过渡至技术解决方案。

例 7-10

快速检测集装箱是否藏匿核原料。

为防止走私核原料，海关在检查集装箱时会产生一个问题：一方面要快速准确地检查大面积集装箱内是否有核原料，但这往往需要较长的时间；另一方面又不能占用很长的时间检查每一个集装箱车辆，因为这会影响车辆通关的效率。

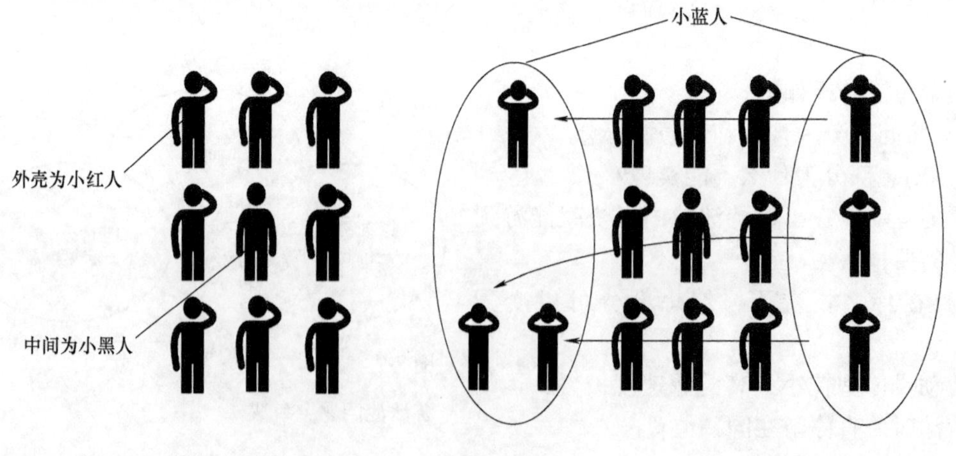

图 7-8

小人法检测示意图

现在借助小人法来模拟这个矛盾，如图 7-8 所示。将系统用多个小人表示执行不同的功能，然后重新组合这些个小人，使小人发挥作用，解决矛盾。假设核原料是小黑人，集装箱外壳是小红人，当然小红人要比小黑人多很多，即用多个小红人分布在小黑人的四周。这里使用一种检测仪器或者材料，假设其为小蓝人。希望小蓝人穿过小红人与小黑人时具有明显的不同特性，这样就可以方便、快速地检测出小黑人，即核原料的存在。例如可以选择一种材料，即小蓝人，当它与小红人（材料已知）相遇时不会改变前进方向，而与小黑人相遇时则改变前进方向。

实际应用中，可选择高能粒子 μ 介子作为小蓝人，因为 μ 介子在与核原料相撞时会偏离原前进方向，而与其他材料相遇时则仍沿原方向运动。这就能快速准确地检测出集装箱内是否藏有核原料了。

7.3.6　创新思维方法综合运用

TRIZ 的创新思维方法应用很广，在解决实际问题中，我们可以按如图 7-9 所示的流程综合使用。

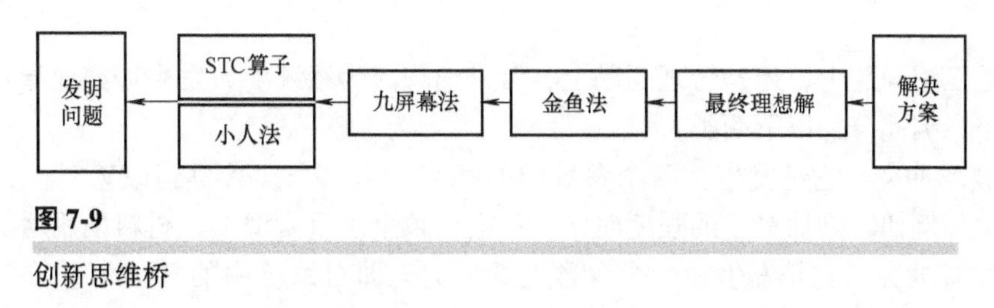

图 7-9
创新思维桥

首先，IFR 引导人们跨行业查找相关“信息资源”，从而常常得到创新问题的“超级”解决方案。

其次，IFR 的设定常常存在“幻想”成分，用“金鱼法”分析。其不现实的部分主要是缺少相关资源所致，人们可以从“金鱼法”的流程中获悉如何去获取这些资源。

再次，九屏幕法是资源分析的有效工具。通过系统变换，可以围绕当前系统在时间、空间两个维度上，到子系统、超系统、系统的过去和未来去寻求可利用的资源。

第四，如果已经存在许多资源，但仍无法使用，则尝试“STC 算子”，通过 S、T、C 的物理状态变化，有些资源即可“导出”，然后加以利用。

最后，可尝试“小人法”，利用此方法可以获得新的系统组合方式，或使子系统间的相互关系发生变化，从而使系统产生新的特性或功能。

7.4　TRIZ 理论矛盾及其解决方法

利用 TRIZ 原理解决问题的方法如下：首先，将一个待解决的实际问题转化为问题模型；然后，针对不同的问题模型，应用不同的 TRIZ 工具，得到解决方案模型；最后，将这些解决方案模型应用到具体的问题之中，得到问题的解决方案。

当一个技术系统出现问题时，其表现形式是多种多样的，因此，解决问题的手段也是多种多样的，关键是要区分技术系统的问题属性和产生问题的根源。根据问题所表现出来的

“参数属性”“结构属性”和“资源属性”，对应的TRIZ的问题模型共有四种形式：技术矛盾、物理矛盾、物质-场问题、知识使能问题。与此对应的TRIZ工具也有四种：“矛盾矩阵”“分离原理”“知识与效应库”和“标准解法系统”。对于一些更为复杂的、更高级别的发明问题，常常应用发明问题解决算法ARIZ求解。本章主要介绍较为常用的“参数属性”问题。

呈现“参数属性”的问题，即表现为系统的某些参数发生冲突的问题，可以通过TRIZ“参数桥”得以求解，如图7-10所示。

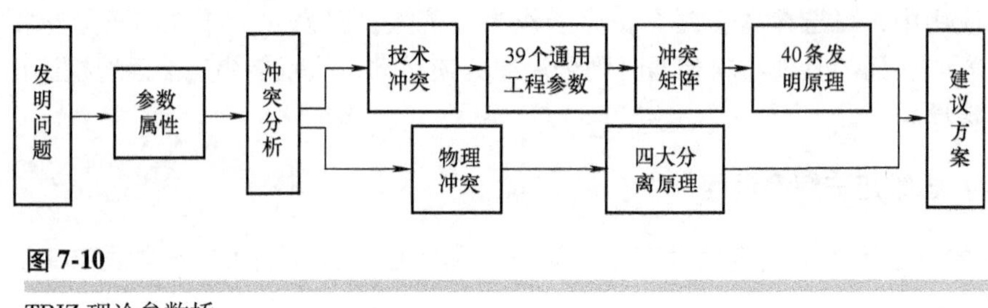

图7-10

TRIZ理论参数桥

无论是工程问题上，还是管理问题上，常常出现因为系统参数发生冲突而导致问题难以解决的现象，据此分为以下两类：

（1）技术冲突　它是发生在两个参数间的冲突。当一个参数得到改善时，另一个参数则变得恶化。例如，增加桌子的强度时，一般会导致桌子重量增加，材料使用增加。

（2）物理冲突　它是发生在一个参数上的冲突，即对系统中的某一个参数提出了完全相反或不同的需求。例如，桌面厚度既要薄又要厚，要求厚是为了结实，要求薄是为了节省材料，这就构成了物理冲突。常见的物理冲突如表7-5所示。

表7-5　常见的物理冲突

类型	举例			
几何类	长、短	厚、薄	圆、非圆	…
功能类	推、拉	冷、热	快、慢	…
材料类	多、少	密度大、小	温度高、低	…
能量类	高、低	功率高、低	温度高、低	…

7.4.1　39个通用工程参数

发现并确定冲突的方法有很多，可以通过系统功能分析、物场模型分析等方法进行。一般地，我们可以按以下三个步骤发现并确定系统中的技术冲突。

第一步：当前的问题是什么？

第二步：目前采用了什么方法？改进了什么参数？

第三步：目前的解决方法导致了什么参数的恶化？

例7-11

火箭发射失败的原因分析。

2003 年 11 月 29 日，日本曾利用 H2A 型运载火箭 6 号机发射一颗多功能卫星，发射上天约 10min 后，火箭在距离地球轨道 422km 的高度时，火箭 6 号机因固体火箭增压器未能分离而导致故障。地面控制中心只好将其自毁，事后被确认为是喷嘴形状和极高的燃烧压力导致喷嘴出现漏孔所致。2005 年 2 月 26 日，日本研制的 H2A 运载火箭 7 号机再次发射，为了确保这次发射成功，日本航天部门把安全放在了第一位，不惜牺牲火箭升空能力，把燃烧压力降低了两成，并改进了喷嘴形状。

按照确定技术冲突的步骤分析如下：

1）当前的问题是什么？火箭需要向上的推力。

2）目前采用了什么办法？改善了什么参数？采用高温高压气体，改善了升力。

3）目前的解决办法导致了什么参数恶化？高温高压气体导致喷嘴变形。

就是说，系统在改善火箭上升力的同时，恶化了喷嘴的形状。其冲突可描述为：

1）改善的参数：火箭的上升力。

2）恶化的参数：喷嘴的形状。

为了迅速精确地运用发明原理解决技术冲突，在确定了特定问题的技术冲突后，我们还需用 39 个通用工程参数重新描述具体领域的技术冲突，如图 7-11 所示。

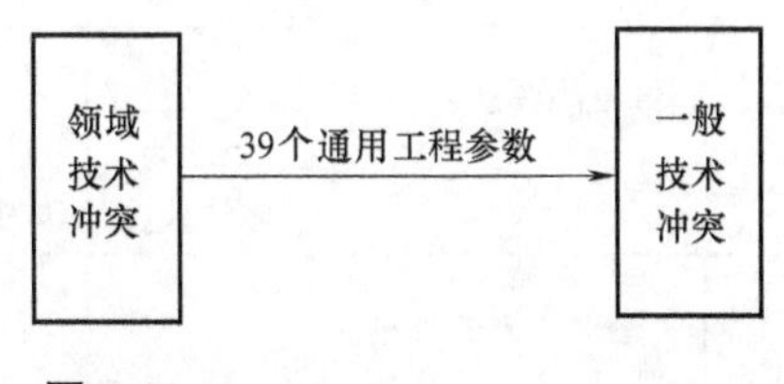

图 7-11

冲突转换模型

39 个通用工程参数是阿奇舒勒通过分析大量的专利文献后总结出来的，利用这 39 个通用工程参数就足以描述工程中出现的绝大部分技术内容。这 39 个通用工程参数如表 7-6 所示。

表 7-6　39 个通用工程参数

1. 运动物体的重量	11. 应力或压强	21. 功率	31. 物体产生的有害因素
2. 静止物体的重量	12. 形状	22. 能量损失	32. 可制造性
3. 运动物体的长度	13. 结构的稳定性	23. 物质损失	33. 可操作性
4. 静止物体的长度	14. 强度	24. 信息损失	34. 可维修性
5. 运动物体的面积	15. 运动物体的作用时间	25. 时间损失	35. 适应性及通用性
6. 静止物体的面积	16. 静止物体的作用时间	26. 物质或事物的数量	36. 系统的复杂性
7. 运动物体的体积	17. 温度	27. 可靠性	37. 控制和测试的复杂性
8. 静止物体的体积	18. 光照度	28. 测试精度	38. 自动化程度
9. 速度	19. 运动物体的能量	29. 制造精度	39. 生产率
10. 力	20. 静止物体的能量	30. 作用于物体的有害因素	

例 7-12

火箭发射失败的技术冲突。

在火箭发射的实例中，分析得到的技术冲突表现为：改善了“火箭的上升力”，恶化了“喷嘴的形状”，用 39 个通用工程参数标准化描述为：

改善的参数：10. 力

恶化的参数：12. 形状

7.4.2 阿奇舒勒冲突矩阵

如前所述，我们可以通过39个通用工程参数将各领域出现的各种技术冲突转化为标准的技术冲突，因此，阿奇舒勒组建了一个39×39的冲突矩阵，如表7-7所示。39个通用工程参数放在矩阵第一列，表示要改善的参数；又把39个通用工程参数放在矩阵第一行，表示会恶化的参数。理论上，这就形成了1521对标准冲突。其中，对角线上的39对是39个通用工程参数自身的冲突，这属于物理冲突；其余1482对为两个参数的冲突，是技术冲突。阿奇舒勒用40个发明原理给出了其中1263对典型技术冲突的常用解决方法。表7-8单元中的数字代表解决相应冲突所使用的发明原理。

表7-7　冲突矩阵（一）

改善的参数		恶化的参数						
		1	2	3	4	5	…	39
		运动物体的重量	静止物体的重量	运动物体的长度	静止物体的长度	运动物体的面积	…	生产率
1	运动物体的重量			15，08 29，34		29，17 38，34	…	35，03 24，37
2	静止物体的重量				10，01 29，35		…	01，28 15，35
3	运动物体的长度	15，08 29，34				15，17 04	…	14，04 28，29
4	静止物体的长度		35，28 40，29				…	30，14 27，26
5	运动物体的面积	02，14 29，04		14，15 18，04			…	10，26 34，02
⋮	⋮	⋮	⋮	⋮	⋮	⋮		⋮
37	控制和测量的复杂性	27，26 28，13	06，13 28，01	01，19 26，24	26	02，13 18，17	…	35，18
38	自动化程度	28，26 18，35	28，26 35，10	14，13 28，27	23	17，14 13	…	

表7-8　冲突矩阵（二）

改善	恶化				
	No. 1	…	No. x	…	No. 39
No. 1					
⋮					
No. y			1、7、35、4 （发明原理）		
⋮					
No. 39					

发现并确定系统存在的冲突，再用 39 个通用工程参数转化为标准技术冲突后，就可以利用冲突矩阵查找解决这一冲突的发明原理。在冲突矩阵的第一列中找到改善的参数，第一行中找到恶化的参数，对应单元中的数字即为解决这个技术冲突的发明原理编号。

例 7-13

火箭发射失败的解决办法。

如前所述，在火箭发射的例子中，分析得到改善的参数为 No. 10：力，恶化的参数为 No. 12：形状，对应单元中的数字为 10、35、40、34，就是说这个问题可以用以下发明原理来解决：No. 10：预操作，No. 35：参数变化，No. 40：复合材料，No. 34：抛弃与修复。

本案例中日本使用 7 号机再次发射时，把燃烧压力降低两成（改变参数），并改进了喷嘴形状（预先作用），确保了发射成功。如果进一步综合应用这四个发明原理，或许不必牺牲火箭升空能力，使发射更加稳妥顺利。

7.4.3　40 条发明原理

发明原理是建立在对上百万份的专利分析的基础上，蕴含了人类发明创新所遵循的共性原理，是 TRIZ 理论中用于解决矛盾的基本方法。实践证明，这 40 条发明原理是行之有效的创新方法。40 条发明原理及其应用如表 7-9 所示。

表 7-9　40 条发明原理

序号	名称	原理说明	原理应用实例
1	分割	1) 把一个物体分成相互独立的部分； 2) 把物体分成容易组装和拆卸的部分； 3) 提高物体的可分性	组合音响，组合式家具，模块化计算机组件，可折叠木尺，活动的百叶窗帘；花园里浇水的软管可以接起来以增加长度；为不同材料的再回收设置不同的回收箱
2	抽取	1) 从物体中抽取产生负面影响的部分或属性； 2) 从物体中抽取必要的部分或属性	为了在机场驱鸟，使用录音机来放鸟的叫声；避雷针；用光纤分离主光源，增加照明点
3	局部质量	1) 将均匀的物体结构、外部环境或作用改变为不均匀的； 2) 让物体不同的部分承担不同的功能； 3) 使物体的每个部分处于各自动作的最佳位置	将恒定的系统温度、湿度改为变化的；带橡皮头的铅笔；瑞士军刀；多格餐盒；带起钉器的榔头
4	不对称	1) 将对称物体变为不对称； 2) 已经是不对称的物体，增强其不对称程度	电源插头的接地线与其他线的几何形状不同；为改善密封性，将 O 形密封圈的截面由圆形改为椭圆形；为抵抗外来冲击，使轮胎一侧强度大于另一侧
5	组合	1) 在空间上将相同或相近的物体或操作加以组合； 2) 在时间上将相关的物体或操作合并	并行计算机的多个 CPU；冷热水混合器
6	多用性	使物体具有复合功能以替代其他物体的功能	工具车的后排座可以坐，靠背放倒后可以躺，折叠起来可以装货
7	嵌套	1) 把一个物体嵌入第二个物体，然后将这两个物体再嵌入第三个物体； 2) 让一个物体穿过另一个物体的空腔	椅子可以一个个折叠起来以利于存放；活动铅笔里可以存放笔芯；伸缩式天线

（续）

序号	名称	原理说明	原理应用实例
8	重量补偿	1）将某一物体与另一能提供上升力的物体组合，以补偿其重量； 2）通过与环境的相互作用（利用空气动力、流体动力、浮力等）实现重量补偿	用氢气球悬挂广告条幅；赛车上增加尾翼以增大车辆的贴地力；船舶在水中的浮力
9	预先反作用	1）预先施加反作用力，消除不利影响； 2）如果一个物体处于或将处于受拉伸状态，预先施加压力	给树木刷渗透漆以阻止腐烂；预应力混凝土；预应力轴
10	预先作用	1）预置必要的动作、功能； 2）把物体预先放置在一个合适的位置，以让其能及时地发挥作用而不浪费时间	不干胶粘贴；建筑通道里安置的灭火器；机床上使用的莫氏锥柄，方便安装和拆卸
11	预补偿	采用预先准备好的应急措施补偿系统，以提高其可靠性	商品上加上磁性条来防盗；备用降落伞；汽车安全气囊
12	等势性	在势场内避免位置的改变，如在重力场内，改变物体的工况，减少物体上升或下降的需要	汽车维修工人利用维护槽更换机油，可免用起重设备
13	反向作用	1）用与原来相反的动作达到相同的目的； 2）让物体可动部分不动，而让不动部分可动； 3）让物体（或过程）倒过来	采用冷却内层而不是加热外层的方法使嵌套的两个物体分开；跑步机；研磨工件时振动工件
14	曲面化	1）用曲线或曲面替换直线或平面，用球体替代立方体； 2）使用圆柱体、球体或螺旋体； 3）利用离心力。用旋转运动来代替直线运动	两个表面之间的圆角；计算机鼠标用一个球体来传输 x、y 轴方向的运动，洗衣机甩干
15	动态化	1）在物体变化的每个阶段，让物体或其环境自动调整到最佳状态； 2）把物体的结构分成既可变又相互配合的若干组成部分； 3）使不动的物体可动或可自适应	记忆合金；可以灵活转动灯头的手电筒、折叠椅；可弯曲的饮水吸管
16	未达到或过度作用	如果效能不能100%达到，稍微超过或小于预期效果会使问题简化	要让金属粉末均匀地充满一个容器，可将一系列漏斗排列在一起以达到近似均匀的效果
17	多维化	1）将一维变为多维； 2）将单层变为多层； 3）将物体倾斜或侧向放置； 4）利用给定表面的反面	旋转楼梯；多碟CD机；自动卸载车斗；电路板双面安装电子器件
18	机械振动	1）使物体振动； 2）提高振动频率，甚至达到超声区； 3）利用共振现象； 4）用电压振动代替机械振动； 5）超声振动和电磁场耦合	通过振动铸模来提高填充效果和零件质量；超声波清洗；超声“刀”代替手术刀；石英钟；振动传输带

（续）

序号	名称	原理说明	原理应用实例
19	周期性作用	1）变持续作用为周期性（脉冲）作用； 2）如果作用已经是周期性的，可改变其频率； 3）在脉冲中嵌套其他作用以达到其他效果	冲击钻；用冲击扳手拧松一个锈蚀的螺母时，要用脉冲力而不是持续力；脉冲闪烁报警灯比其他方式效果更佳
20	有效作用连续性	1）对一个物体所有部分设施加持续有效的作用； 2）消除空闲和间歇作用	带有切削刃的钻头可以进行正反的切削；打印机打印头在来回运动时都打印
21	减小有害作用	采取特殊措施，减少有害作用	在切断管壁很薄的塑料管时，为防止塑料管变形就要使用极高运动的切削刀具，在塑料管未变形之前完成切割
22	变害为利	1）利用有害因素得到有利的结果； 2）将有害因素相结合，消除有害结果； 3）增大有害因素的幅度直至有害性消失	废物回收利用；用高频电流加热金属时，只有外层金属被加热，可用作表面热处理；风力灭火机
23	反馈	1）引入反馈； 2）若已有反馈，改变其大小或作用	闭环自动控制系统；改变系统的灵敏度
24	中介物	1）使用中介物实现所需动作； 2）临时将原物体和一个易除的物体结合	机加工中钻孔时用于为钻头定位的导套；在化学反应中加入催化剂
25	自服务	1）使物体具有自补充和自恢复功能； 2）利用废弃物和剩余能量	电焊枪使用时的焊条自动进给；利用发电厂废弃蒸汽取暖
26	复制	1）使用简单、廉价的复制品来代替复杂、昂贵、易损、不易获得的物体； 2）用图像替换物体，并可进行放大和缩小； 3）用红外光或紫外光替换可见光	模拟汽车、飞机驾驶训练装置；测量高的物体时，可以用测量其影子的方法；红外夜视仪
27	廉价替代	用廉价、可丢弃的物体替换昂贵的物体	一次性餐具；一次性打火机
28	替代机械系统	1）用声学、光学、嗅觉系统替换机械系统； 2）使用与物体作用的电场、磁场或电磁场； 3）用动态场替代静态场，用确定场替代随机场； 4）利用铁磁粒子和作用场	机、光、电一体化系统；电磁门禁；磁流体
29	使用液体或气体	用气体或液体替换物体的固体部分	在运输易碎品时，使用充气泡材料；车辆液压悬挂
30	柔性壳体或薄片	1）用柔性壳体或薄片替代传统结构； 2）用柔性壳体或薄片把物体从环境中隔离开	为防止水从植物的叶片上蒸发，喷涂聚乙烯材料在叶片上，凝固后在叶片上形成一层保护膜
31	多孔材料	1）使物体多孔或加入多孔物体； 2）利用物体的多孔结构引入有用的物质和功能	在物体上钻孔减少质量；海绵吸水
32	改变颜色	1）改变物体颜色或其环境颜色； 2）改变物体或其他环境的透明度和可视性； 3）在难以看清的物体中使用有色添加剂或发光物质； 4）通过辐射加热改变物体的热辐射性	透明绷带可以不带开绷带而检查伤口；变色眼镜；医学造影检查；太阳能收集装置

（续）

序号	名称	原理说明	原理应用实例
33	同质性	主要物体及与其相互作用的物体使用相同或相近的材料	使用化学性质相近的材料防止腐蚀
34	抛弃与修复	1)采用溶解、蒸发、抛弃等手段废弃已经完成功能的物体，或在过程中使之变化； 2)在工作过程中迅速补充消耗掉的部分	子弹弹壳；火箭助推器；可溶药物胶囊；自动铅笔
35	改变参数	1)改变物体的物理状态； 2)改变物体的浓度、黏度； 3)改变物体的柔性； 4)改变物体的体积或温度等参数	制作酒心巧克力；液体肥皂和固体肥皂；连接脆性材料的螺钉需要弹性垫圈
36	相变	利用物体相变时产生的效应	使用把水凝固成冰的方法爆破
37	热膨胀	1)使用热膨胀和热收缩材料； 2)组合使用不同热膨胀系数的材料	装配过盈配合的孔轴；热敏开关
38	加速氧化	1)用压缩空气替换普通空气； 2)用纯氧替换压缩空气； 3)将空气或氧气用电离辐射进行处理； 4)使用臭氧	潜水用压缩空气；利用氧气取代空气送入喷火器内，以获得更多热量
39	惯性环境	1)用惯性环境替换普通环境； 2)在物体中添加惰性或中性添加剂； 3)使用真空	为防止棉花在仓库中着火，向仓库中充惰性气体
40	复合材料	使用复合材料替换单一材料	军用飞机机翼使用塑料和碳纤维形成的复合材料

7.4.4 四大分离原理

如前所述，工程中的冲突常常表现为发生在两个参数之间的技术冲突和发生在一个参数上的物理冲突，技术冲突利用发明原理可以消除，而物理冲突则应利用分离原理来解决。

比如说十字路口的交通问题，两条道路应该交叉，以便于车辆改变行驶方向，但两条道路又不应该交叉，以免车辆发生碰撞。那么我们如何解决这个问题？目前常用的方法有以下四种：

1）设置信号灯，不同方向的车辆（行人）间隔通行，从时间上把冲突分离开。

2）建造立交桥、过街天桥、地下通道等，不同方向的车辆（行人）通过空间交错各行其道，从空间上把冲突分离开。

3）建造安全岛，即在十字路口的中央位置设置一个大转盘，各个方向的车辆进入十字路口时首先右转按逆时针绕行，行驶到出行方向时，全部以右转弯方式驶出转盘，通过附加以上条件把冲突分离开。

4）将十字路口分解，比如分成两个丁字路口，通过局部与整体的系统分离可以在一定程度上缓解冲突现象。

1. 时间分离原理

所谓时间分离，就是将冲突双方在不同的时间上进行分离，以获得问题的解决方案。当冲突双方在某一时间段只出现一方时，时间分离是可能的。使系统在某一时间段表现为一种特性，满足冲突的一方；而在另一时间段表现为另外一种特性，满足冲突的另一方。

例 7-14

膨胀螺栓的发明。

我们常常使用地脚螺栓把某些物体或装备固定在混凝土等坚固的墙面或地面上。先打一孔，将螺栓头插入孔底，再用水泥把孔封死，使螺栓固定。这种方法工艺复杂，费工费时。直到 1958 年，德国的费希尔发明了膨胀螺栓，彻底改变了这一现状，试用 TRIZ 理论分析该发明机理。

分析如下：

第一步：分析系统存在的问题，定义物理冲突。

确定冲突参数：从施工工艺过程可以看出，为了便于把螺栓放入孔中，螺栓和孔应该有足够的间隙，而为了使螺栓牢固固定，螺栓和孔不仅不应该有间隙，还要结合紧密；这是典型的物理冲突，即对螺栓和孔的配合提出了两种不同的要求，冲突参数是“螺栓和孔的配合间隙”。

明确第一种要求：螺栓和孔的配合间隙要大。

明确第二种要求：螺栓和孔的配合间隙要小。

第二步：在理想状态下，对螺栓和孔的配合间隙提出的两种不同要求，分别应该在什么时间得以实现？

实现第一种要求的第一时间段 T1：安装过程中。

实现第二种要求的第二时间段 T2：安装完成后。

第三步：判断两时间段 T1、T2 是否交叉。

T1、T2 不交叉，可以应用时间分离原理解决问题。使螺栓在不同的时间段直径不同，安装时直径小，安装后直径变大（膨胀），膨胀螺栓就满足了这种要求。

2. 空间分离原理

所谓空间分离原理，就是将冲突双方在不同的空间上进行分离，以获得问题的解决方案。当冲突双方在某一空间只出现一方时，空间分离是可能的。利用空间资源，将物体的一部分表现为一种特性，而其他的部分表现为另一种特性。

例 7-15

大孔径钻头。

利用普通麻花钻头加工孔时，切削下来的金属屑由螺旋形的容屑导槽导出。当加工孔径较大时，由于所去除的材料非常多，钻头的磨损严重，金属屑导出困难，同时加工过程消耗的功率也很大。如何通过改进钻头来改善这种状况呢？

第一步：分析系统存在的问题，定义物理冲突。

1）确定冲突参数。从加工过程可以看出，为了加工出孔，需要把孔内的金属切削掉；而为了减少刀具磨损和金属屑的导出消耗，孔内金属最好不切削或少切削。这是典型的物理冲突，即对孔内金属料是否切削提出了两种不同的要求，特别是在加工孔径较大的时候冲突更为明显，冲突参数是“孔内金属料”。

2）明确第一种要求。孔内金属料要全部切削掉。

3）明确第二种要求。孔内金属料不要切削或者少切削。

第二步：在理想状态下，对孔内金属料提出的两种不同要求，分别应该在什么空间得以实现？

1）实现第一种要求的第一空间S1。要加工出孔，其实只需要把孔径内侧的一层薄料去除即可，比如激光切割的效果，就是说实现第一种要求的第一空间S1是“以孔径直径为外径的环形空间”，这部分金属需要全部切削掉。

2）实现第二种要求的第二空间S2。被加工孔径孔芯部位的材料只需要“去除”，不需要切削成金属屑，这部分空间就是S2。

第三步：判断两空间S1、S2是否交叉。

S1、S2不交叉，可以应用空间分离原理解决问题。根据加工孔的空间分割，把钻头也分成S1、S2两个空间，把内部空间S2舍去，经改进的钻头即为套料钻。

3. 条件分离原理

所谓条件分离原理，就是将冲突双方在不同的条件下进行分离，以获得问题的解决方案。当冲突双方在某一条件下只出现一方时，基于条件的分离是可能的。使系统在某一条件下表现为一种特性，满足冲突的一方；而在另一条件下表现为另外一种特性，满足冲突的另一方。

例7-16

钢板高温防氧化问题。

某公司在制造一种零件时，需要将钢板加热到1300℃，放在压力机上冲压成形。然而，钢板在加热到800℃时，就发生了严重的氧化，使得加工出的零件无法使用。如何来解决此问题呢？

分析可知，这里存在一对物理冲突，冲突参数是钢板的温度，希望温度高以便于成形，希望温度低以防止氧化。

条件分离是让人们思考能否使冲突双方在某一条件下只出现一方，本案例中高温是必需的，氧化是要避免的，我们如果能找到在高温下使钢板不被氧化的条件，冲突即可分离。当钢板被加热时，钢板与空气中的氧气发生反应，是导致钢板被氧化的原因。如果钢板和空气中的氧气不接触，那么氧化反应就不能进行。

由此我们找到分离冲突的条件，即将空气与钢板用惰性气体隔开，比如使用氮气。在氮气保护下，将钢板加热到1300℃进行冲压成形，加工完毕后，待钢板温度降低到800℃以下，再去掉氮气的保护，既保证了成形的温度需要，又防止了钢板氧化。

4. 系统分离原理

所谓系统分离，就是将冲突的双方在不同的层次或系统级别上分离开，以获得问题的解决方案或降低问题的解决难度。当冲突双方在某一层次或系统级别上只出现一方时，系统分离是可能的。

例7-17

自行车链条。

对自行车链条的性能要求存在物理冲突，一方面希望它是柔性的，以便于像带传动一样在两链轮之间环绕进行运动传递，另一方面又希望它是刚性的，以克服像带传动一样因弹性变形而存在的柔性滑动，致使运动传动比不准确。现实中采用了系统分离原理：链条在宏观层次上（整体上）是柔性的，在微观层次上（每个链节）是刚性的，通过在不同层次上的分离，同时满足了两种不同的需求。

7.4.5 确定问题的领域解

在利用 TRIZ 解决问题的时候，首先将问题转化成 TRIZ 标准问题或标准模型，然后利用 TRIZ 中间工具得到解决该问题的 TRIZ 标准解，最后将 TRIZ 的标准解转化为特定领域的解（简称领域解）。

解决技术冲突问题时，利用冲突矩阵得到的发明原理即为 TRIZ 的标准解，这些原理仅表明解的可能的方向，即应用这些原理使问题的解迅速收敛到正确的方向上。在这些原理的启发下，寻求具体问题的特定领域的解决方案时，还需要应用专业知识与领域经验，根据所掌握的资源，结合技术装备、成本控制等条件，具体问题具体分析，进行再创造。一般情况下，将各个发明原理进行综合运用，可以得到理想的解决方案。

例 7-18

火箭发射问题的领域解。

在火箭发射的例子中，根据给出的四个发明原理可以考虑以下可能的领域解：

根据 No. 10 预先作用原理：改变喷嘴形状以增加结构刚度，预先反变形，预先做成组合结构等。

根据 No. 35 参数变化原理：改变压力参数、温度参数，改变喷嘴尺寸参数、结构参数、材料参数等。

根据 No. 40 复合材料原理：改变喷嘴材料或者改变其表面材料使其达到不导热、耐变形等效果。

根据 No. 34 抛弃与修复原理：变形的喷嘴及时抛弃、使变形能自动修复等。

7.4.6 纺织装备与 TRIZ 理论

纺织机械制造业在为纺织品行业提供大量设备的同时，行业的自我发展也取得了巨大的进步。经过多年的发展创新，纺织机械已经成为一种科技含量高、品种繁多、性能好、效率高的装备。

在此我们以织机为例，倘若我们套用 TRIZ 理论，是否也能导出织机的发展演变过程？

织机根据引纬机构的不同，可分为有梭织机和无梭织机。

最早的织机是采用传统梭子（塑料或木制）的有梭织机。梭子的体积大、分量重，被往来反复投射，机器振动大、噪声大、车速慢、效率低。针对有梭织机的这些不足，我们试用 TRIZ 理论来解决问题。

第一步：进行冲突分析，我们此处抽出速度和能量损失这对矛盾为例来进行分析。

第二步：查阿奇舒勒冲突矩阵，找到对应的发明原理 NO14. 曲面化、NO20. 利用有效作用、No19. 周期性作用、No35. 改变参数。

第三步：选择合适的发明原理与专业领域相结合进行思考。如选取曲面化原理（用曲线或曲面替换直线或平面)，采用凸轮机构带动引纬器（剑杆）来代替投梭棒击打梭子，达到了提高车速和效率，降低冲击和振动的效果，于是发明了一种凸轮机构引纬剑杆织机；用改变参数原理（改变物体的物理状态)，用水流或气流代替固体梭子进行引纬，发明了喷水织机和喷气织机，车速和产量进一步提高；利用有效作用原理（消除空闲和间歇性作用）和改变参数原理（改变物体的体积)，可以得到以多个高速的小体积梭代替单个传统梭子的思路，与之对应的就是高效、平稳的片梭织机。

7.5 总结

创新的方法多种多样，但是实际应用中，往往为了提高解决问题的效率，我们需要从众多方法中采取合适的创新方法。试错法是最原始的创新办法，也是一切创新办法的基础，所有创新方法解决问题最终都要回到试错来进行验证。但是试错法寻求问题解决方案的方向过于发散，难以快速获得正确的答案。头脑风暴法、形态分析法等方法相对于试错法有所改进，头脑风暴法能够快速激发出更多的创意，形态分析法则能够系统地、全面地给出所有可能的解。

TRIZ 理论则是一套基于大量创新经验总结而成的高效创新办法，能使问题的解快速收敛。但由于问题与答案的无穷无尽，TRIZ 理论有时候也未必有效。因此，在解决发明问题或者工程问题时，不妨先试用 TRIZ 理论这条创新“捷径”，看能否在很短的时间内找出有效的解决方案。倘若不能，则还应回到传统的创新方法上进行思考。

习题

7-1 简述头脑风暴过程当中应遵循的原则。

7-2 列出金鱼法的创新思维流程。

7-3 简述物理矛盾与技术矛盾的区别。

7-4 试列举几个发明原理并举例说明。

7-5 简述 TRIZ 理论的参数桥流程。

参考文献

[1] 高志，黄纯颖. 机械创新设计 [M]. 北京：高等教育出版社，2010.
[2] 丛晓霞. 机械创新设计 [M]. 北京：北京大学出版社，2008.
[3] 杨家军. 机械创新设计技术 [M]. 北京：科学出版社，2008.
[4] 张明勤. TRIZ 入门 100 问 [M]. 北京：机械工业出版社，2012.
[5] 赵锋. TRIZ 理论及应用教程 [M]. 西安：西北工业大学出版社，2010.
[6] 赵敏，史晓凌，段海波. TRIZ 入门及实践 [M]. 北京：科学出版社，2009.
[7] 沈萌红. TRIZ 理论及机械创新实践 [M]. 北京：机械工业出版社，2012.

第8章 人工神经网络

本章首先介绍了人工神经网络方法，并详细阐述了BP神经网络及RBF神经网络的具体原理，并给出了相应的应用实例。

8.1 概述

8.1.1 什么是人工神经元计算

人工神经网络是一种运算模型，由大量神经元及其相互的连接构成，每个节点代表一种特定的输出函数，称为激励函数。每两个神经元之间的连接都代表一个对于通过该连接信号的加权值，称之为权重，这相当于人工神经网络的记忆。

网络的输出则根据网络的连接方式、权重值和激励函数的差异而不同，一般而言，神经网络自身通常是对自然界某种算法或者函数的逼近，也可能是对一种逻辑策略的表达。

1. 模拟人脑

神经元是脑神经系统中最基本的细胞单元，每个神经元都是一个简单的微处理单元，其接受并融合其他神经元所传来的信号，这些信号通过树突结构进行输入，如果融合的信号足够强大，神经元就会被激发，从而产生输出信号，并将输出信号沿着轴突向外传送，这种信号传递的本质是一个化学过程，其电信号是可以测量的，图8-1显示了生物神经系统的基本结构。

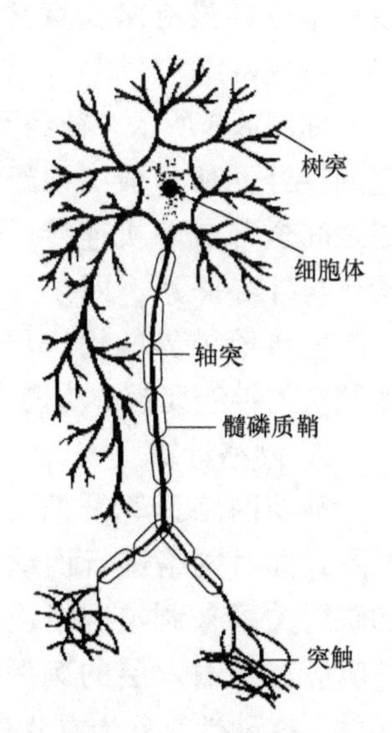

图 8-1

生物神经系统的基本结构

大脑由约数千亿紧密互联的神经元所组成，神经元的轴突（输出通道）有许多神经末梢，通过所谓突触的连接与其他神经元的树突（输入通道）相连。突触的信号传输是一个化学过程，传递的信息量取决于由轴突释放到由树突接收的化学物质，突触的连接强度在大脑学习时可以随时修正，突触和神经元的信息处理形成了大脑学习的基本记忆机构。

2. 人工神经元网络

在人工神经元网络中，模拟生物神经元的单元称为神经元。一个神经元有许多输入通道（树突），它通常用简单求和的方式对所有输入值进行合成操作，操作的结果是神经元的一个内部激发值，由传递函数做进一步的修改，传递函数可以是阈值函数，只有当激发值达到一定水平时才输出信号；传递函数也可以是合成输入的连续函数，其输出值则直接传送到神经元的输出通道，神经元的信号处理过程如图8-2所示。

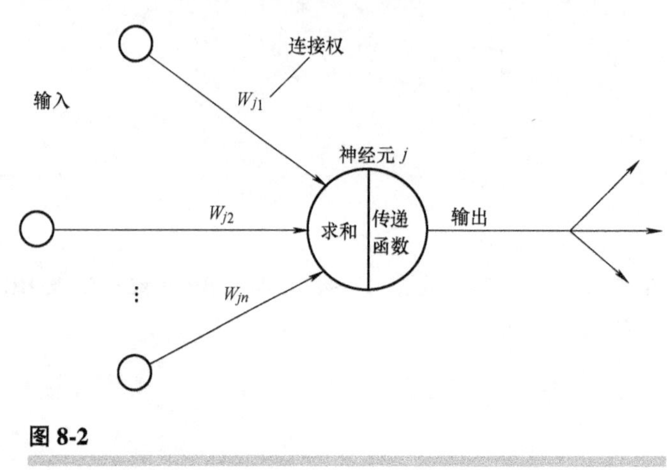

图8-2

神经元的信号处理过程

神经元的输出通道可通过连接权与其他神经元的输入通道相连，连接权代表神经连接强度。一个连接就有一个相应的权，输入至神经元的信号在求和之前要先进行加权操作，因此，合成函数实际上是一个加权和，神经元的简化模型本身并没有多少意义，重要的是神经元相互连接，行成网络。

如图8-3所示，神经元网络由许多相互连接在一起的神经元所组成。神经元按层进行组织，连续两层之间全部或随机连接。通常的结构包含有特殊的两层与外界联系，即接受外界信号的输入层和将网络响应传给外界的输出层，除输入与输出层外，其他层次的神经元被称为隐含层。

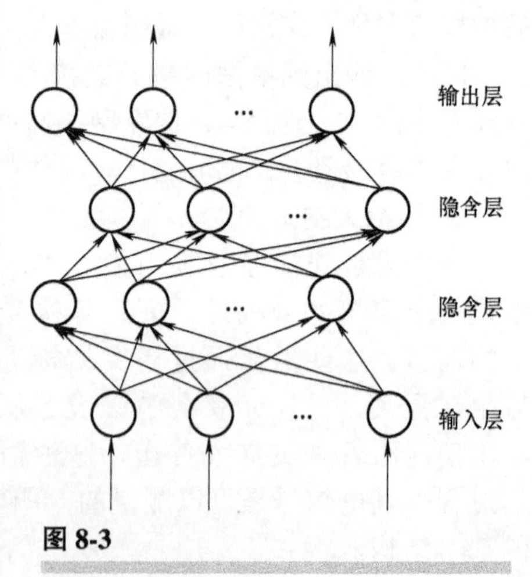

图8-3

神经元网络示意图

3. 网络计算

神经网络计算分两阶段——学习和记忆。网络学习，即对网络进行训练，是根据输入层与输出层的映射关系来调整网络连接权的计算过程。输出层的响应对应输入层的刺激必须由有经验的“教师”提供，这种学习称为有监督的学习。如果期望输出不同于输入，则训练过的网络称为互联想网络；如果所有的学习（训练）样本期望输出矢量等于输入矢量，则训练过的网络称为自联想网络；如果无期望输出，则训练过程称为无监督学习。无论哪一种学习方式，学习规则是训练的重点，它是指如何根据学习（训练）样本来调整连接权的方法。记忆是网络根据输入层信号产生输出层响应的计算过程，记忆也是学习过程的一个有机组成部分。

简单网络没有从一层到另一层或到本层的反馈连接，这种网络称为前向网络。信息以前进方式传输，利用神经元的加权求和以及传递函数特征，从输入层通过隐含层传播到输出层，由于信息传递是非线性的，因此前向网络具有很大的复杂性。如果网络有反馈连接，信息就在网络的同一层内或不同层之间回荡，直至满足某个收敛准则，然后传播到输出层。

8.1.2　人工神经网络计算的特点

神经网络计算不同于传统的建模计算与专家系统，主要表现在如下几个方面：

1. 样本学习

传统专家系统的知识是用规则形式给出的，神经网络与专家系统不同，其规则是由样本学习来形成的，训练通过学习规则来完成，其中学习规则是根据样本输入及期望输出来调整网络连接权的方法。

对于无监督学习，网络仅接收输入样本，通过内部自行组织，使得隐含层某些神经元对某一组输入样本具有强烈反应，这组输入样本即代表输入空间中的一个簇，不同的簇数据通常来源于不同的物理机理。

对于有监督学习，训练输入与期望输出值样本，逐渐使网络通过调整权值来实现期望的输入-输出映射关系。

2. 分布联想记忆

神经网络的一个重要特征是其储存信息的方式。神经网络属于分布式记忆，连接权为记忆单元，权值体现了网络知识的当前状态。由输入-输出表示的一条知识样本可通过训练分布在网络里的多个记忆单元中，与此同时网络内存储的其他知识样本也可共享这些记忆单元，表明知识之间具有很强的耦合性。

神经网络同时又具有联想泛化能力。如果给训练过的网络一个不完整的输入，网络会选择记忆中最接近该输入的完整输入并产生一个相应输出；如果网络是自联想的，即输入等于期望输出，一个不完整的输入矢量经过网络后就会补全成一个完整的矢量。当输入一个不完整的、带噪声或以前从未见过的信号时，神经网络的泛化能力还可保证网络输出一个合理的响应。

3. 容错特性

传统的计算系统只要损坏少量记忆单元，就可能引发故障。神经网络系统具有鲁棒性。鲁棒是指一些神经元遭到破坏或者连接少许改变，网络的整体性能只是稍微变差一点，即使有更多的神经元损坏，网络的性能也只是少许再变差一点。神经元计算系统之所以能容错，是因为信息不是储存在一个地方，而是遍布在整个系统的连接内。

4. 综合能力

神经元网络能够学习复杂映射，综合复杂函数的能力类似于生理系统学习协调运动的能力，如学习挥拍和击球。

8.1.3　人工神经网络的应用

人工神经网络在不同领域诸多方面都有广泛应用，例如，工业、金融、通信和环境等领域。工业领域具体包括运动控制、质量控制、生产规划、故障诊断等方面。在金融与财政领域，应用则包括市场预测与建模、投资决策、信贷分析等方面；在通信领域，应用包括信号分析与处理、数据压缩、自然语言理解等方面；在环境领域，应用包括天气预报、资源管理等方面。

下面列举神经网络获得成功应用的若干具体问题。

1. 信号处理

神经网络广泛应用于信号处理，如目标检测、滤波去噪、畸变波形恢复等。如雷达回波分析中的多目标分类，运动目标的速度估计、多目标跟踪等。神经网络也可用于多传感器信号融合，即对多个传感器收集到的信号进行处理，尽可能地获取关于被测目标的完整信息。

2. 知识处理

神经网络可以从数据中自动获取知识，可把新知识结合到映射函数中，并逻辑执行假设检验，这种能力使得神经网络特别适合处理不精确知识，或者那些主要涉及因果关系存在矛盾与错误的知识或数据。

3. 自动控制

复杂机械伺服系统，如机器人控制中的一个非常困难的问题是寻找计算上可接受的算法，用来补偿系统物理参数变化，虽然这些参数有时可以用数学公式来描述，例如轴线安装偏斜，构件长度偏差等产生的误差，但是存在两个问题：首先，不可能精确地测量这些偏差；其次，补偿这些偏差所需的计算量过于巨大。例如神经网络可用来预测机器人的定位误差，然后结合期望位置对机器人的实际位置进行校正，从而改善机器人的定位精度。

神经网络还能应用于校正视觉运动控制，执行器表面安装图像传感器，通过神经网络拟合图像平面的非线性关系来辅助机器人反馈控制，并反过来使图像传感器瞄准正在运动的指定目标。

4. 函数拟合

利用其内插能力，神经网络可拟合由样本点形成的复杂多维函数。例如，在金属环锻压实验中，神经网络可以代替标定曲线，从而在金属成形过程中，用于测定介面的摩擦特性以及材料的流动应力。

5. 组合优化

神经网络可用于解决最优调度问题。例如根据运输网当前和历史的货物信息，最佳地（或局部最佳地）调度网中的货物源，以达到货物在网中最经济传递的目的。

神经网络也可解决著名的“旅行商问题”，该问题是推销员需要访问若干城市，并确定一个最短的闭合路线，条件是每个城市仅能访问一次。用神经网络的加权连接表示城市间距离，当神经网络训练达到稳定状态时，就可找到最优或近似最优最短路线，稳定状态对应于道路网络的能量函数最小值。

6. 故障诊断

借助于模拟器可以预测喷气发动机有故障时的传感器的数据，用这些数据训练神经网络，从而能实时监视传感器数据，诊断即将出现的故障，神经网络能区分是轴承的问题还是燃油的问题，并能进一步确定故障持续的时间和发展趋势。

8.2 BP神经网络

20世纪80年代中期，Rumelhart和McClelland等人所在的研究小组，提出了著名的误差反向传播算法（Error Back Propagtion，BP），解决了多层神经网络的训练难题，极大地促进了神经网络的发展，这种神经网络就被称为BP神经网络。BP神经网络是使用最广泛的一种神经网络，成功地应用于很多领域，其中包括文字识别、目标跟踪、图像分类、信号处理、运动控制以及故障诊断等，反向传播网络可解决任何形式的模式映射问题，即给定一个输入模式，网络产生一个与之相关的输出模式。

8.2.1 网络结构

BP神经网络通常有一个输入层、一个输出层和至少一个隐含层，每层由一个以上的神经元组成。图8-4表示了一个典型的三层BP神经网络拓扑结构，在这三层BP网络中，假设输入神经元个数为M，隐含层神经元个数为I，输出层神经元个数为J，输入层第m个神经元记为X_m，隐含层第i个神经元记为K_i，输出层第j个神经元记为Y_j，从X_m到K_i的连接权值为W_{mi}，从K_i到Y_j的连接权值为W_{ij}。隐含层传递函数一般为Sigmoid函数，输出层传递函数为线性函数。

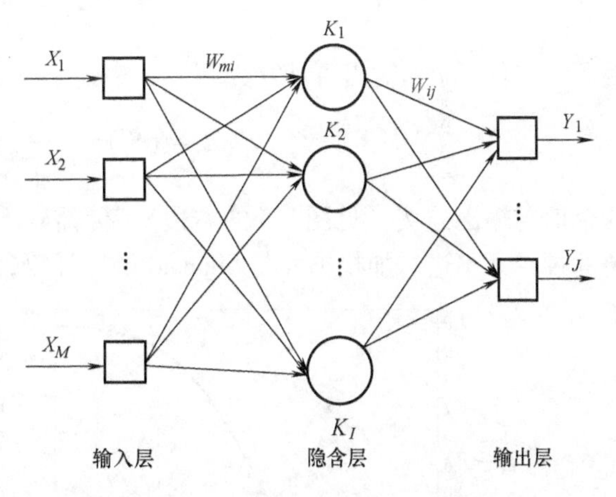

图8-4

BP神经网络基本结构

8.2.2 网络运算与传递函数

网络运算就是网络输入信号的前向传播和网络输出响应的计算。当给网络一个输入信号时，信号就开始前向传播，输入层每个神经元对应于输入矢量的一个分量，输入值即为分量的值，输入层神经元的输出与输入相同，其余层将输入信号加权向前传播，同时确定各层神经元的输出。

图8-5描述了信号前向传播的过程：左边是输入，右边是下级神经元，该神经元拥有一个输入加权和（S_j），一个传递函数f（S_j），左边为神经元j的连接权，其来自上一层的神经元，神经元j的运算为

$$S_j = \sum a_i W_{ji},\ a_j = f(S_j) \tag{8-1}$$

式中，a_i为神经元i的输出；W_{ji}为从神经元i到j的权（神经元i为神经元j上一层的神经元）；f为非线性可微传递函数。

神经元的传递函数f一般取Sigmoid函数，如图8-6a所示，Sigmoid函数在其两端比较平坦，中间上升较快。当x趋向正无穷时，$f(x)$逼近于1；当x趋向负无穷时，$f(x)$逼近于0，0到1的跃变发生在$x=0$附近，与阶跃函数（见图8-6b）相比，Sigmoid函数表现出一种有界可微的“软”阀值特性。

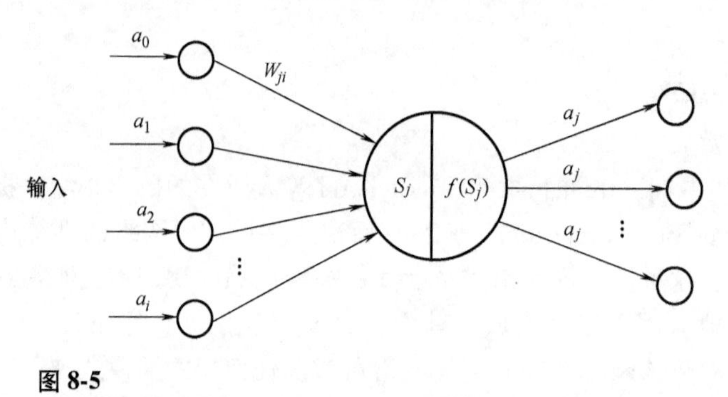

图 8-5

信号前向传播过程

Sigmoid 函数的数学表达式为

$$f(x)=\frac{1}{1+\mathrm{e}^{-x}} \tag{8-2}$$

因此，神经元 i 的输出可计算为

$$a_j=f(S_j)=\frac{1}{1+\mathrm{e}^{-S_j}}=\frac{1}{1+\mathrm{e}^{-\sum a_i W_{ji}}} \tag{8-3}$$

这个值与输出连接（见图 8-5 的右边），传播到下一层的神经元，输入层是一个例外，输入层的神经元不进行加权求和与 Sigmoid 函数计算，其输出与输入相同。

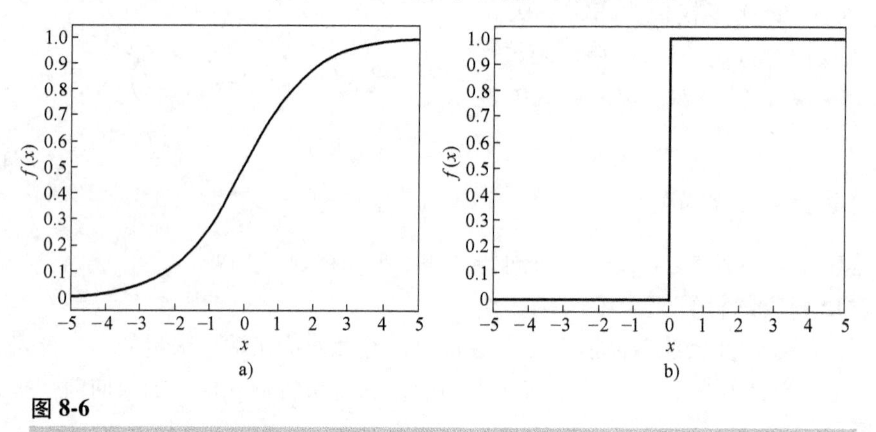

图 8-6

传递函数及阶跃函数图形

a）Sigmoid 函数　b）阶跃函数

8.2.3 误差反向传播

误差反向传播是网络训练时连接权调整的计算过程，即首先由输入层开始逐层计算各层神经元的输出误差，然后根据误差梯度下降法来调节各层的权值和阈值，使修改后的网络最终输出能接近期望值。

BP 网络采用迭代更新的方式来确定权值，因此需要一个初始值（通常是随机给定的），在输入样本信号的前向传播完成后开始进行误差校正：首先由输出层的每个神经元产生一个实际输出值，并与训练样本中的目标输出进行比较，计算输出层各神经元的误差；然后调整与输出层相连的各个权值，再计算隐含层各神经元的误差值，接着调整与隐含层相连的权值，反复进行上述过程，直到最后一层的权值调整完成为止。

神经元的误差值，记为 δ，对输出层来说，该值较易计算，隐含层误差值计算较为复杂，对于输出层的神经元 j，其误差为

$$\delta_j=(t_j-a_j)f'(S_j) \tag{8-4}$$

式中，t_j 为神经元 j 的目标值；a_j 为神经元 j 的实际输出值；$f'(x)$ 为 Sigmoid 函数的导数；S_j 为神经元 j 所有输入的加权和。量 (t_j-a_j) 反映了误差的大小。$f'(x)$ 的作用是将误差“放大”，以使误差在和 S_j 位于 Sigmoid 曲线跃变附近做较大的校正。

如图 8-7 所示，一个隐含层神经元 j 的误差计算式为

$$\delta_j=\left(\sum_{k=1}^{m}\delta_k W_{kj}\right)f'(S_j) \tag{8-5}$$

式中第一个小括号内为下级神经元的误差 δ 的加权和。同样 f' 通过突出 Sigmoid 函数的跃变来“放大”输出误差。

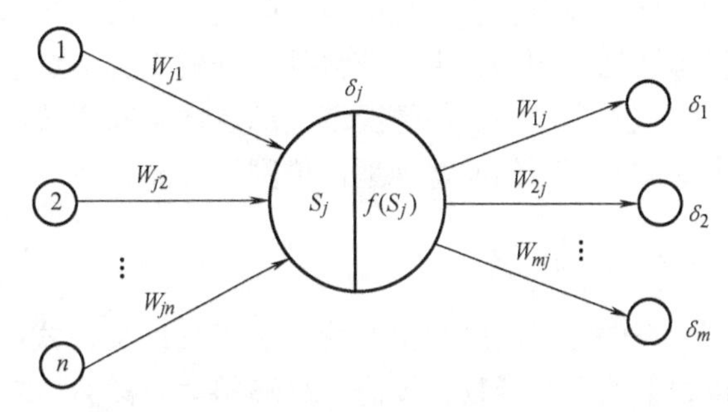

图 8-7

隐含层神经元的误差计算

连接权可用上述计算的神经元误差来调整，权值更新可利用误差 δ 进行如下计算：

$$\Delta W_{ji}=\eta\delta_j a_i \tag{8-6}$$

图 8-8 形象地表示了权 W_{ji} 的调整方式，调整量依赖于三个因素：δ_j、a_i 和 η，这个权值调整方程被称为广义 δ 规则。

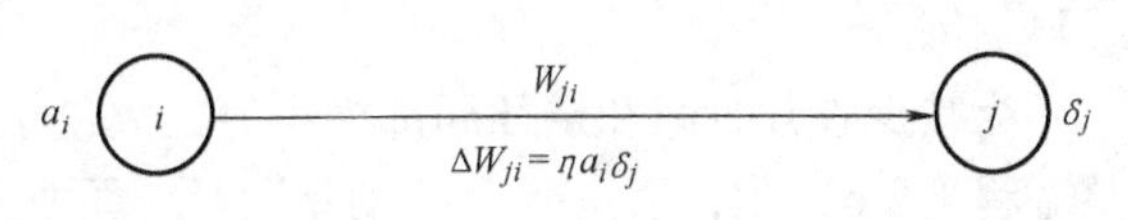

图 8-8

权值的调整

权的调整量与误差 δ_j 成正比，神经元 j 的误差值越大，相应权的调整量越大。权调整量也与前一个神经元的输出值 a_i 成正比，a_i 越小，权的调整量就越小，反之，神经元的输出值 a_i 越大，其与下一层神经元相连的权值的调整量就越大。

权调整方程中的变量 η 为学习率，一般取值在 0.25 和 0.75 之间，表示网络的学习速度。学习率如果较大，将导致网络学习不稳定，造成学习效果不理想，值过小又可能导致学习速度较慢。通常学习率在网络学习过程中是可变化的，如在学习开始时用较大的学习率，在学习过程中再逐步减小学习率，这种动态方法就可兼顾学习的效果与效率。

8.2.4　网络训练与测试

网络训练实际上是一个确定连接权的学习过程，反向传播网络使用有监督学习技术来训练，即样本输入和目标输出成对地提供给网络，样本输入为一实数矢量，目标输出为输入样本的期望响应矢量，其可用来计算网络输出误差，从而逐层确定连接权的调整量。

训练样本可重复使用，一次训练迭代提供给网络一对输入-输出样本，一个训练循环包括所有的样本，反向传播网络的训练通常需要成千上万次的训练循环才能获得网络收敛。

网络训练的收敛准则一般用输出误差的均方根（RMS）值来定义，收敛是指 RMS 值越

来越小，逐渐逼近0的过程，这通常需要较长时间。如果训练样本具有代表性，网络一般可收敛到一个较小的RMS值；若存在局部极小值，可使用一些技术规避，例如改变学习参数或增加隐含层神经元数目，这些方法都能使网络避开局部最小值；给连接权一个随机摄动，也可使网络离开局部最小位置。如果新位置离局部最小位置足够远，则收敛就会朝新的方向进行，而不至于停滞在原先的最小位置上。

反向传播网络的应用不仅需要有训练样本，还需要有测试样本，测试样本用于评价训练后的网络性能。在典型的应用问题中，两种样本都应来自于实际数据，虽然有时也可以使用模拟数据，例如如果可获得的数据较少，可对已有数据进行随机摄动，模拟生成额外的训练或测试样本。在任何情况下，训练样本和测试样本都应该具有代表性，测试样本应该不同于训练样本，以便能客观地评价网络性能。

8.2.5 小结

反向传播网络的主要特长在于其广义模式的映射能力，该类网络无须预先知道输入-输出映射的数学函数，仅需要足够的学习样例，就能够实现多模式的映射关系。由于有许多设计参数可供选择，如层数、连接方式、神经元类型、学习率以及数据表达等，所以网络拓扑结构具有较大柔性，因此反向传播网络能够在许多领域解决问题。

收敛时间长是反向传播网络的最大缺点，即使对于非常简单的问题，网络训练也需要成千上万次迭代。当实际问题含有大量训练样本时，完成网络训练就需要很长时间。所幸费时的训练是在网络开发时完成的，大多数应用只需要使用训练过的网络，不需要对网络重新在线再训练。

为减少收敛时间和避开局部极小值，大量学者提出了一些新的误差校正方法：如在权调整方程（8-6）中，引进一个“动量”项，可加速收敛过程；如使用变化的学习率，即学习开始时用较大的η，然后减小η，可改善收敛性；如改变网络结构、给训练样本或连接权值加上噪声等技术，都可避开局部极小值。

8.3 RBF神经网络

BP神经网络是一种全局逼近网络，学习速度慢，不适合训练实时性要求较高的场合。本节将介绍一种结构简单、收敛迅速、能够逼近任意非线性函数的网络——径向基函数（Radial Basis Function，RBF）网络。1988年，Broomhead和Lowe根据生物神经元具有的局部响应原理，将径向基函数引入神经网络，它能够以任意精度逼近任意连续函数，特别适合解决分类问题。

8.3.1 径向基函数

径向基函数在神经网络、SVM（支持向量机）、散乱数据拟合等领域都有十分重要的应用，常见的高斯函数就是径向基函数的一种。径向基函数关于n维空间的一个中心点具有径向对称性，而且神经元的输入离中心点越远，神经元的激活程度越低。

一般径向基函数记为$\phi(x, y)=\phi(\|x-y\|)$，其中$\|x\|$指欧几里得范数。可以证明，在一定条件下，径向基$\phi(\|x-c\|)$可以逼近几乎所有函数，这里c是一个固定中心值，

这样就把多元函数变成了一元函数，常用的径向基函数是高斯分布函数 $\phi(r)=\mathrm{e}^{-r^2/\sigma^2}$。

8.3.2　RBF 神经网络结构

RBF 神经网络基本结构如图 8-9 所示，表现为一种三层前向网络。第一层为输入层，输入节点的个数等于输入向量 $\boldsymbol{x}$ 的维数 n；第二层为隐含层，节点个数视问题的复杂度而定，第 i 个隐含节点的输出为 $\phi_i(\|\boldsymbol{X}-\boldsymbol{X}_i\|)$，$\boldsymbol{X}_i=(x_{i1}, x_{i2}, \cdots, x_{im})$ 为基函数的中心；第三层为输出层，节点个数等于输出数据的维数，其包括若干个线性单元，每个线性单元与所有隐含节点相连，这里的“线性”是指网络最终的输出是各隐含节点输出的线性加权和。

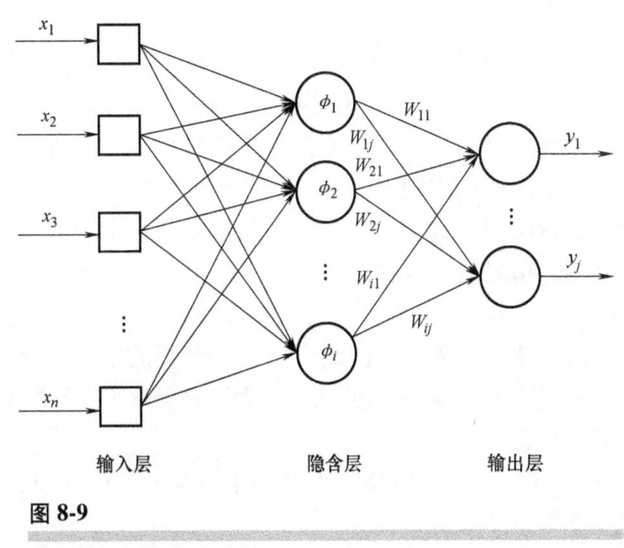

图 8-9

RBF 神经网络基本结构

在 RBF 网络中，输入层仅仅起到传输信号的作用，与上一节所述的 BP 神经网络相比，输入层和隐含层之间可以看作连接权值为 1 的连接，从输入空间到隐含层空间的变换是非线性的，采用径向基函数作为基函数，从而将输入向量空间转换到高维的隐含层空间，使原来线性不可分的问题变得线性可分，而隐含层到输出层的变换则是线性的。

8.3.3　RBF 网络的具体实现

RBF 神经网络的基本思想是，用径向基函数作为隐单元的“基”构成隐含层空间，这样就可以将输入矢量直接（即不需要通过权连接）映射到隐空间，当 RBF 的中心点确定以后，这种映射关系也就确定了。从整体上看，网络由输入层到输出层的映射是非线性的，而隐含层空间到输出空间的映射是线性的，即网络的输出是隐单元输出的线性加权和，此处的权即为网络可调参数。

设 $\boldsymbol{X}_0$、$\boldsymbol{X}\in\mathbf{R}^n$（$\mathbf{R}^n$ 是 n 维实数空间），以 $\boldsymbol{X}_0$ 为中心，$\boldsymbol{X}$ 到 $\boldsymbol{X}_0$ 的距离为半径构成径向对称函数 ϕ（$\|\boldsymbol{X}-\boldsymbol{X}_n\|$）。由于 RBF 网络中常用的基函数是高斯函数，对于 RBF 网络的数学描述可表达为，在 n 维空间中，给定 p 个输入样本，$\boldsymbol{X}_m=(x_1^p, x_2^p, \cdots, x_n^p)$ 是第 m 个输入样本，则网络隐含层第 k 个节点的输出可以表示为

$$r_k=\phi(\|\boldsymbol{X}_m-c_k\|)=\exp(-\|\boldsymbol{X}_m-c_k\|^2/2\sigma^2) \tag{8-7}$$

式中，$\|\boldsymbol{X}_i - c_k\|$为欧几里得范数，$\boldsymbol{X}_m$是$n$维输入向量；$c_k$是第$k$个隐含层节点的中心；$\sigma$为高斯函数的方差。

RBF神经网络的输出为

$$y_i = \sum_{i=1}^{m} W_{ij} r_k = \sum_{i=1}^{m} W_{ij} \exp(-\|\boldsymbol{X}_m - c_k\|^2 / 2\sigma^2) \tag{8-8}$$

式中，W_{ij}为隐含层到输出层的连接权值；$i=1, 2, \cdots, m$为隐含层的节点数；y_j为与输入样本对应的网络的第j个输出节点的实际输出。

8.3.4 RBF网络的学习算法

RBF神经网络学习算法需要求解的参数有三个：基函数的中心、方差以及隐含层到输出层的权值。根据RBF函数中心选取方法的不同，RBF网络有多种学习方法，如随机选取中心法、自组织选取中心法、有监督选取中心法和正交最小二乘法等。

下面将介绍自组织选取中心的RBF神经网络学习法，此方法由两个阶段组成：一是自组织学习阶段，采用无监督学习过程，求解隐含层基函数的中心与方差；二是有监督学习阶段，用于求解隐含层到输出层之间的权值。

1. 学习基函数中心

在自组织选取中心的方法中，采用聚类的方法给出合理的中心位置。最常见的聚类方法就是K-均值聚类算法，它将数据点划分为几大类，同一类型内部有相似的特点和性质，从而使得选取的中心点更有代表性。

假设有I个聚类中心，第n次迭代的第i个聚类中心为$t_i(n)$，$i=1, 2, \cdots, I$，这里的I值需要根据经验确定，执行以下步骤：

1）初始化。从输入样本数据中随机选择I个不同的样本作为初始的聚类中心$t_i(0)$。

2）输入样本。从训练数据中随机抽取训练样本X_m作为输入。

3）匹配。计算该输入样本距离哪一个聚类中心最近，则它归为该聚类中心的同一类，即计算

$$i(X_m) = \underset{i}{\operatorname{argmin}} \|X_m - t_i(n)\| \tag{8-9}$$

找到相应的i值，将X_m归为第i类。

4）更新聚类中心。由于X_m的加入，第i类的聚类中心会因此发生改变，新的聚类中心等于

$$t_i(n+1) = \begin{cases} t_i(n) + \eta[X_m(n) - t_i(n)], & i = i(X_m) \\ t_i(n), & \text{其他} \end{cases} \tag{8-10}$$

式中，$\eta(0<\eta<1)$为学习步长，每次只会更新一个聚类中心，其他聚类中心不会被更新。

5）判断。判断算法是否收敛，当聚类中心不再变化时，算法就收敛了。实际中常常设定一个较小的阈值，如果聚类中心的变化小于此阈值，那么就没有必要再继续计算了；如果判断结果没有收敛，则转到第2）步继续迭代，结束时求得的$t_i(n)$即最终确定的聚类中心。

2. 学习标准差

选定聚类中心之后，就可以计算标准差了，若基函数选用高斯函数，则标准差可以计

算为

$$\sigma=\frac{d_{\max}}{\sqrt{2n}} \tag{8-11}$$

式中，n 为隐含节点的个数；$d_{\max}$ 为所选取的聚类中心之间的最大距离。

3. 学习权值

隐含层至输出层之间神经元的连接权值可以用最小二乘法直接计算得到，即对损失函数求解关于 W 偏导，使其等于 0。也可以使用如下简化计算公式

$$W=\exp\left(\frac{p}{d_{\max}}\|X_m-c_k\|^2\right) \tag{8-12}$$

8.3.5 其他径向基神经网络介绍

1. 概率神经网络

概率神经网络（Probabilistic Neural Networks，PNN）是 D. F. Specht 博士在 1989 年提出的一种结构简单、应用广泛的神经网络。概率神经网络结构简单，容易设计算法，能用线性学习算法实现非线性学习算法的功能，在模式分类问题中获得了广泛应用，MATLAB 提供的 newpnn 函数可以方便地设计概率神经网络。概率神经网络可以视为一种变形的径向基神经网络，在 RBF 网络的基础上，融合了密度函数估计和贝叶斯决策理论，在某些易满足的条件下，以 PNN 实现的判别边界将渐进地逼近贝叶斯最佳判定面。

2. 广义回归神经网络

广义回归神经网络（General Regression Neural Network，GRNN）由 D. F. Specht 博士于 1991 年提出，是径向基网络的另外一种变体形式，GRNN 建立在非参数回归的基础上，以样本数据为后验条件，执行 Parzen 非参数估计，依据最大概率原则计算网络输出。广义回归神经网络以径向基网络为基础，因此具有良好的非线性逼近性能，与径向基网络相比，训练更为方便，在信号过程、结构分析、控制决策系统等领域得到了广泛应用，广义回归神经网络尤其适合解决曲线拟合的问题，在 MATLAB 中 newgrmn 函数可以方便地实现它。

8.4 应用实例

本实例为基于 RBF 神经网络的柴油机故障诊断，柴油机是在现代化生产中最常见的设备之一，在农业机械、石油钻井、船舶动力等领域应用广泛。作为机械动力设备，柴油机是整个系统的心脏，其运行状况直接影响设备的工作状态。然而柴油机的结构较为复杂，工作状况非常恶劣，因此发生故障的可能性较大。本例采用概率神经网络建立分类模型，采集柴油机振动信号作为输入，成功实现了故障的有无判断和故障的类型判断。

8.4.1 问题背景

对柴油机进行状态检测，可以及时发现并有效预测和排除故障，增强柴油机工作的安全性，提高使用年限，对降低维护费用，避免重大事故有着重要的实践意义。

机械设备诊断技术有近 30 多年的发展历史，最初由于设备简单，主要依赖专家凭借感官和简单仪表获得的信息，根据经验进行故障判断。随着传感器技术的发展，故障信号的采

集逐渐规范化、精确化。近年来，随着设备仪器的复杂化，对所采集信号的正确分析成为故障诊断的关键，人工智能技术的兴起，使智能诊断得以模拟人类的思维过程，大大提高了诊断的准确度。

柴油机故障诊断可以抽象为分类问题：例如有无故障的判断，是一种二分类问题，如需进一步判断具体的故障类型，则为多类分类问题。正确判断的关键在于选择合适的特征来描述柴油机的工作状况，以及选用合适的分类器将不同类别的样本分开。

1. 特征选择

柴油机运行时包含丰富的特征信息，可以选择气压、油压、热力性能参数、振动参数等，选择特征的标准，除了能够很好地表示柴油机的工作状况以外，这些特征必须能够比较容易、准确地获得，否则故障判断的性能和准确率都将大打折扣。例如柴油机曲轴的瞬时转速波动信号可以反映机器的运行状态。在正常状况下，柴油机平稳运行时，各缸的转速波动大致稳定在一定范围内，且波动的情况服从一定的概率分布。当柴油机出现故障时，转速波动信号将产生严重变形，可以作为检测故障的依据，然而柴油机的转速变化与操作者的习惯密切相关，这部分因素难以有效建模量化。

柴油机工作时的振动信号也可以反映系统的状态，是柴油机诊断最常用的信号之一，振动信号的分析又包括时域和频域两种：时域信号参数是振动波形的统计信息，包括均值、方差、均方值、峰值、峰度、裕度因子、脉冲因子等；频域分析需要将振动信号变换到频域，主要基于 FFT 变换。由于时域信号分析具有更强的实时性，因此本例采用振动时域信号作为特征信号。

2. 分类器设计

分类器所需要完成的工作是将特征信号映射为某个类别，常用的分类器有贝叶斯分类器、支持向量机、决策树等。在这里采用概率神经网络来完成，其模型原理类似于贝叶斯准则，分类面也与贝叶斯分类面非常类似，在 MATLAB 中可以直接使用工具箱函数实现。

8.4.2 神经网络建模

首先定义柴油机故障类型，共有五种柴油机故障模式：第一缸喷油压力过大、第一缸喷油压力过小、第一缸喷油器针阀磨损、油路堵塞、供油提前角提前 5′~6′，加上正常状态，共六种分类模式，如表 8-1 所示。

表 8-1 柴油机分类模式

编号	1	2	3	4	5	6
分类模式	第一缸喷油压力过大	第一缸喷油压力过小	第一缸喷油器针阀磨损	油路堵塞	供油提前角提前 5′~6′	正常状态

采集柴油机正常运转和 5 种故障模式下的振动信号，再对振动波形做统计处理，得到能量参数、峰度参数、波形参数、裕度参数、脉冲参数和峰值参数，形成一个六维向量 $\boldsymbol{x}=(x_1, x_2, x_3, x_4, x_5, x_6)$，收集两份每种分类模式的样本，共计 12 份训练样本，如表 8-2 所示。

表 8-2　　故障判断训练样本

	样本序列	能量参数	峰度参数	波形参数	裕度参数	脉冲参数	峰值参数
故障 1	1	1.97	9.5332	1.534	16.7413	12.741	8.3052
	2	1.234	9.8209	1.531	18.3907	13.988	9.1336
故障 2	1	0.7682	9.5489	1.497	14.7612	11.497	7.68
	2	0.7053	9.5317	1.508	14.3161	11.094	7.3552
故障 3	1	0.8116	8.1302	1.482	14.3171	11.1105	7.4967
	2	0.816	9.0388	1.497	15.0079	11.6242	7.7604
故障 4	1	1.4311	8.9071	1.521	15.746	12.0088	7.8909
	2	1.4136	8.6747	1.53	15.3114	11.6297	7.5984
故障 5	1	1.167	8.3504	1.51	12.8119	9.8258	6.506
	2	1.3392	9.0865	1.493	15.0798	11.6764	7.8209
正常状态	1	1.1803	10.4502	1.513	20.0887	15.465	10.2193
	2	1.2016	12.4476	1.555	20.6162	15.755	10.1285

因此，用于柴油机故障诊断的概率神经网络模型包含 12 份输入样本，每个样本为 6 维向量，分类模式为 6 种，建立概率神经网络，其结构如图 8-10 所示。

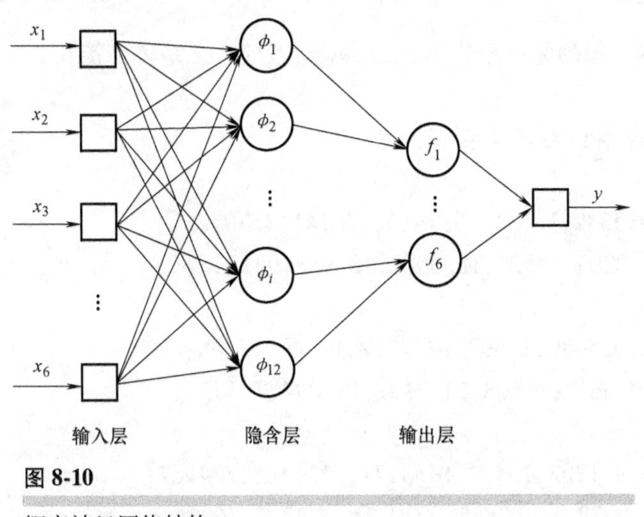

图 8-10

概率神经网络结构

神经网络的输入层包含 6 个神经元，与输入特征向量的维数一致。径向基层（隐含层）包含 12 个神经元节点，每个节点对应一个输入的训练样本。输出层包含 6 个神经元，对应六种分类模式。径向基层中属于该模式的训练样本与对应输出层的节点与之相连，不属于该模式的隐含层节点则与对应输出层节点不相连。隐含层对输入求和后，找出隐含层神经元的最大值，输出对应的类别序号 y。

8.4.3　柴油机故障诊断的实现

用六维向量表示柴油机的工作状态，对该向量进行处理，进而实现模式分类。定义 6 份测试样本，如表8-3所示。

表8-3　　测试样本

序号	能量参数	峰度参数	波形参数	裕度参数	脉冲参数	峰值参数	模式
1	1.2394	9.6018	1.5366	18.219	13.851	9.0142	故障1
2	0.661	8.8735	1.508	13.598	10.5171	6.9744	故障2
3	0.7854	8.7568	1.4915	14.4547	11.1971	7.5071	故障3
4	1.2448	8.3654	1.5413	15.2558	11.5643	7.503	故障4
5	1.3111	7.5901	1.4915	14.9174	10.7511	7.7127	故障5
6	1.1833	11.8189	1.5481	20.2626	15.5814	10.0646	正常状态

进行诊断的流程包括样本定义、样本归一化、创建网络模型、测试及结果的显示，如图8-11所示。

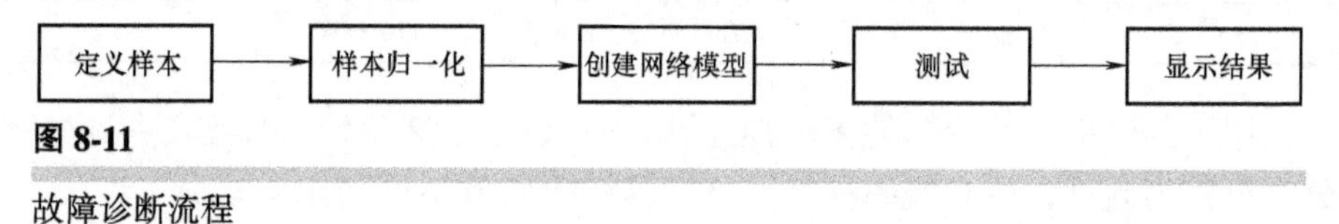

图8-11
故障诊断流程

（1）定义样本　每列为一个样本，训练样本为6×12矩阵，测试样本为6×6矩阵，下为MATLAB代码。

```
%%定义训练样本和测试样本
%故障1
pro1=[1.97,9.5332,1.534,16.7413,12.741,8.3052;
      1.234,9.8209,1.531,18.3907,13.988,9.1336]';
%故障2
pro2=[0.7682,9.5489,1.497,14.7612,11.497,7.68;
      0.7053,9.5317,1.508,14.3161,11.094,7.3552]';
%故障3
pro3=[0.8116,8.1302,1.482,14.3171,11.1105,7.4967;
      0.816,9.0388,1.497,15.0079,11.6242,7.7604]';
%故障4
pro4=[1.4311,8.9071,1.521,15.746,12.0088,7.8909;
      1.4136,8.6747,1.53,15.3114,11.6297,7.5984]';
%故障5
pro5=[1.167,8.3504,1.51,12.8119,9.8258,6.506;
      1.3392,9.0865,1.493,15.0798,11.6764,7.8209]';
%正常运转
normal=[1.1803,10.4502,1.513,20.0887,15.465,10.2193;
        1.2016,12.4476,1.555,20.6162,15.755,10.1285]';
```

```
%训练样本
trainx=[pro1,pro2,pro3,pro4,pro5,normal];
%训练样本的标签
trlab=1:6;
trlab=repmat(trlab,2,1);
trlab=trlab(:)';
```

（2）样本归一化　使用 mapminmax 函数完成训练样本的归一化，分类标签则不必进行归一化，代码如下。

```
%%样本的归一化，s 为归一化设置
[x0,s]=mapminmax(trainx);
```

（3）创建网络模型　newpnn 函数唯一的可调参数为平滑因子 spread，在这里将其设置为 1。使用 tic/toc 命令记录创建模型所需的时间，具体代码如下。

```
%%创建概率神经网络
tic;
spread=1;
net=newpnn(x0,ind2vec(trlab),spread);
toc
```

（4）测试　首先需要定义测试样本及其正确分类模式标签，然后将测试样本按与训练样本相同的方式进行归一化，最后将其输入到上一步创建的网络模型中。newpnn 函数产生的分类输出为向量形式，还需要使用 vec2ind 函数将其转为标量。

```
%%测试
%测试样本
testx=[0.7854,8.7568,1.4915,14.4547,11.1971,7.5071;
       1.1833,11.8189,1.5481,20.2626,15.5814,10.0646;
       0.661,8.8735,1.508,13.598,10.5171,6.9744;
       1.3111,7.9501,1.4915,14.9174,10.7511,7.7127;
       1.2394,9.6018,1.5366,18.219,13.851,9.0142;
       1.2448,8.3654,1.5413,15.2558,11.5643,7.503]';
%测试样本标签(正确类别)
testlab=[3,6,2,5,1,4];

%测试样本归一化
xx=mapminmax('apply',testx,s);

%将测试样本输入模型
s=sim(net,xx);

%将向量形式的分类结果表示为标量
res=vec2ind(s);
```

(5) 显示结果 显示6个测试样本的诊断结果，这6个样本分别属于一种分类模式。

```
%%显示结果
strr=cell(1,6);
for i=1:6
  if res(i)==testlab(i)
    strr{i}='正确';
  else
    strr{i}='错误';
  end
end

diagnose_={'第一缸喷油压力过大','第一缸喷油压力过小','第一缸喷油器针阀磨
        损','油路堵塞','供油提前角提前','正常'};

fprintf('诊断结果:\n');
fprintf('样本序号  实际类别  判断类别  正/误  故障类型\n');
for i=1:6
  fprintf('    %d  %d     %d     %s     %s\n',…
      i,testlab(i),res(i),strr{i},diagnose_{res(i)});
end
```

执行以上代码，即可完成网络的创建和仿真，并在命令窗口得到以下输出结果：

时间已过2.688637s。

诊断结果如表8-4所示。

表8-4 诊断结果

样本序号	实际类别	判断类别	正/误	故障类型
1	3	3	正确	第一缸喷油器针阀磨损
2	6	6	正确	正常
3	2	2	正确	第一缸喷油压力过小
4	5	5	正确	供油提前角提前
5	1	1	正确	第一缸喷油压力过大
6	4	4	正确	油路堵塞

显然，概率神经网络所做的诊断完全正确。

习题

8-1 什么是神经网络？反向传播网络至少有几层？

8-2 为什么神经网络具有联想记忆、容错与综合能力？与网络结构有什么关系？

8-3　神经网络的信息主要储存在什么地方？神经网络学习的目的是什么？

8-4　试比较 Sigmoid 函数与双曲函数作为神经元传送函数的传递特性的异同。

$$\text{Sigmoid 函数：} f(x)=\frac{1}{1+e^{-x}}\text{；双曲函数：} f(x)=\frac{e^{x}-e^{-x}}{e^{x}+e^{-x}}$$

8-5　设有一个三层 BP 神经网络，其输入、输出和隐含层分别有三个、三个和五个神经元。神经元采用 Sigmoid 传递函数，试随机生成网络连接权的初值，并计算输入为（0.1，-0.1，0.3）时的网络输出。

8-6　若题 8-5 中网络的期望输出为（0.5，0.8，0.7），试用 δ 学习规则计算连接权的调整量。

8-7　在 BP 神经网络的学习中，常使用改进的 δ 学习规则：

$$\Delta W_{ji}=\eta\delta_j\alpha_i+m\Delta W_{ji}$$

式中，m 为动量系数；等式右面的 ΔW_{ji} 为前一次的权调整量。试分析动量项在权调整计算中的作用。

参考文献

[1]　陈明，等. MATLAB 神经网络原理与实例精解 [M]. 北京：清华大学出版社，2013.

[2]　刘冰，郭海霞，等. MATLAB 神经网络超级学习手册 [M]. 北京：人民邮电出版社，2014.

[3]　XU W L, RAO K P, WATANABE T, et al. Analysis of Ring Compression Using Neural Network [J]. Journal of Materials Processing Technology, 1994, 44 (3-4): 301-308.

第9章
工程遗传算法

9.1 概述

9.1.1 什么是遗传算法

遗传算法是20世纪六七十年代由美国密歇根大学的一些学者研究发展起来的，该算法是一种基于生物界的自然选择与遗传机理的搜索算法，体现了生物界适者生存的法则与结构化遗传信息随机交换的生物进化方式，使最满足目标的决策能够获得最大的生存奖励。遗传算法的一次迭代计算，相当于生物进化中的一代遗传，将会产生一组最大生成可能的新一代人工物种，该物种的一部分又是随机生成的。遗传算法尽管具有一定的随机性，但它并不是一种简单的随机搜索方法，而是充分利用了以往历经信息来确定更具优势的新的搜索方向。

在自然界中，物种的性质由染色体信息决定，染色体的本质是基因的有序排列，基因是细胞核中控制生物遗传特性的基本信息物质。而在搜索问题中，目标由决策变量确定，决策变量则是由一系列的分量组成。这样遗传算法与生物进化就建立了如表9-1所示的术语相似性。

表9-1　生物进化与遗传算法的一些术语对照

生物进化	遗传算法
染色体	决策变量(矢量)或编码的字符串
基因	矢量的分量值或字符串中的字符
等位基因	矢量的分量的可能值或字符串中的可能字符串
基因位置	矢量的分量的位置或字符串中的字符位置
基因型	变量(矢量)的编码结构
表现型	变量(矢量)的解码结构

9.1.2 遗传算法的特点

与传统搜索算法相比，遗传算法是一种具有鲁棒性（即稳定收敛性）的搜索方法，其适用于不同性质、不同类型的问题，并能获得满意解，图 9-1 对比了不同搜索算法的效率。

遗传算法与传统搜索算法的不同，主要表现在以下四个方面：

1）遗传算法将参数搜索问题转化为参数编码空间的搜索问题。

2）遗传算法从一组初始点，而不是从一个初始点开始进行搜索。

3）遗传算法只用到目标函数信息，而无须其导数信息或其他辅助信息。

4）遗传算法采用随机变换规则，而不是确定性规则来指导搜索。

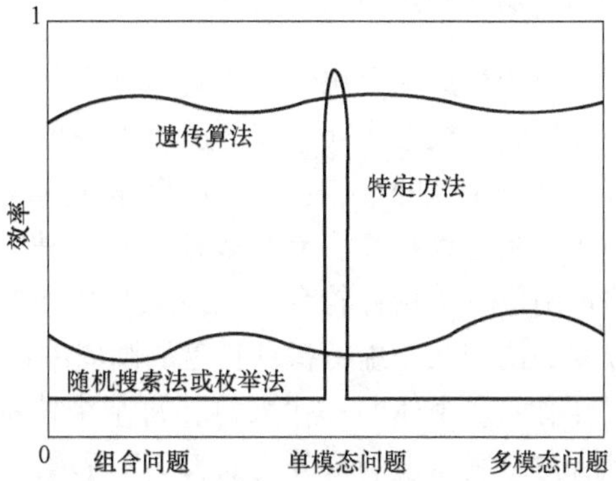

鉴于上述这些搜索特点，应用遗传算法具有如下一些独到优势：

1）广泛性。易于形成一个通用算法，从而来求解不同类型的优化问题。

2）非线性。大多数现行的优化算法都基于问题的线性、凸性、可微性等信息来进行求解，但遗传算法不需要这些辅助信息。只需要有评价目标值优劣的标准，就可解决具有高度非线性的问题。

3）适应性。若把原问题进行一些改动，大多数现行优化算法很可能完全不能使用或需要有针对地做大量的修改工作，而遗传算法则只需很小的修改即能适应新问题。

4）并行性。遗传算法隐含地对问题空间的许多解平面进行并行搜索，收敛速度快、稳定性强。因此，遗传算法适合不同类型、不同性质的优化问题求解。

图 9-1

遗传算法与其他搜索方法的比较

9.1.3 遗传算法的应用

遗传算法在自然科学、工程技术、商业、医学、社会科学等领域都有应用，其中包括工程中复杂数学函数的优化，如半导体器件、飞行器、通信网络、天然气管道、汽轮机设计等，人工神经网络的设计与训练，生产的规划与排序，机器人的运动轨迹生成与运动学求解，机器多故障诊断，自动装配系统的优化设计等。

遗传算法特别适合寻找具有多结构参数、多设计变量或多工艺选择的复杂工程优化问题的数值解。对这些问题，传统方法很难找到优化解，这些问题多为组合优化问题，如排序、调度与计划等常见的运筹学问题，在这些领域，遗传算法能高效地找到满意结果，而其他方法找到同样优势的结果可能需要几周甚至几年的时间。

9.2 简单遗传算法

由于遗传算法术语与生物进化术语间具有相似关系，所以在介绍遗传算法时，可将它们等同对待，并交替使用，以便清楚阐明遗传算法的基本思想。例如染色体（个体）即是决策矢量或字符串；人口即是一组个体、一组决策矢量或一组字符串等，反之亦然。

遗传算法是一种迭代更新算法，迭代从一组（一代）初始个体（问题的一组可行解）开始，到满足收敛准则找到最优值为止。迭代中个体的总数（人口数）保持不变，问题的初始个体可随机产生。

9.2.1 遗传算法的基本算子

遗传算法主要包含三种基本算子：复制、交配和突变。

复制是根据当代个体的适应度函数（目标函数）值来进行个体复制的运算过程，即具有较高适应性的个体对下一代个体的形成做出较多贡献。

复制运算在算法上有多种实现方法。最简单直观的是制作一个指针轮盘，当前人口中每个个体根据适应度的比例在一虚拟指针轮盘的圆周中占有一段弧线。假设有四个个体的一代人口，每个个体的适应度值以及所占总适应度的百分比如表9-2所示。图9-2展示了相应个体复制的指针轮盘。复制时转动指针，个体1的满足度值为169，占总满足度值的14.4%。因此个体1占有轮盘圆周的14.4%，指针转动时其落在该段圆周的概率为0.14。在复制操作前转动一次指针，选择指针停下的个体作为复制样本，这样具有较高适应度的个体就会有更多机会遗传到下一代，复制出的个体将会储存起来，以作为下一代人口的临时种群基础。

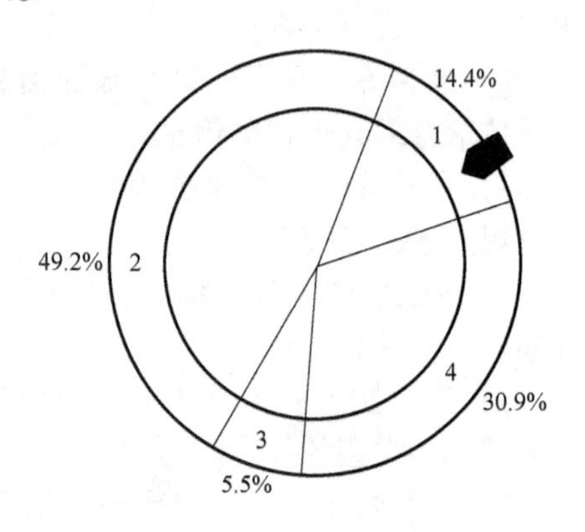

图9-2

复制个体的指针轮盘

表9-2 一组个体及其适应度值

序 号	个 体	适应度	所占百分比(%)
1	0 1 1 0 1	169	14.4
2	1 1 0 0 0	576	49.2
3	0 1 0 0 0	64	5.5
4	1 0 0 1 1	361	30.9
总和		1170	100.0

复制得到下一代临时人口后，需要再进行基因交配运算，从而真正形成下一代个体。交配操作分两步进行：首先，对临时人口中的个体进行随机配对；然后按照下列步骤对这对个体进行基因交配。先随机确定1和$n-1$（n为个体长度）之间的一个整数k，即基因的交换位置，再对两个个体交换基因，交换位置由k决定，如图9-3所示。例如，假设临时人口中两个长度为5的个体：

A1=0 1 1 0 | 1

A2=1 1 0 0 | 0

若随机确定的基因交换位置为$k=4$（如分割符 | 所示），则交配后的两个新个体为

A1=0 1 1 0 0

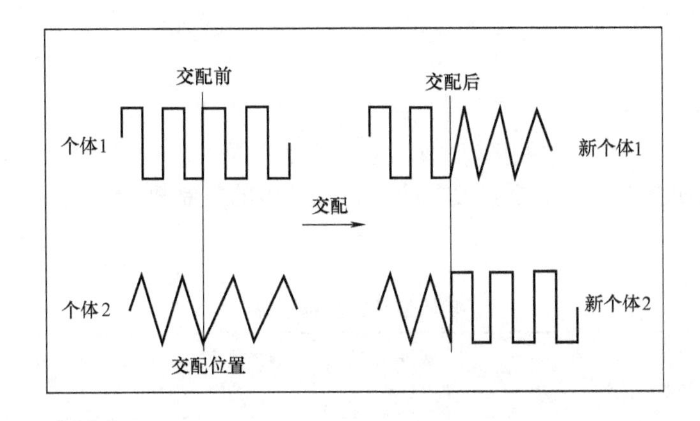

图 9-3

交配示意图

$$A2=1\ 1\ 0\ 0\ 1$$

复制和交配操作虽然只涉及随机数生成、个体复制以及部分基因交换，但复制信息的广泛综合和交配信息的随机交换使得遗传算法具有令人惊奇的优化效果，从而导致遗传算法被用作快速、鲁棒的搜索算法。

基因突变在遗传算法中起次要的作用。需要突变是因为即便复制和交配操作能有效地搜索和重组显著的个体，但偶尔也会丢掉某些潜在有用的遗传信息，如特定位置的基因，基因突变为在等位基因处发生小概率的随机变换。对于二进制编码，意味着基因从 1 到 0 或 0 到 1 的变化。所以突变是个体在编码空间中的随机搜索，是一种防止重要搜索空间丢失的保证措施，文献研究表明，基因突变频率通常为千分之一左右。

在遗传算法中，交配算子具有全局搜索能力，可被当作主要算子；突变算子因其局部搜索能力较强而被作为辅助算子。遗传算法通过交配和突变这对相互配合又相互竞争的操作，使其具备兼顾全局和局部的均衡搜索能力。

所谓相互配合，是指当群体在进化中陷于搜索空间某个超平面而仅靠交配不能摆脱时，通过突变操作可有助于这种摆脱；所谓相互竞争，是指当通过交配已形成所期望的基因时，突变操作有可能破坏这些基因。如何有效地配合使用交配和突变操作，是目前遗传算法的一个重要研究内容。

9.2.2　遗传算法算例

为了更好地理解遗传算法，下面给出一个简单优化问题来介绍遗传算法的基本步骤。假设问题的目标是求函数 $f(x)=x^2$ 的最大值，其中 $x\in$（0，31）。用遗传算法求解该问题包括如下几个步骤：①编码和初始化；②复制；③交配；④突变；⑤重复步骤②~④。

1. 编码和初始化

为了应用遗传算法，先要对问题的决策变量 x 进行二进制编码。设编码长度为 5，则可编码的十进制数容量为 0 到 31，其二进制编码分别为（00000）和（11111）。有了目标函数和编码方式，就可进行标准遗传算法计算了。设初代人口数为 4，随机选择的一组初始个体，如表 9-3 的第 2 列，解码后的 x 值及其适应度函数 $f(x)$（目标函数）的值分别为列表的第3及第4列。

2. 复制

复制操作会由当代个体产生下一代临时个体，用轮盘法转动指针四次，即可生成下一代四个临时个体。四个个体的选择概率、期望选择次数以及实际选择次数分别为表9-3的第5、6及7列。由此可见，具有较高适应度的个体得到较多的复制机会，而具有最小适应度的个体将从人口中删除。

表9-3 初始值及其复制概率

个体序号	初始人口（随机生成）	x值	适应度 $f(x)=x^2$	选择概率 $f_i/\sum f$	期望选择次数 $4f_i/\sum f$	实际选择次数（轮盘法）
1	0 1 1 0 1	13	169	0.14	0.58	1
2	1 1 0 0 0	24	576	0.49	1.97	2
3	0 1 0 0 0	8	64	0.06	0.22	0
4	1 0 0 1 1	19	361	0.31	1.23	1
累加值			1170	1.00	4.00	4.0
平均值			293	0.25	1.00	1.0
最大值			576	0.49	1.97	2.0

3. 交配

在临时个体的基础上，分两步进行交配运算。①在一代临时个体中随机选择需要交配的一对个体；②随机确定基因交配位置并进行部分基因交换。交配运算结果如表9-4所示，其中第二个体与第一个体为交配对，基因交换位置为4；余下一对个体组成交配对，基因交换位置为2，本例中交配概率 p_c 设为1.0。

4. 突变

基因突变运算是对个体的每一个基因位进行的。在本例中突变概率假设为 $p_m=0.001$，则一代个体所有20位基因的突变次数为0.02。根据表9-4，本例的这一代经过突变操作后，没有基因从1变到0或从0变到1。

表9-4 个体复制与基因交换的运算结果

个体序号	复制后的临时个体（分隔符为交换置）	个体交换对（随机选择）	交换位置（随机选择）	新一代个体	x值	$f(x)=x^2$
1	0 1 1 0 | 1	2	4	0 1 1 0 0	12	144
2	1 1 0 0 | 0	1	4	1 1 0 0 1	25	625
3	1 1 | 0 0 0	4	2	1 1 0 1 1	27	729
4	1 0 | 0 1 1	3	2	1 0 0 0 0	16	256
累加值						1754
平均值						439
最大值						729

为检查新一代个体是否优于上一代个体，将新一代个体解码，计算相应的适应度函数

值，结果参见列表 9-4 的第 6 及 7 列。发现新一代个体的最大与平均适应度值均有较大提高。在一次人口迭代中，平均适应度由 293 增加到 439；最大适应度由 576 增加到 729。重复上述复制、交配和突变计算，最终可得最优解为 $x=31$，$f=961$。

9.2.3　遗传算法的数学描述

上面介绍了遗传算法的三个算子和基本计算步骤。这一节将用比较严格的数学定义来描述遗传算法的运算过程。

设适应度函数为 $f(x)$，在遗传算法中每一次迭代时，每一代个体（即人口）的总数为 m（假定为偶数），每个个体（决策变量）的编码长度为 n，第 g 次迭代中的个体 j（决策变量）的编码为

$$x^{g,j}=(x_1^{g,j},\ x_2^{g,j},\ \cdots,\ x_n^{g,j}),\ j=1,\ 2,\ \cdots,\ m,\ g=0,\ 1,\ \cdots \tag{9-1}$$

假设第 g 次迭代已经完成，第 g 代的 m 个个体已全部得到。在第 $g+1$ 次迭代时，按如下的基本原则生成第 $g+1$ 代的 m 个个体（每次两个）。

1）复制：随机选定第 g 代的个体进行复制，选中某一个体 j 的概率为

$$p(x^{g,j})=f(x^{g,j})/\sum_{i=1}^{m}f(x^{g,j}),\ j=1,\ 2,\ \cdots,\ m \tag{9-2}$$

式中，$f(x^{g,j})$ 是 $x^{g,j}$ 的适应度，f 是适应度函数。复制后的个体称为临时个体，记为 $x'^{g,j}$。

2）基因交换：设基因交换的概率为 p_c，则两个临时个体 x'^{g,j_1}、x'^{g,j_2} 进行交配的概率为 p_c。假定第 $g+1$ 代的个体 $x^{g+1,1}$，$x^{g+1,2}$，…，$x^{g+1,i}$（$0\leqslant 0<m$）已经生成，如果两个临时个体要交换基因，则随机选定一个基因交换位置 s（$1\leqslant s\leqslant n$），进行部分基因交换。结果可生成第 $g+1$ 代的两个个体为

$$x^{g+1,i+1}=(x_1'^{g,j_1},\ x_2'^{g,j_1},\ \cdots,\ x_s'^{g,j_1},\ x_{s+1}'^{g,j_2},\ \cdots,\ x_n'^{g,j_2}) \tag{9-3}$$

$$x^{g+1,i+2}=(x_1'^{g,j_2},\ x_2'^{g,j_2},\ \cdots,\ x_s'^{g,j_2},\ x_{s+1}'^{g,j_1},\ \cdots,\ x_n'^{g,j_1}) \tag{9-4}$$

3）基因突变：设基因突变的概率为 p_m，则个体 j 每一个位置的基因突变成其他基因（该位置可能的基因）的概率为 p_m。当基因突变时：

$$x_i^{g+1,j}=\overline{x}_i^{g+1,j} \tag{9-5}$$

式中，$\overline{x}_i^{g+1,j}$ 表示与 $x_i^{g+1,j}$ 不同的等位基因。

重复上面过程，直到第 $g+1$ 代的 m 个个体全部得到后就完成了一次迭代，当满足某种收敛准则时，就应停止迭代，输出问题的解。

9.2.4　参数编码与适应度函数

1. 参数编码

遗传算法的决策变量编码一般都采用二进制编码方式。设单个变量 $x\in[u_{\min},\ u_{\max}]$，则可将实数区域 $[u_{\min},\ u_{\max}]$ 线性映射到无符号整数区域 $[0,\ 2^n]$，其中 n 为变量 x 的编码长度，这样决策变量的范围和精度就可以得到控制。这种映射编码的精度为

$$\pi=\frac{u_{\max}-u_{\min}}{2^n-1} \tag{9-6}$$

对于多变量编码，可简单地将多个单变量的编码按需要串联起来，当然每个编码都有自己的长度和区域值 min 和 max，如图 9-4 所示。

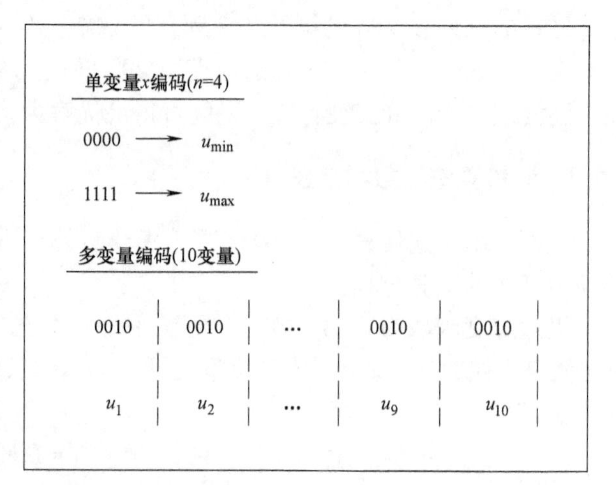

图 9-4

多变量编码方案

2. 目标函数与适应度函数

在许多实际问题中，目标函数常定义为某个成本函数 $g(x)$ 最小，而非利益函数 $u(x)$ 最大。即使问题定义为利益函数的最大，也不能保证利益函数为非负值，所以在设计遗传算法的适应度函数时，需通过映射将自然目标函数变换为适应度函数。成本最小和利益最大是很容易理解的，在运筹学中，将成本函数乘上一个负号就可把最小问题变换为最大问题。在遗传算法中，仅仅这种变换是不够的，还需要保证适应度函数的非负性。对遗传算法，常采用如下方法来完成成本函数到适应度函数的变换：

$$f(x)=\begin{cases}C_{\max}-g(x), & g(x)<C_{\max}\\0, & \text{其他}\end{cases} \tag{9-7}$$

式中，$C_{\max}$ 为输入参数，或为迄今为止观察到的最大成本值 g，或为当前人口（或最后 k 代人口）中的最大成本值 g，或随人口的变化而改变等。

当目标函数为利益函数时，仍可能存在负函数值。为解决这个问题，可将利益函数转化为适应度函数

$$f(x)=\begin{cases}u(x)+C_{\min}, & u(x)+C_{\min}>0\\0, & \text{其他}\end{cases} \tag{9-8}$$

式中，$C_{\min}$ 可作为输入参数，或为当前人口（或最后 k 代人口）中最小利益值 u，或随人口的变化而改变等。

9.3 遗传算法的理论基础

9.3.1 纲的相关基本概念

纲的概念是遗传算法的理论核心，其可表征为一种特殊的个体（字符串），由 1 和 0 符号所组成的个体（字符串）就说是由字母表 $A=\{0, 1\}$ 所形成的。个体中的符号被称为基因。纲是一个由扩张的字母表 $A'=\{0, 1, *\}$ 所构成的个体，其中 $*$ 意指一个“未确定”基因。在确定基因位置上与纲相匹配的个体就说是代表了这个纲。假设长度为 8 的一个纲为

$$S=*\ 1\ *\ 0\ *\ *\ 0\ 0$$

则如下个体 A、B 和 C 都代表了这个纲。

$$A=1\ 1\ 0\ 0\ 1\ 0\ 0\ 0$$

$$B=0\ 1\ 1\ 0\ 0\ 0\ 0\ 0$$

$$C=1\ 1\ 1\ 0\ 1\ 1\ 0\ 0$$

纲 S 的阶数，记为 $o(S)$，是确定基因的数目。例如上述纲 S 的阶数为 4。纲 S 的定义长度，记为 $\delta(S)$，是确定基因最左和最右位置之间的距离。定义长度计算为最右基因位置 b_r 减去最左基因位置 b_l。例如上述纲 S 的定义长度为 6。同样纲 $S=*\ *\ 1\ 0\ *\ *\ *\ *$ 的定义长度为 1。

9.3.2 纲的相关理论

若用二进制字母表进行编码，一个长度为 n 的个体表达了 2^n 个纲。例如，长度为 4 的个体 1 1 0 0 表达了如下 2^4（16）个纲：

1100; 110 *; 11 * 0; 11 * *; 1 * 00; 1 * 0 *; 1 * * 0; 1 * * *
*100; * 10 *; * 1 * 0; * 1 * *; * * 00; * * 0 *; * * * 0; * * * *

对于有 m 个个体的人口，纲的总数 N_S 为

$$2^n \leqslant N_S \leqslant m2^n \tag{9-9}$$

实际纲的数目 N_S 取决于人口中个体的差异程度。例如对于 10 个相同的个体，它们都代表相同的纲。在这种情况下，人口所代表的纲的总数与单个个体所代表的纲的数目相等，即为 2^n。差异较大的人口将代表较大数目的纲，纲的最大数目为 $m2^n$。

遗传算法的计算能力的效率源于其隐含并行计算的特点，这是因为遗传算法对一代个体的运算隐含地并行处理了大量的纲，下面基于纲的视角对复制、交配与突变在遗传算法中的作用做进一步的解释。

1. 复制

假设一个纲 S 在 t 时刻人口中有 $n(S,\ t)$ 个代表个体（注：人口中所包含的纲及纲的数目随人口的迭代而变化）。S 的一个代表个体被复制到下一代的概率和期望次数分别为 $f(S_i)/F$ 和 $f(S_i)/f(P)$，这样这个纲在 $t+1$ 时刻人口中有 $n(S,\ t+1)$ 个代表个体：

$$n(S,\ t+1)=n(S,\ t)f(S)/f(P) \tag{9-10}$$

式中，$f(S_i)$ 为纲 S 的一个代表个体的适应度函数值；F 为人口中所有个体适应度函数值的总和；$f(S)$ 为纲 S 在人口中所有代表个体的适应度函数值的平均值；$f(P)$ 为人口中所有个体的适应度函数值的平均值。

令 $f(S)=f(P)+k\,f(P)$，式（9-10）可重写为

$$n(S,\ t+1)=n(S,\ t)\left[f(P)+k\,f(P)\right]/f(P)=n(S,t)(1+k) \tag{9-11}$$

因此经过 n 次迭代后（不考虑其他因素），S 的代表数目为

$$n(S,\ t+1)=n(S,\ t)(1+k)^{n+1} \tag{9-12}$$

该式说明，平均适应度值大于人口平均适应度值的纲在下一代人口中的代表数目以指数递增，而平均适应度值小于人口平均适应度值的纲在下一代人口中的代表数目则以指数递减。

2. 交配

尽管复制可以增加优异代表的百分比，但它并不能生成新的更好的个体。这个任务由交

配与突变来完成，因为交配运算可生成新的个体。

假设表9-5所示人口由A（代表纲S_1和S_2）及B所组成。交配包括确定随机交配对、寻找随机交配位置和交换位置右边的基因。个体A和B交配后为A'和B'，且

$$A'=0100 \mid 1000$$

$$B'=1010 \mid 0101$$

表9-5 个体与纲

$S_1=**0*\mid***1$	$S_2=****\mid 01**$	$A=0100\mid 0101$	$B=1010\mid 1000$

很明显，A'不再是S_1或S_2的代表，而B'代表了S_2，这说明了交配是如何减小纲的代表数目的。S_1开始时有一个代表，后来丢掉了，S_2则还有一个代表。两个纲S_1与S_2的差别在什么地方呢？关键差别在于S_1的定义长度较长，7个可能位置中有5个可将S_1的确定基因分开。除非A与一个完全相同的个体进行交配，否则S_1的一个代表就会丢失，丢失的概率为5/7。

对于S_2，情况较好。7个位置中只有1交配位置将使代表减少。这个位置在确定基因0和1之间。由此可见，一个纲S由于随机交配位置而丢失一个代表的概率p_l为

$$p_l=\delta(S)/(l-1) \tag{9-13}$$

式中，δ为纲的定义长度；l为纲的长度。若定义p_r为纲S保持一个代表的概率，那么

$$p_r=1-p_l=1-\delta(S)/(l-1) \tag{9-14}$$

设一对个体进行交配的概率为p_c，进而可得

$$p_r=1-p_c\delta(S)/(l-1) \tag{9-15}$$

由式（9-10）和式（9-15）可得纲S在下一代中代表的数目为

$$n(S,t+1)\geqslant[n(S,t)f(S)/f(P)][1-p_c\delta(S)/(l-1)] \tag{9-16}$$

由此可知，一个纲在人口中的代表个体数目的增减取决于其代表个体的适应度函数值以及其定义长度。

3. 突变

个体中的每个基因都有机会突变为等位基因。根据定义，一个基因的突变与个体中其他基因有无突变没有关系。设p_m为一个基因突变的概率，不突变的概率为$(1-p_m)$，如果一个个体代表一个有$o(S)$个基因0和1的纲，那么该个体基因不突变的概率为$(1-p_m)^{o(S)}$。换句话说，该个体在突变后仍代表纲的概率为$(1-p_m)^{o(S)}$。由于p_m通常很小，该个体在突变后仍代表纲的概率可写为

$$1-o(S)p_m \tag{9-17}$$

定理 由式（9-10）、式（9-16）和式（9-17）可以推得复制、交配和突变的综合作用为

$$n(S,t+1)\geqslant[n(S,t)f(S)/f(P)]\{1-p_c[\delta(S)/(l-1)]-o(S)p_m\} \tag{9-18}$$

该定理在遗传算法中具有中心地位，通常被称为遗传算法基本定理，该定理表明，具有较大适应度函数值、低定义长度和低阶数的纲在遗传迭代过程中的后代个数以指数递增。

9.4　应用实例

9.4.1　冗余机器人的运动学反向解问题描述

机器人的逆运动学是一个根据其末端在空间中的位置来求解关节变量的问题。对于冗余机器人，由于其运动自由度的数目大于空间位置的维数，可以有许多可行的运动学反向解。因此，需要施加其他的约束，才能确定适当的关节变量。图 9-5 所示为用于三维空间定位（不包括姿态）的 4 自由度机器人。下面用遗传算法来求解使定位误差和关节转角位移量小的关节变量。目标函数为

$$f(\theta)=[(x_f-x_i)^2+(y_f-y_i)^2+(z_f-z_i)^2]^{1/2}+$$
$$k\max\{|\theta_{1f}-\theta_{1i}|,|\theta_{2f}-\theta_{2i}|,|\theta_{3f}-\theta_{3i}|,|\theta_{4f}-\theta_{4i}|\}$$

式中，$(x_i,\ y_i,\ z_i)$ 和 $(x_f,\ y_f,\ z_f)$ 分别为初始机器人末端位置坐标和期望机器人末端位置坐标；$(\theta_{1i},\ \theta_{2i},\ \theta_{3i},\ \theta_{4i})$ 和 $(\theta_{1f},\ \theta_{2f},\ \theta_{3f},\ \theta_{4f})$ 分别为初始机器人关节变量和期望机器人关节变量；k 为加权系数。假设初始机器人末端位置、初始机器人关节转角、期望机器人末端位置以及机器人关节变量的取值范围分别为

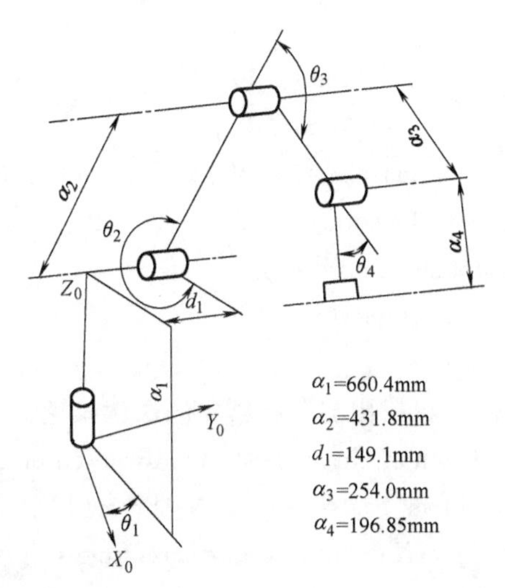

图 9-5

自由度冗余机器人

$$(\theta_{1i},\theta_{2i},\theta_{3i},\theta_{4i})=(30,-60,30,60)\text{（以°计）}$$
$$(x_i,y_i,z_i)=(0.4506,0.4323,1.0630)\text{（以 m 计）}$$
$$(x_f,y_f,z_f)=(0.6858,0.1524,0.6604)\text{（以 m 计）}$$
$$\theta_1:(-160,320);\ \theta_2:(-225,270);\ \theta_3:(-45,270);\ \theta_4:(-45,270)$$

求对应于期望机器人末端位置的最优期望关节变量。

在本例的遗传算法中，种群个体数目为 50，染色体节点数为 4，迭代次数为 50，交叉概率设为 0.3，变异概率设为 0.04。

9.4.2　MATLAB 程序求解

以下为 MATLAB 程序代码实现。

1. 初始化种群

```
function chrom_new=Initialize(N,N_chrom,chrom_range)
chrom_new=rand(N,N_chrom);
for i=1:N_chrom    %每一列乘上范围
    chrom_new(:,1) = chrom_new(:,i) * (chrom_range(2,i) - chrom_range(1,i)) +…
chrom_range(1,i);
end
```

2. 计算每个个体适应度

```
function fitness=CalFitness(chrom,N,N_chrom)
fitness=zeros(N,1);
%开始计算适应度
for i=1:N
    a=chrom(i,1);
    b=chrom(i,2);
    c=chrom(i,3);
    d=chrom(i,4);
    maxabs=[a-30,b+60,c-30,d-60];
    f=sqrt((0.6858-0.4506)^2+(0.1524-0.4323)^2+(0.6604-1.0630)^2)+0.8*
…max(abs(maxabs));
    fitness(i)=1/f;
end
```

3. 寻找出当前种群中的最优染色体

```
function chrom_best=FindBest(chrom,fitness,N_chrom)
chrom_best=zeros(1,N_chrom+1);
[maxNum,maxCorr]=max(fitness);
chrom_best(1:N_chrom)=chrom(maxCorr,:);
chrom_best(end)=maxNum;
end
```

4. 计算当前种群中的平均适应度

```
function fitness_ave=CalAveFitness(fitness)
[N,N_chrom]=size(fitness);
fitness_ave=sum(fitness)/N;
end
```

5. 对种群进行染色体突变操作

```
function chrom_new=MutChrom(chrom,mut,N,N_chrom,chrom_range,t,iter)
for i=1:N
  for j=1:N_chrom
    mut_rand=rand;%生成随机数,以决定是否突变
    if mut_rand<=mut
      mut_pm=rand;%生成随机数,以决定染色体值是增加还是减少
      mut_num=rand*(1-t/iter)^2;%随机生成具体变化率
      if mut_pm<=0.5
        chrom(i,j)=chrom(i,j)*(1-mut_num);
      else
        chrom(i,j)=chrom(i,j)*(1+mut_num);
      end
```

```
            chrom(i,j)= IfOut(chrom(i,j),chrom_range(:,j));%检验是否越界,参考第 7
部分
        end
    end
end
chrom_new=chrom;
```

6. 对种群进行染色体交配操作

```
function chrom_new=AcrChrom(chrom,acr,N,N_chrom)
for i=1:N
    acr_rand=rand;%生成随机数与 acr 变量比较,以确定是否交配
    if acr_rand<acr%如果交配
        acr_chrom=floor((N-1)*rand+1);%随机生成要交配的染色体
        acr_node=floor(N_chrom-1)*rand+1);%随机生成要交配的位置
        %交配开始
        temp=chrom(i,acr_node);
        chrom(i,acr_node)= chrom(acr_chrom,acr_node);
        chrom(acr_chrom,acr_node)= temp;
    end
end
chrom_new=chrom;
```

7. 越界函数检查

```
function c_new=IfOut(c,range)
if c<range(1)||c>range(2)% range(1)为下界,range(2)为上界
    if abs(c-range(1))<abs(c-range(2))
        c_new=range(1);%使用下界替代
    else
        c_new=range(2);%使用上界替代
    end
else
    c_new=c;%未超界,保留原值
end
```

8. 将种群中的最劣染色体替换掉

```
function[chrom_new,fitness_new]=RelaceWorse(chrom,chrom_best,fitness)
max_num=max(fitness);%染色体中最好适应度
min_num=min(fitness);%染色体中最差适应度
1imit=(max_num-min_num)*0.2+min_num;%最差 20%标准值

replace_corr=fitness<1imit;%适应度较差染色体位置

replace_num=sum(replace_corr);%使用最优染色体替换适应度最差的染色体
```

```
chrom(replace_corr,:)=ones(replace_num,1)*chrom_best(1:end-1);
fitness(replace_corr)=ones(replace_num,1)*chrom_best(end);
chrom_new=chrom;
fitness_new=fitness;
end
```

9. 遗传算法 MATLAB 主程序

```
clc,clear,close all

%% 基础参数
N=50;  %种群内个体数目
N_chrom=4;  %染色体节点数
iter=50;  %迭代次数
mut=0.04;  %突变概率
acr=0.3;  %交配概率
best=1;

chrom_range=[-160  -225  -45  -45 ;320  270  270  270];%每个节点的值的区间
chrom=zeros(N,N_chrom);%存放染色体的矩阵
fitness=zeros(N,1);%存放染色体的适应度向量
fitness_ave=zeros(1,iter);%存放每一代的平均适应度
fitness_best=zeros(1,iter);%存放每一代的最优适应度
chrom_best=zeros(1,N_chrom+1);%存放当前代的最优染色体与适应度

%%初始化
chrom=Initialize(N,N_chrom,chrom_range);%初始化染色体
fitness=CalFitness(chrom,N,N_chrom);%计算适应度
chrom_best=FindBest(chrom,fitness,N_chrom);%寻找最优染色体
fitness_best(1)=chrom_best(end);%将当前最优存入矩阵当中
fitness_ave(1)=CalAveFitness(fitness);%将当前平均适应度存入矩阵当中

for t=2:iter
    chrom=MutChrom(chrom,mut,N,N_chrom,chrom_range,t,iter);%突变
    chrom=AcrChrom(chrom,acr,N,N_chrom);%交配
    fitness=CalFitness(chrom,N,N_chrom);%计算适应度
    chrom_best_temp=FindBest(chrom,fitness,N_chrom);%寻找最优染色体
    if chrom_best_temp(end)>chrom_best(end);%替换掉当前储存的最优
      chrom_best=chrom_best_temp;
end
%%替换掉最劣
[chrom,fitness]=ReplaceWorse(chrom,chrom_best,fitness);
```

```
        fitness_best(t)= chrom_best(end);%将当前最优存入矩阵当中
        fitness_ave(t)= CalAveFitness(fitness);%将当前平均适应度存入矩阵当中
end
%% 做图
figure(1)
QX1=plot(1:iter,1./fitness_ave,'r',1:iter,1./fitness_best,'b');
set(gca,'linewidth',1.2);
set(QX1,'LineWidth',2);
xlabel('迭代次数','FontWeight','bold','FontSize',12)
ylabel('适应度','FontWeight','bold','FontSize',12)
grid on
legend('平均适应度','最优适应度')
hold on
figure(2)
QX2=plot(1:iter,1./fitness_best,'-ob');
set(gca,'linewidth',1.2);
set(QX2,'linewidth',1.8);
xlabel('迭代次数','FontWeight','bold','FontSize',12)
ylabel('最大关节位移','FontWeight','bold','FontSize',12)
grid on
%%输出结果
disp(['最优染色体为',num2str(chrom_best(1:end-1))])
disp(['最优适应度为',num2str(1./chrom_best(end))])
```

在本例共进行了三次搜索运算，图9-6显示了三次搜索过程中每一代的最大关节位移，

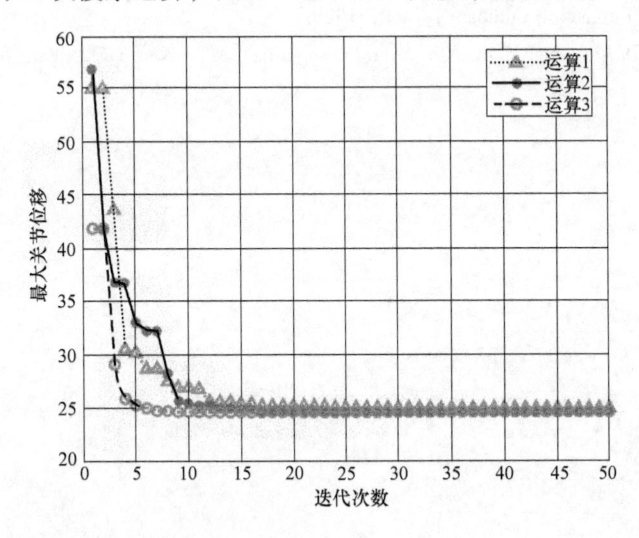

图9-6

遗传迭代过程中的最大关节位移

表9-6列出了每次搜索的最优关节变量以及相应最大关节位移。

表9-6 最优关节变量以及相应最大关节位移

关 节	初始值	最优值(运算1)	最优值(运算2)	最优值(运算3)
1	30	60. 8843	17. 9247	-0. 210126
2	-60	-67. 8039	-44. 2427	-76. 5595
3	30	-2. 74094	-2. 11882	44. 1216
4	60	71. 3243	33. 7006	59. 1818
最大关节位移		26. 7366	26. 2389	24. 7119

习题

9-1 什么是遗传算法？遗传算法的主要特点有哪些？

9-2 遗传算法有哪几种基本运算？各有什么特点？

9-3 阐述用遗传算法求解问题的步骤，并绘出程序框图。

9-4 什么是纲？纲的定理说明了什么？

9-5 设一个变量 $x\in$ (5，70)，试问长度为多少的二进制编码才能保证变量的精度为0.0001？并写出 $x=25$ 的编码。

9-6 设有六个个体、分别具有适应度值5、10、15、25、50、100。试用指针轮盘法计算每个个体的复制次数。

参考文献

[1] GOLDENBERG D E. Genetic Algorithms in Search, Optimization, and Machine Learning [M]. Boston: Addison-Wesley Publishing Company, Inc., 1989.

[2] WASSERMAN P D. Advanced Methods in Neural Computing [M]. New York: Van Nostrand Reinhold, 1993.

第10章
人工智能的深度学习方法

10.1 概述

10.1.1 深度学习简介

人工智能技术历史悠久，应用广泛，其中深度学习技术已逐步在人工智能领域崭露头角。深度学习是以人工神经网络为基础发展起来的新智能方法，在很多应用领域较生疏智能方法都有更好表现，如自然语言理解、计算机视觉、机器人控制、生物信息处理、电子游戏、搜索引擎、网络推荐、医学自动诊断以及金融、化学等方面，极大地推动了人工智能的发展。所谓“深度”是指超过一层的神经网络，随着深度学习的快速发展，其“深度”内涵已超出了多层神经网络的概念。

2006年，Hinton利用预训练方法缓解了深度网络训练的局部最优解问题，将隐含层增加到了七层，神经网络从此具有了真正意义上的“深度”，并掀起了深度学习热潮。“深度”为相对概念——在语音识别中四层网络可认为“较深”，而在图像识别领域，20层以上的网络屡见不鲜。为了克服优化过程中的梯度消失，学者使用ReLU、Maxout等传输函数替代传统的Sigmoid神经传递函数，从而形成了如今DNN（深度神经网络）的基本形式。

针对分类、回归等基础问题，传统的机器学习方法大多采用浅层结构，其局限性在于当样本数量有限时，计算单元不足将限制网络对复杂函数的表现能力，从而影响机器学习模型对复杂问题的泛化能力。深度学习是一种基于数据表征的学习方法，其训练了一种深层次的非线性网络来逼近复杂函数，从而囊括了输入数据的全部特征分布，展现了强大的学习能力。深度学习模型的输入信息可使用多种表示方式，如一幅图像的像素表，或者更抽象的特定形状，这使得深度学习技术更容易地从实例中学习（如人脸识别或道路场景分析等），这是因为物质信息表示本身包含抽象知识，这些信息有利于机器的特征学习，深度学习的最大优点在于可进行无监督或半监督特征学习，同时配合分层特征提取技术，可来替代原有的手工获取特征方法。

深度学习的实质是构建多隐含层的神经网络，通过海量训练数据，来学习更深刻的对象特征，从而提升分类或预测的准确性。

深度神经网络与传统的浅层神经网络的区别在于：

1）更深的模型结构深度，通常具有五层以上的网络深度，大型网络甚至多达几十层。

2）其主要用于特征学习，即通过逐层特征变换，将样本在原空间的特征表示变换到新的特征空间，从而使分类或者预测更加容易。与人工特征输入方法相比，直接利用海量大数据来自动分析对象特征，有利于挖掘出数据内在的丰富信息。

10.1.2 常见深度学习网络模型

与其他机器学习方法一致，深度学习也分为有监督学习与无监督学习。对于不同的学习方法，其对应的学习模型也存在较大差异，下面介绍几种常见的深度学习网络模型。

1. 自动编码器

自动编码器是一种能复现输入信号的神经网络。这项技术将输入数据经过一个编码器得到一个编码输出，再将该输出导入一个解码器得到最终的结果，由于输入数据是无标签数据，此时的误差来自输出结果与输入数据之间的比较。通过调整编码器和解码器的参数，使两者之间的误差最小，从而获得输入信号的另一种表示，将多个编码器串联起来进行多层训练，使其学习到一个较好的特征来表示原始输入，最后在自动编码器的最顶层再添加一个分类器，如LR回归、支持向量机SVM等，利用梯度下降法对整个网络进行有监督的微调。一旦完成了这个训练过程，整个神经网络就可以用于分类了。研究发现，如果对原有数据进行自动编码，输出结果可大幅度地提升分类精度，比目前流行的单一分类算法效果要好，还可以对自动编码器附加一些改进，从而得到新的深度学习方法，如稀疏自动编码器、降噪自动编码器等。

2. CNN（卷积神经网络）

卷积神经网络（Convolutional Neural Networks，CNN）是一类包含卷积计算的神经网络模型，具有特殊的深度前馈神经网络（Feedforward Neural Networks）结构，是深度学习的代表算法之一。CNN的特殊性体现在两方面：一是该网络的神经元连接属于非全连接；另一方面，同一层的某些神经元共享连接权重。非全连接和权值共享使得CNN更类似于生物神经网络，降低了网络模型的复杂度，从而大大减少了权值参数的数量。卷积网络是为识别二维图像而特殊设计的一种多层感知器，这种网络结构对平移、缩放、倾斜或者其他形式的变形具有较高的识别性。

3. RNN（递归神经网络）

RNN是一种特殊的网络结构，其原理类似人的认知过程，认为人的知识基础是过往的经验和记忆。传统神经网络没有考虑到时间因素，其并不能记忆之前的数据内容，而RNN针对这个问题做出了改进。网络会对前面的信息进行记忆并应用于当前输出的计算中，即隐藏层之间的节点存在连接，这样隐藏层的输入就包括两部分：上一层的输出和上一时刻该层的输出。

RNN算法主要用于处理时间序列问题，但仍存在一些缺陷，如容易出现梯度消失或者梯度爆炸的情况，为此有了一系列的改进算法，如LSTM（长短期记忆网络）和GRU网络等。RNN的应用领域较广，如文本生成、机器翻译、语言识别、视频处理、图像描述生成等。

4. GAN（生成对抗网络）

GAN是生成对抗网络（Generative Adversarial Networks）的简称，2014年由Ian博士首

先提出，2016 年 GAN 就在 AI 领域扩大了影响，相关高质量论文被大量发表。传统的机器学习模型一般都采用数据的似然性来作为优化目标，但 GAN 创新性地使用了另外一种优化目标，其做法是引入一个生成模型 G 和一个判别模型 D（常用的有支持向量机和多层神经网络），GAN 的目标函数是关于 D 与 G 的一个零和游戏，即一个最小-最大化问题，其中判别模型 D 的训练目的就是要尽量最大化自己的判别准确率，当 D 判别数据来自于真实数据时，会将其标注为 1，判别为自生成数据时标注为 0。与之相反的是生成模型 G 的训练目标，要尽量去模仿、建模和学习真实数据的分布规律，以此最小化判别模型 D 的判别准确率。在训练过程中，GAN 采用了一种非常直接的交替优化方式，它分为两个阶段：第一个阶段是固定判别模型 D，然后优化生成模型 G，使得判别模型的准确率尽量降低。第二个阶段是固定生成模型 G，来提高判别模型 D 的准确率。通过这两个内部模型之间不断的竞争，来提高两个模型的生成能力和判别能力。

常见深度学习模型还有 DBN（深度置信网络）、RBM（受限玻尔兹曼机）等，本章主要介绍卷积神经网络，其被广泛用于计算机视觉、自然语言处理等各种领域，是现代智能化系统设计的重要组成技术。

10.2　卷积神经网络

当前智能系统得到了广泛应用，由于配备摄像头与送话器，语音与图像数据的智能化理解在智能系统设计中占有了重要地位，机器视觉是深度学习技术最早实现突破性成就的领域，卷积神经网络是视觉系统设计的关键技术，通过对该技术的介绍，可以帮助理解现代人工智能系统的原理。与常规神经网络类似，卷积神经网络由神经元组成，神经元上具有权重和偏差，每个神经元获得输入数据后将进行内积运算，即相似性计算，然后再进行激活函数评分，该网络的输入是原始图像像素，输出是图像类别评分。

常规全连接神经网络的输入是一个向量，然后在一系列的隐含层中进行数据变换。每个隐含层都由若干神经元组成，每个神经元都与前一层中的所有神经元进行连接。但是在同一个隐含层中，神经元相互独立，最后的全连接层被称为“输出层”，在分类问题中，输出值被看作是不同类别的评分值。然而常规神经网络对大尺寸图像的处理效果不佳，例如 CIFAR-10 数据集的图像尺寸是 32×32×3（宽高均为 32 像素，3 个颜色通道），因此网络的第一隐含层每一个全连接神经元就有 32×32×3＝3072 个权重，可见对于大尺寸图像，连接权重数据过多。如果图像尺寸变大，例如 200×200×3 的图像，会产生 200×200×3＝120000 个权重值，加上庞大的网络神经元数目，整体权重数量将呈指数倍增，显然全连接方式效率低下，巨量的权值也会导致过拟合的出现。

全连接的神经网络还存在另一个问题，即数据的原始图像形状特征容易被忽略，当输入图像时高，宽通道方向上的二维形状在全连接层输入后将被拉平为一维数据，而图像中却包含有重要的空间结构信息，例如空间上邻近的像素之间的值相似、RGB 各个通道之间分别有密切的关联性、相距较远的像素之间没多少关联等。

卷积神经网络可以很好地解决权值过多和图像结构特征信息丢失的问题，在卷积神经网络中，新出现了卷积层（Convolution）和池化层（Pooling），其中卷积层主要特性为局部连接和权值共享。所谓局部连接，是指卷积层的节点仅和前一层的部分节点相连接，只用来学习局部特征；所谓权值共享是指同一个卷积核会与输入图片的不同区域作卷积来检测相同的特征。而只有不同的卷积核才会对应不同的权值参数来检测不同的特征，卷积层的这两个特性大大降低了参数数量。池化层则可以大幅降低输入数据的维度，从而降低网络的复杂度，使网络具有更高的鲁棒性，同时防止过拟合。由于以上特性，卷积网络可以被用来识别缩放、位移以及扭曲的图像，可直接以原始图片作为输入，而无须进行图像预处理工作。

常见的卷积神经网络前面几层卷积层和池化层交替出现，后面再加入一定数量的全连接层。以斯坦福大学的cs231n课程给出的卷积神经网络为例，图10-1显示了一个典型的卷积神经网络结构。

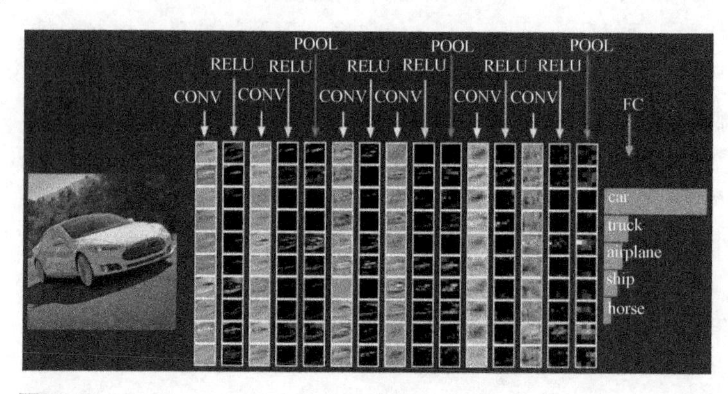

图 10-1

卷积神经网络结构

图10-1中，最左边为待分类的输入图像，左边的输入层存有原始图像像素，最右边的输出层存有类别评分。连接顺序是"CONV（卷积层）—RELU（激活函数层）—POOL（池化层）"（POOL层有时会被省略），最后的输出层FC输出最终结果。其中每个卷积层中的不同图像即是不同的卷积核（也叫作滤波器）卷积出的相应特征图。

10.2.1 卷积层

1. 卷积运算

卷积层主要进行卷积运算，相当于图像处理中的"滤波器运算"。卷积核以一定步幅移动与相应输入数据进行卷积运算，如图10-2所示，这里的卷积核大小为3×3，输入数据中灰色的部分即为每一步进行卷积运算的元素，将相对应位置上的元素相乘并求和，然后将结果保存到输出的对应

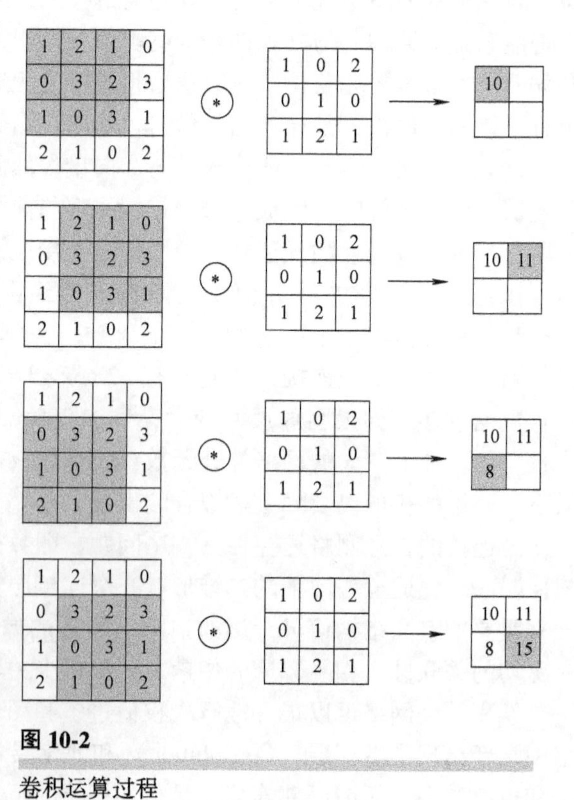

图 10-2

卷积运算过程

位置上，当卷积核与输入数据所有位置都完成卷积运算时，即可得到完整的输出。

在全连接的神经网络中，除了权重参数外，还有偏置。卷积神经网络中，卷积核的参数即对应之前的权重参数，并且也存在偏置。包含偏置的卷积运算处理过程如图 10-3 所示。

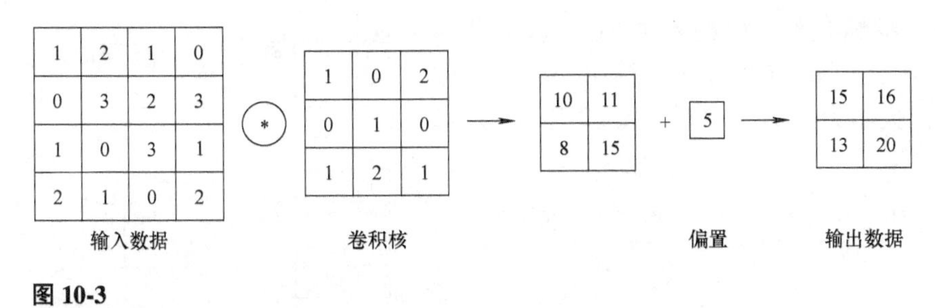

图 10-3

包含偏置的卷积运算处理过程

2. 填充

在进行卷积运算前，有时要向输入数据的周围填入固定的数据，这称为填充。填充（Padding）是指在输入数据的高和宽两侧同时填充元素（通常是 0）。如图 10-4 所示，我们在原输入高和宽的两侧应用了幅度为 1 的填充，使得输入高和宽从 4 变成了 6，并使输出的高和宽由 2 增加到 4。“幅度为 1 的填充”指的是用幅度为 1 像素的 0 填充。

进行填充操作的目的主要是调整输出数据的大小。当对输入大小为（4，4）的数据用（3，3）形状的卷积核进行卷积时，输出将变为（2，2）形状，那么每次卷积运算都会使数据缩小，多次卷积后的输出大小可能变为 1，将导致无法再进行卷积运算。为了避免这种情况发生，填充操作尤为重要。在图 10-4 中，使用幅度为 1 的填充，对于输入大小（4，4）进行卷积运算后的输出大小仍为（4，4）。

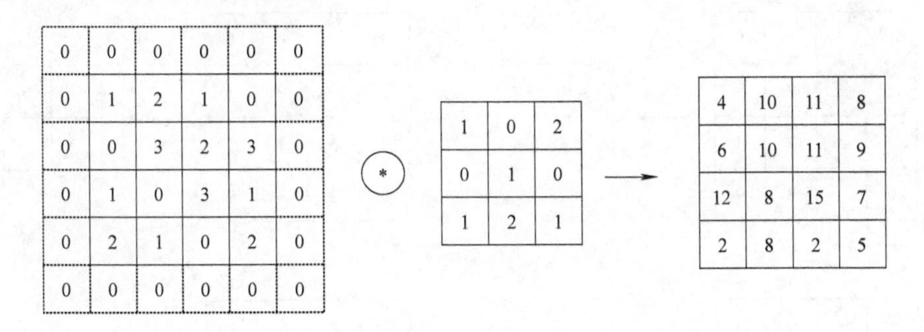

图 10-4

卷积运算的填充处理

3. 步幅

卷积核从输入数据的最左上方开始，按从左往右、从上往下的顺序，依次在整个输入数据上滑动。我们将每次滑动的行数或列数称为步幅（Stride）。

在上述例子中，在高和宽两个方向上步幅均为 1。如图 10-5 所示为步幅为 2 的卷积运算过程。

对输入大小为（4，4）的数据用（2，2）形状的卷积核以步幅为2进行卷积运算时，输出将变为（2，2）形状。可见增大步幅会使输出变小。综上，输出大小与输入大小、卷积核大小、填充幅度、步幅有关。设输入大小为（H，W），卷积核大小为（CH，CW），填充幅度为A，步幅为B，输出大小为（OH，OW），则输出大小可通过下式计算：

$$OH=\frac{H+2A-CH}{B}+1,\ OW=\frac{W+2A-CW}{B}+1 \tag{10-1}$$

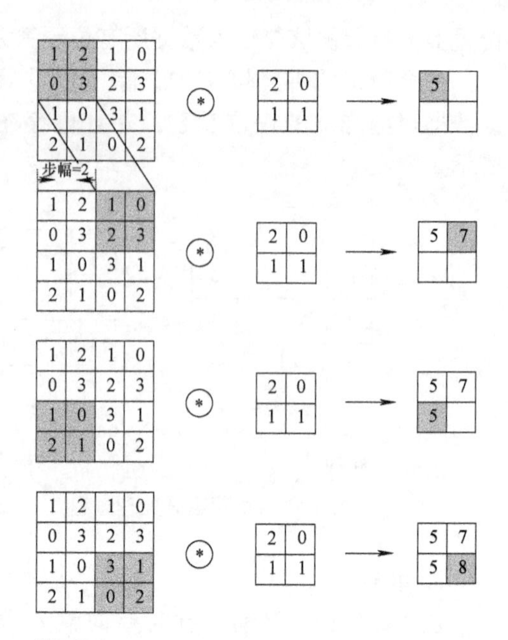

图 10-5

步幅为2的卷积运算过程

10.2.2 池化层

一般卷积运算会通过填充不改变图片尺寸，为压缩图片尺寸向高层抽象，通常在连续的卷积层之间会周期性地插入一个池化层，它的作用是逐渐降低数据体的空间尺寸，同时不改变原图的结构信息从而减少网络中的参数数量，减少计算资源耗费，控制过拟合。池化有“Max池化”和“Average池化”等方法，Max池化是指从目标区域中取出最大值，Average池化则是计算目标区域的平均值，在图像识别领域，主要采用Max池化。如图10-6所示，对大小为（4，4）的输入数据，以步幅为2进行2×2的Max池化操作，得到大小为（2，2）的输出，将其中75%的激活信息都丢掉，但却保留了2×2区域内最有影响的数据作为代表。

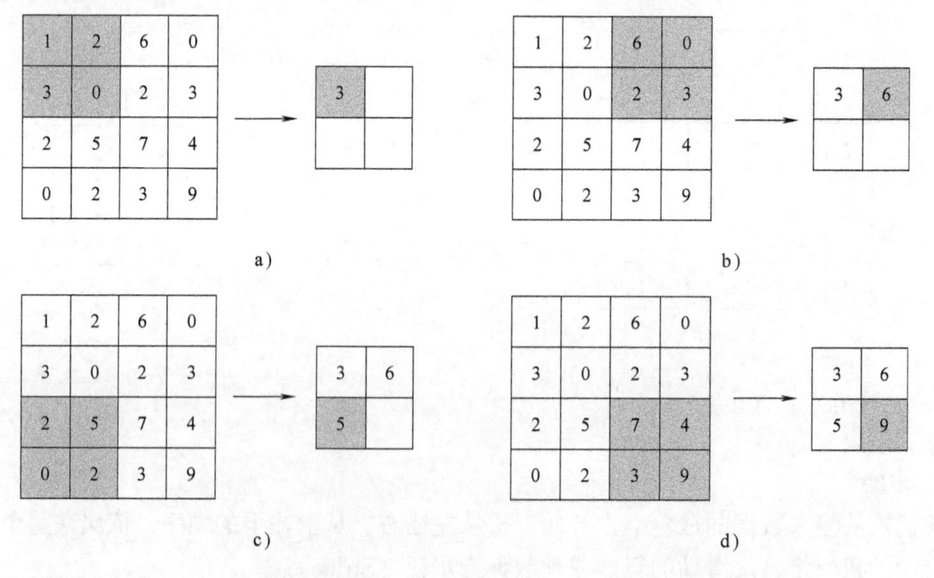

图 10-6

池化操作

10.2.3 三维数据处理

上述进行卷积计算及池化操作的数据皆是二维数据，而卷积神经网络通常用来处理图像，是三维数据（高、宽、颜色通道）。以三通道为例，下面给出三维数据的卷积运算和池化操作的处理。当通道维度上有多个特征图时，先按通道进行输入数据和卷积核的运算，最后将各个通道对应位置相加，从而得到输出。值得注意的是，卷积核的通道数必须和输入数据的通道数相同，并且每个通道的卷积核大小均需一致。如图 10-7 所示，输入数据大小为（4，4，3），卷积核大小为（3，3，3），以步幅为 1 进行卷积运算，最终的输出为（2，2）形状。

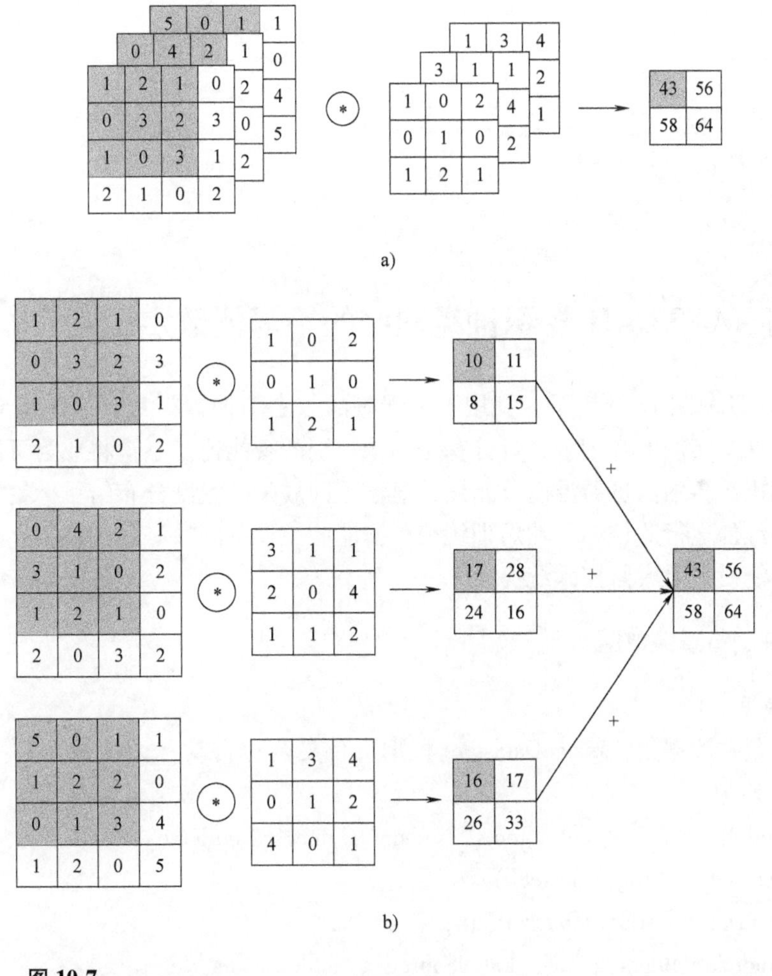

图 10-7

三维数据卷积运算过程

a）三维数据的卷积运算 b）三通道输出示意

三维数据的池化操作和前述二维操作一致，只是多了个通道维度。如图 10-8 所示，输入数据大小为（4，4，3），以步幅为 2 进行 2×2 的 Max 池化操作，最终的输出为（2，2，3）形状。经过池化操作后，输入数据和输出数据的通道数不会发生变化，计算是按各个通道独

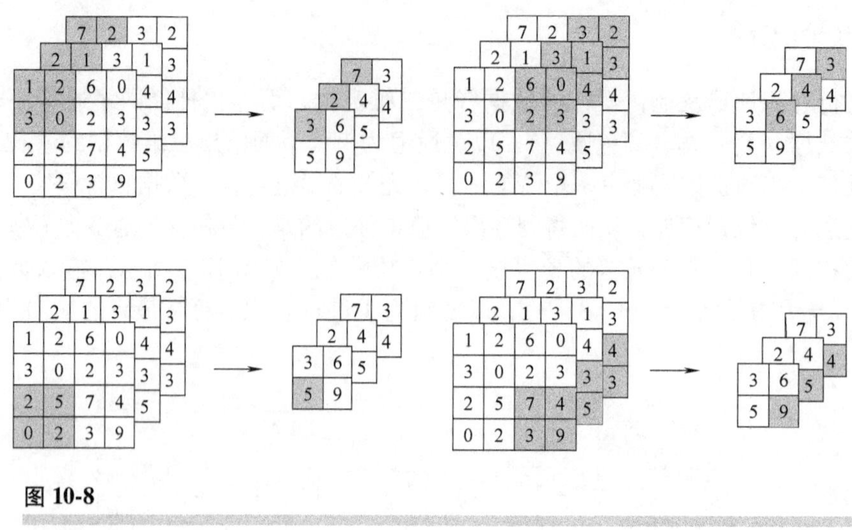

图 10-8

三维数据池化操作过程

立进行的。

10.3　基于 MATLAB 卷积神经网络的手写体数字识别

本节在 MATLAB2018 环境下，利用一个现有的数字图像数据集合来说明卷积神经网络的使用方法，在本实例的基础上，设计基于图像识别的智能监控系统将成为可能，例如利用红外摄像机拍摄运转中的机器温度分布图，对于不同故障的温度分布给予标签，训练计算机系统学习这些红外运行监控图，然后训练获得智能监控设备的核心判别模型，从而实现基于图像识别的智能设备健康监控系统。

10.3.1　加载并浏览图像数据

1. 加载数据

加载手写数字数据集，imageDatastore 根据文件夹名称自动标记图像，并将数据存储为 ImageDatastore 对象。

```
digitDatasetPath=fullfile(matlabroot,'toolbox','nnet','nndemos',…
    'nndatasets','DigitDataset');
imds=imageDatastore(digitDatasetPath,…)
    'IncludeSubfolders',true,'LabelSource','foldernames');
```

在数据集中随机选取 20 张图像，并按 4 行 5 列的形式展示出来，如图 10-9 所示。

```
figure;
perm=randperm(10000,20);
for i=1：20
    subplot(4,5,i);
    imshow(imds.Files{perm(i)});
```

```
end
```

2. 查看数据集相关属性

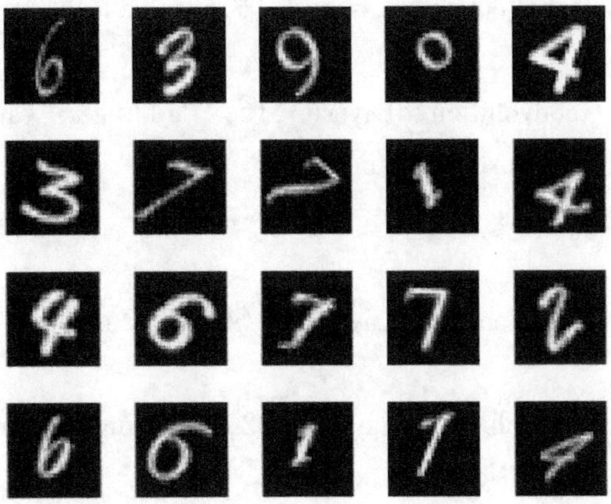

labelCount 是一个表格，其中包含每个标签及其对应的图像数量。数据集包含 0~9 的每个数字各 1000 个图像，总共 10000 个图像。

```
labelCount = countEachLabel (imds)
labelCount =
10×2  table
Label     Count
-----     -----
  0       1000
  1       1000
  2       1000
  3       1000
  4       1000
  5       1000
  6       1000
  7       1000
  8       1000
  9       1000
```

图 10-9

数据集图像

查看图像的大小，每个图像为 28×28×1 像素。

```
img = readimage(imds,1);
size(img)
ans =
     28     28
```

10.3.2 创建卷积神经网络

1. 划分训练集与验证集

将数据划分为训练和验证数据集，随机选取每个标签中的 750 个图像放入训练集中，验证集包含每个标签的剩余图像。

```
numTrainFiles = 750;
[imdsTrain,imdsValidation] = splitEachLabel(imds,numTrainFiles,'randomize');
```

2. 构建网络模型的各个层结构

```
layers = [
    imageInputLayer([28  28  1])

    convolution2dLayer(3,8,'Padding','same')
    batchNormalizationLayer
    reluLayer
```

```
maxPooling2dLayer(2,'Stride',2)

convolution2dLayer(3,16,'Padding','same')
batchNormalizationLayer
reluLayer

maxPooling2dLayer(2,'Stride',2)

convolution2dLayer(3,32,'Padding','same')
batchNormalizationLayer
reluLayer

fullyConnectedLayer(10)
softmaxLayer
classificationLayer];
```

imageInputLayer 为图像输入层，在其中指定输入图像的尺寸，灰度图像的颜色通道大小为 1，而彩色图像的通道大小为 3。

卷积层的前两个参数分别为卷积核的大小和数量，本实例中设置 8 个大小为 3×3 的卷积核。还可通过“Stride”参数设置步幅大小，默认为 1。Padding：补 0 策略（有“valid”和“same”两个参数值）。“valid”代表只进行有效的卷积，即对边界数据不处理。“same”代表保留边界处的卷积结果，通常会导致输出大小与输入大小相同。

最大池化层第一个参数为大小，“Stride”为步幅参数。本实例中创建了大小为 2×2，步幅为 2 的池化核。

fullyConnectedLayer 为全连接层。在此实例中，输出大小为 10，对应于 10 个标签。

3. 设置网络训练参数

使用具有动量的随机梯度下降（SGDM）训练网络，初始学习率为 0.01。将 MaxEpochs 设置为 4（epoch 是整个训练数据集的完整训练周期）。通过指定验证数据和验证频率，在训练期间监控网络准确性。

```
options=trainingOptions('sgdm',…)
    'InitialLearnRate',0.01,…
    'MaxEpochs',4,…
    'Shuffle','every-epoch',…
    'ValidationDate',imdsValidation,…
    'ValidationFrequency',30,…
    'Verbose',false,…
    'Plots','training-progress');
```

4. 训练网络

```
net=trainNetwork(imdsTrain,layers,options);
```

如图 10-10 所示为网络训练进度图，其显示了损失和准确性。损失为交叉熵损失，准确

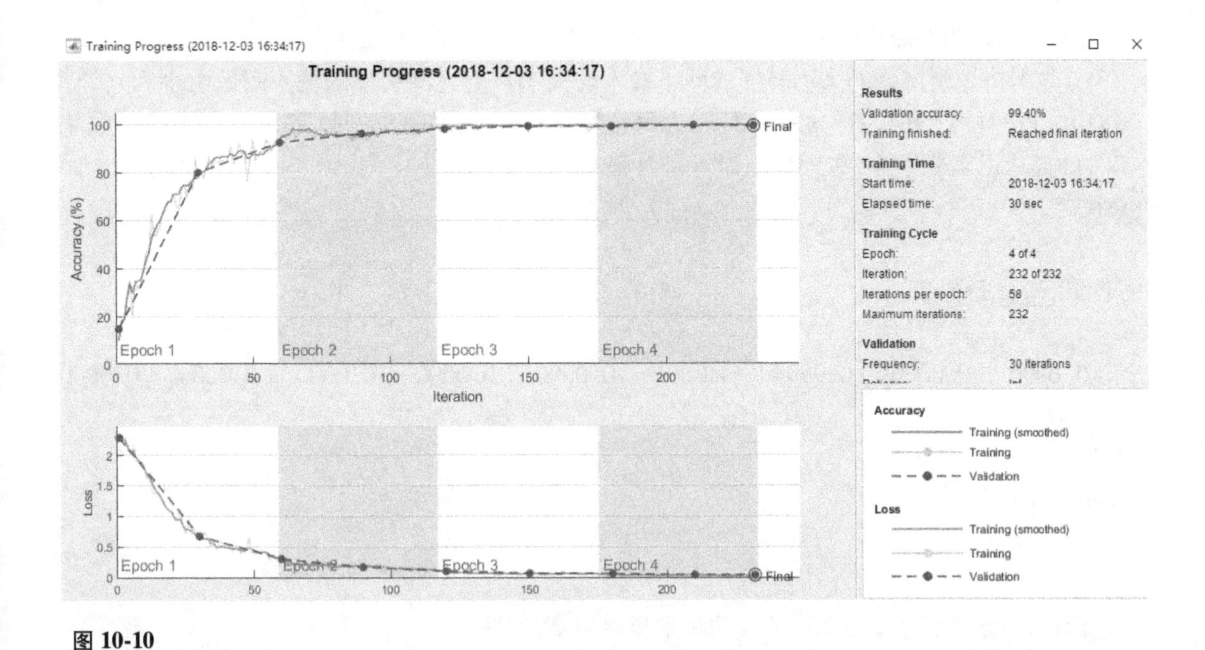

图 10-10

网络训练进度图

性是网络正确分类的图像百分比。最终该卷积神经网络模型的识别准确性能够达到 99.4%。

5. 识别手写体数字

下面分别对两张手写体数字图像（如图 10-11、图 10-12 所示）用上述训练好的卷积神经网络识别。

图 10-11

待识别图像“2”

图 10-12

待识别图像“3”

代码如下：

```
load('CNN_net')
net=CNN_net;
inputSize=net. Layers(1),InputSize;
I=imread('test_2,jpg');
I=imresize(I,inputSize(1:2));
I=rgb2gray(I);
I=255-I;%改图像为黑底白字,同训练数据
imshow(I)
pre=predict(net,I)
```

label=classify(net,I)

首先把待识别图像的大小转换成网络输入的大小，上述网络中的输入图像大小为（28×28×1）。Pre 为 1×10 的行向量，对应为每个数字（0~9）的识别概率，对于待识别数字“2”的成功识别概率为 99.94%，label 即为最后的分类标签。

```
pre =

  1×10single 行向量

    0.0000    0.0000    0.9994    0.0001    0.0000    0.0000    0.0000    0.0004    0.0000
  0.0000
label =
  categorical

    2
```

同样，对于待识别数字“3”的成功识别概率也高达 98.14%。

```
pre =

  1×10single 行向量

    0.0000   0.0000   0.0062   0.9814   0.0000   0.0001   0.0000   0.0009   0.0112
0.0001

label =
  categorical

    3
```

10.3.3 卷积神经网络实例扩展

上节叙述的卷积神经网络实例在智能化设备监控系统设计中具有重要的作用，下面对该实例进行工业化应用扩展。随着红外技术的不断发展，红外热像逐渐被应用于精密机械加工。在精密机械加工时，温度是一个决定产品精度的重要因素，受到热胀冷缩的影响，部分情况下加工时温度偏差超过 1℃即可造成产品精度超差。所以需要红外线热成像相机对精密机械加工进行实时监控，对加工过程中的温度变化情况进行追踪，为精密机械加工提供有效的质量保证。

图 10-13 所示的高精密丝杠加工，不同丝杠直径、螺距、头数及加工位置都对加工精度有着深刻的影响，如何设计一套智能化加工质量监控系统，使其能自动地在加工过程中判断加工后的精度等级，对生产企业具有至关重要的工艺指导作用。具体做法可以使用以下方法。采用原有工艺，记录不同零件在不同加工过程下的加工录像，并对零件后期的精度等级进行标定，例如工差等级在±0.0005 的为 1 级、±0.001 的为 2 级，以此类推对加工冷却后

图 10-13

精密丝杠加工原始图像与热成像图像对比

的零件进行评级。将记录图像与评级结果一一对应输入到上节叙述的卷积神经网络中，就可以训练一个深度卷积网络模型，将模型嵌入自动控制系统后，可以实时根据加工的图像判别加工后的精度，例如一根原有记录不存在的丝杠参数，如不同的直径、长度或者螺距，智能系统根据所建模型来预测出成品后的精度等级，从而为工艺调整提供支持，进一步为加工过程的自动化控制升级提供了智能化基础。

习题

10-1 深度神经网络模型与传统神经网络的区别是什么？

10-2 深度神经网络的类型与各自的特点是什么？

10-3 卷积神经网络如何解决图像处理大规模权重的难题？

10-4 简述卷积神经网络各个隐含层的主要构成和作用。

10-5 如何进行卷积神经网络的卷积运算与池化运算？

10-6 卷积神经网络的 MATLAB 函数调用过程是怎样的？

参考文献

[1] 斋藤康毅. 深度学习入门：基于 Phthon 的理论与实现 [M]. 陆宇杰，译. 北京：人民邮电出版社，2018.

[2] LI F F. CS231n Convolutional Neural Networks for Visual Recognition [EB/OL]. http：//cs231n.github.io/convolutional-networks/，2018.

第11章 相似理论及相似设计法

相似与相似设计法属于对应论方法范畴。对应论是一种古典的理论，近代发展为相似理论，现代又发展为对应论方法学，其中与工程技术领域的设计直接相关的是相似设计与模拟技术。本章主要结合机械工程设计介绍相似理论及相似设计法的有关内容并给出实例。

11.1 对应论及机械工程中的相似现象

11.1.1 对应论

世界上的事物千变万化，没有两种完全相同的事物。但有些不同事物之间却往往具有大量的、普遍的对应性。常见的对应关系有结构对应性、物理对应性、功能对应性、因果对应性等。对应论方法就是利用事物的这一系列对应关系来发现问题、解决问题，并模拟、计算、设计、创造新事物。因此，对应论的简明机理可做如下描述：

在同一事物集合之内或不同的事物集合之间，若存在着相关的对应关系，则运用、借鉴、扩展和发现这些对应关系，便可求得所需答案并能更加理性地认识事物。

由此可见，对应论是研究广泛领域的有效工具，通过对应派生出的一门实用的新兴科学方法，即对应论方法，它为相似设计与模拟技术的应用提供了相应理论依据。为方便起见，我们把同类事物间的对应性当作主要设计依据，就称为相似设计法；而把异类事物间的对应性当作主要设计依据，则称为模拟设计法（包括仿真）。

11.1.2 机械工程领域的相似性现象

在机械工程领域，存在着大量的相似性现象，体现在以下几个方面：

1. 设计活动中的相似性运用

机械工程中的产品在设计、制造、使用等过程，所涉及的影响因素错综复杂，条件多样，单纯靠计算来设计产品往往存在一定的风险，且周期较长。所以人们常会采用对应设计的方法。据估计，约有60%的机械产品设计活动是对已有相类似的机械设计方案或结构进行修改和更新来完成的，即在已经过实践检验的机械结构、机构或材料等基础上，再加上设计经验和新的方案对原有设计进行修正或更改，完成新的设计和产品研发。

在工程领域，基于相似理论，采用模型试验进行航空、水运方面的科学研究起步较早，不仅促进了这些领域的科学技术发展，而且还逐步推广应用到了更广阔的领域，如固体力学、流体力学、电磁学、热学等。

近年来，随着计算机科学技术的发展，一批基于计算机进行数值模拟的商业软件运用越来越广泛和普遍，通过建立与实际模型相似或相近的理论模型，通过仿真来分析模型性能不失为一种经济高效的方法。

2. 产品及零部件中的相似性现象

系列化产品是机械产品相似性的一种主要体现，产品在功能对应性、结构对应性和体积对应性等方面均具有相似的特点，但考虑到最终用途或使用对象的需求不同而生产出不同规格的系列化产品。

根据标准化要求给出优先数系列，如螺纹公称尺寸、齿轮标准模数等。

另外，根据零件结构的相似性，定义有轴类、盘类、箱体类、支架类等零件。根据零件上的结构功能相似性，定义有螺孔、键槽以及螺纹连接孔布置等结构，这些零件上的相似性结构不但给设计带来便利，而且也方便制定加工工艺。

3. 工程中的模型试验

模型试验是基于相似理论的一种试验研究方法。研究中，试验模型与原型须保持必要的相似性。

在机械产品研发过程中，需要取得一定的基础数据，以及产品的性能评测数据。但在实际操作中常常会遇到一些即使是高等数学或直接试验都难以解决的问题，或者虽然问题有解决的可能，但又会受到时间、空间条件的限制和社会条件的制约。另外，在取得相关数据前，产品或零部件还未完成制造，即使已经制造出机械设备，又往往由于体积过大、过小，试验时间过长或难以控制等因素而给试验测试研究带来困难。在这种情况下采用模型试验无疑是一种好的方法并且已经得到了广泛运用。模型试验在机械工程中的重要性主要体现在以下五个方面：

1）模型试验可以严格控制试验对象的主要参量而不受外界条件或自然条件的限制，从而提取所属参数，把握和发现相关现象的本质。

2）制作的模型尺寸一般都是在原型机基础上按相似比例缩小的（只在少数特殊情况下按比例放大，例如模拟合成纤维的应力情况等），故试验模型制造较容易、操作方便，与直接采用原型试验相比，可节省资金、人力、时间和空间。

3）模型试验能够预测或探索尚未制造出来的产品或根本不能进行直接试验研究的对象（例如含驾驶员的汽车碰撞试验），有时还可用于探索一些机理未尽了解的现象或结构的基本性能或其极限值。

4）对于一些变化过程极为缓慢的现象（例如材料疲劳、磨损试验），通过模型试验可以加快其研究进程，而对于一些稍纵即逝的现象，模型试验又可在模型上通过延缓时间进程来分析现象本质。

5）在其他各种分析方法或研究手段均不可能或不便采用时，模型试验更是成了唯一有效的研究手段。

4. 两种不同范畴下的相似性现象

在工程领域，不但存在同一范畴内的相似现象，也存在不同范畴内的相似现象。可以通俗地讲：两种现象之间不一定是“形似”，但却存在着“神似”。即模型与原型的物理过程尽管有区别，且存在不同范畴和不同类型的现象，但它们之间所有的物理现象和物理量本质是相同的，不同之处只是各物理量的大小、比例、量纲等可能不同。例如：在工程上，常用电场来模拟温度场、材料的应力场和机械振动系统；用薄膜的受力状态模拟薄板、壳的受力状态及其弹、塑性变形；还可用单摆运动模拟细杆的弯曲等。诸如此类问题，都是物理现象具有相同本质，一般均可用相同的数学方程来表示，具有数学上的相似性，因而都可以在数学上进行模拟。这一方法称为数学模拟。

例如：数学上的二阶算子 $\nabla^2=\frac{\partial^2}{\partial x^2}+\frac{\partial^2}{\partial y^2}+\frac{\partial^2}{\partial z^2}$的微分方程 $\nabla^2=0$，常被用来描述重力、电势、温度等物理现象。由此可见，通过数学模拟可实现不同类型现象之间的模拟，即通过数学方程对不同的物理量建立起一一对应的关系，便可用一个现象的研究结果去类比另一个不同范畴的现象，这对人们认识世界、分析问题提供了极大的便利。

因此，特别要指出的是：相似设计，其本质是“神似”设计而不完全为“形似”的几何相似设计。

以下结合实例加以说明。

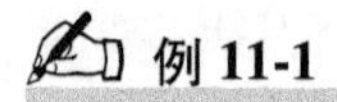
例 11-1

如图 11-1a 所示为一个单自由度质量-弹簧-阻尼系统，如图 11-1b 所示为一个电感-电容-电阻串联电路，试通过数学模拟说明两种现象的相似性。

解： 这两个系统虽然是分属力和电两个不同的范畴，但具有相似的物理本质。实际中常采用容易建立的电路来模拟较难实现的振动现象，进而通过电路分析揭示出振动系统的本质特性。

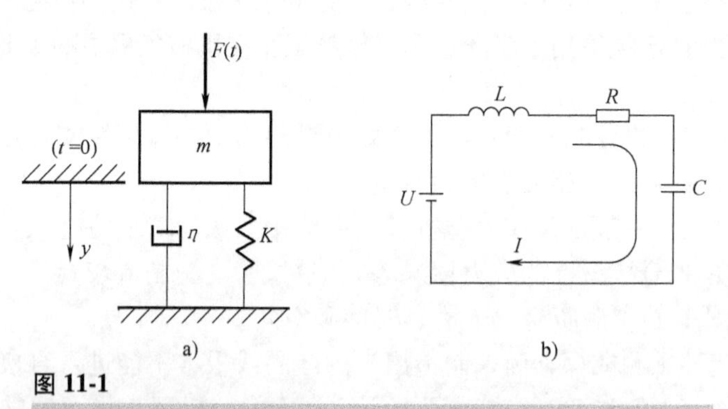

图 11-1

振动系统与电路回路相似

a）单自由度质量-弹簧-阻尼系统 b）电感-电容-电阻串联电路

在图 11-1 中，两个现象各物理量的对应关系见表 11-1。

可将电感 L 比作质量 m，电阻 R 比作阻尼 η，电容 C 的倒数比作弹簧刚度 K，外加电压 U 比作激励力 F，电量 Q 比作位移 y（注：单位时间内的电量即为电流 I）。二者有形式相似的方程：

$$\begin{cases}\text{振动系统方程：}m\ddot{y}+\eta\dot{y}+Ky=F(t)\\ \text{电路系统方程：}L\ddot{Q}+R\dot{Q}+\dfrac{1}{C}Q=U(t)\end{cases} \tag{11-1}$$

表 11-1　　机械振动和电路系统相似物理量对应关系

单自由度振动系统			电感-电容-电阻串联电路		
物理量	符号	单位名称	物理量	符号	单位名称
质量	m	千克(kg)	电感	L	亨(H)
弹簧刚度	K	牛每米(N/m)	电容	C	法(F)
阻尼	η	帕秒(Pa·s)	电阻	R	欧(Ω)
激励力	F	牛(N)	电压	U	伏(V)
位移	y	米(m)	电量	Q	库(C)
时间	t	秒(s)	时间	t	秒(s)

另外，为了实现二者的相似，振动系统必须以静态平衡位置作为其初始位置，以便剔除力学平衡中的重力常量项 mg。

同时，振动系统和电路系统具有如下相似的初始条件：

$$\begin{cases}\text{振动系统初始条件：}y_{t=0}=y_0,\ \dot{y}_{t=0}=\dot{y}_0\\ \text{电路系统初始条件：}Q_{t=0}=Q_0,\ \dot{Q}_{t=0}=\dot{Q}_0\end{cases} \tag{11-2}$$

这种采用数学模拟分析不同领域的相似性现象，又称为类比模拟。

11.2　相似理论

相似理论是表述自然界、工程科学和技术领域各种相似现象相似原理的学说，它的理论基础是关于相似的三个定理。研究相似理论，掌握相似设计方法，可指导相似模型的设计。对于许多物理现象，相似理论可以帮助人们科学而简捷地去建立一些经验性的指导方程，修正设计公式。例如，机械设计中的齿轮设计公式，就是考虑了经验和实践性因素，添加了相应修正系数。

研究相似理论，就必须首先从理论上说明：①相似现象具有什么性质；②个别现象的研究结果如何推广到一般相似的现象中去；③满足什么条件才能实现现象相似。本节将就这些内容进行说明。

11.2.1　物理量相似

相似是指组成模型的每个要素必须与原型的对应要素相似，包括几何要素和物理要素，其具体体现为由一系列物理量组成的场对应相似。对于同一个物理过程，若两个物理现象的各个物理量在各对应点上以及各对应瞬间大小成比例，且各矢量的对应方向一致，则称这两个物理现象相似。

上升到理论的高度，表述相似现象就更加严格了。工程领域常见的相似主要有：几何相似、时间相似、运动相似、动力相似、边界条件相似等。

1. 几何相似

相似的概念本身就是从几何学借用来的。例如两个三角形，若三条边的长度对应成比例，如图 11-2 所示，则可证明这两个三角形相似，且两个相似三角形的内角分别相等。

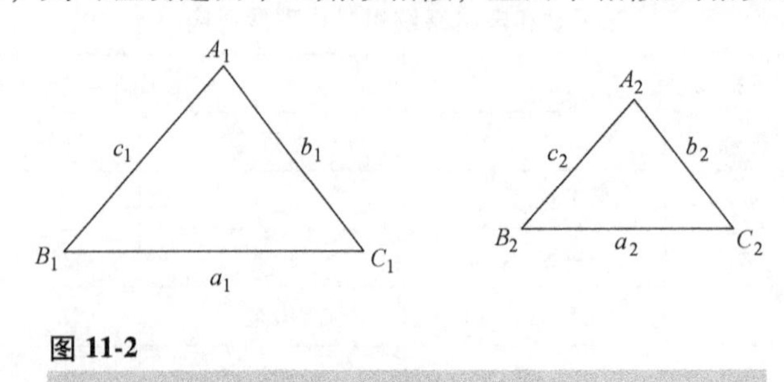

图 11-2

平面三角形相似

三角形的边长对应成比例，有以下等式成立：

$$\frac{a_1}{a_2}=\frac{b_1}{b_2}=\frac{c_1}{c_2}=C_L=\text{常数} \tag{11-3}$$

式中，C_L 称为相似常数，下标常用表示类别的字母来标志，如用 C_F 来表示物理量力的相似常数，用 C_t 来表示物理量时间的相似常数。

类似于图 11-2 中的平面三角形相似问题还有各种平面多边形、圆、椭圆等。空间模型也可以实现几何相似，如三角锥、立方体、多面体、球、椭球等的相似都属于空间相似。机械工程中的系列化零件具有空间几何相似性。

2. 时间相似

时间相似是指两个现象之间对应的时间间隔成比例，也可以说，两个系统的相应点或对应点沿着几何相似的路径运动，到达另外一个对应的位置时，所需的时间比例是一个常数，即 C_t 是一个常数。

例如，两个具有相同运动规律的凸轮机构，推杆沿着相同的路径运动，由于凸轮转速不同，到达下一个对应位置的时间不同，但具有一定的比例关系，有以下等式成立：

$$\frac{t_1}{t_2}=C_t=\text{常数} \tag{11-4}$$

式中，C_t 为两相似现象的时间相似常数。

类似地，两套具有相同杆长和结构的平面四连杆机构，曲柄转速不同，两机构具有时间相似性。

3. 运动相似

运动相似是指两系统的运动速度或加速度场的几何相似，即相似系统的各对应点在对应时刻上速度或加速度的方向一致，大小互成比例。

如图 11-1a 所示的单自由度振动系统，忽略阻尼，分析具有相同频率和初始条件的两个单自由度系统，振幅不同，两系统各对应点在对应时刻上位移 s、速度 v 和加速度 a 的方向一致，大小互成比例，有以下等式成立：

$$\begin{cases}\dfrac{s_1}{s_2}=C_s=\text{常数}\\ \dfrac{v_1}{v_2}=C_v=\text{常数}\\ \dfrac{a_1}{a_2}=C_a=\text{常数}\end{cases}\tag{11-5}$$

式中，C_s、C_v、C_a 为对应物理量的相似常数。

4. 动力相似

动力相似是指力场相似，由于力是矢量，故动力相似要求相似系统的各对应时刻对应点的作用力方向一致、大小成比例，即有以下等式成立：

$$\frac{F_1}{F_2}=C_F=\text{常数}\tag{11-6}$$

式中，C_F 为动力相似常数。

5. 应力相似

若两个具有几何相似的物体（如：原型和模型），两个相似的力 F_1 和 F_2 分别作用在原型和模型的对应点或面上，物体所受应力成比例关系，即相似常数式为

$$\frac{\sigma_1}{\sigma_2}=C_\sigma=\text{常数}\tag{11-7}$$

根据几何相似性，两对应受力面的面积 A_1 和 A_2 具有相似性，有 $\dfrac{A_1}{A_2}=C_A$，根据式（11-6）动力相似，可求得模型与原型间的应力关系：

$$C_\sigma=\frac{\sigma_1}{\sigma_2}=\frac{F_1/A_1}{F_2/A_2}=C_F/C_A\tag{11-8}$$

应力相似常数 C_σ 可由力相似常数 C_F 和面积相似常数 C_A 表示，即 $C_\sigma=C_F/C_A$。由于面积和长度具有 2 次幂关系，有 $C_A=\dfrac{A_1}{A_2}=\dfrac{L_1^2}{L_2^2}=C_L^2$，故应力相似常数又可写为 $C_\sigma=\dfrac{C_F}{C_A}=\dfrac{C_F}{C_L^2}$。

6. 应力循环特性相似

滚动轴承是机械传动系统中常见的支承元件，如图 11-3a 所示的向心球轴承，该轴承所受的外载荷垂直向下，则滚动体（滚珠）在下半区承载，而在上半区不承载。在工作中，一般外圈静止，内圈及滚动体旋转，特别地，滚动体既连同内圈公转，又做自转。同内圈转动方向 n 一致，滚动体所承受的压力载荷为 $F_N(t)$，在下半区，并依次以压力幅值，$F_{N2}<F_{N1}<F_{N0}>F_{N1}>F_{N2}$ 循环变化。滚动体的交变压力载荷 $F_N(t)$ 及交变应力 $\sigma_H(t)$ 循环如图 11-3b 所示。一般轴承滚动体应力循环特性普遍存在类似于式（11-7）的相似常数式。动圈承受交变应力循环如图 11-3b 所示。轴承应力循环仍存在类似于式（11-7）的相似常数式。

7. 温度相似

温度相似是指温度场的几何相似，表现为相似系统各对应点及对应时刻的温度成比例。例如，不同涤纶长丝纤维喷丝冷却成形过程的温度场具有相似性。即温度的相似常数式为

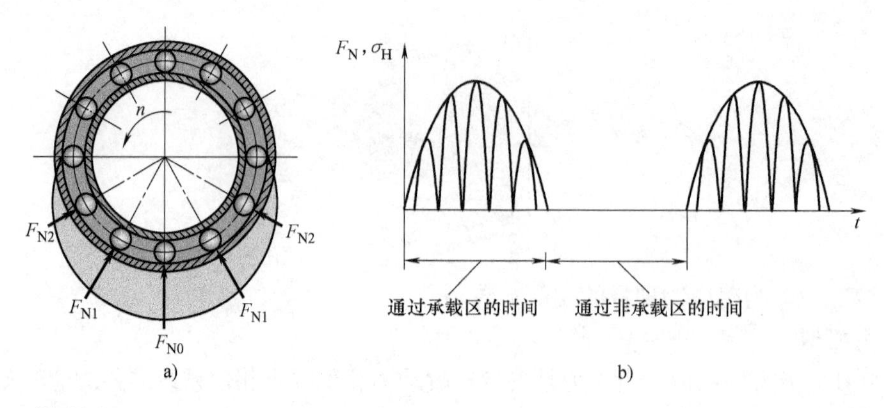

图 11-3

滚动轴承应力循环相似

a）轴承结构及滚动体载荷分布　b）滚动体载荷及应力变化

$$\frac{T_1}{T_2} = C_T = \text{常数} \tag{11-9}$$

8. 边界条件相似

边界条件是指在求解区域边界上所求解的变量的变化规律。边界条件是控制方程有确定解的前提。边界条件处理是否得当，将直接影响分析结果的精度甚至正确与否。因此，相似系统的模型与原型的边界条件需相似。例如梁的受力分析，简支梁、悬臂梁等边界条件不一样，受力分析结果就大不相同。

除以上所列举的几类物理量组成的对应相似外，就现象的各种独立物理量而言，还可有其他多种相似，此处不再一一列举。

总之，在做相似分析时，如式（11−3）~式（11−9）所示的各类相似条件是非常重要的。其中 C_L、C_t、C_s、C_v、C_a、C_F、C_σ、C_T 等，可统称为两个相似现象中对应物理量的相似常数，属于量纲为一的量。但需注意：相似常数只是针对现象对应时刻和对应点上的同类物理量来说的，是单个的、分散的且常具有时间属性的常数，并不代表整体现象。

11.2.2 现象相似与物理量相似

现象的相似总是通过现象所包含的物理量相似来表现的，但是，由于各类现象都是一个系统，构成系统或表征现象特征的各物理量，一般都不是相互独立的，而是相互联系的。所以现象中的各相似常数的大小通常是不能随意选取的。

一般情况下，现象中的各物理量可通过数学方程的形式来表达并建立起它们的相互关系，而相似现象间一般均具有相同的数学方程，如图 11-1a 所示的单自由度振动系统，就具有与图 11-1b 相同形式的微分方程。

但是式（11-3）~式（11-9）所示的各类相似条件仅是相似现象的单值条件，考虑到相似现象相同形式的方程，对于某一相似现象，需要选取其中相应的几个独立的基本参数的相似来描述。

在工程领域，对涉及力学性质的相似现象进行研究时，相似的物理量一般包括几何相似、运动相似和动力相似三类。几何相似通常指外形结构和尺寸相似，它的物理量量纲一般只取长度单位而不是面积或体积单位。对于相似的动力学系统，如果在几何学、运动学和动力学上都达到了相似，则两系统的性能相似。通常确保此三类物理量均相似比较困难，一般几何相似比较容易实现。在满足几何相似的条件下，若动力相似，则由动力学所获得的解，一般能满足运动相似。因此，该三类相似中动力相似很关键。

但是人们有时会发现：在满足几何相似和动力相似的情况下，未必就运动相似。例如：由电动机通过变速装置带动作动器工作，采用相似的电动机驱动力带动的作动器，在同样的外载荷作用下具有不同的转速或运动速度，这就要求适当控制运动学参量的数值范围，将其影响减少到不致引起动力学相似的失调。这一点，对于采用相似理论和模型试验来解决实际问题，特别是复杂机械系统的相似性问题，值得注意。

另外在工程相似性研究中，材料属性是一项重要因素，由于在它们的测量单位中包含着几何参量、运动学参量和动力学参量的量纲成分，例如金属材料的弹性模量就含有力和长度的量纲成分，所以从概念上讲，材料相似不能自成范畴，只能被列作模型设计条件或设计的相似性要求，或者构成其中的一种成分。在条件允许的情况下，选用相同材料进行模型试验不失为一种有效办法。

11.2.3　相似三定理

相似理论的基础是三个相似定理，相似定理是用来判别两个相似现象相似的充分必要条件，以及需要遵循的准则。通过相似三定理，可以从理论上说明：

1）相似现象所具有的性质。

2）如何将个别现象的研究结果推广到与其相似的一般现象中。

3）实现现象相似需要满足的条件。

掌握了相似三定理，就可以根据以下步骤和方法进行相似设计和模型试验设计：

1）确定模型试验应遵循的准则。

2）确定模型试验需要测量的物理量。

3）正确整理实验结果，并将其推广应用到相似现象中。

相似三定理是根据提出时间的先后顺序而定义的。在实际使用中，三个定理的关系如图 11-4 所示。

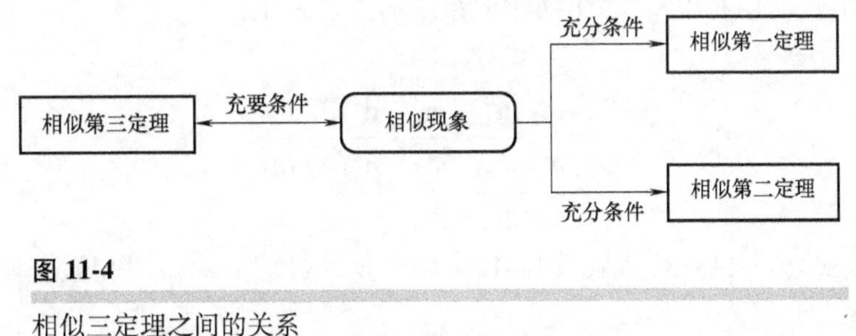

图 11-4

相似三定理之间的关系

以下分别介绍相似理论中的三个定理，并注意相似常数、相似指标和相似准则之间的联系和区别。

1. 相似第一定理

相似第一定理（又称相似正定理），是由法国人 J. Bertrand 于 1848 年首先提出的。该定理说明了相似现象所具有的性质。相似第一定理可做如下描述：对相似的现象，其相似指标等于1；或表述为：对相似的现象，其相似准则的值相同。

这一定理实际是对相似现象所具有的相似性质的一种概括说明，也是现象相似的必然结果，可进一步做如下的解释：

彼此相似的物理现象必须服从同样的客观规律，若该规律能用方程表示，则物理方程必须完全相同，几何边界条件相似，而且对应的相似准则数必定相等。由于存在等式约束关系，现象中的各物理量的比值不能任意选取，这就是相似第一定理。相似准则有以下三个特征：

1）相似准则是一个量纲为1的量。

2）相似准则由物理量的幂次乘积构成。

3）相似准则适用于同一类的相似现象。

综合1）2）可知，所谓相似准则，就是由物理量的幂次乘积构成的一个量纲为1的量。值得指出的是：同一个物理现象在不同的时刻和不同的空间位置，相似准则可具有不同的数值；而彼此相似的物理现象在对应时间和对应点则有数值相等的相似准则。因此，相似准则不是一个常数，而是一个由物理参量的幂次乘积构成的量纲为1的量。

下面以我们熟悉的牛顿第二定律为例来说明。

例 11-2

任意一个质量为 m 的空间质点，在力 F 的作用下，在时间 t 内运动距离为 s，试写出该类现象的相似常数、相似指标和相似准则。

解：根据牛顿第二定律，质点的动力学方程具有普遍性，即服从相同的客观规律并具有形式相同的方程：

$$F=m\frac{\mathrm{d}^2s}{\mathrm{d}t^2} \tag{11-10}$$

两系统相似，对应的物理量之比应保持常数，分别写出各物理量的相似常数：

$$C_F=\frac{F_1}{F_2},\ C_m=\frac{m_1}{m_2},\ C_s=\frac{s_1}{s_2},\ C_t=\frac{t_1}{t_2} \tag{11-11}$$

根据相同的方程（11-10），写出两相似系统的方程之比：

$$\frac{F_1}{F_2}=\frac{m_1\dfrac{\mathrm{d}^2s_1}{\mathrm{d}t_1^2}}{m_2\dfrac{\mathrm{d}^2s_2}{\mathrm{d}t_2^2}}=\frac{m_1}{m_2}\cdot\frac{\mathrm{d}^2s_1}{\mathrm{d}^2s_2}\cdot\frac{\mathrm{d}t_2^2}{\mathrm{d}t_1^2} \tag{11-12}$$

将相似常数式（11-11）代入式（11-12）中，这一过程又称作“相似变换”，经过相似变换，得

$$C_F=C_mC_s\frac{1}{C_t^2} \tag{11-13}$$

整理后，得力学系统的相似指标：

$$\frac{C_FC_t^2}{C_mC_s}=1 \tag{11-14}$$

相似指标反映了系统各物理量之间的比例关系，由于系统中的物理量 F、m、s 和 t 必须

要遵循规则式（11-10），因此式（11-11）中的四个相似常数受式（11-14）的约束而不可以任意选取，以确保系统的相似指标必须等于 1。

将相似常数式（11-11）代入系统的相似指标式（11–14）中，得两系统各物理量间的比例关系如下：

$$\frac{m_1 s_1}{F_1 t_1^2}=\frac{m_2 s_2}{F_2 t_2^2} \tag{11-15}$$

显然，式（11-15）中 ms/Ft 就是由 m、s、F、t 物理量的幂次乘积所构成的一个量纲为 1 的量，称为相似准则，它的通用记法为

$$\pi=\frac{ms}{Ft^2}=\text{idem} \tag{11-16}$$

牛顿第二定律所描述的一类相似现象，均具有相似准则的三个特征。

相似准则又称为 π 项，这里的 π 只是一种标志（与常用的圆周率无关）。拉丁字母 idem 表示同一数值，这里讲“同一数值”或“不变量”而不讲“常数”，是因为两相似现象只有在对应时刻和对应点上才具有数值相等成立。显然，相似准则和相似常数都是量纲为 1 的量，但具有本质的区别：相似常数是指在一对相似现象所有对应点和对应时刻上，特定的物理量均保持比值不变，即保持为常数。但是，在同一相似现象域中，当选取不同的两对相似现象，即使相同的物理量，相似常数也可以是不同的。

相似准则与相似常数的不同点在于：相似准则是从全面而不是个别物理量的角度反映现象的特性，能更加清楚地反映过程的内在联系。

当用相似第一定理指导模型研究时，首先要得出相似准则，然后在模型试验中测量与模型试验相关的物理量，求得相似准则值，再由此去分析原型的性能。由于相似现象的各物理量存在同一相似准则中，通过测量模型中的部分物理量进而求得模型中其他物理量，从而可获得原型中的对应物理量。

至于如何推导出相似系统的相似准则，参见 11.3 节即可；而相似系统的相似准则到底有多少个，则可由相似第二定理来确定。

2. 相似第二定理

相似第二定理（又称 π 定理）是由美国人 J. Buckingham 于 1914 年首先提出的，该定理说明相似现象各种物理量之间的关系，相似第二定理可做如下描述：

设某一物理系统有 n 个物理量，其中有 k 个物理量的量纲是独立的，而其他（$n-k$）个物理量可由独立量纲的物理量导出，则 n 个物理量可表示成（$n-k$）个相似准则：$\pi^{(1)}$，$\pi^{(2)}$，…，$\pi^{(n-k)}$ 间的函数关系为

$$f(\pi^{(1)},\ \pi^{(2)},\ \cdots,\ \pi^{(n-k)})=0 \tag{11-17}$$

式（11-17）称作准则关系式，又称 π 关系式，式中的各关系准则称为 π 项。

对于两个相似的物理现象，在对应点和对应时刻上的相似准则数值相同，有

$$\begin{cases}\pi_1^{(1)}=\pi_2^{(1)}\\ \pi_1^{(2)}=\pi_2^{(2)}\\ \vdots\\ \pi_1^{(n-k)}=\pi_2^{(n-k)}\end{cases} \tag{11-18}$$

对比式（11-17）和式（11-18），可以看出：只要满足式（11-18），即可反映模型试验等相似设计的条件，自然也就满足式（11-17），因此在实际使用中，往往采用式（11-18）的关系式。

在 π 关系式中，k 值表示相似现象中的基本（独立）物理量的数目，也代表了相似现象中基本量纲的数目。

物理现象中所涉及的量可以按照其属性分为两大类：一类物理量的大小与度量时所选用的度量单位有关，称为有量纲的量，如长度、时间、质量、速度、加速度、力等；另一类物理量的大小与度量时所选用的度量单位无关，则称为量纲为1的物理量，如角度、应变、两个长度之比、两个时间之比、两个力之比等。有量纲的物理量包括基本物理量和导出物理量，虽然量纲为1的物理量本身不带量纲，如摩擦系数，但却具有明确的物理意义。对于一些没有量纲的物理量，在 π 关系式中则直接作为 π 项处理。

1971年10月第14届国际计量大会确定了通用的国际单位制，简称SI，其中有七个基本物理量，其他均为导出物理量和量纲为1的物理量。七个基本物理量和常见的与机械工程中相关的量纲为1的物理量如表11-2所示，而机械工程中常用国际单位制基本物理量是质量、长度、时间、温度。

通过量纲分析法来确定相似准则不失为一种有效手段，具体概念和使用方法将在11.3节“量纲分析法”中展开说明。

表11-2 基本物理量和机械工程领域常见的量纲为1的物理量

	量的名称	符号	单位名称	单位符号	量的名称	符号	单位名称	单位符号
七个基本物理量	质量	m	千克	kg	时间	t	秒	s
	长度	L	米	m	温度	T	开(尔文)	K
	电流	I	安培	A	光强度	I_v	坎(德拉)	cd
	物质的量	n	摩尔	mol				
量纲为1的物理量	角度	φ、θ	弧度/度	rad/°	应变	ε	—	—

3. 相似第三定理

相似第三定理（又称相似逆定理）是由苏联学者基尔皮契夫于1930年首先提出的，该定理说明现象相似的条件，相似第三定理可做如下描述：对于同一类物理现象，若单值量相似，而且由单值量所组成的相似准则在数值上相等，则物理现象相似。

相似第三定理说明现象满足什么条件才能使现象相似，即该定理提出现象相似的充分必要条件：

1）相似现象都由完全相同形式的方程来表达。

2）相似现象的单值条件都对应相似。

3）相似现象的相似准则在数值上相等，即相似指标等于1。

单值条件，是在相似现象群中，将某一现象与同类现象区别开来，通常单值条件包括：①几何条件；②物理条件；③边界条件；④初始条件。不一定每一种现象都会用到这四种单值条件，而要由现象的具体情况来决定。

11.2.4　相似三定理的配合使用

相似三定理的关系如图 11-4 所示，相似第一定理是在确认现象已经相似的前提下来说明相似现象所具有的性质，但反过来则不成立，即：已知相似现象的性质，不一定能说明现象相似。

如图 11-5 所示凸轮机构，其理论廓线和实际廓线是两条几何相似的曲线，推杆的运动速度可表示为 $v=\frac{\mathrm{d}s}{\mathrm{d}t}$，$s$ 为推杆位移。

两相似凸轮廓线（曲线 1 和曲线 2）对应点（空间）和对应 t 时刻具有如下关系：

$$\frac{v_1 t}{s_1}=\frac{v_2 t}{s_2}$$

以上两条凸轮廓线相似，必须保证凸轮的起始点这一初始条件（即单值条件）是相似的。图 11-5 所示两条曲线虽然几何相似，若初始条件不同，则作为凸轮廓线并不相似。

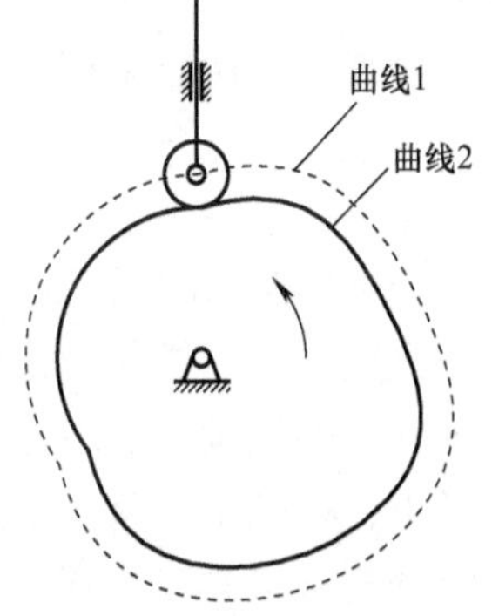

图 11-5
凸轮机构

由此看来，同样是 vt/s 值相等，相似第一定理未必能说明现象的相似，而相似第三定理则补充了单值条件，确保现象相似。因此，相似第三定理是构成现象相似的充要条件，并且严格地说，也是一切相似设计应遵循的理论指导原则。

但在一些复杂现象中，有时很难确定现象的单值条件，只能凭借经验来确定系统的参量，或者虽然知道系统的单值量，但很难做到模型和原型由单值量所组成的某些相似准则在数值上的一致，这些现实问题使得单纯采用相似第三定理进行相似设计在实践中往往具有一定的困难，有时通过经验确定参量而使模型试验结果具有近似性。

同理，如果相似第二定理中各 π 项所包含的物理量并非来自某类现象的单值条件，或者说，参量的选择很可能不够全面、正确，则当将 π 关系式所得的模型试验结果加以推广时，自然也就难以得出准确的结论。因此，离开对参量（特别是主要参量）的正确选择，相似第二定理便失去了它存在的价值。

相似第三定理则由于直接同代表具体现象的单值条件相联系，并且强调了单值量相似，因此，相似第三定理是形成现象相似的充要条件。

当利用相似三定理指导相似设计或模型试验时，常用的操作步骤是：

1）首先应立足相似第三定理，正确、全面地确定现象的参量。

2）然后通过相似第一定理建立起该现象的全部 π 项。

3）最后则是将所得 π 项按相似第二定理的要求组成 π 关系式，用于相似设计和模型试验。

11.3　相似准则的导出方法

相似准则可以综合地反映出各参数对物理现象的影响，导出相似准则是进行相似性分析和设计的前提。目前主要有三种相似准则的导出方法：定律分析法、方程分析法和量纲分析法。从理论上说，采用这三种方法可得出相同的相似准则，只是用不同的数学方法来对物理现象（或过程）做描述，但在实际运用上，三种导出方法却有各自不同的特点、限制和要求。以下分别进行介绍。

11.3.1 定律分析法

定律分析法是采用已知的物理定律导出相似准则的方法，这种方法要求人们对所研究的物理现象必须充分掌握，而且对需要的物理定律有充分的认知，并可明确区分不同定律的主次关系。

但在实际研究过程中，由于人们开始时往往对物理现象的机理认识并不一定全面，未必能一次就准确地抓住事物的本质并选取合适的物理定律。因此对事物进行研究时，往往是先给出一定的假设，然后通过试验验证它们对现象的适用程度，这就有必要在同样物理定律的指导下，将模型试验结果同原型所得结果加以比较，确定那些在模型和原型上能很好地取得一致的物理定律，把它们作为适用的物理定律加以肯定。这个过程对于陌生的物理现象，常常需要多次反复地进行，直至找到对现象适用的全部必要的物理定律。

例如：在研究纱线的拉伸力学性能的过程中，最初人们把它简化成串联的弹簧，力学性质服从胡克定律；随着研究的深入，考虑到纱线的拉伸大变形，改用非线性弹簧取代线性弹簧；再进一步，考虑纱线的黏弹性，引进黏滞系数；目前采用不同形式的串、并联弹簧-阻尼系统模型来模拟纱线的本构关系。

采用定律分析法的不足之处非常明显：

1）现象的变化过程和内在联系往往不够明确。

2）在认识事物的初期，由于未必能找出全部的物理定律，故对较为复杂的物理现象，运用这种方法存在困难，甚至分析结论与事实存在较大差异。

3）在研究问题时，常常会有一些物理定律，对于所讨论的问题从表面上看关系并不密切，但实际上可能具有决定性作用，也不能随意去除。

4）多个定律间存在一定的约束关系，正确找出各个定律间的关系，明确各个定律对问题的作用以及影响大小也往往存在一定困难。

因此，采用定律分析法，特别在问题研究初期，在使用中存在一定的不便。

11.3.2 方程分析法

方程分析法，顾名思义，就是基于方程来导出相似准则。这里所说的方程，主要是指微分方程、积分方程、积分-微分方程等数理方程。方程分析法的优点明显，具体如下：

1）方程均结构严密，一般能正确反映出现象的本质。

2）不论采用解析解还是数值解，分析过程和分析步骤都非常明确、清晰。

3）方程中各参量对现象或结果的作用明晰，便于推断、比较和分析。

但是，也要看到方程分析法在应用上也存在一定的不足：

1）同定律分析法相类似，在方程建立初期，可能方程并不完备，考虑的因素不够全面，做了过多假设等，造成方程不能全面反映现象。

2）在建立方程以后，由于运算上的困难，或为追求求解效率而进行人为的假设和近似，使得求解近似数值解与实际存在较大出入。

尽管方程分析法也存在一定的不足，但是采用方程分析法导出相似准则仍不失为一种常用的办法。例 11-2 就是通过方程分析法导出相似准则的。

在具体使用中，方程分析法包括相似转化法和积分类比法两种。

1. 相似转化法

以下结合材料力学中梁弯曲变形的实例说明采用相似转化法导出相似准则的步骤。

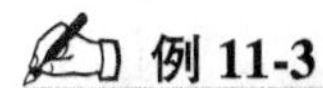 **例 11-3**

如图 11-6 所示，长 l（单位：mm）的悬臂梁，末端受力 P（单位：N）作用发生弯曲变形，设梁的材料弹性模量为 E（单位：N/mm^2），梁横截面惯性矩为 I（单位：mm^4）。试采用相似转化法导出该现象的相似准则。

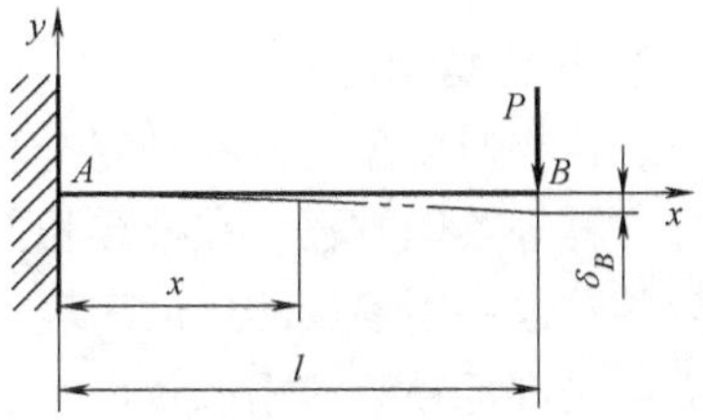

解：悬臂梁上任意一点处的弯矩为 $M=P(l-x)$，悬臂梁在载荷作用下在点 x 处产生挠度 δ（单位：mm）。

采用相似转化法通过以下五个步骤可以导出相似准则。

图 11-6

悬臂梁弯曲

1）写出现象的数理方程：

$$\frac{d^2\delta}{dx^2}=-\frac{M}{EI} \tag{11-19}$$

两相似悬臂梁的弯曲变形方程分别为

$$\frac{d^2\delta_1}{dx_1^2}=-\frac{M_1}{E_1I_1},\frac{d^2\delta_2}{dx_2^2}=-\frac{M_2}{E_2I_2} \tag{11-20}$$

2）写出全部单值条件。本例不存在时间条件和介质条件，只有边界条件为

$$\delta_{x=0}=0$$

3）写出相似常数的表达式。含两悬臂梁几何相似的各对应物理量成比例，即

$$C_\delta=\frac{\delta_1}{\delta_2},\ C_x=\frac{x_1}{x_2},\ C_M=\frac{M_1}{M_2},\ C_E=\frac{E_1}{E_2},\ C_I=\frac{I_1}{I_2} \tag{11-21}$$

4）将相似常数代入方程进行相似变换，求出相似指标方程。将式（11-20）中两式进行相除，得

$$\frac{\dfrac{d^2\delta_1}{dx_1^2}}{\dfrac{d^2\delta_2}{dx_2^2}}=\frac{\dfrac{M_1}{E_1I_1}}{\dfrac{M_2}{E_2I_2}}$$

整理后可得

$$\frac{d^2\delta_1}{d^2\delta_2}\,\frac{dx_2^2}{dx_1^2}=\frac{M_1}{M_2}\,\frac{E_2I_2}{E_1I_1}$$

将式（11-20）中的相似常数代入，即得

$$C_\delta\,\frac{1}{C_x^2}=C_M\,\frac{1}{C_EC_I}$$

写成相似指标的形式：

$$\frac{C_{\delta}C_{E}C_{I}}{C_{x}^{2}C_{M}}=1 \tag{11-22}$$

式中，$\frac{\mathrm{d}^2\delta_1}{\mathrm{d}^2\delta_2}=C_{\delta}$，$\frac{\mathrm{d}x_1^2}{\mathrm{d}x_2^2}=C_x^2$，可参见随后“积分类比法”有关内容得出。

5）考虑单值条件，将相似指标方程转化为相似准则，并写成常用的形式。将式（11-22）转化为常用形式的相似准则：

$$\pi=\frac{\delta EI}{x^2M}=\mathrm{idem} \tag{11-23}$$

2. 积分类比法

表达相似现象的方程是完全相同的，而且方程往往是微分方程、积分方程，或者积分-微分方程等数理方程。在推导相似准则时，方程中各对应的参量比值应该相等，而且参量的各阶导数也要用参量的比值来表示，如何用参量的相似常数表示参量的导数，就需要用到积分类比法进行导数的相似转化。

对于两个相似的物理现象，在推导其相似准则时，一阶导数$\frac{\mathrm{d}y}{\mathrm{d}t}$的效果和$\frac{y}{t}$是一致的，即对于一阶导数，可以直接将微分符号去掉，即直接用$\frac{y}{t}$替代$\frac{\mathrm{d}y}{\mathrm{d}t}$进行相似转换处理。

对于二阶导数，可以导出

$$\frac{\mathrm{d}^2y}{\mathrm{d}t^2}=\frac{\mathrm{d}\left(\frac{\mathrm{d}y}{\mathrm{d}t}\right)}{\mathrm{d}t}\Rightarrow\frac{\mathrm{d}\left(\frac{y}{t}\right)}{\mathrm{d}t}\Rightarrow\frac{\frac{y}{t}}{t}\Rightarrow\frac{y}{t^2}$$

由此可得出不同阶导数的相似转换一般式：

$$\frac{\mathrm{d}^ny}{\mathrm{d}t^n}\Rightarrow\frac{y}{t^n}\quad(n=1,2,\cdots) \tag{11-24}$$

同理，对于两个相似的物理现象，在推导其相似准则时，积分符号也可直接去掉，如$\int y\mathrm{d}x\Rightarrow yx$等。

11.3.3　量纲分析法

量纲是物理量所固有的、可用以度量的物理属性。一个物理量是由其自身的物理属性（量纲）和为度量物理属性而规定的量度单位两个因素所构成的。每一个物理量都只有一个量纲，不以人的意志为转移，而每一个量纲下的度量单位（度量标准）是人为定义的，因所选用的度量标准和尺度不同而异，如长度的量纲用［L］来表示，而度量单位则可选用m（米）、mm（毫米）及in（英寸）等。

量纲分为基本量纲和导出量纲。国际单位制（SI）规定了七个基本物理量，见表11-2。但在一般工程领域，常用的有四个作为基本量纲，分别是：长度量纲［L］、质量量纲［M］、时间量纲［T］和温度量纲［K］，其他物理量的量纲均可以通过这些基本量纲导出，称为导出量纲。导出量纲与基本量纲满足一定的组合关系，导出量纲［Q］的一般式可写为

$$\dim[\mathrm{Q}]=[\mathrm{L}]^{c_1}[\mathrm{M}]^{c_2}[\mathrm{T}]^{c_3}[\mathrm{K}]^{c_4} \tag{11-25}$$

式中，c_i，$i=1$，2，3，4 为量纲指数，全部指数为零的物理量，称为量纲为 1 的物理量。

式（11-25）称为一般工程领域的量纲方程。特别地，采用国际单位制，将质量量纲［M］、长度量纲［L］、时间量纲［T］和温度量纲［K］作为基本量纲，即构成质量系统，又称 MLTK 系统；而采用工程单位制，将力量纲［F］、长度量纲［L］、时间量纲［T］和温度量纲［K］作为基本量纲，即构成力系统，又称 FLTK 系统，因为在工程领域，力是经常会用到的物理量。

显然，采用国际单位制，质量量纲［M］是基本量纲，力的量纲［F］是导出量纲；而采用工程单位制，力的量纲［F］为基本量纲，则质量量纲［M］就不再是基本量纲而是导出量纲。导出量纲均可由基本量纲表达，即

$$\begin{cases}[F]=[MLT^{-2}] \\ \text{或} \\ [M]=[FL^{-1}T^{2}]\end{cases} \tag{11-26}$$

工程上常见物理量的量纲如表 11-3 所示。

表 11-3　工程领域常见物理量的量纲

物理量名称	符号	量纲		物理量名称	符号	量纲	
		MLTK 系统	FLTK 系统			MLTK 系统	FLTK 系统
质量	m	$[M]$	$[FL^{-1}T^{2}]$	应力	σ、τ	$[ML^{-1}T^{-2}]$	$[FL^{-2}]$
长度	l	$[L]$	$[L]$	刚度	K	$[MT^{-2}]$	$[FL^{-1}]$
时间	t	$[T]$	$[T]$	面积	A	$[L^{2}]$	$[L^{2}]$
温度	T	$[K]$	$[K]$	体积	V	$[L^{3}]$	$[L^{3}]$
力	F	$[MLT^{-2}]$	$[F]$	角度	θ	$[M^{0}L^{0}T^{0}]$	$[F^{0}L^{0}T^{0}]$
密度	ρ	$[ML^{-3}]$	$[FL^{-4}T^{2}]$	线速度	v	$[LT^{-1}]$	$[LT^{-1}]$
力矩	M	$[ML^{2}T^{-2}]$	$[FL]$	线加速度	a	$[LT^{-2}]$	$[LT^{-2}]$
冲量	I	$[MLT^{-1}]$	$[FT]$	角速度	ω	$[T^{-1}]$	$[T^{-1}]$
角动量	L	$[ML^{2}T^{-1}]$	$[FLT]$	角加速度	β	$[T^{-2}]$	$[T^{-2}]$
转动惯量	J	$[ML^{2}]$	$[FLT^{2}]$	摩擦系数	μ	$[M^{0}L^{0}T^{0}]$	$[F^{0}L^{0}T^{0}]$
功	P	$[ML^{2}T^{-2}]$	$[FL]$	应变	ε、γ	$[M^{0}L^{0}T^{0}]$	$[F^{0}L^{0}T^{0}]$
功率	W	$[ML^{2}T^{-3}]$	$[FLT^{-1}]$	阻尼系数	η	$[MT^{-1}]$	$[FL^{-1}T]$
弹性模量	E	$[ML^{-1}T^{-2}]$	$[FL^{-2}]$	频率	f	$[T^{-1}]$	$[T^{-1}]$

从表 11-3 可知，量纲具有相对属性，可根据研究对象的不同和便利性，选择质量系统或力系统作为基本量纲。而选择不同的单位制基本量纲，则同一物理量具有不同的量纲表示。

1. 量纲方程法

一个能正确地反映物理过程的数理方程，必定是量纲齐次的。根据这一理论，在研究现象相似的过程中，通过对各个物理量的量纲考察可导出相似准则。若参数选取恰当，甚至可以写出物理过程的一般方程。以下通过实例进行说明。

例 11-4

一个物体做自由落体运动，试导出该类物理现象的相似准则和一般方程。

解：经过分析，确定该物理现象所涉及的参数是物体下落距离 s、重力加速度 g 及运动时间 t，其中下落距离 s 应该是 g 和 t 的函数，即 $s=f(g, t)$。进一步确认方程形式为

$$s=C_0 \cdot g^{C_1} \cdot t^{C_2} \tag{11-27}$$

式中，C_0、C_1 和 C_2 为不带量纲的待定常数。

对照表 11-3，可得式（11-27）中各物理量的量纲，并写出量纲方程：

$$[\mathrm{L}]=[\mathrm{LT}^{-2}]^{C_1} \cdot [\mathrm{T}]^{C_2} \tag{11-28}$$

量纲方程（11-27）一定是齐次的，也即式（11-27）等式两边的量纲相同，则有

$$\begin{cases} C_1=1 \\ -2C_1+C_2=0 \end{cases} \tag{11-29}$$

根据待定系数式（11-28），可解得 $C_1=1$，$C_2=2$，即可得自由落体的一般方程

$$s=C_0 \cdot g \cdot t^2 \tag{11-30}$$

再根据初始条件或边界条件可求得 C_0 值。由式（11-29）可得式（11-30）对应相似准则：

$$\pi=\frac{s}{g \cdot t^2}=\mathrm{idem} \tag{11-31}$$

2. 量纲矩阵法

根据相似第二定理可知：对于某一物理系统有 n 个物理量，其中有 k 个物理量的量纲是基本量纲，而其他（$n-k$）个物理量可由基本量纲的物理量导出，则 n 个物理量可表示成（$n-k$）个相似准则，即 $\pi^{(1)}$、$\pi^{(2)}$、…、$\pi^{(n-k)}$。对于较为复杂的物理现象，往往存在多个相似准则，采用量纲矩阵法导出相似准则便较为直观和方便。以下通过实例说明。

例 11-5

结合图 11-1a 所示的单自由度振动系统，试采用量纲矩阵法导出其相似准则。

解：准确描述单自由度“弹簧-质量-阻尼”系统，需要七个物理量，见表 11-4。若采用 FLT 系统，对照表 11-3 可写出系统七个物理量的量纲，并由此可知，在这七个物理量量纲中，独立的基本量纲有三个。依据相似第二定理，该系统具有 7−3=4 个相似准则。

表 11-4 单自由度“弹簧-质量-阻尼”系统物理量及其量纲

物理量名称	位移	质量	阻尼	刚度	初始速度	初始位移	时间
符号	y	m	η	K	v_0	y_0	t
量纲	[L]	$[\mathrm{FL^{-1}T^2}]$	$[\mathrm{FL^{-1}T}]$	$[\mathrm{FL^{-1}}]$	$[\mathrm{LT^{-1}}]$	[L]	[T]

由于采用［F］、［L］、［T］作为物理系统的基本量纲，根据导出量纲［Q］的一般式（11-25），将系统七个物理量的量纲幂次写成矩阵形式，有

$$\begin{array}{c} \\ \mathrm{F} \\ \mathrm{L} \\ \mathrm{T} \end{array}\begin{array}{c} \begin{array}{ccccccc} y & m & \eta & K & v_0 & y_0 & t \end{array} \\ \begin{pmatrix} 0 & 1 & 1 & 1 & 0 & 0 & 0 \\ 1 & -1 & -1 & -1 & 1 & 1 & 0 \\ 0 & 2 & 1 & 0 & -1 & 0 & 1 \end{pmatrix} \end{array} \tag{11-32}$$

提取式（11-31）中的幂次系数矩阵中第 2、3、5 列组成一方阵，该方阵行列式不为 0，即

$$\begin{vmatrix} 1 & 1 & 0 \\ -1 & -1 & 1 \\ 2 & 1 & -1 \end{vmatrix} = 1 \neq 0 \tag{11-33}$$

根据矩阵代数理论，式（11−32）幂次系数矩阵的秩为 3，这与系统独立的基本量纲为 3 相符。

将 π 项表示为七个物理量的一般函数形式：

$$\pi = y^{C_1} m^{C_2} \eta^{C_3} K^{C_4} v_0^{C_5} y_0^{C_6} t^{C_7} \tag{11-34}$$

由相似第一定理可知，相似准则是一个由物理量的幂次乘积构成的量纲为 1 的量。根据（11-31）和式（11-33），有

$$\begin{cases} \mathrm{F}:\ C_2+C_3+C_4=0 \\ \mathrm{L}:\ C_1-C_2-C_3-C_4+C_5+C_6=0 \\ \mathrm{T}:\ 2C_2+C_3-C_5+C_7=0 \end{cases} \tag{11-35}$$

式（11-35）是三个方程含七个未知数，将 C_4、C_5、C_6、C_7 共四个参数作为可任意设定的未知量，则 C_1、C_2、C_3 可用 C_4、C_5、C_6、C_7 来表示，即

$$\begin{cases} C_1=-C_5-C_6 \\ C_2=C_4+C_5-C_7 \\ C_3=-2C_4-C_5+C_7 \end{cases} \tag{11-36}$$

为计算方便，分别取以下四组 C_4、C_5、C_6、C_7 数据，得到相应的 C_1、C_2、C_3 值：

1）取 $C_4=1$、$C_5=0$、$C_6=0$、$C_7=0$，得 $C_1=0$、$C_2=1$、$C_3=-2$；

2）取 $C_4=0$、$C_5=1$、$C_6=0$、$C_7=0$，得 $C_1=-1$、$C_2=1$、$C_3=-1$；

3）取 $C_4=0$、$C_5=0$、$C_6=1$、$C_7=0$，得 $C_1=-1$、$C_2=0$、$C_3=0$；

4）取 $C_4=0$、$C_5=0$、$C_6=0$、$C_7=1$，得 $C_1=0$、$C_2=-1$、$C_3=1$。

分别将以上四组参数代入式（11-33），即可获得单自由度“弹簧-质量-阻尼”系统四个相似准则：

$$\pi^{(1)}=m\eta^{-2}K,\ \pi^{(2)}=y^{-1}m\eta^{-1}v_0,\ \pi^{(3)}=y^{-1}y_0,\ \pi^{(4)}=m^{-1}\eta t$$

上述四个 π 项则反映了相似第一定理的第二特征，即相似准则由物理量的幂次乘积构成。

11.4　相似设计法

人们在对工程实践等领域的问题进行研究时，常常会遇到一些即使是采用理论计算或直接试验都难以解决的问题，或者虽然问题有解决的可能，但又受到时间、空间条件的限制，

或者社会条件的制约。例如：在进行零部件的疲劳破坏试验时，若按常规方法进行，会花费太长的时间，若仅仅是通过加速试验又难以与实际工况相符；在进行火星车及其在太空环境中的适应性研究时，受空间条件的限制，无法直接进行试验研究；在进行新药试验研究时，由于受社会条件的制约，不能首先进行人体试验等诸如此类的问题。而基于相似理论，采用相似设计法进行研究或产品设计不失为一种可行和便捷的办法。

所谓相似设计法，就是利用同类事物间静态与动态的对应性，依据样机或模型求得新设计模型的有关参数的一种方法。

系列化设计和试验模型设计是工程中常见的两种运用相似设计法进行的实践过程，以下分别对其进行阐述。

11.4.1 系列化产品设计

在工程实践和日常生活中，常常会遇到同一产品具有不同规格的现象，如电视机屏幕大小、衣服和鞋子的不同尺码等。一般把具有相同结构、相同材料、相同功能、相同或相似的加工工艺，但在规格尺寸或性能指标上具有一定的级差而形成的一系列不同规格尺寸的产品称为系列化产品。

在进行系列化产品设计时，首先需要选定系列化产品中规格尺寸居于中间的产品作为基型，对基型产品进行详细设计，甚至进行参数优化和试验，确定基型产品的各尺寸参数、材料、结构等。然后按系列化产品设计原理进行扩展，形成一系列产品。

考虑到扩展型产品与基型产品在功能等方面总存在一定的偏差。为减小偏差，常选择规格尺寸居于中间的产品作为基型。另外，系列化产品中每一规格尺寸的分级，称为级间比，或尺寸相似比，而级间比不是任意确定的，而是按一定级数系列进行排列的。

1. 级间比与标准数

系列化产品的规格尺寸按比例逐步递增，递增方法有两种：按自然数排列和按几何级数排列。

若按自然数排列称为算术系列，各级的级间比是不同的，即级间比随级数的增大而显著减小，如表11-5所示。

表11-5 算术系列参数增长率与级间比

算术系列数	1	2	3	4	5	6	7	8	9	10
各级参数增长率(%)	—	100	50	33	25	20	16	14	12.5	11
级间比	—	2.00	1.50	1.33	1.25	1.20	1.16	1.14	1.13	1.11

由表11-5可以看出：采用算术系列数作为系列化参数，其级间比相差过大，一般在工程实际中不大采用算术系列数，而是采用几何级数系列。

几何级数系列将级间比的 n 次方定为10，即 $\frac{a_n}{a_0}=\varphi^n=10$，则级间比为

$$\varphi=\sqrt[n]{10} \tag{11-37}$$

在工程实际中，式（11-37）中的十进制几何级数系列已得到广泛应用，并将 n 分别取值为5、10、20、40，对应地计算出 φ 值并进行圆整，同时取 $a_0=1$，相应计算结果也进行

圆整，而且误差控制在±1%。这些数即构成标准数，相应的标准数系列称为 R5、R10、R20、R40 基本系列。表 11-6 列出了标准数系列参数。

表 11-6 标准数系列参数

分级数 n	级间比 φ	项数	系列参数标准值
5	1.6	6	1，1.6，2.5，4，6.3，10
10	1.25	11	1，1.25，1.6，2，2.5，3.15，4，5，6.3，8，10
20	1.12	21	1，1.12，1.25，1.4，1.6，1.8，2，2.24，2.5，2.8，…，9，9.50，10
40	1.06	41	1，1.06，1.12，1.18，1.25，1.32，1.40，1.50，1.60，…，9.50，10

在标准数的系列参数中，级间比均为常数。也可以看到机械设计中常见的参数，如：粗糙度 1.6 和 6.3，带轮传动比 2.24，齿轮标准模数 1.25 等，这些参数都来自标准数系列。

2. 几何相似系列产品设计

几何相似是指产品尺寸参数相似。根据全部尺寸参数完全相似与否可分为完全相似和半相似两种，根据几何相似，并取尺寸参数为标准数，即形成系列产品。几何相似系列产品的设计步骤如下：

1）通过调研，确定系列产品中最小尺寸和最大尺寸的规格及系列的分级数。应特别注意：产品分级可以在整个尺寸范围内选取相同的级间比，也可以进行分段选取不同的级间比；另外，全部尺寸参数也可根据实际情况采用不同的级间比。

2）在系列产品的规格尺寸和功能参数中，选取尺寸居中的产品作为设计基型产品，并进行详细设计，必要时，采用现代设计方法对基型产品进行参数优化、有限元分析，甚至试验测试，确保基型产品的各项指标符合设计要求。

3）根据相似理论和相似常数确定系列产品的规格尺寸，级间比采用几何级数系列参数。并注意到：完全几何相似的系列产品，各种参数的级间比和长度级间比具有确定的关系，如：面积 $\varphi_A=\varphi_L^2$，体积 $\varphi_V=\varphi_L^3$，密度相同的质量 $\varphi_M=\varphi_L^3$ 等，这与量纲幂次有类似关系。

4）初步计算出扩展型产品的几何尺寸和技术参数后，应根据技术和加工工艺要求，对系列产品的尺寸进行适当调整，如：考虑到铸塑模具的规格、铸件的壁厚、材料的规格等因素，可能会压缩一些系列尺寸，或对某些尺寸进行适当调整，进行必要的几何相似系列产品变异设计。

5）采用现代设计方法和虚拟仿真技术，对系列产品进行强度、刚度，甚至动力学性能分析，确保系列产品均符合设计性能要求。

下面结合一个实例进行说明。

例 11-6

用于固定流体输送管路的塑料管夹外形结构和尺寸如图 11-7 所示，将管子的外径尺寸作为塑料管夹的公称尺寸，已知 ϕ34mm 的管夹尺寸如表 11-7 所示，试以其为基型设计系列管夹。

解：根据以上设计步骤，对塑料管夹进行几何系列化产品设计。

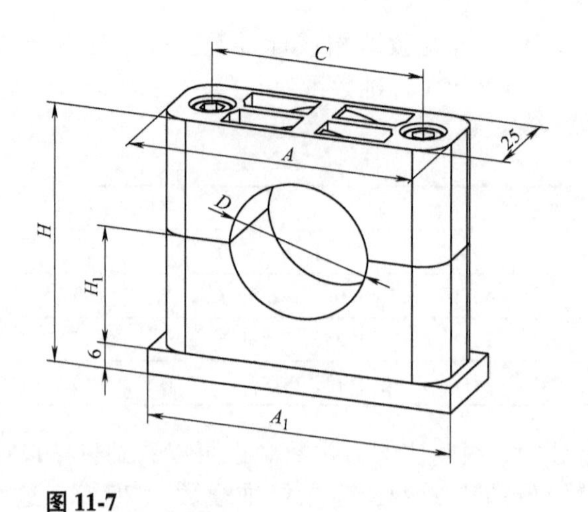

图 11-7

塑料管夹结构和尺寸

1）确定系列管夹的级间比。由表 11-7 可知，系列塑料管夹共有 10 个规格，公称尺寸为管路外径 D，最小公称尺寸为 8mm，最大公称尺寸为 60mm，级间比为

$$\varphi_L = \sqrt[(10-1)]{\frac{60}{8}} = 1.25$$

表 11-7 标准外径无缝钢管尺寸

管子外径尺寸 D/mm	8	10	13.5	17	21	27	34	42	48	60
级间比		1.25	1.35	1.26	1.24	1.29	1.26	1.24	1.14	1.25

表 11-7 中管子外径系列规格尺寸也基本按此级间比设计和制造，考虑管子外径的尺寸圆整，表中塑料管夹实际公称尺寸的级间比在 1.25 上下有所调整。

2）取基型产品 $D=34$，确定管夹结构参数如表 11-8 所示。

表 11-8 塑料管夹基型参数和对应级间比

参数	D/mm	A/mm	C/mm	A_1/mm	H/mm	H_1/mm	宽度 B/mm	板厚 δ/mm
基型数值	34	70	52	75	64	29	25	6
级间比	1.25	1.25	1.25	1.25	—	1.25	1	1

考虑到螺栓连接和支撑管路效果，该系列管夹宽度 B 均取 25mm，连接板厚 δ 均取 6mm，级间比为 1，而尺寸 H 则为 $H=2H_1+6$。

3）根据基本参数与级间比，计算出各扩展模型的原始规格尺寸如表 11-9 所示。

4）考虑到实际制造模具和安装等因素，对表 11-9 中的数据做调整，如表 11-10 所示。

5）对以上系列管夹的规格尺寸进行必要的性能分析和工艺检查后，可形成系列化产品。表 11-10 中的数据同 JB/ZQ 4008—1997 所规定的塑料管夹具有相同的外形尺寸。

另外，管夹中的一些细节结构，如注塑过渡结构及尺寸，为减少用料而进行必要的结构优化等，这里将不再赘述。

表 11-9　　塑料管夹系列模型原始参数

<table>
<tr><th>参数</th><th>D/mm</th><th>A/mm</th><th>C/mm</th><th>A_1/mm</th><th>H/mm</th><th>H_1/mm</th><th>宽度 B/mm</th><th>板厚 δ/mm</th><th>连接螺栓</th></tr>
<tr><td rowspan="6">扩展型</td><td>8</td><td>18.4</td><td>13.63</td><td>19.7</td><td></td><td>7.6</td><td rowspan="10">25</td><td rowspan="10">6</td><td rowspan="10">M6</td></tr>
<tr><td>10</td><td>22.9</td><td>17.0</td><td>24.6</td><td></td><td>9.5</td></tr>
<tr><td>13.5</td><td>28.7</td><td>21.3</td><td>30.7</td><td></td><td>11.9</td></tr>
<tr><td>17</td><td>35.8</td><td>26.6</td><td>38.4</td><td></td><td>14.8</td></tr>
<tr><td>21</td><td>44.8</td><td>33.28</td><td>48</td><td></td><td>18.56</td></tr>
<tr><td>27</td><td>56</td><td>41.6</td><td>60</td><td></td><td>23.2</td></tr>
<tr><td>基型</td><td>34</td><td>70</td><td>52</td><td>75</td><td>64</td><td>29</td></tr>
<tr><td rowspan="3">扩展型</td><td>42</td><td>87.5</td><td>65</td><td>93.8</td><td></td><td>36.3</td></tr>
<tr><td>48</td><td>109.4</td><td>81.3</td><td>117.2</td><td></td><td>45</td></tr>
<tr><td>60</td><td>136.7</td><td>101.6</td><td>146.48</td><td></td><td>56.6</td></tr>
</table>

表 11-10　　塑料管夹系列产品参数

<table>
<tr><th>参数</th><th>D/mm</th><th>A/mm</th><th>C/mm</th><th>A_1/mm</th><th>H/mm</th><th>H_1/mm</th><th>宽度 B/mm</th><th>板厚 δ/mm</th><th>连接螺栓</th></tr>
<tr><td rowspan="6">扩展型</td><td>8</td><td rowspan="3">34</td><td rowspan="3">20</td><td rowspan="3">39</td><td rowspan="3">32</td><td rowspan="3">13</td><td rowspan="10">25</td><td rowspan="10">6</td><td rowspan="10">M6</td></tr>
<tr><td>10</td></tr>
<tr><td>13.5</td></tr>
<tr><td>17</td><td>40</td><td>26</td><td>45</td><td>40</td><td>17</td></tr>
<tr><td>21</td><td rowspan="2">48</td><td rowspan="2">33</td><td rowspan="2">53</td><td rowspan="2">42</td><td rowspan="2">18</td></tr>
<tr><td>27</td></tr>
<tr><td>基型</td><td>34</td><td>70</td><td>52</td><td>75</td><td>64</td><td>29</td></tr>
<tr><td rowspan="3">扩展型</td><td>42</td><td>86</td><td>66</td><td>91</td><td>72</td><td>33</td></tr>
<tr><td>48</td><td>108</td><td>80</td><td>115</td><td>96</td><td>45</td></tr>
<tr><td>60</td><td>135</td><td>100</td><td>145</td><td>116</td><td>55</td></tr>
</table>

11.4.2　试验模型设计

在工程实践中，由于原型机太大或太小，或受造价成本、制造时间或空间等条件的限制，难以对原型机进行试验测试来掌握其性能特点，往往需要采取模型和模型试验来预测其性能。为了建立与原型机相似的物理试验模型，首先要考虑的是几何尺寸的缩放比例。工程中，绝大多数的情况是试验模型较原型机小，以节省材料和试验成本。而在几何尺寸缩尺比中，长度缩尺 C_L 是最基本的，一般是其他物理量缩尺关系转化的依据和基础。

那么选择多大的长度缩尺 C_L，可以满足人们通过试验模型来预测原型机性能的精度要求呢？这是摆在试验模型设计前的首要问题。理论上，误差与长度缩尺之间没有固定的函数关系，但一般来讲，长度缩尺 C_L 取值越大，试验模型与原型机之间大小相差越大，所做的假设和近似也越多，带来的预测误差也越大。例如：在做汽车模型的风洞试验时，一般取长度缩尺 $C_L=4\sim5$ 比较合适；但若取 $C_L=10$，预测误差可能高达 40%。另外，预测误差的大小还与测量仪器精度、测试手段、应用领域等因素有关。特别地，选择缩小的试验模型，其受力变形等参数也将相应缩小，这给测试仪器的精度带来更高要求。

有文献建议，模型与原型之间的最佳比例应为 $C_L=2$，只有在一些大型建筑物，如水坝的模拟，则取较大的缩尺 C_L，可高达 $C_L=250$。当然，长度缩尺 C_L 取值也不能太小，否则就失去了模型试验的意义。

1. 基于长度缩尺的缩尺转换

一般情况下，为简化操作和避免不必要的预测误差，试验模型和原型机往往取相同的材料，并在相同环境下进行试验，故材料的密度 ρ 或容重 γ、弹性模量 E、重力加速度 g 等参数都是相同的。当选定长度缩尺 C_L，即原型机与试验模型的长度比例关系为 $C_L=\dfrac{l_p}{l_m}$。相似现象中的系统参数可以基于长度缩尺 C_L 进行相应的缩尺转换，如表 11-11 所示。

表 11-11 基于长度缩尺 C_L 的常见物理量缩尺（ρ、E、g 等相同）

物理量缩尺名称	缩尺代号	关系	物理量缩尺名称	缩尺代号	关系
长度	C_L	—	压强	C_P	$C_P=C_L$
面积	C_A	$C_A=C_L^2$	时间	C_t	$C_t=C_L^{1/2}$
体积	C_V	$C_A=C_L^3$	速度	C_v	$C_v=C_L^{1/2}$
质量	C_m	$C_m=C_L^3$	加速度	C_a	$C_a=1$
力	C_F	$C_F=C_L^3$	转速	C_n	$C_n=C_L^{-1/2}$

表 11-11 中，长度、面积、体积以及质量的缩尺很容易由长度缩尺得到，并容易理解，其他物理量的缩尺说明如下：

（1）力缩尺 C_F　设有原型机和试验模型的材料相同，密度均为 ρ，体积分别为 V_p 和 V_m，则有

$$C_F=\frac{W_p}{W_m}=\frac{\rho V_p g}{\rho V_m g}=C_L^3 \tag{11-38}$$

式中，W_p 和 W_m 分别为原型机和试验模型的重力。

（2）单位压强缩尺 C_P　设有两个力 F_p 和 F_m 分别作用在原型机和试验模型上，面积分别为 A_p 和 A_m，则有

$$C_P=\frac{F_p/A_p}{F_m/A_m}=\frac{F_p/F_m}{A_p/A_m}=\frac{C_F}{C_A}=\frac{C_L^3}{C_L^2}=C_L \tag{11-39}$$

（3）时间缩尺 C_t　由例 11-4 可知，做自由落体运动的相似准则为 $\pi=\dfrac{s}{g\cdot t^2}=\text{idem}$，则有

$$C_t=\frac{t_p}{t_m}=\left(\frac{s_p}{s_m}\right)^{1/2}=C_L^{1/2} \tag{11-40}$$

（4）速度缩尺 C_v　根据速度相比，得

$$C_v=\frac{v_p}{v_m}=\frac{l_p/t_p}{l_m/t_m}=\frac{C_L}{C_L^{1/2}}=C_L^{1/2} \tag{11-41}$$

（5）加速度缩尺 C_a

$$C_a=\frac{v_p/t_p}{v_m/t_m}=\frac{C_L^{1/2}}{C_L^{1/2}}=1 \tag{11-42}$$

（6）转速缩尺 C_n　半径分别为 r_p 和 r_m 的轮子，分别在 t_p 和 t_m 时间内驶过 l_p 和 l_m 的距离，由于 $l=2\pi rnt$，则有

$$C_n=\frac{n_p}{n_m}=\frac{l_p/(r_pt_p)}{l_m/(r_mt_m)}=\frac{C_L}{C_LC_L^{1/2}}=C_L^{-1/2} \tag{11-43}$$

另外，应力定义为单位面积上的作用力，与压强缩尺相同，即 $C_\sigma=C_P=C_L$。

2. 弹性结构的相似准则

在工程中，采用试验模型预测原型机的弹性力学性能是常见的工作，在前面部分给出模型各物理量的缩尺，下面直接给出弹性结构的准则方程，这主要涉及弹性力学的内容。

（1）根据应力平衡方程得相似准则　根据力平衡方程

$$\begin{cases}\dfrac{\partial\sigma_x}{\partial x}+\dfrac{\partial\tau_{yx}}{\partial y}+\dfrac{\partial\tau_{zx}}{\partial z}+F_x=0\\ \dfrac{\partial\tau_{xy}}{\partial x}+\dfrac{\partial\sigma_y}{\partial y}+\dfrac{\partial\tau_{zy}}{\partial z}+F_y=0\\ \dfrac{\partial\tau_{xz}}{\partial x}+\dfrac{\partial\tau_{yz}}{\partial y}+\dfrac{\partial\sigma_z}{\partial z}+F_z=0\end{cases}$$

可得 1 个相似指标和 1 个相似准则：

$$C_1=\frac{C_\sigma}{C_LC_F}=1，\ \pi^{(1)}=\frac{\sigma}{LF}=\text{idem} \tag{11-44}$$

（2）根据应变方程得相似准则　物体在力作用下，产生变形，存在三个正应变和三个切应变共六个应变方程，可得一个相似指标和一个相似准则：

$$C_2=\frac{C_\varepsilon C_L}{C_\Delta}=1，\ \pi^{(2)}=\frac{\varepsilon L}{\Delta}=\text{idem} \tag{11-45}$$

式中，Δ 为变形量。

（3）根据广义胡克定律得相似准则　通过弹性模量 E 和泊松比 μ 将应力和应变联系起来，可以得到两个相似指标和两个相似准则：

$$C_3=\frac{C_EC_\varepsilon}{C_\sigma}=1，\ \pi^{(3)}=\frac{E\varepsilon}{\sigma}=\text{idem} \tag{11-46}$$

$$C_4=\frac{C_EC_\varepsilon}{C_\mu C_\sigma}=1，\ \pi^{(4)}=\frac{E\varepsilon}{\mu\sigma}=\text{idem} \tag{11-47}$$

（4）根据边界条件得相似准则　弹性结构的边界条件包括应力边界条件和位移边界条件，由此可得两个相似指标和两个相似准则：

$$C_5=\frac{C_q}{C_\sigma}=1，\ \pi^{(5)}=\frac{q}{\sigma}=\text{idem} \tag{11-48}$$

式中，q 为面力。

$$C_6=\frac{C_u}{C_{u'}}=1,\ \pi^{(6)}=\frac{u}{u'}=\mathrm{idem} \tag{11-49}$$

式中，u 为位移的边界值；u'为系统边界上的位移分量。

以上得到的六个相似准则式（11-44）~式（11-49）是相互独立的，对于相似的弹性结构，系统的各物理量一般均满足以上六个相似准则。在进行相似模型试验设计时，模型机待求的物理量为应力、应变和位移等参数共十个物理量，对应十个相似常数。依据相似第二定理，在十个相似常数中可以选择四个作为可任意设定的常数，工程中为便于操作，一般选取相同的材料，使得 $C_E=1$，$C_\mu=1$，另外两个相似常数则根据实际情况自行选定后，其他六个相似常数则依据相似指标方程经计算确定。

3. 试验模型设计

由以上介绍可知试验模型的设计步骤是：

1）通过调研和分析，确定合理的长度缩尺 C_L。

2）根据表 11-11，计算各个物理量的缩尺数值。

3）对照原型机结构和参数，根据各几何量的缩尺数值，计算试验模型参数。

4）根据试验模型的相似指标，求取模型其他物理量参数，为试验做准备。

以下通过一个实例来说明。

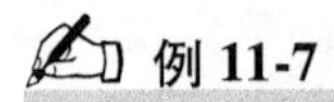 **例 11-7**

液力变矩器是以液体为工作介质的一种非刚性扭矩变换器。已知某一型号的液力变矩器扭矩为 $M=6600\mathrm{N\cdot m}$，工作转速为 $n=2590\mathrm{r/min}$，轴的有效直径为 $D=440\mathrm{mm}$，所用工作介质油的密度为 $\rho=832\mathrm{kg/m^3}$。

1）现需设计一款扭矩为 $M'=660\mathrm{N\cdot m}$，转速为 $n'=1800\mathrm{r/min}$，所用介质油的密度相同的液力变矩器，试设计相应轴的有效直径 D'。

2）试设计液力变矩器原型机的试验模型，取长度缩尺 $C_L=4$。

解： 两套变矩器相似，根据两根轴的直径，可得长度缩尺 $C_L=\frac{D}{D'}$

对照表 11-11，得

速度缩尺：
$$C_v=\frac{v}{v'}=\frac{nD}{n'D'}=\frac{n}{n'}C_L$$

面积缩尺：
$$C_A=\frac{A}{A'}=C_L^2$$

故得介质油流量比
$$\frac{Q}{Q'}=\frac{Av}{A'v'}=C_AC_v=\frac{n}{n'}C_L^3$$

液力变矩器能量 H 与速度二次方成正比，即 $\frac{H}{H'}=\left(\frac{v}{v'}\right)^2=\left(\frac{n}{n'}\right)^2C_L^2$

功率 $W=\rho HQ$，则有 $\frac{W}{W'}=\frac{\rho HQ}{\rho' H' Q'}=\frac{\rho}{\rho'}\left(\frac{n}{n'}\right)^3C_L^5$

已知扭矩 $M=CW/n$（C 为常数），得 $\frac{M}{M'}=\frac{W}{W'}\cdot\frac{n'}{n}=\frac{\rho}{\rho'}\left(\frac{n}{n'}\right)^2C_L^5$

根据已知条件，可得 C_L 值，进而可得 D'，也可写出液力变矩器的相似准则

$$\pi=\frac{M}{D^5n^2\rho}$$

1）根据相似准则$\frac{M}{D^5n^2\rho}=\frac{M'}{(D')^5(n')^2\rho'}$，代入相应数据，可求出新款液力变矩器有效直径参数 $D'=321\text{mm}$。

2）根据选定的长度缩尺 $C_L=4$，得缩小的试验模型有效直径 $D_m=110\text{mm}$；根据表 11-11，转速缩尺 $C_n=C_L^{-1/2}=0.5$，试验模型转速 $n_m=5180\text{r/min}$；根据$\frac{M}{M_m}=\frac{\rho}{\rho'}\left(\frac{n}{n_m}\right)^2C_L^5$，得试验模型传递扭矩 $M_m=25.78\text{N}\cdot\text{m}$。

习题

11-1　举例说明工程实际中的相似现象和相似设计在工程中的应用。

11-2　结合例 11-2，理解相似常数、相似指标和相似准则的定义，分析三个概念之间的联系和作用；并对照相似第一定理，说明遵循牛顿第二定律的相似运动现象的共同特征。

11-3　说明相似三定理的基本内容及其相互关系。

11-4　从定义和应用两个方面对比基本物理量和基本量纲之间的异同。

11-5　对照圆柱齿轮校核公式，利用量纲齐次的原理说明公式中各参数的量纲。

提示：接触疲劳强度校核公式　$\sigma_H=\sqrt{\frac{KF_t}{bd_1}\cdot\frac{u\pm1}{u}}\cdot Z_HZ_E\leqslant[\sigma_H]$

弯曲疲劳强度校核公式　$\sigma_F=\frac{KF_tY_{Fa}Y_{Sa}}{bm}\leqslant[\sigma_F]$

11-6　例 11-2 和例 11-5 分别采用两种不同方法导出相似准则，试对比两种方法的异同。

11-7　根据系列产品设计步骤，设计 M5～M48 的普通螺栓系列规格尺寸，并与手册进行对比，分析其设计参数的特点。

参考文献

[1]　徐挺．相似方法及其应用［M］．北京：机械工业出版社，1995.

[2]　臧勇．现代机械设计方法［M］．北京：冶金工业出版社，2015.

[3]　郑加强，周宏平，刘英．现代林业机械设计方法学［M］．北京：中国林业出版社，2015.

[4]　崔广心．相似理论与模型试验［M］．徐州：中国矿业大学出版社，1990.

[5]　袁文忠．相似理论与静力学模型试验［M］．成都：西南交通大学出版社，1998.

[6]　李思益，任工昌，郑甲红．现代设计方法［M］．西安：西安电子科技大学出版社，2007.

[7]　武良臣．现代设计理论与方法［M］．徐州：中国矿业大学出版社，2003.

[8]　杨笋霄．重大装备法兰连接部缩尺相似设计方法及实验［D］．大连：大连理工大学，2016.

[9]　马小勇．相似理论在旋转机械轴心轨迹中的应用研究［D］．西安：西安理工大学，2006.

[10]　韩嘉华，阎文，曹进华．基于相似理论原理的低速重载轴承试验台设计［J］．机械制造，2017（55）：93-96.

[11] 滕儒民. 高空作业车臂架系统快速设计及其运动规划研究 [D]. 大连：大连理工大学，2012.
[12] 樊晓健. 基于相似理论的同类机械产品系列化设计技术研究 [D]. 秦皇岛：燕山大学，2015.
[13] 张佩佩. 回转型机械零部件设计缺陷的类比辨识研究 [D]. 成都：电子科技大学，2012.
[14] 赖江丰. 复杂机械产品系统自相似性分析方法及其应用 [D]. 合肥：合肥工业大学，2007.
[15] 董九洋，宋强，温志广，等. 基于相似理论的实验室用双卧轴搅拌机参数确定 [J]. 建筑机械，2017 (6)：84-89.